TURING 图灵程序设计丛书

C# in Depth, 4th Edition

深入解析C#（第4版）

[英] 乔恩·斯基特 著
韩博 译

人民邮电出版社
北 京

图书在版编目（CIP）数据

深入解析C# : 第4版 / (英) 乔恩·斯基特
(Jon Skeet) 著 ; 韩博译. -- 北京 : 人民邮电出版社,
2020.10（2024.5重印）
（图灵程序设计丛书）
ISBN 978-7-115-54725-5

Ⅰ. ①深… Ⅱ. ①乔… ②韩… Ⅲ. ①C语言－程序设
计 Ⅳ. ①TP312.8

中国版本图书馆CIP数据核字(2020)第160657号

内 容 提 要

C# 语言简洁优雅，精妙强大，是当今编程语言的集大成者，功能不断推陈出新，受到众多开发人员的推崇。本书是 C# 领域不可多得的经典著作，新版重磅升级，不仅重新组织了内容，还全面更新并细致剖析了 C# 6 和 C# 7 的新增特性，为读者奉上知识盛宴。作者在详尽展示 C# 各个知识点的同时，注重从现象中挖掘本质，解读语言背后的设计思想，深入探究了 C# 的核心概念和经典特性，并将这些特性融入代码示例，帮助读者顺畅使用 C#，享受使用 C# 编程的乐趣。

本书适合 C# 开发人员阅读。

◆ 著　　　　[英] 乔恩·斯基特
译　　　　韩 博
责任编辑　岳新欣
责任印制　周昇亮
◆ 人民邮电出版社出版发行　　北京市丰台区成寿寺路11号
邮编　100164　　电子邮件　315@ptpress.com.cn
网址　https://www.ptpress.com.cn
北京盛通印刷股份有限公司印刷
◆ 开本：800×1000　1/16
印张：27.5　　　　2020年10月第1版
字数：650千字　　　　2024年5月北京第7次印刷
著作权合同登记号　图字：01-2019-3993号

定价：129.00元

读者服务热线：(010)84084456-6009　印装质量热线：(010)81055316
反盗版热线：(010)81055315
广告经营许可证：京东市监广登字 20170147 号

版 权 声 明

谨以此书敬平等，在现实世界中，其实现难度远胜于重写 Equals()方法和 GetHashCode()方法。

对第 3 版的赞誉

这是每一位.NET 开发者的必读图书。

——Dror Helper，Better Place 软件架构师

阅读这本书是深入学习 C#语言特性的最佳途径。

——Andy Kirsch，Venga 软件架构师

这本书将我对 C#的认知提升到了新的高度。

——Dustin Laine，Code Harvest 创始人

这本书为我了解 C#这门有趣的编程语言开启了大门。

——Ivan Todorović，AudatexGmbH 高级软件开发者

这是我找到的最好的 C#参考书目。

——Jon Parish，Datasift 软件工程师

这是 C#开发者知识进阶的推荐书目。

——D. Jay，美国亚马逊评论员

对第 2 版的赞誉

如果你想精通 C#，那么本书是必读之作。

——Tyson S. Maxwell，Raytheon 资深软件工程师

我们打赌这是最好的关于 C# 4 的图书。

——Nikander Bruggeman 和 Margriet Bruggeman，Lois & Clark IT Serivces.NET 顾问

这本书中关于 C# 4 的独到见解实用且引人入胜。

——Joe Albahari，*LINQPad* 和 *C# 4.0 in a Nutshell* 作者

所有专业的 C#开发者都应该阅读这本书。

——Stuart Caborn，BNP Paribas 资深开发者

这本书是高度关注 C#所有主要版本中语言更新的专家级资源。对于所有想掌握 C#语言最新动态的专业开发人员来说，这本书必不可少。

——Sean Reilly，Point2 Technologies 程序员和分析师

为什么要一遍又一遍地阅读基础知识？乔恩关注的是有嚼劲儿的新东西！

——Keith Hill，Agilent Technologies 软件架构师

这里有你还没意识到但需要掌握的所有 C#知识。

——Jared Parsons，微软资深软件开发工程师

对第 1 版的赞誉

简言之，这是我读过的最好的计算机图书。

——Craig Pelkie，作家、System iNetwork 课程讲师

多年来我一直使用 C#进行开发，但这本书依然让我惊喜连连。它对委托、匿名方法和协变逆变的绝妙介绍让我印象深刻。即使是经验丰富的开发者，也能从这本书中学到 C#语言中一些鲜为人知的东西。本书之深入，是其他 C#图书所无法企及的。

——Adam J. Wolf，Southeast Valley .NET 用户组

作者将关于 C#内部机理的丰富知识，汇集成了你手上这本文笔流畅、简洁实用的书。

——Jim Holmes，*Windows Developer Power Tools* 作者

措辞严谨，示例精确，用最少的代码展示最全面的特性……阅读这本书真是难得的享受！

——Franck Jeannin，英国亚马逊评论员

如果你用 C#做了几年的开发，并且想了解一些内部原理，那么这本书绝对适合你。

——Golo Roden，作家、演说家、.NET 相关技术培训师

这是我读过的最好的 C#图书。

——Chris Mullins，C# MVP

中文版序

时间真是奇妙。

本书动笔之初距离现在已经过去了很长时间，其中不少内容随着书的版本迭代延续至今，有些特性甚至已有十年之龄。这本书的主体内容于 2016 年至 2018 年底完成，英文版于 2019 年出版。那时 C# 8 尚未问世，我也忙于在各种用户群组发表演讲。每当 C# 8 的预览版发生变化，我都会修改书中的相应内容。

如今再写这篇序已经是 2020 年 7 月，微软官方也宣布了 C# 9 的相关计划（预计 2020 年 11 月正式发布）并提供了 C# 9 预览版。该版本将会推出非常重要的新特性，其中我最期待的特性是记录类型。

截至目前我还没有下载 C# 9 的预览版，我自己对此也有些诧异。

当然，在 C# 9 正式发布之前，我一定会下载并使用预览版，只不过目前意愿并不强烈。这并不是因为我对即将推出的新特性有任何保留意见，抑或对在自己的计算机上安装预览版心存顾虑（微软在保持.NET Core 和 Visual Studio 的安装独立性方面一直做得很棒），只是因为我目前正忙于其他一些事情。

写这篇序时我人在英国，英国当前的疫情相比一个月前有所好转。上周末我和朋友们进行了一次户外烧烤（在保持社交距离的前提下），再过几周我们还要一起为我父母举办金婚庆典（同样会在保持社交距离的前提下）。但不管怎样，这次疫情已经深刻影响了我们的生活方式，其中也包括我个人时间的分配方式。

在疫情管控的这段日子里，我周末的很多时间用来编写 C#代码，主要涉及两个项目：一个项目是开发 Windows 应用程序 V-Drum Explorer，用于简化我去年购置的那套电子架子鼓设备烦琐的配置工作；另一个项目与 Zoom 视频会议有关（为教会提供远程服务），用于方便地播放视频以及切换焦点人物等。除此以外，还有一些规模较小的 C#编码工作，不过这两个项目是最主要的。

以上两个项目都使用了 C# 8，而我目前依然在努力探索 C# 8 的各项新特性，以此不断加强对 C#语言的整体学习。以我目前对 C#的掌握，该过程已经不再是探索 C#语言的某些未知功能，而是不断尝试使用不同的方式来解决相同的问题，以期找到最优解决方案。这种自由探索的乐趣，只能在个人的业余试验性项目中才能体会到，在工作中或是 Noda Time 这类严肃的开源项目中则不可能体会到。

我目前还没有开始学习 C# 9，因为我的主要精力依然集中于对 C#的整体学习。

未来我肯定会着手编写本书第 5 版。第 5 版一定会覆盖 C# 8、C# 9 以及 C# 10 的相关内容。不过仅仅是设想一下这项工作，也令我心生畏惧，想要逃避（写书对我来说是一个痛并快乐着的过程）。或许我去年就应该开始第 5 版的创作，虽然直到现在也未能开始，但似乎也无伤大雅，因为第 4 版应当足以满足读者现阶段的需求。

希望读者可以积极学习 C# 8、C# 9 和 C# 10 的相关内容，不过请牢记，学习一门语言绝不仅仅只是学习新特性。我使用 C#语言已将近 20 年，至今仍然需要针对不同的任务类型尝试不同的解决方案，并一直乐在其中。在此由衷地希望读者可以从本书获得启发，多角度地认识 C#语言并不断尝试新方法。同时，希望这篇序可以抛砖引玉，让读者有兴趣编写一些试验性质的代码（最好是现有的、待改进的代码），来体会那种无须患得患失的纯粹乐趣。

这场全球疫情过去之后，估计我们再也无法回到从前的生活状态了，届时我们的认知也将与疫情前大不相同。希望大家可以借此机会完成不同程度的自我重塑。我们从这场大灾难中能学到的将远不止是研发新疫苗和重视卫生。希望每个人都能从中体会到关怀、人文与自然的价值。

最后祝大家在学习 C#的道路上一帆风顺，并在本书的陪伴下能够体验激情，获得快乐，感受充实，收获回报。愿每个人都能求知若渴，温故知新。

乔恩 · 斯基特

2020 年 7 月

序

10 年时间，对于普通人来说可谓漫长，而对于一本面向专业开发人员的技术书来说，几乎就是它的一生。自微软发布 Visual Studio 2008 与 C# 3.0 已经过去 10 多年，距离我第一次阅读本书第 1 版的初稿也已经过去 10 多年，想到这里我内心无比震动。本书作者乔恩加入 Stack Overflow 也已超过 10 年，如今他已成为 Stack Overflow 最负盛名的传奇人物。

早在 2008 年，C#就已经是一门庞大、复杂的编程语言了。这 10 余年间，C#的设计和实现团队从未有过一丝懈怠。我很激动地看到 C#创新性地满足了不同开发者群体的需求——从电子游戏到网站底层，再到低层次的、高度健壮的系统组件。C#充分利用自身学术研究的优势，并将其与解决实际问题的应用技术相结合。C#不是一门教条的纯学术语言。C#设计团队从来不会问："设计这个特性的最面向对象的方法是什么？""设计这个特性的最具函数式风格的方法是什么？"他们会这样问："设计这个特性最实际、安全且有效的方法是什么？"乔恩就是这样一位务实主义者。他不仅解释了 C#语言的工作方式，而且解释了所有相关内容是如何形成统一设计的，也指出了什么时候没有形成统一的设计。

在本书第 1 版的序中我曾提到，乔恩热情、博学、睿智、好求知、善分析，并且是一名优秀的教师。如今他依然具备这些品质，而且我要补充两项：坚韧与奉献。写书是一项十分艰巨的工作，尤其是利用业余时间完成，更加令人钦佩。同时乔恩还要不断复查已完成的内容以持续更新，而这项工作乔恩已经为这本书完成了 3 次。有些作者可能倾向于进行微调或是新增一章，而乔恩的工作更像是大规模重构。最终本书过硬的内容质量充分说明了一切。

随着 C#语言的不断演进和发展，我迫不及待想要看到下一代程序员会和 C#擦出怎样的火花。我希望你能够像我一样喜爱这本书，同时感谢你选择 C#作为编程语言。

Eric Lippert

Facebook 软件工程师

前　言

欢迎阅读本书第 4 版。在编写本书第 1 版时，我没有想到 10 年后我依然在同一本书上耕耘，而如今已是第 4 版了。也许 10 年后我还会编写新的版本。自 C#语言面世以来，其设计团队一直在努力推动它不断演进。

这一点很重要，因为在过去 10 年中，软件行业发生了翻天覆地的变化。回首 2008 年，不论手机生态还是云计算都只是刚刚问世。亚马逊 EC2 于 2006 年发布，谷歌的 AppEngine 于 2008 年发布，Xamarin 由 Mono 项目组于 2011 年发布，而 Docker 直到 2013 年才问世。

对于很多.NET 程序员来说，过去几年中计算领域最大的变化是.NET Core 的问世。.NET Core 是一个跨平台、开源的框架，并且与其他框架兼容（通过.NET Standard）。它的面世引人注目，而它成为微软在.NET 领域投入最多的项目更令人称奇。

在经历了 10 年变迁之后，C#依然是.NET 家族的首选编程语言，无论是.NET、.NET Core、Xamarin 还是 Unity，都支持 C#。F#是 C#的一个友好的竞争对手，不过它并未获得和 C#一样的业界共识。

我从 2002 年开始使用 C#进行开发，有时是在工作中使用，有时是出于个人的业余爱好。经过这些年的实践，我对于这门语言的各个细节痴迷不已。更重要的是，我十分欣赏 C#致力于持续提升编码效率。衷心希望我的这份热情可以渗透并体现在本书的内容当中，并且鼓舞读者在 C#开发的道路上不断前行。

致　谢

创作一本书需要投入大量时间和精力。有些努力和付出属于外在可见的，比如这满满一本书的内容，但这些看得见的努力只是冰山一角。其他工作，诸如编辑加工、审校、排版等，也都极其耗时耗力。本书稿件在进行编辑加工、校对和排版之前简直可以用“不堪入目”来形容。

与上一版一样，与Manning团队合作非常愉悦。Richard Wattenberger为本书提供了很多指导与建议，他既坚持图书品质，又能充分理解我的工作。本书内容经历了多次迭代才最终成型（尤其是C# 2 ~C# 4部分的内容做了大量调整）。此外，还要感谢Mike Stephens和Marjan Bace对本书这一版从始至终的支持。

除结构调整外，审阅过程对于保持内容精准和清晰也至关重要。Ivan Martinovic负责安排同行审阅的流程，并获得了 Ajay Bhosale、Andrei Rînea、Andy Kirsch、Brian Rasmussen、Chris Heneghan、Christos Paisios、Dmytro Lypai、Ernesto Cardenas、Gary Hubbard、Jassel Holguin Calderon、Jeremy Lange、John Meyer、Jose Luis Perez Vila、Karl Metivier、Meredith Godar、Michal Paszkiewicz、Mikkel Arentoft、Nelson Ferrari、Prajwal Khanal、Rami Abdelwahed和Willem van Ketwicha给予的重要反馈。感谢Dennis Sellinger的技术编辑，以及Eric Lippert的技术审校。另外，特别感谢Eric对于本书迄今为止4个版本的贡献。除了技术上的修正，他非凡的洞察力、丰富的经验以及风趣的性格都对本书影响至深。

内容本身很重要，而内容的美观性同样重要。Lori Weidert负责本书复杂的生产流程，为此倾注了大量心血。Sharon Wilkey娴熟且耐心地进行了文字编辑。排版和封面设计由Marija Tudor完成。我第一次看到排版后的页面时的喜悦之情难以言表，那种感觉就如同努力了数月的一场戏剧第一次成功彩排。

除直接为本书做出贡献的人外，我也要感谢我的家人在过去几年中对我的支持和包容。我爱我的家人，你们是最棒的，感谢你们！

最后，感谢关注和阅读本书的读者。如果没有你们，以上一切努力都将付诸东流。希望你们都能从本书中有所收获。

关于本书

目标读者

这是一本关于 C#语言的书。虽然书中时常需要讨论一些关于运行时（负责执行代码）和库（支持应用程序）的细节，但本书的主体是 C#语言本身。

本书旨在让读者尽可能享受使用 C#编程的乐趣，顺畅使用 C#。把 C#想象成一条河，而你在河里划着一条皮划艇。你对河流了解得越多，随着水流划得就越快。即便有时需要逆流而上，清楚水势也有助于更轻松地抵达对岸，而不至于将小船倾覆。

如果你是有经验的 C#程序员，需要进一步提升认知水平，那么本书正适合你。阅读本书不需要具备专家级别的知识，但至少要了解 C# 1 的基础知识。我会解释书中出现的 C# 1 之后的所有术语，以及一些经常混淆的术语（例如形参与实参），不过阅读本书前你至少应该知道什么是类、对象等。

即使你已经是 C#领域的专家，也能从本书中获益，因为它能帮助你重新审视和思考已熟悉的内容。你可能会发现一些之前没有注意过的内容，我自己写书时就有类似的体验。

如果你是 C#初学者，那么本书可能并不适合你。市面上有很多 C#的入门图书和教程。建议掌握相关基础知识之后再来阅读本书，以便进一步加深认知。

本书的内容设置：路线图

本书共分为 4 部分，一共 15 章。

第一部分介绍 C#语言的发展简史。

- 第 1 章简要介绍 C#这些年的发展历程，以及它是如何做到持续演进的，还介绍了 C#相关平台和社区，以及本书的内容安排。

第二部分重点介绍 C# 2 到 C# 5。这部分基本是本书第 3 版内容的重写与浓缩。

- 第 2 章讨论 C# 2 引入的各项特性，包括泛型、可空值类型、匿名方法和迭代器。
- 第 3 章阐述 C# 3 的各项特性如何铸就 LINQ 特性。其中最重要的几个特性是：lambda 表达式、匿名类型、对象初始化器和查询表达式。
- 第 4 章介绍 C# 4 的各项特性。C# 4 最大的变化是引入了动态类型，但可选形参、命名实参、泛型型变以及如何简化处理 COM 等特性也有所变化。

- 第 5 章讨论 C# 5 的首要特性：async/await。这一章介绍了 async/await 特性的使用方法，但是基本不涉及异步特性的实现原理。另外，还介绍了 C#后续版本中引入的对异步特性的增强，包括自定义 task 类型和异步 Main 方法。
- 第 6 章深入介绍编译器创建状态机以处理 async 方法的原理，完成了对 async/await 特性的介绍。
- 第 7 章简单讨论 C# 5 中除 async/await 外的一些新特性。第 6 章是本书最“硬核”的一章，第 7 章相当于餐后甜点。

第三部分介绍 C# 6 的各项特性。

- 第 8 章介绍表达式主体成员。使用表达式主体成员，可以在声明简单属性和方法时省略很多枯燥的样板代码。此外，这一章还介绍了自动实现属性的改进。这些都是关于如何精简代码的。
- 第 9 章介绍 C# 6 中的字符串相关特性：内插字符串字面量以及 nameof 操作符。尽管这两个特性只是创建字符串的新方式，但它们是 C# 6 特性中便捷易用的典范。
- 第 10 章介绍 C# 6 的其余特性，它们并没有共同的主题，只是有助于保持代码简洁。在这些特性中，空值条件运算符的用途应该更广泛。它简化了可能涉及 null 值的表达式，从而避免了 NullReferenceException。

第四部分重点讨论 C# 7（一直到 C# 7.3），并且展望 C#的未来。

- 第 11 章介绍元组特性的引入，讲解用于实现元组的 ValueTuple 类型家族。
- 第 12 章介绍分解和模式匹配。二者都是看待现有数据的简洁方式。尤其是在 switch 语句中使用模式匹配，可以简化在不适合使用继承的情况下对不同值类型的处理。
- 第 13 章重点介绍按引用传递及其相关特性。C#自一开始就提供了 ref 参数，但 C# 7 引入了许多新特性，比如 ref return 和 ref 局部变量。这些特性的主要功能是通过减少复制提升效率。
- 第 14 章介绍 C# 7 的一些小特性，这些特性都用于简化代码。我个人最喜欢局部方法、out 变量和 default 字面量。
- 第 15 章展望 C#的未来。我在撰写本章时使用的是 C# 8 预览版，意在研究可空引用类型、switch 表达式、模式匹配的增强、range，以及如何进一步将异步集成到核心语言特性中。这一章的内容都是推测性的，希望可以激发读者的探究欲。

最后，附录提供了一个便捷的索引，可用于查找每个 C#版本所对应的特性，以及它们的运行时和 framework 要求，这些要求限制了可以使用这些特性的上下文环境。

建议读者按照顺序阅读本书（至少第一次阅读时如此），因为后面的内容是以前面的内容为基础的，如果不按照顺序阅读，可能会遇到一些困难。完整阅读之后，可以将其用作参考书，在需要查阅特定内容或者研究特定细节时，随时参阅相关主题。

关于代码

本书包含了很多代码示例，有些是“代码清单 x-x ”的形式，有些则嵌于文本内容中。不论哪种代码，本书都使用特殊的格式将其与文本区分开。有时代码会加粗，以突出显示与之前的步骤不同之处，例如在现有代码行中添加新特性时。

书中很多源码重新调整了格式，通过换行和增加缩进来适应书页排版。在个别情况下，代码清单中会有承接上行的标记（➥）。此外，书中的代码注释主要用于解释说明重要之处。

本书中的示例代码可以从出版商的网站下载①，网址为：https://www.manning.com/books/c-sharp-in-depth-fourth-edition。读者需要安装.NET Core SDK（2.1.300 或更高版本）来构建示例代码。一些示例需要 Windows 桌面.NET Framework（当涉及 Windows Forms 或者 COM 时），不过对于大部分示例，使用.NET Core 即可。虽然我使用 Visual Studio 2017（社区版）来开发示例，但读者也可以选用 Visual Studio Code。

本书论坛

购买本书，可以免费访问 Manning Publications 的网络论坛。读者可以在论坛上发表对本书的评论，提出技术问题并获得作者或者其他用户的帮助，网址为：https://forums.manning.com/forums/c-sharp-in-depth-fourth-edition。也可以访问 https://forums.manning.com/forums/about 来了解有关 Manning 论坛和行为准则的更多信息。

Manning 承诺为读者提供一个平台，供读者之间以及读者和作者之间进行有意义的交流，但无法保证作者在论坛上的参与度，因为作者对论坛的贡献完全是无偿和自愿的。建议读者尽可能向作者提出一些具有挑战性的问题以引起他的兴趣。只要书仍在发行，你就可以在出版商网站上访问论坛和先前所讨论的内容。

其他在线资源

互联网上关于 C#的学习资源不计其数，下面是我认为最有帮助的一些资源。当然，读者在搜索时也会发现更多有用信息。

- 微软.NET 文档
- .NET API 文档
- C#语言设计代码仓库
- Roslyn 代码仓库
- C# ECMA 标准
- Stack Overflow

① 你可以直接访问本书中文版页面，下载本书示例代码：https://www.ituring.com.cn/book/2689，也可在此查看或提交勘误。——编者注

电子书

扫描如下二维码，即可购买本书中文版电子版。

关于作者

我是乔恩·斯基特，一名就职于谷歌（伦敦办公室）的软件工程师。我现阶段的工作是为谷歌云平台开发.NET 客户端库。我个人对于 C#语言的热爱与供职谷歌的愿望因此完美地结合在了一起。此外，我还是 ECMA 的会议召集人，负责 C#标准化工作，也是.NET Foundation 的谷歌公司代表。

可能很多读者对我的了解主要来自于我在 Stack Overflow（一个开发者问答网站）上所做的贡献。我也热衷于在各种会议、用户组以及博客上发表演讲。这些活动有一个共同的特征——可以和其他开发者互动。这也是对我个人而言最佳的学习方式。

我还有一项或许不太寻常的爱好，那就是喜欢钻研日期和时间。这一爱好基本体现在我的个人项目 Noda Time 中了。Noda Time 是一个适用于.NET 的日期与时间库，本书也会使用一些来自 Noda Time 的代码示例。抛开动手编码的乐趣不谈，单是时间问题本身就是一个充满趣味性的话题。读者若是也对时区和日历系统有兴趣，欢迎到相关会议上寻找我的身影。

其实是本书的编辑希望我能够介绍一下个人基本情况，以证明我有资格撰写这本书，但这并不意味着书中的内容没有任何疏漏。谦虚的品质对于软件工程师来说至关重要。我只是一个普通人，也会犯错。编译器的行为也并不会因使用者身份不同而不同。

本书尽可能区分 C#语言的客观事实和我的个人看法。对于客观事实部分，勤奋的技术审稿人已经尽可能消除了错误，不过从之前版本的经验来看，难免有错误遗留。至于个人看法部分，我的观点可能与读者的观点大相径庭。不过没有关系，读者可以自由取用。

关于封面插图

本书封面插图的标题是“音乐家”。插图来自一本奥斯曼帝国的服饰画册，该画册由伦敦老邦德街的 William Miller 于 1802 年 1 月 1 日出版。画册的扉页现已丢失，因此很难推断它准确的创作时间。该画册的目录同时使用英语和法语标识插图，每幅插图上都有两位创作者的名字。如果他们发现自己的作品出现在 200 年后的计算机编程书的封面上，一定会大吃一惊。

Manning 出版社的一位编辑在位于曼哈顿西 26 街“Garage”的古董跳蚤市场买到了这本画册。卖主是一位住在土耳其安卡拉的美国人，交易时间是那天他准备收摊的时候。这位编辑身上带的现金不够买下这本画册，并且卖主礼貌地拒绝了他使用信用卡和支票支付的请求。而且卖主当晚就要飞回安卡拉，交易好像无望了。该怎么办呢？两个人最后通过握手约定的老派君子协议解决了问题。卖主提议通过银行转账付款，而编辑在纸上记下了收款银行账户信息，随后带走了画册。不用说，第二天编辑就给卖主打了款。他很感谢这位陌生人无条件的信任。这让我们回忆起了很久以前的美好时代。

Manning 出版社用两个世纪前丰富多彩的地方生活作为图书封面的素材，以此赞美计算机行业的创造性、主动性和趣味性，用画册中的图片带读者领略那个时代的风土人情。

目　录

第一部分　C#背景介绍

第 1 章　大浪淘沙 ··· 2

1.1　一门与时俱进的语言 ··· 2

1.1.1　类型系统——全能型助手 ··· 3

1.1.2　代码更简洁 ··· 4

1.1.3　使用 LINQ 简化数据访问 ··· 8

1.1.4　异步 ··· 8

1.1.5　编码效率与执行效率之间的取舍 ··· 9

1.1.6　快速迭代：使用小版本号 ··· 10

1.2　一个与时俱进的平台 ··· 11

1.3　一个与时俱进的社区 ··· 12

1.4　一本与时俱进的好书 ··· 13

1.4.1　内容详略得当 ··· 13

1.4.2　使用 Noda Time 作为示例 ··· 14

1.4.3　术语选择 ··· 14

1.5　小结 ··· 15

第二部分　从 C# 2 到 C# 5

第 2 章　C# 2 ··· 18

2.1　泛型 ··· 18

2.1.1　示例：泛型诞生前的集合 ··· 19

2.1.2　泛型降临 ··· 21

2.1.3　泛型的适用范围 ··· 25

2.1.4　方法类型实参的类型推断 ··· 26

2.1.5　类型约束 ··· 28

2.1.6　`default` 运算符和 `typeof` 运算符 ··· 30

2.1.7　泛型类型初始化与状态 ··· 32

2.2　可空值类型 ··· 34

2.2.1　目标：表达信息的缺失 ··· 34

2.2.2　CLR 和 framework 的支持：`Nullable<T>`结构体 ··· 35

2.2.3　语言层面支持 ··· 38

2.3　简化委托的创建 ··· 43

2.3.1　方法组转换 ··· 43

2.3.2　匿名方法 ··· 44

2.3.3　委托的兼容性 ··· 45

2.4　迭代器 ··· 46

2.4.1　迭代器简介 ··· 47

2.4.2　延迟执行 ··· 48

2.4.3　执行 `yield` 语句 ··· 49

2.4.4　延迟执行的重要性 ··· 50

2.4.5　处理 `finally` 块 ··· 51

2.4.6　处理 `finally` 的重要性 ··· 53

2.4.7　迭代器实现机制概览 ··· 54

2.5　一些小的特性 ··· 58

2.5.1　局部类型 ··· 59

2.5.2　静态类 ··· 60

2.5.3　属性的 getter/setter 访问分离 ··· 61

2.5.4　命名空间别名 ··· 61

2.5.5　编译指令 ··· 63

2.5.6　固定大小的缓冲区 ··· 64

2.5.7　`InternalsVisibleTo` ··· 65

2.6　小结 ··· 65

第 3 章　C# 3：LINQ 及相关特性 ··· 66

3.1　自动实现的属性 ··· 66

3.2　隐式类型 ··· 67

3.2.1 类型术语……67
3.2.2 隐式类型的局部变量……68
3.2.3 隐式类型的数组……69
3.3 对象和集合的初始化……71
3.3.1 对象初始化器和集合初始化器简介……71
3.3.2 对象初始化器……72
3.3.3 集合初始化器……74
3.3.4 仅用单一表达式就能完成初始化的好处……75
3.4 匿名类型……76
3.4.1 基本语法和行为……76
3.4.2 编译器生成类型……78
3.4.3 匿名类型的局限性……79
3.5 lambda 表达式……80
3.5.1 lambda 表达式语法简介……81
3.5.2 捕获变量……82
3.5.3 表达式树……89
3.6 扩展方法……91
3.6.1 声明扩展方法……91
3.6.2 调用扩展方法……92
3.6.3 扩展方法的链式调用……93
3.7 查询表达式……94
3.7.1 从 C#到 C#的查询表达式转换……95
3.7.2 范围变量和隐形标识符……95
3.7.3 选择使用哪种 LINQ 语法……96
3.8 终极形态：LINQ……97
3.9 小结……98

第 4 章 C# 4：互操作性提升……99

4.1 动态类型……99
4.1.1 动态类型介绍……100
4.1.2 超越反射的动态行为……104
4.1.3 动态行为机制速览……108
4.1.4 动态类型的局限与意外……111
4.1.5 动态类型的使用建议……115
4.2 可选形参和命名实参……116
4.2.1 带默认值的形参和带名字的实参……117
4.2.2 如何决定方法调用的含义……118
4.2.3 对版本号的影响……119
4.3 COM 互操作性提升……121
4.3.1 链接主互操作程序集……121
4.3.2 COM 组件中的可选形参……123
4.3.3 命名索引器……124
4.4 泛型型变……125
4.4.1 泛型型变示例……125
4.4.2 接口和委托声明中的变体语法……126
4.4.3 变体的使用限制……127
4.4.4 泛型型变实例……129
4.5 小结……130

第 5 章 编写异步代码……131

5.1 异步函数简介……132
5.1.1 异步问题初体验……133
5.1.2 拆分第一个例子……134
5.2 对异步模式的思考……135
5.2.1 关于异步执行本质的思考……136
5.2.2 同步上下文……137
5.2.3 异步方法模型……138
5.3 async 方法声明……139
5.3.1 async 方法的返回类型……140
5.3.2 async 方法的参数……141
5.4 await 表达式……141
5.4.1 可等待模式……142
5.4.2 await 表达式的限制条件……144
5.5 返回值的封装……145
5.6 异步方法执行流程……146
5.6.1 await 的操作对象与时机……146
5.6.2 await 表达式的运算……147
5.6.3 可等待模式成员的使用……150
5.6.4 异常拆封……151
5.6.5 完成方法……152
5.7 异步匿名函数……156
5.8 C# 7 自定义 task 类型……157
5.8.1 99.9%的情况：ValueTask<TResult>……158
5.8.2 剩下 0.1%的情况：创建自定义 task 类型……160

5.9　C# 7.1 中的异步 Main 方法……161
5.10　使用建议……162
5.10.1　使用 ConfigureAwait 避免上下文捕获（择机使用）……163
5.10.2　启动多个独立 task 以实现并行……164
5.10.3　避免同步代码和异步代码混用……165
5.10.4　根据需要提供取消机制……165
5.10.5　测试异步模式……165
5.11　小结……166
第 6 章　异步原理……167
6.1　生成代码的结构……168
6.1.1　桩方法：准备和开始第一步……171
6.1.2　状态机的结构……172
6.1.3　MoveNext()方法（整体介绍）……175
6.1.4　SetStateMachine 方法以及状态机的装箱事宜……177
6.2　一个简单的 MoveNext()实现……177
6.2.1　一个完整的具体示例……178
6.2.2　MoveNext()方法的通用结构……179
6.2.3　详探 await 表达式……181
6.3　控制流如何影响 MoveNext()……183
6.3.1　await 表达式之间的控制流很简单……183
6.3.2　在循环中使用 await……184
6.3.3　在 try/finally 块中使用 await 表达式……185
6.4　执行上下文和执行流程……188
6.5　再探自定义 task 类型……189
6.6　小结……190
第 7 章　C# 5 附加特性……191
7.1　在 foreach 循环中捕获变量……191
7.2　调用方信息 attribute……193
7.2.1　基本行为……193
7.2.2　日志……194
7.2.3　简化 INotifyPropertyChanged 的实现……195
7.2.4　调用方信息 attribute 的小众使用场景……196
7.2.5　旧版本.NET 使用调用方信息 attribute……201
7.3　小结……202

第三部分　C# 6

第 8 章　极简属性和表达式主体成员……204
8.1　属性简史……204
8.2　自动实现属性的升级……206
8.2.1　只读的自动实现属性……206
8.2.2　自动实现属性的初始化……207
8.2.3　结构体中的自动实现属性……208
8.3　表达式主体成员……210
8.3.1　简化只读属性的计算……210
8.3.2　表达式主体方法、索引器和运算符……213
8.3.3　C# 6 中表达式主体成员的限制……214
8.3.4　表达式主体成员使用指南……216
8.4　小结……218
第 9 章　字符串特性……219
9.1　.NET 中的字符串格式化回顾……219
9.1.1　简单字符串格式化……219
9.1.2　使用格式化字符串来实现自定义格式化……220
9.1.3　属地化……221
9.2　内插字符串字面量介绍……224
9.2.1　简单内插……224
9.2.2　使用内插字符串字面量格式化字符串……225
9.2.3　内插原义字符串字面量……225
9.2.4　编译器对内插字符串字面量的处理（第 1 部分）……226

9.3 使用 FormattableString 实现属地化……227
9.3.1 编译器对内插字符串字面量的处理（第 2 部分）……228
9.3.2 在特定 culture 下格式化一个 FormattableString……229
9.3.3 FormattableString 的其他用途……230
9.3.4 在旧版本.NET 中使用 FormattableString……233
9.4 使用指南和使用限制……234
9.4.1 适合开发人员和机器，但可能不适合最终用户……235
9.4.2 关于内插字符串字面量的硬性限制……236
9.4.3 何时可以用但不应该用……238
9.5 使用 nameof 访问标识符……239
9.5.1 nameof 的第一个例子……239
9.5.2 nameof 的一般用法……241
9.5.3 使用 nameof 的技巧与陷阱……243
9.6 小结……246

第 10 章 简洁代码的特性“盛宴”……247

10.1 using static 指令……247
10.1.1 引入静态成员……247
10.1.2 using static 与扩展方法……250
10.2 对象初始化器和集合初始化器特性增强……252
10.2.1 对象初始化器中的索引器……252
10.2.2 在集合初始化器中使用扩展方法……256
10.2.3 测试代码与产品代码……259
10.3 空值条件运算符……260
10.3.1 简单、安全地解引用……260
10.3.2 关于空值条件运算符的更多细节……261
10.3.3 处理布尔值比较……262
10.3.4 索引器与空值条件运算符……263
10.3.5 使用空值条件运算符提升编程效率……263
10.3.6 空值条件运算符的局限性……265
10.4 异常过滤器……265
10.4.1 异常过滤器的语法和语义……266
10.4.2 重试操作……270
10.4.3 记录日志的“副作用”……272
10.4.4 单个、有针对性的日志过滤器……273
10.4.5 为何不直接抛出异常……273
10.5 小结……274

第四部分 C# 7 及其后续版本

第 11 章 使用元组进行组合……277

11.1 元组介绍……277
11.2 元组字面量和元组类型……278
11.2.1 语法……278
11.2.2 元组字面量推断元素名称（C# 7.1）……280
11.2.3 元组用作变量的容器……281
11.3 元组类型及其转换……285
11.3.1 元组字面量的类型……285
11.3.2 从元组字面量到元组类型的转换……287
11.3.3 元组类型之间的转换……290
11.3.4 类型转换的应用……292
11.3.5 继承时的元素名称检查……292
11.3.6 等价运算符与不等价运算符（C# 7.3）……293
11.4 CLR 中的元组……294
11.4.1 引入 System.ValueTuple<...>……294
11.4.2 处理元素名称……294
11.4.3 元组类型转换的实现……296
11.4.4 元组的字符串表示……296
11.4.5 一般等价比较和排序比较……297
11.4.6 结构化等价比较和排序比较……298
11.4.7 独素元组和巨型元组……299

11.4.8 非泛型 ValueTuple 结构体 ······300
11.4.9 扩展方法 ······301
11.5 元组的替代品 ······301
11.5.1 System.Tuple<...> ······301
11.5.2 匿名类型 ······301
11.5.3 命名类型 ······302
11.6 元组的使用建议 ······302
11.6.1 非公共 API 以及易变的代码 ······303
11.6.2 局部变量 ······303
11.6.3 字段 ······304
11.6.4 元组和动态类型不太搭调 ······305
11.7 小结 ······306

第 12 章 分解与模式匹配 ······307

12.1 分解元组 ······307
12.1.1 分解成新变量 ······308
12.1.2 通过分解操作为已有变量或者属性赋值 ······310
12.1.3 元组字面量分解的细节 ······313
12.2 非元组类型的分解操作 ······314
12.2.1 实例分解方法 ······314
12.2.2 扩展分解方法与重载 ······315
12.2.3 编译器对于 Deconstruct 调用的处理 ······316
12.3 模式匹配简介 ······317
12.4 C# 7.0 可用的模式 ······319
12.4.1 常量模式 ······319
12.4.2 类型模式 ······320
12.4.3 var 模式 ······323
12.5 模式匹配与 is 运算符的搭配使用 ······324
12.6 在 switch 语句中使用模式 ······325
12.6.1 哨兵语句 ······326
12.6.2 case 标签中的模式变量的作用域 ······328
12.6.3 基于模式的 switch 语句的运算顺序 ······329
12.7 对模式特性使用的思考 ······330
12.7.1 发现分解的时机 ······330
12.7.2 发现模式匹配的使用时机 ······331
12.8 小结 ······331

第 13 章 引用传递提升执行效率 ······332

13.1 回顾：ref 知多少 ······333
13.2 ref 局部变量和 ref return ······336
13.2.1 ref 局部变量 ······336
13.2.2 ref return ······341
13.2.3 条件运算符?:和 ref 值（C# 7.2） ······343
13.2.4 ref readonly（C# 7.2） ······343
13.3 in 参数（C# 7.2） ······345
13.3.1 兼容性考量 ······346
13.3.2 in 参数惊人的不可变性：外部修改 ······347
13.3.3 使用 in 参数进行方法重载 ······348
13.3.4 in 参数的使用指导 ······348
13.4 将结构体声明为只读（C# 7.2） ······350
13.4.1 背景：只读变量的隐式复制 ······350
13.4.2 结构体的只读修饰符 ······352
13.4.3 XML 序列化是隐式读写属性 ······353
13.5 使用 ref 参数或者 in 参数的扩展方法（C# 7.2） ······354
13.5.1 在扩展方法中使用 ref/in 参数来规避复制 ······354
13.5.2 ref 和 in 扩展方法的使用限制 ······355
13.6 类 ref 结构体（C# 7.2） ······357
13.6.1 类 ref 结构体的规则 ······357
13.6.2 Span<T>和栈内存分配 ······358
13.6.3 类 ref 结构体的 IL 表示 ······362
13.7 小结 ······362

第 14 章 C# 7 的代码简洁之道 ······363

14.1 局部方法 ······363
14.1.1 局部方法中的变量访问 ······364
14.1.2 局部方法的实现 ······367

14.1.3 使用指南 …… 371
14.2 out 变量 …… 373
14.2.1 out 参数的内联变量声明 …… 374
14.2.2 C# 7.3 关于 out 变量和模式变量解除的限制 …… 374
14.3 数字字面量的改进 …… 375
14.3.1 二进制整型字面量 …… 375
14.3.2 下划线分隔符 …… 376
14.4 throw 表达式 …… 377
14.5 default 字面量（C# 7.1） …… 377
14.6 非尾部命名实参 …… 379
14.7 私有受保护的访问权限（C# 7.2） …… 380
14.8 C# 7.3 的一些小改进 …… 380
14.8.1 泛型类型约束 …… 381
14.8.2 重载决议改进 …… 381
14.8.3 字段的 attribute 支持自动实现的属性 …… 382
14.9 小结 …… 383

第 15 章 C# 8 及其后续 …… 384

15.1 可空引用类型 …… 384
15.1.1 可空引用类型可以解决什么问题 …… 385
15.1.2 在使用引用类型时改变其含义 …… 385
15.1.3 输入可空引用类型 …… 387
15.1.4 编译时和执行期的可空引用类型 …… 387
15.1.5 damnit 运算符或者 bang 运算符 …… 389
15.1.6 可空引用类型迁移的经验 …… 391
15.1.7 未来的改进 …… 393
15.2 switch 表达式 …… 396
15.3 嵌套模式匹配 …… 398
15.3.1 使用模式来匹配属性 …… 398
15.3.2 分解模式 …… 399
15.3.3 忽略模式中的类型 …… 399
15.4 index 和 range …… 400
15.4.1 index 与 range 类型和字面量 …… 401
15.4.2 应用 index 和 range …… 402
15.5 更多异步集成 …… 403
15.5.1 使用 await 实现异步资源回收 …… 403
15.5.2 使用 foreach await 的异步迭代 …… 404
15.5.3 异步迭代器 …… 407
15.6 预览版中尚未提供的特性 …… 408
15.6.1 默认接口方法 …… 408
15.6.2 记录类型 …… 409
15.6.3 更多特性 …… 410
15.7 欢迎加入 …… 412
15.8 小结 …… 412

附录 特性与语言版本对照表 …… 413

Part 1 第一部分

C#背景介绍

还记得在我大学的一堂计算机科学课上，有位同学纠正了讲师在黑板上写的一处细节。当时讲师有些不悦，他说道："是，我知道。我这是在简化问题，先隐去一些细节，目的是之后展示更大的图景。"希望本书第一部分的讲解不至于太过模糊，因为这部分内容也是在为展示更大的图景做铺垫。

本书大部分内容旨在深入探究 C#语言的细节，有时甚至会讨论一些细枝末节。在开始探讨细节之前，第 1 章会先回顾 C#的历史，并讨论 C#如何适应不断变化的外部环境。

在正式开始讲解之前，本书会为读者提供一些代码示例作为热身。在这个阶段，代码细节并不重要，重点是讨论 C#开发的思想和主题，确定基本的思维框架，为之后学习具体实现做好准备。

话不多说，我们开始吧！

第 1 章

大浪淘沙

1

本章内容概览：

- C#如何通过多方位快速演化提升开发效率；
- 如何根据 C#的最新特性选择最小版本号；
- C#如何不断支持更多运行平台；
- 开放互动的 C#社区如何助力开发人员；
- 本书针对 C#新旧版本的详略安排。

要从 C#中挑选出一个最有趣的特性，恐怕并非易事。有些特性耀眼生花，却少有用武之地；有些特性至关重要，却早已为开发人员耳熟能详；而像 async/await 这种出类拔萃的机制，又非三言两语就能描述得清楚。下面言归正传，先来回顾 C#这些年的演化之路。

1.1　一门与时俱进的语言

本书前几版都用一个贯穿始终的例子来展示截至当时 C#语言版本的发展历程。这种展现方式虽然阅读起来更具趣味性，但是已经无法沿用了，因为只有大型应用程序才勉强能用上 C#的所有新特性，而书页所能容纳的小段代码只够展示一小部分特性。

为此，本章只遴选 C#版本演化过程中最重要的几个方面来讲述，并只针对部分改进的特性给出简短的示例代码。我并不想连篇累牍地讲授和罗列 C#的特性。本章旨在回顾读者已知的特性，同时梳理其他未知特性。

熟悉其他语言的一些读者，可能会感觉 C#的某些新特性就是从别处借鉴过来的。没错，C#设计团队长期以来都在不遗余力地从其他语言吸纳优秀想法，努力营造出一种“宾至如归”的感觉。妙不可言吧？说到这里，不得不提一下 F#这门语言，可以说 C#的很多特性受到了 F#的启发。

说明　从 F#中受益最多的可能不是 F#开发人员，而是 C#。这并不是贬低 F#作为一种语言本身的价值，也不是暗示不应该直接使用它。但是，当前 C#社区的规模远超 F#社区。C#社区对从 F#社区所获的启发当致以敬意。

下面就以 C#最重要的特性之一——类型系统（type system）——作为开篇。

1.1.1　类型系统——全能型助手

C#自诞生之日起就一直是一门静态类型语言。开发人员需要在代码中明确给出变量、参数及返回值的类型等。将参数和返回值的数据形态描述得越精确，编译器就越有助于规避错误。

当所构建的应用程序的规模不断增长时，这一点更加毋庸置疑。静态类型语言的这种优势，对于那些简短的代码也许并不明显，但是随着代码量的增加，代码能否简明有效地传达信息就变得愈发重要了。虽然通过编写文档也能做到这一点，但是使用静态类型能够让开发人员以机器可读的方式来实现。

随着 C#语言的演化，其类型系统能够提供越来越精细的描述方式。其中最直观的例子就是**泛型**（generic）。用 C# 1 写出的代码如下所示：

```
public class Bookshelf
{
    public IEnumerable Books { get { ... } }
}
```

Books 这个序列中每个元素的类型是什么，不得而知，这是因为类型系统无法告诉我们，但是用 C# 2 描述起来就高效得多了：

```
public class Bookshelf
{
    public IEnumerable<Book> Books { get { ... } }
}
```

此外，C# 2 还引入了**可空值类型**（nullable value type）。利用它可以有效表示未定的变量值，从而摆脱对魔数（把–1 用作集合索引，或者用 DateTime.MinValue 表示日期等）的使用。

到了 C# 7，使用者还可以采用 readonly struct 这样的声明，将自定义结构体声明为不可变类型。此项特性原本旨在提升编译器生成代码的效率，但它也有助于开发人员更准确地表达代码意图。

C# 8 还计划加入**可空引用类型**（nullable reference type），以期进一步提升代码的信息表达能力。截至目前，C#还没有提供一种用于描述引用类型（无论是返回值、参数，还是局部变量）是否为空的机制。在这种情况下，如果编码不够严谨，就容易出错；如果编码太过谨慎，又会因为需要增加校验而使代码变得臃肿。两者都不太理想。C# 8 假设任何没有显式声明为可空的值都为非可空值，例如下面这个方法声明：

```
string Method(string x, string? y)
```

该方法参数的类型很明确：x 是非可空值，y 则是可空值。方法的返回值（没有?符号）表示函数的返回值也是非可空的。

C#类型系统中的其他一些变动则是从小处着手，更关注单个方法的实现问题，而非大型系统各组件之间的交互。C# 3 引入了**匿名类型**（anonymous type）和**隐式局部变量**（var），二者用于解决某些静态类型语言的缺陷：代码冗余。对于一个仅在单一方法中使用的数据形态，如果要为其专门创建额外的数据类型，不啻于牛刀杀鸡。而使用匿名类型的好处就在于，在保持静态类型语言优势的同时，可以清晰简洁地描述数据形态。

```
var book = new { Title = "Lost in the Snow", Author = "Holly Webb" };
string title = book.Title;
string author = book.Author;
```

编译器依然会检查名称和类型

匿名类型主要用于 LINQ 查询语句。不过即便没有 LINQ，为单一方法专门创建数据类型这种做法也不太可取。

同样，如果调用了某类型的构造方法，就没有必要在同一条语句中显式声明该变量的类型了。下面两种声明方式哪个更简洁一目了然：

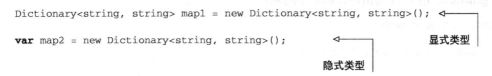

```
Dictionary<string, string> map1 = new Dictionary<string, string>();

var map2 = new Dictionary<string, string>();
```

显式类型

隐式类型

隐式类型在处理匿名类型时不可或缺，在处理普通类型时，其重要性也日益凸显。另外，读者需要重点区分**隐式类型**（implicit typing）和**动态类型**（dynamic typing）这两个概念。注意以上代码中的变量 map2，它属于静态类型，只是没有显式地写出其类型而已。

不过，匿名类型的作用域仅限于单个代码块，无法将其用作方法的参数或返回值。C# 7 引入了**元组**（tuple）的概念。元组是一种值类型变量，它可以有效地组织变量。元组的 framework 支持相对比较简单，但还需要额外的语言支持来实现对元素进行命名。可以使用元组来替代前文中的匿名类型：

```
var book = (title: "Lost in the Snow", author: "Holly Webb");
Console.WriteLine(book.title);
```

用元组替代匿名类型的用法只适用于部分场合，其好处之一是元组可以用作方法的参数和返回值。目前我个人建议将元组的使用范围尽量限制在内部 API 中，不要对外暴露，因为元组只是对值进行简单的组合，并没有对其进行封装。所以在我看来，元组只是 C#实现层面的小改进，而非整体设计层面的改进。

讲到这里顺便提一下，C# 8 可能会引入一种新类型——**记录类型**（record type）。从记录类型的最简形式来看，它在某种程度上属于“具名的匿名类型”。同匿名类型一样，记录类型有助于消除样板代码，此外它还兼备普通类的行为特征。敬请关注！

1.1.2　代码更简洁

让开发人员能更简洁、更精准地通过代码表达意图，是贯穿于 C#各项新特性中一个永恒的主题。从前面讲到的匿名类型就不难看出，类型系统对代码的简洁之道贡献颇多，其他很多特性当然也毫不逊色。关于简化代码的各种论调，读者可能早已不胜其烦，特别是关于新特性推出后，又可以删减哪些代码。利用好 C#的这些新特性，可以减少形式化代码、去掉样板化代码、删减额外代码。总的来说，就是一条原则——消灭冗余。这些冗余代码没有错，只是碍眼又多余而已。就精简代码而言，C#在以下几方面均有建树。

1. 构造与初始化

首先考虑对象构造和初始化的方式。**委托**（delegate）应该是演化最多而且最快的一项特性了。在 C# 1 中，需要先写一个委托可以指向的方法，然后再写一大段代码来创建委托。例如，要为一个按钮的 `Click` 事件订阅一个新的事件处理方法，C# 1 代码如下所示：

```
button.Click += new EventHandler(HandleButtonClick);        <—— C# 1
```

C# 2 引入**方法组转换**（method group conversion）和**匿名方法**（anonymous method）后，就可以采用如下形式来保存 `HandleButtonClick` 方法了：

```
button.Click += HandleButtonClick;        <—— C# 2
```

如果 `Click` 处理方法比较简单，也可以只写一个匿名方法，不需要再单独创建方法：

```
button.Click += delegate { MessageBox.Show("Clicked!"); };        <—— C# 2
```

另外，匿名函数的**闭包**（closure）特性还有额外的好处：在匿名函数中访问其所在上下文的局部变量。不过自从 C# 3 推出 **lambda 表达式**之后，匿名函数已渐渐失宠，因为 lambda 表达式几乎具备匿名函数的所有优长，而且它的语法更简洁。

```
button.Click += (sender, args) => MessageBox.Show("Clicked!");        <—— C# 3
```

说明 在本例中，Lambda 表达式比匿名方法长，因为匿名方法使用了 Lambda 表达式不具备的一个特性：不提供参数列表从而忽略参数。

前文之所以采用事件处理作为委托的示例，是因为 C# 1 中事件处理是委托的主要用途；而在 C# 1 之后，委托还被灵活应用于更多场景，其中最具代表性的就是 LINQ。

C# 还引入了**对象初始化器**和**集合初始化器**便利初始化操作。使用初始化器，在创建新对象或者集合时，就可以仅在一个表达式内完成对属性或者元素的批量赋值。这里借用第 3 章的一段示例代码来说明，这样会比文字描述有效得多。曾经的代码是：

```
var customer = new Customer();
customer.Name = "Jon";
customer.Address = "UK";
var item1 = new OrderItem();
item1.ItemId = "abcd123";
item1.Quantity = 1;
var item2 = new OrderItem();
item2.ItemId = "fghi456";
item2.Quantity = 2;
var order = new Order();
order.OrderId = "xyz";
```

```
order.Customer = customer;
order.Items.Add(item1);
order.Items.Add(item2);
```

采用 C# 3 引入的对象初始化器和集合初始化器来写，更清晰明了：

```
var order = new Order
{
    OrderId = "xyz",
    Customer = new Customer { Name = "Jon", Address = "UK" },
    Items =
    {
        new OrderItem { ItemId = "abcd123", Quantity = 1 },
        new OrderItem { ItemId = "fghi456", Quantity = 2 }
    }
};
```

对于以上两段代码，读者不必深究其细节，只需重点感受第 2 段代码所展现的简洁即可。

2. 方法与属性声明

自动实现的属性是 C#代码简化中最显著的特性之一。此项特性始于 C# 3，并在后续版本中不断强化。例如由 C# 1 实现的以下代码：

```
private string name;
public string Name
{
    get { return name; }
    set { name = value; }
}
```

如果采用自动实现的属性，则仅需一行代码：

```
public string Name { get; set; }
```

此外，C# 6 引入的**表达式主体成员**（expression-bodied member）进一步降低了 C#语言的复杂度。假设有一个封装了 `string` 集合的类，该集合的 `Count` 和 `GetEnumerator()` 这两个成员，在 C# 6 以前需要写成如下形式：

```
public int Count { get { return list.Count; } }

public IEnumerator<string> GetEnumerator()
{
    return list.GetEnumerator();
}
```

这个例子生动地展示了什么叫作“例行公事”般的代码，这种写法仅仅是为了满足语法要求。有了 C# 6，就可以使用=>标记作为表达式主体成员，大幅简化代码：

```
public int Count => list.Count;

public IEnumerator<string> GetEnumerator() => list.GetEnumerator();
```

如今=>符号已经广泛应用于 lambda 表达式中了。

表达式主体成员增强了代码的可读性，实在令人赞叹。尽管只是一种主观感受，但我确实难以掩饰对它的喜爱之情。关于字符串，C#新增了一项名为**字符串内插**（string interpolation）的改进。我个人对字符串内插的使用频率之高远超预期。

3. 字符串处理

C#中的字符串处理总共涉及 3 大方面改进。

- C# 5 引入了**调用方信息特性**（caller information attribute）。通过这项特性，编译器可以将方法名和文件名自动填充到参数值中。无论是用于持久化日志还是临时性测试，这项特性对程序诊断大有帮助。
- C# 6 引入了 `nameof` 运算符，用于获取变量、类型、方法或成员的名字。常言道："手握 `nameof` 运算符，代码重构不发怵。"
- C# 6 引入了**内插字符串字面量**（interpolated string literal），极大地简化了动态构建字符串的方式，尽管它并不算一个全新的概念。

篇幅所限，这里只针对最后一个特性给出相关示例。将变量、属性、函数返回值等用于创建字符串是常见需求，可用于记录日志、为用户提供错误信息（假设没有属地化需求）、构建异常信息，等等。

举一个取自我的 Noda Time 项目的例子：用户通过 ID 查找日历系统，如果该 ID 不存在，则代码抛出一个 `KeyNotFoundException`。在 C# 6 之前，代码写法如下：

```
throw new KeyNotFoundException(
    "No calendar system for ID " + id + " exists");
```

或者直接调用字符串格式化方法：

```
throw new KeyNotFoundException(
    string.Format("No calendar system for ID {0} exists", id));
```

说明 1.4.2 节有关于 Noda Time 的介绍，理解本例不需要了解它。

而到了 C# 6，由于有了内插字符串字面量，只需把 `id` 这个变量值包含在字符串中即可：

```
throw new KeyNotFoundException($"No calendar system for ID {id} exists");
```

尽管不是什么大的改动，但这项特性已然深入我的日常编码，变得不可或缺了。

前面提到的这些特性，都是助力开发人员精简代码的精华部分。除此以外，其他优秀的特性还包括 C# 6 中的 `using static` 指令和空值条件运算符，C# 7 中的模式匹配、分解、`out` 变量等。不过没有必要逐个版本地阐述这些特性，下面重点探究一个堪称革命性改进的新特性：LINQ。

1.1.3 使用 LINQ 简化数据访问

如果问程序员“你喜欢 C#的什么”，提到 LINQ 的估计不在少数。前面介绍了成就 LINQ 的不少特性，不过 LINQ 的核心特性还是查询表达式。参考如下代码：

```
var offers =
    from product in db.Products
    where product.SalePrice <= product.Price / 2
    orderby product.SalePrice
    select new {
        product.Id, product.Description,
        product.SalePrice, product.Price
    };
```

以上代码和那些“传统”代码可以说风格迥异。难以想象如果穿越回 2007 年，去跟一个还在使用 C# 2 的程序员展示这段代码会是怎样的场景：你会告诉他这段代码支持编译时检查以及智能提示，还会产生一次高效的数据库查询操作。另外，这种特殊的语法对普通集合同样适用。

LINQ 使用**表达式树**来完成进程外数据的查询操作。表达式树把代码当作数据进行处理，LINQ Provider 可以分析代码，并将其转换为 SQL 或其他查询语言。其实我个人很少用到这项出色的特性，因为我很少需要同 SQL 数据库交互，但是我需要使用查询表达式或者 lambda 表达式来处理内存集合，所以使用 LINQ 的频度也很高。

对于 C#程序员来说，LINQ 绝不仅仅是一个新“工具”，它还驱动着我们突破数据访问的限制，以函数式编程的角度看待数据转换过程。LINQ 对开发人员的函数式思维起到了抛砖引玉的作用，开发人员则以此为契机把这一思维应用得更加广泛。

尽管 C# 4 对动态类型做出了天翻地覆的改进，可是要说到对程序员影响之深远，还是首推 LINQ。而等到 C# 5 出场，它凭借异步特性再一次令 C#改头换面。

1.1.4 异步

异步对于主流编程语言一直是个难题，而很多小众语言自设计之初就充分考虑了异步机制的设计，一些函数式语言更是将异步问题处理得游刃有余。C# 5 采用 `async/await` 机制，进一步简化了主流语言的异步编程模式。此项特性共包含 2 项关于 async 方法的补充内容。

- async 方法会生成一个返回值，该返回值代表了一个异步操作。这部分完全不需要开发人员介入。该返回值的类型一般是 `Task` 或者 `Task<T>`。
- async 方法使用 `await` 表达式来消费异步操作。如果 async 方法试图等待一个尚未完成的操作，该方法就会异步地暂停，直到操作完成后再继续执行。

说明 其实称“异步函数”更合适，因为匿名方法和 lambda 表达式也可以是异步的。

异步操作和**异步暂停**这两个概念的具体细节和机制较为复杂，这里不再赘述。总而言之，凭借上述特性，我们可以按照编写同步代码的方式来编写异步代码，同时让并发操作更接近自然的思维方式。参考如下示例代码，假设有一个由 Windows Forms 事件触发的异步方法：

```
private async Task UpdateStatus()
{
    Task<Weather> weatherTask = GetWeatherAsync();                |同时开始
    Task<EmailStatus> emailTask = GetEmailStatusAsync();          |两个操作

    Weather weather = await weatherTask;                   |异步地等待
    EmailStatus email = await emailTask;                   |二者完成

    weatherLabel.Text = weather.Description;                   |更新用户
    inboxLabel.Text = email.InboxCount.ToString();             |界面
}
```

这段代码展示了如何同时启动两个并发操作并等待返回结果，还展示了 async/await 如何识别同步上下文。这段代码同时做两件事：更新 UI 信息（只能在 UI 线程中执行），启动并等待一个耗时很长的操作。在 async/await 机制出现以前，同样功能的实现代码更复杂且容易出错。

然而并不是有了 async/await 之后处理异步编程就变得轻而易举了，异步编程自身的复杂性不会就此消失，它只是剔除了以前那些样板代码，便于开发人员将精力集中于异步编程的核心难点。

上述特性都致力于精简代码，关于最后一个特性，下面讲一些不一样的东西。

1.1.5 编码效率与执行效率之间的取舍

我仍记得第一次使用 Java 时的感受。那时 Java 还是彻头彻尾的解释性语言，而且执行速度极慢。不久之后，JIT（Just-In-Time）编译器开始进入人们的视野，并最终发展成为 Java 实现的唯一指定编译方式。

之后为了提升 Java 语言的性能，大家可谓殚精竭虑。众人在 Java 身上倾注心血，起码证明 Java 肯定不是一款失败的产品。开发人员看到了它的潜力，感受到它为开发效率带来了前所未有的提升。程序的运行速度同开发和交付的速度比起来，往往就显得不那么重要了。

相较而言，当时 C#的境况略有不同。从一开始，CLR（Common Language Runtime）的表现就相当不俗。C#语言既支持同本地代码的轻松交互，也支持由指针实现的性能敏感的非安全代码。C#的性能一直在不断提升。（微软正在引入一套类似于 Java HotSpot JIT 编译器的分层 JIT 编译机制。）

然而，工作负载的差异导致了性能需求上的差异。1.2 节将介绍，从游戏到微服务，C#的应用平台范围之广令人惊叹。这些千差万别的平台对于程序性能的需求都不尽相同。

虽然异步特性解决了某些场景中的性能问题，但是 C# 7 才是提升程序性能最多的一个版本。只读结构体和 ref 特性都可以用于消除复制冗余。最新的 Span<T>特性（得到了类 ref 结构体类型的支持）有助于减少不必要的内存分配和垃圾回收。如果开发人员能用好这些特性，无疑能够满足很多需求。

然而我个人对这些新特性依旧心存疑虑，因为它们毕竟还是有些复杂。例如，在只使用普通值参数就可以的情况下，为何要使用 in 参数呢？再比如，哪些场景适合使用 ref 局部变量和 ref return？这些问题一时三刻我也无法参想透彻。

因此我认为，使用新特性一定要遵循适度的原则。在真正合适的场景中，代码简化的效果才会显著。而且对于代码维护人员来说，能够维护更简洁的代码，也是一件求之不得的事情。之后我会在个人项目中试用这些新特性，并努力在性能提升和代码复杂度之间做好权衡。

对于 C#设计团队在引入新特性时是否充分考虑了这些特性的使用频度这件事，我持怀疑态度。大家不必为了用特性而去用，而要有目的、有选择性地使用。关于最优选择，C# 7 还开创性地引入了一个全新的元特性：使用小版本号。

1.1.6 快速迭代：使用小版本号

C#的版本号比较奇特，很多开发人员也搞不清楚 framework 版本号和语言版本号之间的关系。（比如 C#实际上没有 3.5 这个版本。.NET Framework 3.0 版本是跟 C# 2 一起推出的，而.NET Framework 3.5 是随 C# 3 发布的。）C# 1 有两个发行版：C# 1.0 和 C# 1.2；而在 C# 2 到 C# 6 期间，都只有大版本号，随之发布的还有新版本的 Visual Studio。

C# 7 首次推出了这样一个特性：新发布的 C# 7.0、C# 7.1、C# 7.2 以及 C# 7.3 这几个语言版本在 Visual Studio 2017 中都可以使用。后续的 C# 8 大概率还将沿用该模式。这一特性旨在根据使用者的反馈对 C#进行快速迭代。C# 7.1~C# 7.3 这几个版本的大部分特性是基于 7.0 版本的变体或者扩展。

这种语言特性的不稳定，会给使用者尤其是大型公司造成困惑。许多公司对基础架构所做的变动或升级，都是为了确保能够完全支持新版本。另外，很多开发人员学习和接纳这些新特性的步调可能也会不一致。就算抛开这些问题不谈，对于一门更新速度比你适应速度还要快的语言，谁都会多少有些不悦吧。

基于上述考虑，C#编译器默认使用最新主版本号的最早小版本号。对于 C# 7 编译器来说，如果不指定语言版本，那么它默认会使用 C# 7.0 版本。如果需要使用后续的小版本号，需要在工程文件中显式声明，才能够使用新特性。

指定小版本号有两种方法，二者作用相同。一是直接在工程文件的<PropertyGroup>标签中添加<LangVersion>，如下所示。

```
<PropertyGroup>
  ...                                         ← 其他属性
  <LangVersion>latest</LangVersion>           ← 指定工程的语言版本
</PropertyGroup>
```

不想直接编辑工程文件的话，也可以在 Visual Studio 中选择项目属性，在构建（Build）标签中点选右下方的高级（Advanced）按钮。在弹出的对话框中，就可以选择想使用的语言版本了，另外还有一些选项可供设置，见图 1-1。

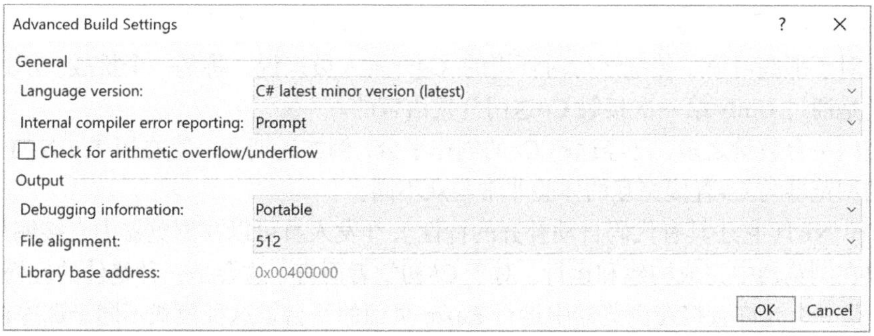

图 1-1　Visual Studio 中的语言版本设置

随着该特性的推出，你将更频繁地用到上面这个对话框。版本号提供的可选项如下所示。

- **默认**：当前大版本号下的第一个小版本号。
- **最新**：当前最新的版本号。
- **自定义版本号**：比如可以填“7.0”或者“7.3”。

上述操作不会对当前编译器的版本号产生影响，它只是用于调整当前语言可用特性的集合。如果目标版本不支持代码中使用的新特性，编译器就会发出错误信息，提示应当指定正确的版本号。如果使用的新特性是编译器根本无法识别的，例如在 C# 6 编译器中使用 C# 7 的特性，那么错误信息就无法做出精准的提示了。

C#语言从诞生之初经历了漫长的演化历程，那么 C#所运行的平台又有怎样一段历史呢?

1.2　一个与时俱进的平台

过去几年令广大.NET 程序员振奋不已，期间虽然也经历了不少坎坷，但微软和.NET 社区还是针对更开放化的开发模型达成了共识。众人凭借着艰辛付出，取得了令人瞩目的成就。

此前的很多年，要在 Windows 上运行 C#程序基本是一个心照不宣的事实。要么用 Windows Forms 或 WPF 编写客户端程序，要么用 ASP.NET 编写在 IIS 上运行的服务端程序。虽然不是不能选择其他平台，尤其还有着像 Mono 这样由来已久的跨平台项目，但是.NET 开发实际上还是以在 Windows 上为主。

这段文字写于 2018 年 6 月，此时的.NET 早已今非昔比。其中最为瞩目的当属.NET Core，它既是运行时，也是框架，还具备开源和可移植的特性，能够在不同操作系统上运行，由微软全面背书，同时配备有完备的开发工具流。这些特性于几年前几乎是不可想象的。再加上 Visual Studio Code 这样一款开源且可移植的 IDE，就打造出了一个繁荣的.NET 生态系统。今后，开发人员终于可以在不同平台上完成.NET 开发工作，并能把程序部署到各种服务器上了。

当然，除了.NET Core，运行 C#的方式还有很多，其中 Xamarin 就提供了丰富的跨移动平台体验，其 GUI 框架（Xamarin Forms）可以让开发人员构建出跨平台的统一 UI，还可以充分利用运行设备的平台特性。

Unity是世界上最受欢迎的游戏开发平台之一。Unity拥有一套定制化的Mono运行时和预编译机制，这对于那些习惯了传统运行时环境的C#开发人员来说，将是一个挑战。不过依然有很多开发人员是通过Unity第一次接触C#这门开发语言的。

这些应用平台数量之多，已经远超C#的创作平台，例如近期我一直在用Try .NET和Blazor，它们提供的浏览器与C#直接交互的体验非常与众不同。

使用Try .NET（它还具有代码自动补齐的特性），开发人员可以在浏览器中直接编写C#代码，之后还可以在浏览器中完成构建和运行。对于C#初学者而言，这会是一种绝佳的轻松入门体验。

Blazor是一个允许直接在浏览器中运行Razor页面的平台。这种模式不同于那些在服务器端渲染然后交由浏览器展示的方式，它把UI相关代码都放到浏览器中去执行，使用Mono运行时将代码转换为WebAssembly。这种由浏览器中的JavaScript引擎来执行IL代码的整个运行时机制，同时支持计算机和手机终端，这在几年前是不敢想象的。

C#平台这些年的变革，同样离不开一个空前合作和开放的社区。

1.3　一个与时俱进的社区

从C# 1.0起我便加入了社区，还从未见过它散发着今日这般活力。在我刚开始使用C#时，它更多被视作一种“企业级”编程语言，既无聊，可探索度也不够高。[①]在这种情况下，与其他语言相比，C#的开源生态系统自然成长得十分缓慢。就算对比同样被视作企业级编程语言的Java，C#也是自愧弗如。而到了C# 3之后，alt.NET社区就已经超越了主流.NET的发展速度，颇有几分和微软分庭抗礼的意味。

于2010年问世的NuGet包管理器（最初名字是NuPack）简化了类库的编写和使用，无论是商业库还是开源库都因此获益。下载一个zip文件或者正确复制并引用一个DLL文件都很简便，但是无论哪个进行得不顺利，都有可能令开发人员畏难而退。

说明　一些包管理器更早问世，其中Sebastien Lambla开发的OpenWrap项目颇有影响。

2014年微软宣布计划将其Roslyn编译器平台开源，并同步推出新版的.NET Foundation为其护航。紧接着.NET Core（最初隶属于一个代号为“Project K”的项目）也宣布即将发布DNX，之后.NET Core工具最终发布并且逐渐成熟。其后微软连续发布了ASP.NET Core、Entity Framework Core以及Visual Studio Code。这些项目都扎根并长期活跃于GitHub上，日渐壮大。

创建健康社区，技术在其中的重要作用毋庸置疑，而微软拥抱开源这一举措，同样至关重要。各种第三方开源包蓬勃发展，包括对Roslyn的创新性使用以及集成.NET Core工具这些举措，都预示着一个更加美好的未来。

社区能有今天的繁荣并不是无缘无故的。云计算的崛起使得.NET Core在.NET生态系统中变

① 别误会我的意思。这是一个令人愉快的社区，一直有人为了乐趣而尝试使用C#。

得空前重要，对 Linux 系统的支持成为了必然要求。有了.NET Core 之后，像在 Docker 镜像中打包一个 ASP.NET Core 服务，使用 Kubernetes 进行部署，使之成为多种语言混合的大型应用的一部分，这一切都变得顺理成章。各个社区之间不断交流和启迪优秀想法已蔚然成风。

学习 C#，一款浏览器就能满足要求；运行 C#，没有平台限制；探讨 C#，Stack Overflow 以及其他众多站点任君选择。加入 C#团队在 GitHub 上的讨论组，共商 C#的未来大计也不再是梦想。尽管 C#还不够完美，打造一个深得人心的 C#社区也依然有很长的路要走，但目前来看已经取得了相当不错的成绩。

在我看来，本书在 C#社区也占有一席之地。那么它的演化之路又是怎样的呢？

1.4 一本与时俱进的好书

迄今为止，本书已推出第 4 版。尽管它更新的速度相较语言、平台以及社区而言稍慢，但是相比第 1 版也早已不可同日而语。下面简要介绍这一版最为美妙的几个地方。

1.4.1 内容详略得当

本书（英文版）第 1 版于 2008 年 4 月面世，恰逢我入职谷歌。那时我注意到，好多已经精通 C# 1 的开发人员正在努力学习 C# 2 或者 C# 3，但是他们对于许多知识碎片无法很好地融会贯通，于是我决定破除这一阻碍，开始深入研究 C#语言本身，希望可以让读者对 C#的各项特性知其然也知其所以然。

此外，开发人员的需求也会随着时间的推移而发生变化。受 C#社区潜移默化的影响，很多开发人员对 C#语言的早期版本已经有了颇为深入的认识（尽管不是人人如此）。逐个版本地学习 C#语言的演化历程是很有裨益的一件事，可是既然本书已经出到第 4 版，我还是想把重点放在 C#的几个新版本上。对于 C# 2 到 C# 4 之间的很多细节，本书暂不做探讨。

说明 逐个版本地学习一门语言不是从零开始学习的最佳方法，但有助于深入理解。对于 C#初学者，我不会这样组织内容。

当读者看到一本厚厚的大部头，往往会心生畏惧，止步不前。一本太过厚重的书，写起来会很辛苦，坚持读下去的读者也会很辛苦。如果用 400 页的篇幅来讲述 C# 2 到 C# 4 的版本，估计后面怎么写都不太对劲了。

基于以上这些原因，我对 C#早期的几个版本的内容进行了压缩。本书还会涉及早期版本的特性，但只会在必要时做深入探讨。即便是深入探讨的部分，也会比第 3 版简略一些。读者可以把第 4 版简述的内容当作对已有知识的回顾，在需要深究之处则可以参考第 3 版（第 3 版没有讨论 C# 6 和 C# 7）。对于 C# 5 到 C# 7 这几个版本，本书会详细阐述，其中异步问题依然会是重头戏。

写书这件事就像软件工程一样，通常都是一个不断权衡利弊的过程。至于本书所做的详略权衡能否满足读者的需求，就只能交由时间去检验了。假如还能有第 5 版，我希望自己可以做得更好。

提示 如果你阅读的是本书纸质版，强烈建议在书上做批注：哪些地方你不认同，哪些地方你觉得很有用。做笔记有助于强化记忆，之后也可作为提示。

1.4.2 使用 Noda Time 作为示例

本书给出的示例代码大多是互无关联的。如果可以向读者展示如何将这些示例应用于产品级代码，可能会更具说服力，为此我选择了 Noda Time 作为产品级工程。

Noda Time 是我于 2009 年创建的一个开源项目，旨在为.NET 提供更优秀的日期和时间库。不过创建该项目还有另外一个目的，就是把它作为一个很棒的沙盒项目。通过这个项目，我既可以提升 API 设计能力，又可以学习性能和基准分析的相关内容，还可以试验 C#的新特性。当然，这些都是在不影响用户使用体验的前提下进行的。

C#每个版本引入的新特性，我都会在 Noda Time 里使用。我用这些在产品中具体应用的新特性构造出了书中的具体示例。该项目的所有代码均可从 GitHub 上获取，读者可以把它复制到本地，然后自己动手试验。还需要澄清一点，用 Noda Time 作为示例不是为了借机推广我的开源库。当然，如果有读者愿意去熟悉和使用它，我也会暗自欣喜的。

本书后文提到 Noda Time 时，都将默认读者已经了解其所指代的内容。为了使 Noda Time 更适用于示例，需要做到以下几个关键点。

- 代码可读性要尽量强。我会不遗余力地应用那些有助于增强可读性的新特性来不断重构代码。
- Noda Time 遵循语义化版本规则，极少更新主版本号。在应用新特性时，我会注重向后兼容的问题。
- 在不增加代码复杂性的前提下，我会尽可能应用那些能够提升性能的特性。不过，由于 Noda Time 使用场景的不确定性，无法设置具体的性能指标。

1.4.3 术语选择

本书尽可能采用 C#官方术语，但有时为了追求表述上的清晰而不得已使用了一些非精准的术语，例如在说到异步时，我总是用 async 方法来代指，该术语也可以用于代指异步匿名函数。又如对象初始化器这个概念，它既适用于可访问字段，也适用于属性。简便起见，只在这里解释一次，之后书中都将其用于属性。

还有一些在 C#语言规范中使用的术语，在广大社区中使用频度很低，例如规范中有一个函数成员的概念。它可以是一个方法、属性、事件、索引器、自定义操作、实例构造器、静态构造器或终结器。该术语指的是“任何包含可执行代码的类型成员”，可有效用于描述语言特性。不过该术语在实际编码中很少会用到，所以即便从没听过也不足为奇。书中尽可能地避免使用这类术语，但读者还是有必要了解它们，以便深化对语言本身的认识。

最后，还有一些概念没有对应的官方术语。对于这类概念，我会用一些特定的短语来指代。其中用得最多的一个应该就是**难言之名**（unspeakable name）了。该术语由 Eric Lippert 提出，用于指代由编译器生成的标识符。该标识符用于实现迭代器块或 lambda 表达式等特性，在 CLR 中它是有效的标识符，而在 C#中它是无效的标识符。这是一个真实存在的名字，但是又无法用 C#的语言表述，因此称其为“难言之名”。也正是因为如此，该标识符不会与实际代码产生冲突。

1.5 小结

我热爱 C#这门美妙又动人心魄的语言，也期待着它能有更加美好的未来。希望这种体验可以传递给正在阅读的你。让我们一起马不停蹄地开始探索后面真正的精彩吧。

Part 2 第二部分

从 C# 2 到 C# 5

这部分介绍从 C# 2（随 Visual Studio 2005 发布）到 C# 5（随 Visual Studio 2012 发布）引入的全部特性，这正是本书第 3 版的全部内容。其中相当一部分内容现在看来已经过时了，比如泛型这种大家早已习以为常的概念。

从 C# 2 到 C# 5，是 C#语言极其繁盛的一段时期。这部分会介绍以下特性：泛型、可空值类型、匿名方法、方法组转换、迭代器、局部类型、静态类、自动实现的属性、隐式类型局部变量、隐式类型数组、对象初始化器、集合初始化器、匿名类型、lambda 表达式、扩展方法、查询表达式、动态类型、可选参数、命名参数、COM 改进、泛型协变与抗变、`async/await`，以及调用方信息 attribute 等。

我假定读者对这部分所涉大部分特性有一定了解，因此讲解节奏会比较快。为尽量缩短篇幅，这部分讲解不会像第 3 版那么细致。希望这部分内容能满足读者的以下需求：

- 重温 C#的特性，查漏补缺；
- 理解特性的原理、来龙去脉和设计思路；
- 快速查找相关特性的语法。

温馨提示：若想深入了解更多细节，可参考第 3 版的相关内容。

`async/await` 是一个例外。它是 C# 5 中最庞大的特性，这一版重写了相关内容。第 5 章涵盖了 `async/await` 的全部内容，第 6 章则重点讲解该特性的实现原理。对于刚接触 `async/await` 的读者，建议在阅读第 6 章前，先对该特性进行一番实践。即便经过实践，第 6 章的内容也不易理解。尽管我已经竭尽所能地以最浅显易懂的方式来讲述，但是该特性本身非常复杂。希望读者尽力理解第 6 章的内容，因为若能深入理解 `async/await` 的机制，即便不深入研究编译器生成的 IL 代码，也能在使用这项特性时更胸有成竹。“啃”完第 6 章后就能松一口气了，第 7 章的内容简单许多，它是全书最简短的一章，读者正好可以在打完第 6 章的攻坚战之后稍事休息。

介绍环节到此为止，下面请准备接受 C#特性的“洗礼”吧。

第 2 章

C# 2

本章内容概览：

- ❑ 如何使用泛型类型和泛型方法编写灵活、安全的代码；
- ❑ 如何通过可空值类型表示信息缺失；
- ❑ 如何简化创建委托的方式；
- ❑ 如何在不使用样板代码的前提下实现迭代器。

对于经验丰富的 C#开发人员来说，本章更像是一部回忆录，大家共同追忆 C#这些年走过的漫长历程，共同感谢它背后的那个睿智、专注的语言设计团队。C#初学者则会更惊讶于当年没有这些特性的 C#是如何迅速崛起的①。无论是哪类读者，阅读本章都会受益匪浅，因为总会发现一些之前从未注意到或从未深究过的特性。

C# 2（以及 Visual Studio 2005）自问世至今已 10 年有余。以今天的眼光来审视 C# 2 的特性时，内心应当已经十分平静了，但是当年 C# 2 发布意义之重大依旧不能小觑。那段历程也是相当煎熬的，从 C# 1 和.NET 1.*x* 升级到 C# 2 和.NET 2.0，花了好长时间才得到业界的认可和推广。之后，C#各版本的演进速度不断加快。下面将介绍泛型，几乎所有开发人员都认为它是 C# 2 引入的最重要的特性。

2.1 泛型

使用泛型（generic），可以编写在编译时类型安全的通用代码，无须事先知道要使用的具体类型，即可在不同位置表示相同类型。在引入之初，泛型主要用于集合。如今，泛型已经广泛应用于 C#的各个领域，其中用得较多的有如下几项：

- ❑ 集合（在集合中泛型一如既往地重要）；
- ❑ 委托（尤其是在 LINQ 中的应用）；
- ❑ 异步代码（`Task<T>`表示该方法将返回一个类型为 `T` 的值）；
- ❑ 可空值类型（详见 2.2 节）。

当然，泛型的应用场景远不止上述几项。不过，这 4 项用途足以表明泛型特性已经深入 C#

① 在我看来，原因很简单：对于当时的很多开发人员来说，即便是 C# 1 也比 Java 更高效。

开发人员的日常工作中了。以集合为例来展现泛型的诸多优势，可谓再合适不过了。可以通过对比.NET 1 中的普通集合和.NET 2 中的泛型集合来充分体会。

2.1.1 示例：泛型诞生前的集合

.NET 1 有如下 3 大类集合。

- **数组**：语言和运行时直接支持数组。数组的大小在初始化时就已经确定。
- **普通对象集合**：API 中的值（或者键）由 `System.Object` 描述。尽管诸如索引器和 `foreach` 语句这些语言特性可应用于普通对象集合，但语言和运行时并未对其提供专门的支持。`ArrayList` 和 `Hashtable` 是更常见的两种对象集合。
- **专用类型集合**：API 中描述的值具有特定类型，集合只能用于该类型。例如 `StringCollection` 是保存字符串的集合，虽然其 API 看起来与 `ArrayList` 的类似，但是它只能接收 `String` 类型的元素，而不能接收 `Object` 类型的。

数组和专用类型集合都属于**静态类型**，因此 API 可以阻止将错误类型的值添加到集合中。在从集合中取值时，也无须手动转换类型。

说明 由于存在数组协变机制，因此引用类型的数组不能完全确保类型安全。我认为，数组协变机制是 C#早期的一处设计失误。有关数组协变的内容超出了本书范畴，暂不讨论。若有兴趣，请参考 Eric Lippert 的文章“Covariance and Contravariance in C#, Part Two: Array Covariance”，这是他关于协变与逆变的系列文章之一。

下面具体看看。假设有一个名为 `GenerateNames` 的方法，该方法用于创建一个 `String` 类型的集合，此外还有一个名为 `PrintNames` 的方法，它可以把该集合的所有元素显示出来。我们分别用上述三种集合（数组、`ArrayList` 以及 `StringCollection`）来实现，然后对比这三者的优劣。采用这三种方式创建集合，代码大同小异（尤其是 `PrintNames` 方法），请容我慢慢道来。首先是数组。

代码清单 2-1 使用数组创建并打印 names

```
static string[] GenerateNames()
{
    string[] names = new string[4];      <-- 在创建数组时就必须
    names[0] = "Gamma";                      获得数组大小
    names[1] = "Vlissides";
    names[2] = "Johnson";
    names[3] = "Helm";
    return names;
}

static void PrintNames(string[] names)
{
    foreach (string name in names)
    {
```

```
            Console.WriteLine(name);
        }
    }
```

代码清单2-1中特意没有使用数组初始化器来创建数组，而是模拟了逐个获取names元素的场景，比如读文件。另外需注意，在创建数组时就应当为其确定合适的大小。像读文件这种情况，就需要事先知道文件中有多少个名字，才能在创建数组时为其分配大小。或者采用更复杂的方式，比如先创建一个初始数组，如果初始数组被填满，就再创建一个更大的数组，把初始数组中的元素全部复制到新数组中，如此循环往复，直到所有元素添加完毕。之后，如果数组依然有剩余空间，可能需要再创建一个大小合适的数组，再把所有元素复制到最终的这个数组中。

诸如追踪当前集合大小、重新分配数组等重复性操作，都可以用一个类型封装起来，使用ArrayList即可实现。

代码清单2-2 使用ArrayList创建并打印names

```
static ArrayList GenerateNames()
{
    ArrayList names = new ArrayList();
    names.Add("Gamma");
    names.Add("Vlissides");
    names.Add("Johnson");
    names.Add("Helm");
    return names;
}

static void PrintNames(ArrayList names)
{
    foreach (string name in names)      <-- 如果ArrayList中包含一个非字符串的元素会怎样？
    {
        Console.WriteLine(name);
    }
}
```

在创建ArrayList时，无须事先知晓names的元素个数，因此GenerateNames方法得以进一步简化。不过，ArrayList带来了另外一个问题：使用ArrayList无法确保非String类型的值不被添加进来，因为ArrayList.Add方法的参数类型是Object。

此外，PrintNames方法看起来是类型安全的，事实却并非如此，因为上述集合可能包含某些对象引用。举一个极端的例子：该ArrayList中有一个WebRequest类型的值，这会引发什么后果呢？由于name变量声明为string类型，因此foreach循环每次都会对集合中的元素执行隐式类型转换，把object转换为string。最终，从WebRequest到string的转换会失败，并且抛出InvalidCastException。结果就是，虽然用ArrayList解决了一个问题，但又引出了另外一个问题。有没有什么方法可以做到二者兼顾呢？

代码清单2-3 使用StringCollection创建并打印names

```
static StringCollection GenerateNames()
{
    StringCollection names = new StringCollection();
```

```
        names.Add("Gamma");
        names.Add("Vlissides");
        names.Add("Johnson");
        names.Add("Helm");
        return names;
    }

    static void PrintNames(StringCollection names)
    {
        foreach (string name in names)
        {
            Console.WriteLine(name);
        }
    }
```

2

除了把 ArrayList 都替换成了 StringCollection，代码清单 2-3 与代码清单 2-2 几乎完全一致。这也正是 StringCollection 的意义所在：用法上与通用型集合并无二致，但只负责处理 String 类型的元素。StringCollection.Add 方法的参数类型是 String，因此不能向其添加 WebRequest 类型的值。这样就保证了在显示 names 时，foreach 循环不会遇到非 String 类型的值（null 引用例外）。

在只需要处理 string 类型的情况下，StringCollection 确实是不二之选。可是如果需要使用其他类型的集合，要么寄希望于.NET Framework 已经提供了所需的集合类型，要么就只能自己写一个了。由于类似的需求十分普遍，因此就有了 System.Collections.CollectionBase 这个抽象类，用于减少上述重复性工作。另外，还可以使用一些现成的代码生成器，来有效规避纯手写代码。

使用专用类型集合可以解决前面提到的两个问题，但是创建如此多额外类型，代价实在太高了，而且当代码生成器发生变化时，同步更新这些类型的维护成本也不容忽视。另外，编译时间、程序集大小、JIT 耗时、代码段内存都会产生额外的性能消耗，最关键的还有维护这些集合所需的人力成本。

即便上述成本都可以忽略，也不能忽视代码灵活性的降低：无法以静态方式编写适用于所有集合类型的通用方法，也无法把集合元素的类型用于参数或者返回值类型。假设需要创建一个方法，该方法把一个集合的前 *N* 个元素复制到一个新的集合中，之后返回该新集合。如果使用 ArrayList，那就等同于舍弃了静态类型的优势。如果传入 StringCollection，那么返回值类型也必须是 StringCollection。String 类型成了该方法输入的要素，于是返回值也被限制到了 String 类型。C# 1 对这个问题束手无策，于是泛型出场了。

2.1.2 泛型降临

解决上述问题的办法就是采用泛型 List<T>。List<T>是一个集合，其中 T 表示集合中元素的类型，在我们的例子中，string 就是这个 T，因此 List<string>就可以替换所有 StringCollection①。

① 还有一种解决办法——通过接口来约束返回值和参数类型，不过这里不做探讨，以免分散读者的精力。

代码清单 2-4　使用 List<T>创建并打印 names

```
static List<string> GenerateNames()
{
    List<string> names = new List<string>();
    names.Add("Gamma");
    names.Add("Vlissides");
    names.Add("Johnson");
    names.Add("Helm");
    return names;
}

static void PrintNames(List<string> names)
{
    foreach (string name in names)
    {
        Console.WriteLine(name);
    }
}
```

List<T>解决了前文提到的所有问题。

- 与数组不同，List<T>无须在创建前先获知集合的大小。
- 与 ArrayList 不同，在对外提供的 API 中，一切表示元素类型之处皆用 T 来代指，这样我们就能知道 List<string>的集合只能包含 String 类型的引用。如果向集合添加了错误类型的元素，在编译时就会报错。
- 与 StringCollection 等类型不同，List<T>兼容所有类型，省去了生成代码以及处理返回值等诸多困扰。

使用泛型，还可以解决使用元素类型作为方法的输入类型这一问题。下面将介绍更多术语，以便进一步深入探讨。

1. 类型形参与类型实参

形参（parameter）和**实参**（argument）的概念，比 C#泛型概念出现得还要早，其他一些语言使用形参和实参已有数十年之久。声明函数时用于描述函数输入数据的参数称为形参，函数调用时实际传递给函数的参数称为实参。图 2-1 描述了二者的关系。

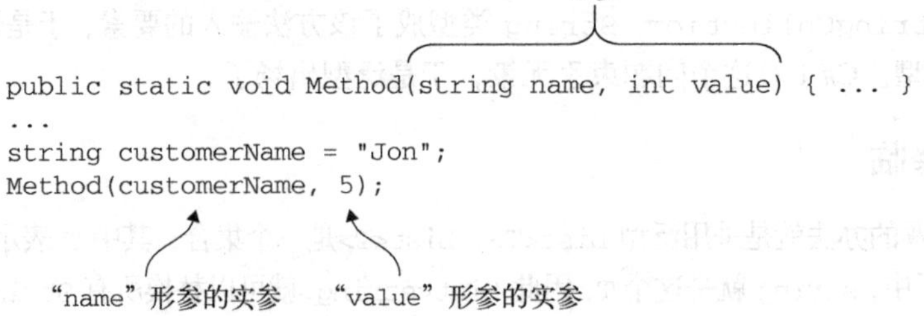

图 2-1　函数形参与实参的关系

实参的值相当于方法形参的初始值，而泛型涉及两个参数概念：**类型形参**（type parameter）和**类型实参**（type argument），相当于把普通形参和实参的思想用在了表示类型信息上。在声明泛型类或者泛型方法时，需要把类型形参写在类名或者方法名称之后，并用尖括号<>包围。之后在声明体中，就可以像普通类型一样使用该类型形参了（只不过此时还不知道具体类型）。

之后在使用泛型类或泛型方法的代码中，需要在类型名或方法名后同样用尖括号包围，给出具体的实参类型。图 2-2 以 `List<T>`为例呈现了二者的关系。

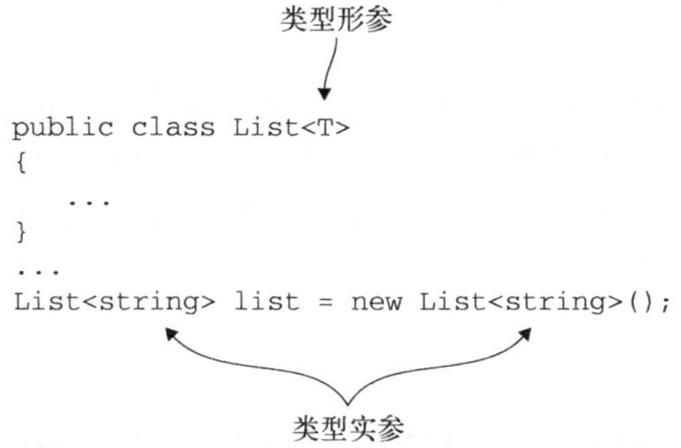

图 2-2 类型形参与类型实参之间的关系

设想一下 `List<T>`的完整 API，包括全部的方法签名、属性等。当使用图 2-2 中的 `list` 变量时，API 中的 `T` 都会被 `string` 替代。例如 `List<T>`中的 `Add` 方法，其方法签名如下：

```
public void Add(T item)
```

如果在 Visual Studio 中输入 `List.Add(`，从 IntelliSense 的智能补全看，仿佛 `item` 参数在声明时就是 `string` 类型。如果给 `Add` 方法传入非 `string` 类型的值，就会引发编译时错误。

图 2-2 是关于泛型类的示例。泛型也可以用于方法，在方法声明中给出类型形参，之后就可以在方法签名中使用这些类型形参了。而且当方法声明体中包含其他方法的调用语句时，这些类型形参还可以用作调用其他方法的类型实参。代码清单 2-5 解决了之前那个悬而未决的问题：以静态类型的方式把一个集合的前 *N* 个元素复制到另一个新集合中。

代码清单 2-5 集合间的元素复制

```
public static List<T> CopyAtMost<T>(
    List<T> input, int maxElements)
{
    int actualCount = Math.Min(input.Count, maxElements);
    List<T> ret = new List<T>(actualCount);
    for (int i = 0; i < actualCount; i++)
    {
        ret.Add(input[i]);
    }
    return ret;
}
```

方法声明了类型形参 `T`，并将 `T` 用于方法形参和返回类型中

在方法体中使用类型形参

```
static void Main()
{
    List<int> numbers = new List<int>();
    numbers.Add(5);
    numbers.Add(10);
    numbers.Add(20);

    List<int> firstTwo = CopyAtMost<int>(numbers, 2);   <-- 方法调用使用 int 作为类型实参
    Console.WriteLine(firstTwo.Count);
}
```

很多泛型方法的类型形参只用于方法签名中①，也不用作类型实参。不过，用类型形参来表示普通形参的类型与返回值类型之间的关系，是泛型的一个重要作用。

同样，当声明有基类或者接口时，泛型形参也可以用作基类或者接口的泛型实参，比如声明泛型类 List<T>实现自泛型接口 IEnumerable<T>:

```
public class List<T> : IEnumerable<T>
```

说明　实践中实现 List<T>时不仅仅实现了这一个接口，上面仅是一个简化的示例。

---

2. 泛型类型和泛型方法的度

泛型类型或泛型方法可以声明多个类型形参，只需在尖括号内用逗号把它们隔开即可，例如.NET 1 中 Hashtable 类的泛型等价物可以如下声明：

```
public class Dictionary<TKey, TValue>
```

泛型度（arity）是泛型声明中类型形参的数量。坦白说，泛型度这个术语，我主要将其用于描述概念，对平时编写代码用处不是很大。不过了解这个概念还是有用的。可以将非泛型的声明视为泛型度为 0。

泛型度是区分同名泛型声明的有效指标。比如前面提到.NET 2.0 中的泛型接口 IEnumerable<T>，它和.NET 1.0 中的非泛型接口 IEnumerable 就属于不同类型。类似地，可以编写同名但度不同的泛型方法，如下所示：

```
public void Method() {}            <-- 非泛型方法（泛型度为 0）
public void Method<T>() {}         <-- 泛型度为 1 的方法
public void Method<T1, T2>() {}    <-- 泛型度为 2 的方法
```

当声明同名但度不同的泛型类型时，这些类型并不一定是同一类别的，但一般不建议这么做。假如同一程序集中存在如下同名类型声明，使用者必然晕头转向：

① 假设我定义了类型形参，但是在方法签名中并不使用该类型形参，这种做法虽然完全可行，但毫无意义。

```
public enum IAmConfusing {}
public class IAmConfusing<T> {}
public struct IAmConfusing<T1, T2> {}
public delegate void IAmConfusing<T1, T2, T3> {}
public interface IAmConfusing<T1, T2, T3, T4> {}
```


我不提倡以上这种写法，不过依然存在一种可以接受的情况：在一个非泛型静态类中，提供一个辅助方法，它会调用其他同名的泛型类型（静态类相关内容请参考 2.5.2 节）。2.1.4 节将介绍 Tuple 类，该类用于创建各种泛型 Tuple 类的实例。

类似于泛型类型，我们也可以定义同名但泛型度不同的泛型方法。这种方式类似于以不同参数来定义不同的重载方法，只不过是根据类型形参的数量来定义重载。请注意，泛型度可以用于区分同名方法，但是类型形参的名字不行，例如不能出现如下所示的方法声明：

```
public void Method<TFirst>()  {}
public void Method<TSecond>() {}
```

编译时错误：不能仅通过类型形参名称重载方法

这两条语句会被视为同一个方法声明，而方法重载规则不允许使用这样的声明。如果想让以上声明合法，可以通过其他方式区分它们（比如不同的普通参数个数），不过鲜有这样的操作。

另外，在一个方法声明中，多个类型形参不能采用相同的名字，这条规则和普通参数不能同名是一样的。例如下面的方法声明是非法的：

```
public void Method<T, T>() {}
```

编译时错误：重复的类型形参名称

而对于类型实参来说，同名类型实参很常用，比如 Dictionary<string, string>。

前面 IAmConfusing 代码中用枚举类型作为非泛型类的示例并非巧合，接下来它会派上用场。

2.1.3 泛型的适用范围

并非所有类型或者类型成员都适用泛型。对于类型，这很好区分，因为可供声明的类型比较有限：枚举型不能声明为泛型，而类、结构体、接口以及委托这些可以声明为泛型类型。

对于类型成员来说，就没那么界限分明了。有些类型成员因为使用了其他泛型类型，看似泛型成员，但实际不是。只需记住一条原则：判断一个声明是否是泛型声明的唯一标准，是看它是否引入了新的类型形参。

方法和类型可以是泛型，但以下类型成员不能是泛型：

- 字段；
- 属性；
- 索引器；
- 构造器；
- 事件；

- 终结器。

下面举一个貌似泛型但实际不然的例子。考虑如下泛型类：

```
public class ValidatingList<TItem>
{
    private readonly List<TItem> items = new List<TItem>();
}
```

很多其他成员

这里用 TItem 作为类型形参的名字，是为了把它和 List<T>区别开来。items 是类型 List<TItem>的一个字段，它将 TItem 用作 List<T>的类型实参。TItem 是由 ValidatingList 类声明引入的类型形参，而不是由 items 声明本身引入的。

对于这些无法声明为泛型的类型成员，通常很难想象出它们如何才能成为泛型。有时我也有编写泛型构造器或者泛型索引器的需求，可最后往往是用一个泛型方法就实现了同样的功能。

关于泛型方法的调用，前文仅仅给出了关于类型实参的粗略描述。在调用泛型方法时，有时无须在代码中给出类型实参，编译器可以帮我们决定具体采用哪个类型。

2.1.4　方法类型实参的类型推断

请看代码清单 2-5 中的关键片段，其泛型方法声明如下：

```
public static List<T> CopyAtMost<T>(List<T> input, int maxElements)
```

在 main 方法中，声明一个 List<int>类型的变量 numbers，并将该变量作为 CopyAtMost 方法的调用实参：

```
List<int> numbers = new List<int>();
...
List<int> firstTwo = CopyAtMost<int>(numbers, 2);
```

函数调用的代码已加粗。CopyAtMost 函数声明了一个类型形参，因此在调用时需要给它传递类型实参。不过，在调用时，可以省略类型实参，如下所示：

```
List<int> numbers = new List<int>();
...
List<int> firstTwo = CopyAtMost(numbers, 2);
```

从编译器之后生成的 IL 代码的角度讲，这两种调用写法完全相同。这里并不需要明确给出类型实参 int，因为编译器可以自行推断。推断的依据是方法调用中参数列表的第 1 个实参。形参 input 的类型是 List<T>，其对应实参的类型是 List<int>，因此编译器推断 T 的实际类型是 int。

编译器只能推断出传递给方法的类型实参，但推断不出返回值的类型实参。对于返回值的类型实参，要么显式地全部给出，要么隐式地全部省略。

尽管类型推断只能用于方法，但它可以简化泛型类型实例的创建，例如.NET 4.0 中的元组系列。元组系列包含了一个非泛型的静态类 Tuple 以及一批泛型类：Tuple<T1>、Tuple<T1, T2>、

Tuple<T1, T2, T3>等。静态类包含了一组重载 Create 工厂方法：

```
public static Tuple<T1> Create<T1>(T1 item1)
{
    return new Tuple<T1>(item1);
}

public static Tuple<T1, T2> Create<T1, T2>(T1 item1, T2 item2)
{
    return new Tuple<T1, T2>(item1, item2);
}
```

这种写法乍一看似乎没什么意义。要知道，泛型类型推断并不适用于构造器。这么做旨在在创建元组的同时利用类型推断。直接调用构造器的实现代码比较烦琐：

```
new Tuple<int, string, int>(10, "x", 20)
```

但是使用静态方法配合类型推断，代码就简单多了①：

```
Tuple.Create(10, "x", 20)
```

这是一个非常简单实用的技巧，利用它编写泛型代码轻松而愉悦。

关于泛型类型推断的实现原理，这里不做深入探讨。C#语言设计团队一直致力于让类型推断能够应用于更多场景，在此探索过程中，类型推断的实现原理也在不断更新变化。类型推断和重载决议（overload resolution）的实现原理密切相关，而它们又和其他特性有交叉（比如继承、转换、可选形参等）。这是 C#语言规范中较为复杂的一部分内容②，因此这里不再赘述。

况且理解这部分的实现细节对于日常编码帮助不是很大。大体说来，通常只会遇到以下 3 种情况。

- 类型推断成功，并得到预期结果。
- 类型推断成功，但没有得到预期结果。此时，只需显式指定类型实参或者对某些实参转换类型即可。例如上文的 Tuple.Create 方法，如果目标结果是 Tuple<int, object, int> 类型的元组，就显式指定类型实参：Tuple.Create<int, object, int>(10, "x", 20)；或者直接调用构造器 new Tuple<int, object, int>(...)；或者调用 Tuple.Create(10, (object) "x", 20)。
- 类型推断在编译时报错。有时只需要转换参数类型就能解决。例如调用 Tuple.Create (null, 50)，类型推断会失败，因为 null 本身不包含任何类型信息，改写成 Tuple.Create((string) null, 50) 即可。如遇其他情况，只需显式给出类型实参即可。

依据我的个人经验，无论采取哪种策略，对代码的可读性影响都不大。了解类型推断的原理有助于编码者进行失败预判，但是为此花费大量时间去学习技术标准，又似乎有点得不偿失。如

---

① 前面说过构造器不能为泛型，构造器中的泛型参数实际上是来自它所在类的类型形参。——译者注

② 这绝非一己之见。就在本书编写期间，重载决议这部分的技术标准崩坏了，在 C# 5 ECMA 标准中的修复尝试也失败了，只能等到下一个版本再做尝试。

果读者对这部分内容感兴趣，想深入研究，我也不会强加阻拦，但是要做好心理准备，你可能会仿佛置身于一个错综复杂的迷宫之中而迷途难返。

不过这些都不影响类型推断本身的便利性，C#也因它的存在而变得更加简单易用。

前面提到的所有类型形参都是未经约束的，它们可以表示任何类型。有时对于某个类型形参，需要它只限于特定类型，这就有了**类型约束**的概念。

2.1.5　类型约束

在泛型类型或泛型方法中声明类型形参时，可以使用**类型约束**来限定哪些类型可以用作类型实参。假设需要一个用于格式化列表元素的方法，该方法可以确保采用特定 culture 而不是默认 culture 来格式化。IFormattable 接口有一个满足该需求的方法：ToString(string, IFormatProvider)，可是该如何确保传入的列表符合要求呢？或许有人打算这么写：

```
static void PrintItems(List<IFormattable> items)
```

但是这种写法几乎没什么用，比如 List<decimal>类型的值就无法传给该方法。尽管 decimal 类型实现了 IFormattable 接口，但是它不能转换为 List<IFormattable>类型。

说明　关于 List<decimal>不能转换为 List<IFormattable>类型的原因，第 4 章介绍泛型型变时会深入探讨，这里暂且只考虑泛型约束的内容。

下面解释一下这个例子中类型约束要表达的信息：PrintItems 方法参数需要一个列表，其中保存的是某个类型的元素，这些元素都要实现 IFormattable 接口。其中“某个类型”表示这里需要使用泛型来实现，“元素都要实现 IFormattable 接口”这一点则需要类型约束来保证，做法就是在函数声明的末尾添加 where 语句，参考如下代码：

```
static void PrintItems<T>(List<T> items) where T : IFormattable
```

使用泛型约束，不仅可以约束方法实参的值类型，也会约束方法内部如何操作和使用 T 类型的值。通过约束，编译器就可以知道 T 实现了 IFormattable 接口，于是才会允许该 T 类型的值调用 IFormattable.ToString(string, IFormatProvider)方法。

代码清单 2-6　使用类型约束打印 items

```
static void PrintItems<T>(List<T> items) where T : IFormattable
{
    CultureInfo culture = CultureInfo.InvariantCulture;
    foreach (T item in items)
    {
        Console.WriteLine(item.ToString(null, culture));
    }
}
```

如果没有类型约束，那么 `item.ToString` 的调用方法将无法通过编译，因为编译器只能查找到 `System.Object` 下的 `ToString` 方法。

类型约束不仅适用于接口，还可以约束以下类型。

- **引用类型约束**——`where T : class`。类型实参必须是一个引用类型。（`class` 这个关键字容易引起误解，它表示任何引用类型，包括所有接口和委托。）
- **值类型约束**——`where T : struct`。类型实参必须是非可空值类型（结构体类型或枚举类型）。可空值类型（2.2 节会讲到）不适用于本约束。
- **构造器约束**——`where T : new()`。类型实参必须是公共的无参构造器。该约束保证了可以通过 `new T()` 创建一个 `T` 类型的实例。
- **转换约束**——`where T : SomeType`。这里的 `SomeType` 可以是类、接口或者其他类型形参：
  - `where T : Control`
  - `where T : IFormattable`
  - `where T1 : T2`

类型约束可以组合使用，而组合规则比较复杂。一般说来，如果违反了相关规则，编译器会给出明确的错误信息。

类型约束有一种有趣且常见的用法，那就是把类型形参用于类型约束本身：

```
public void Sort(List<T> items) where T : IComparable<T>
```

以上约束把 `T` 用作泛型接口 `IComparable<T>` 的类型实参，这样 `Sort` 方法就可以调用 `items` 中元素的 `CompareTo` 方法来比较大小了，`CompareTo` 方法正是来自 `IComparable<T>` 接口的实现。

```
T first = ...;
T second = ...;
int comparison = first.CompareTo(second);
```

我个人使用接口的类型约束频度最高。具体使用哪个类型约束，主要取决于编码类型。

当一个声明中存在多个类型形参时，每个类型形参都可以有各自的类型约束，如下所示：

```
TResult Method<TArg, TResult>(TArg input)
    where TArg : IComparable<TArg>
    where TResult : class, new()
```

具有两个类型形参 **TArg** 和 **TResult** 的泛型方法

TArg 必须实现 **IComparable<TArg>** 接口

TResult 必须是具有无参构造器的引用类型

泛型相关内容已近尾声，还剩两个话题需要探讨，我们从 C# 2 与类型相关的两个运算符开始。

2.1.6 default 运算符和 typeof 运算符

早在 C# 1 时代，typeof()运算符就出现了，它接收一个类型名称作为唯一操作数。C# 2 加入了 default()运算符，并且略微扩展了 typeof 的用途。

default 运算符的功能比较简单：它是一元运算符，其操作数是类型名或类型形参，返回值是该类型的默认值。当声明了一个字段，但是没有为该字段立刻赋值时，该字段的值就是默认值。如果是引用类型，默认值是一个 null 引用；如果是非可空值类型，将返回对应类型的“0 值”（0、0.0、0.0m、false、UTF-16 编码的单元 0 等）；如果是可空值类型，则返回该类型的 null 值。

default 运算符可以用于类型形参以及提供了类型实参（也可以是类型形参）的泛型类型。例如在泛型方法中声明了一个类型形参 T，下面几种形式均合法：

- default(T)
- default(int)
- default(string)
- default(List<T>)
- default(List<List<string>>)

default 运算符返回值的类型与操作数的类型一致。default 常与泛型类型形参一起使用，因为对于非泛型类型，可以通过其他方式获得 default 值。例如定义了一个本地变量后，无法确定该变量在以后的代码逻辑中是否一定会被赋值，于是我们给该变量先赋一个初始默认值。下面举例说明：

```
public T LastOrDefault<T>(IEnumerable<T> source)
{
    T ret = default(T);          <-- 声明了一个局部变量，并将 T 的默认值赋给该局部变量
    foreach (T item in source)
    {
        ret = item;              <-- 使用序列的当前元素替换局部变量值
    }
    return ret;                  <-- 返回最后一个赋值的元素值
}
```

typeof 运算符的使用相对复杂一些。考虑以下几种常见情形：

- 不涉及泛型，例如 typeof(string)；
- 涉及泛型，但是不涉及类型形参，例如 typeof(List<int>)；
- 仅涉及类型形参，例如 typeof(T)；
- typeof 操作数中有泛型，而且泛型作为类型形参出现，例如 typeof(List<TItem>)，它出现在声明了 TItem 类型形参的方法体内部；
- 涉及泛型，但是操作数中并没有出现类型实参，例如 typeof(List<>)。

其中第一个场景最简单，而且用法从未变过。对于其他场景，需要仔细考虑，尤其最后一个还引入了新语法。typeof 运算符的返回值是 Type 类型的值，而且 Type 类在经过扩展之后可

以支持泛型。那么上述几种情况都各自返回什么值呢？需要考虑很多情形，比如下面这几种。

- 如果在包含 List<T>定义的程序集中获取它的类型，那么结果是 List<T>，不包含任何具体的类型实参，这被称为**泛型类型定义**。
- 如果在 List<int>对象上调用 GetType()方法，那么得到的结果将包含 int 这个类型实参的信息。
- 假设有一个泛型类定义如下：如果要获取它基类的类型，得到的类型将包含一个具体的类型形参（string）和一个类型形参形式的类型实参（T）。

```
class StringDictionary<T> : Dictionary<string, T>
```

诚然，上面这些逻辑真的很复杂，但这也确实是类型机制的天性使然。使用 Type 类提供的很多方法和属性，能做到在泛型类型定义和提供了具体类型实参的类型之间转换。

下面继续介绍 typeof 运算符。要理解 typeof 运算符，一个简单的例子是 typeof (List<int>)，其返回值是 List<int>的 Type 值，结果与调用 new List<int>().GetType() 相同。

接下来讨论 typeof(T)。该表达式返回的是调用代码中 T 类型实参的 Type。它的返回值永远是一个**封闭的、已构造的类型**，技术规范中将其描述为一个真正不包含任何类型形参的类型。尽管我通常会尽可能完全使用术语来解释概念，但是泛型相关术语（比如开放、封闭、具体、绑定、未绑定等）都太过难于理解，而且在实际编码中几乎用不到。后面会阐释“封闭”和“具体”这两个术语，至于另外几个术语，本书将不会涉及。

下面通过具体示例展示 typeof(T)以及 typeof(List<T>)，其中的 PrintType 泛型方法负责打印 typeof(T)和 typeof(List<T>)的执行结果，Main 方法通过两个类型实参调用该方法。

代码清单 2-7　打印 typeof 的执行结果

```
static void PrintType<T>()
{
    Console.WriteLine("typeof(T) = {0}", typeof(T));
    Console.WriteLine("typeof(List<T>) = {0}", typeof(List<T>));
}
```

打印 typeof(T)和 typeof(List<T>)

```
static void Main()
{
    PrintType<string>();
    PrintType<int>();
}
```

使用 string 作为类型实参调用方法

使用 int 作为类型实参调用方法

以上代码的执行结果如下：

```
typeof(T) = System.String
typeof(List<T>) = System.Collections.Generic.List`1[System.String]
typeof(T) = System.Int32
typeof(List<T>) = System.Collections.Generic.List`1[System.Int32]
```

重点关注:第一次方法调用时,代码运行上下文中T的类型实参为string,因此执行typeof(T)等同于执行 typeof(string)；同样，执行 typeof(List<T>)等同于执行 typeof(List<string>)。接下来以 int 作为类型实参再次调用方法，所得结果也与 typeof(int)和typeof(List<int>)相同。泛型类型或泛型方法内部代码执行时，类型形参总是指向一个封闭的、已构造的类型。

这个例子还展示了使用反射时泛型类型的命名格式。List`1 表示这是一个名为 List 的泛型类型，其泛型度为 1（只有一个类型形参），后面方括号中的内容是类型实参。

最后讨论 typeof(List<>)。该表达式看起来缺少类型实参。这种写法只有在 typeof 运算符中才有效，而且指向了泛型类型定义。对于度为 1 的泛型，书写格式为 TypeName<>；如果参数多于 1 个，每增加一个参数就增加一个逗号。比如要获取 Dictionary<TKey, TValue>的泛型类型定义，就写成 typeof(Dictionary<,>)；要获取 Tuple<T1, T2, T3>的定义，则是typeof(Tuple<,,>)。

理解泛型类型定义和封闭的、已构造类型之间的区别，对于本章最后一个话题至关重要：类型的初始化过程以及如何处理类型范围（静态）状态。

2.1.7　泛型类型初始化与状态

前面 typeof 的调用结果显示：List<int>和 List<string>是由同一个泛型类型定义构造出来的两个类型，在使用时会被当作不同类型来对待；而且在初始化和处理静态字段时，也要当作不同类型处理。每个封闭的、已构造类型都会被单独初始化，并且拥有各自的静态域。代码清单 2-8 是一个非常简单的、非线程安全的泛型计数器。

代码清单 2-8　探索泛型中的静态字段

```
class GenericCounter<T>
{
    private static int value;        <-- 每个封闭的、已构造类型
                                         对应一个字段
    static GenericCounter()
    {
        Console.WriteLine("Initializing counter for {0}", typeof(T));
    }

    public static void Increment()
    {
        value++;
    }

    public static void Display()
    {
        Console.WriteLine("Counter for {0}: {1}", typeof(T), value);
    }
}

class GenericCounterDemo
```

```
{
    static void Main()
    {
        GenericCounter<string>.Increment();
        GenericCounter<string>.Increment();
        GenericCounter<string>.Display();
        GenericCounter<int>.Display();
        GenericCounter<int>.Increment();
        GenericCounter<int>.Display();
    }
}
```

触发 GenericCounter<string> 的初始化

触发 GenericCounter<int> 的初始化

代码执行结果如下：

```
Initializing counter for System.String
Counter for System.String: 2
Initializing counter for System.Int32
Counter for System.Int32: 0
Counter for System.Int32: 1
```

以上执行结果中有两点需要关注。首先，GenericCounter<string>和 GenericCounter<int>的值是相互独立的；其次，静态构造器被执行了两次：每个封闭的、已构造类型各自执行了一次。如果没有提供静态构造器，就无法保证这两个类型之间初始化的顺序，但是本质上 GenericCounter<string>和 GenericCounter<int>还是两个独立的类型。

这个问题还可以进一步复杂化：将泛型类型嵌套。像下面这个类定义这样，类型实参的不同组合将得到不同的类型。

```
class Outer<TOuter>
{
    class Inner<TInner>
    {
        static int value;
    }
}
```

如果使用 int 和 string 作为类型实参，得到的下面几个类型将都是独立的，且各自拥有 value 字段：

- Outer<string>.Inner<string>
- Outer<string>.Inner<int>
- Outer<int>.Inner<string>
- Outer<int>.Inner<int>

上面这种情况是比较少见的。这里只需知道，重要的是那些已经完全确定的类型（包括叶子类型和封闭类型的所有类型实参在内），这个问题就没有那么复杂了。

以上就是关于泛型的全部内容。泛型是 C# 2 截至目前最庞大的一个特性了，也是对 C# 1 的一项重大改进。下面介绍可空值类型，此项特性正是基于泛型建立的。

2.2　可空值类型

Tony Hoare 于 1965 年在 Algol 语言中首次引入了 `null` 引用的概念，后来他把这项举措称为“十亿美金的过失”。无数开发人员饱受 `NullReferenceException`（.NET）、`NullPointerException`（Java）等的折磨。由于此类问题的普遍性，Stack Overflow 上有大量与之相关的典型问题。既然可空特性如此声名狼藉，为何 C# 2 以及.NET 2.0 要引入可空值类型呢？在深入可空值类型的实现细节之前，首先看看它可以解决哪些问题，以前又是如何解决这些问题的。

2.2.1　目标：表达信息的缺失

有时我们需要一种变量来保存某种信息，但是相关信息并不需要时刻都“在场”，例如以下几种场景。

- 为客户订单建模，订单中包含公司信息一栏，但并不是所有人都以公司名义提交订单。
- 为个人信息建模，个人信息中包含生卒年月，但并不是每个人都有卒年信息。
- 为某款产品进行筛选器建模，筛选条件中包含产品的价格范围，但是客户可能并没有给出产品的最高价格。

上述场景都指向了一个需求，那就是表示“未提供的值”。即便当前我们能够获得所有信息，但依然需要为信息缺失的可能情况建模，因为在某些场景中，获得的信息可能是不完整的。在第 2 个场景中，我们甚至可能连某个人的出生日期也不知道，可能系统刚好没有登记或者是其他情况。有时我们还需要详细区分哪些信息是一定会缺失的，哪些信息是不知是否会缺失的。不过在多数情况下，只需要能够表达出“信息缺失”就足够了。

对于引用类型，C#语言已经提供了表示其信息缺失的方法：`null` 引用。假设有一个 `Company` 类和一个 `Order` 类，`Order` 类中有一个与公司信息关联的引用。当客户没有指定具体的公司信息时，就可以把该引用设为 `null`。

而对于值类型，C# 1 中并没有相应的表示 `null` 值的方法，当时普遍采用下面两种方式实现。

- 当数据缺失时，采用预设值。比如第 3 个场景中的价格筛选器，当没有指定最高价格时，可以采用 `decimal.MaxValue` 作为默认的最大值。
- 单独维护一个布尔型的标志来表示其他字段是实际值还是默认值，这样在访问字段前先检查该标志，即可知道该字段当前值是否有效。

然而以上两种方式都不太理想。第 1 种方式挤压了有效值的范围（`decimal` 类型还没什么太大问题，但如果是 `byte` 类型，我们可能需要取值范围内的所有值）。第 2 种方式则会导致很多冗余和逻辑重复。

更严重的是，这两种方式都容易出错，因为二者都需要在使用前检查变量。不经过检查，就无法知晓变量是否为有效值，之后代码可能一直默默地使用错误的数据，错误地执行，并把这些错误传递给系统其他部分。这种“静默”的失败是最棘手的，因为很难追踪和撤销。相对而言，能够在执行路径中明确抛出异常会好很多。

可空值类型封装了前面第 2 种方式：为每个值类型维护一个额外的标志，用该标志来指示当前值是否可用。封装这一步是关键：它把对值类型访问的安全性和易用性结合了起来。如果当前访问的值是无效的，抛出异常即可。可空值类型维持了原有类型的对外使用方式不变，还具备表达信息缺失的能力。这样的实现方式既减轻了开发人员的编码负担，也保证了类库开发人员设计 API 时符合语法标准。

有了这些基础概念，下面看一下 framework 和 CLR 为实现可空值类型提供了哪些支持。讲解完这部分内容后，还会介绍 C#引入的一些特性，这些特性可以简化可空值类型的使用方式。

2.2.2 CLR 和 framework 的支持：Nullable<T>结构体

可空值类型特性背后的核心要素是 Nullable<T>结构体。Nullable<T>的一个早期版本如下所示：

```
public struct Nullable<T> where T : struct          // 泛型结构体，其类型约束为非空值类型
{
    private readonly T value;
    private readonly bool hasValue;

    public Nullable(T value)                         // 提供了值的构造器
    {
        this.value = value;
        this.hasValue = true;
    }

    public bool HasValue { get { return hasValue; } }   // 用于检查值是否存在的属性

    public T Value                                   // 访问值，如果值不存在则抛出异常
    {
        get
        {
            if (!hasValue)
            {
                throw new InvalidOperationException();
            }
            return value;
        }
    }
}
```

以上代码显示：该结构体声明了唯一的构造器，并将 hasValue 的初始值设为 true，该结构体类型还隐含了一个无参构造器（结构体类型的共性）。无参构造器则会将 hasValue 的初始值设为 false，将 value 的初始值设为 T 类型的默认值：

```
Nullable<int> nullable = new Nullable<int>();
Console.WriteLine(nullable.HasValue);        // 打印结果：False
```

Nullable<T>中的 where T : struct 约束表示 T 可以是除 Nullable<T>外的任意值类型，原始类型、枚举、系统内置结构体和用户自定义结构体等都满足该约束，因此以下写法均合法：

- ❑ Nullable<int>
- ❑ Nullable<FileMode>
- ❑ Nullable<Guid>
- ❑ Nullable<LocalDate>（来自 Noda Time 项目）

以下写法皆非法：

- ❑ Nullable<string>（string 是引用类型）；
- ❑ Nullable<int[]>（数组是引用类型，与内部元素是否是值类型无关）；
- ❑ Nullable<ValueType>（ValueType 本身并不是值类型）；
- ❑ Nullable<Enum>（Enum 本身也不是值类型）；
- ❑ Nullable<Nullable<int>>（Nullable<int>是可空类型本身）；
- ❑ Nullable<Nullable<Nullable<int>>>（将可空类型嵌套也没有用）。

在 Nullable<T>中，T 称为**基础类型**，比如 Nullable<int>的基础类型是 int。

至此，已经可以在没有 CLR、framework 或语言的支持下，通过 Nullable<T>类解决之前那个价格筛选器的问题了：

```
public void DisplayMaxPrice(Nullable<decimal> maxPriceFilter)
{
    if (maxPriceFilter.HasValue)
    {
        Console.WriteLine("Maximum price: {0}", maxPriceFilter.Value);
    }
    else
    {
        Console.WriteLine("No maximum price set.");
    }
}
```

以上代码可谓良质，使用变量前会对其进行检查。如果没有检查变量或者检查错了对象会怎么样呢？即使这样也无须担忧，因为当 HasValue 为 false 时，任何访问 maxPriceFilter 的操作都会引发异常。

说明　虽然此前已经强调过，不过现在仍有必要重申一下：语言的进步不仅仅体现在让编码变得更简单，还体现在能够让开发人员编写出更健全的代码，或者可以降低错误后果的严重性。

另外，Nullable<T>结构体还提供了如下一些方法和运算符。

- ❑ 无参数的 GetValueOrDefault()方法负责返回结构体中的值，如果 HasValue 是 false，则返回默认值。
- ❑ 带参数的 GetValueOrDefault(T defaultValue)方法同样负责返回结构体中的值，如果 HasValue 是 false，则返回由实参指定的默认值。
- ❑ Nullable<T>重写了 object 类的 Equals(object)和 GetHashCode()方法，使其行为更加明确：首先比较 HasValue 属性；当两个比较对象的 HasValue 均为 true 时，

再比较 Value 属性是否相等。

- 可以执行从 T 到 Nullable<T>的隐式类型转换。该转换总是会返回对应的可空值，并且其 HasValue 为 true。该隐式转换等同于调用带参数的构造器。
- 可以执行从 Nullable<T>到 T 的显式类型转换。当 HasValue 为 true 时返回封装于其中的值，当 HasValue 为 false 时则抛出 InvalidOperationException。该转换等同于使用 Value 属性。

后面讲到语言支持部分时，还会继续讨论类型转换。至此，CLR 需要做的事情，就是保证 struct 类型约束。CLR 针对可空值类型还提供了一项帮助：装箱（boxing）。

装箱行为

当涉及装箱行为时，可空值类型和非可空值类型的行为有所不同。当非可空值类型被装箱时，返回结果的类型就是原始的装箱类型，例如：

```
int x = 5;
object o = x;
```

o 是对“装箱 int”对象的引用。在 C#中，“装箱 int”和 int 之间的区别通常是不可见的：如果执行 o.GetType()，返回的 Type 值会和 typeof(int)的结果相同。诸如 C++/CLI 这样的语言，则允许开发人员对装箱前后的类型加以区分。

然而可空值类型并没有直接对等的装箱类型。Nullable<T>类型的值进行装箱后的结果，视 HasValue 属性的值而定：

- 如果 HasValue 为 false，那么结果是一个 null 引用；
- 如果 HasValue 为 true，那么结果是“装箱 T”对象的引用。

代码清单 2-9 展现了以上两点。

代码清单 2-9 可空值类型的装箱效果

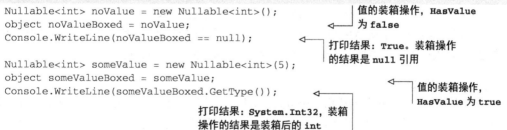

```
Nullable<int> noValue = new Nullable<int>();
object noValueBoxed = noValue;
Console.WriteLine(noValueBoxed == null);

Nullable<int> someValue = new Nullable<int>(5);
object someValueBoxed = someValue;
Console.WriteLine(someValueBoxed.GetType());
```

值的装箱操作，HasValue 为 false

打印结果：True。装箱操作的结果是 null 引用

值的装箱操作，HasValue 为 true

打印结果：System.Int32，装箱操作的结果是装箱后的 int

这正是理想的装箱行为，不过它有一个比较奇怪的副作用：在 System.Object 中声明的 GetType()方法为非虚方法（不能重写），对某个值类型调用 GetType()方法时总会先触发一次装箱操作。该行为或多或少会影响效率，但是还不至于造成困扰。如果对可空值类型调用 GetType()，要么会引发 NullReferenceException，要么会返回对应的非可空值类型，如代码清单 2-10 所示。

代码清单 2-10　可空值类型调用 GetType 方法会得到奇特的结果

```
Nullable<int> noValue = new Nullable<int>();
// Console.WriteLine(noValue.GetType());        ◁— 会抛出 NullReferenceException

Nullable<int> someValue = new Nullable<int>(5);
Console.WriteLine(someValue.GetType());        ◁— 打印结果：System.Int32。与调用
                                                   typeof(int)得到的结果一致
```

除了 framework 和 CLR 对可空值类型的支持，C#语言还有其他设计来保证可空值类型的易用性。

2.2.3　语言层面支持

如果当初 C# 2 发布时只提供了 struct 类型约束来让编译器只知道可空值类型，简直不可想象。C#团队完全可以给可空值类型特性提供这种最基本的支持。当初若只提供了最基本的支持，不知会有多少局促、困顿，那些为了将可空值类型融入语言标准而增加的特性就更令人心生敬意了。下面从一个最简单特性开始：可空值类型命名的简化。

1. ?后缀

Nullable<T>类型有一个简化版的写法，就是在类型名后添加?后缀。两种写法效果等同，而且该写法对简版类型名（int、double 等）和全版类型名都适用。下面 4 个声明完全等价：

- Nullable<int> x;
- Nullable<Int32> x;
- int? x;
- Int32? x;

上述 4 种写法任意组合、混用都没有问题，它们产生的 IL 代码没有任何区别。在实际编码中，我一贯使用?写法，不过不同的团队或许有不同的编码习惯。由于?在文字内容中会引起歧义，因此之后我只在代码中使用?符号，其他地方仍使用 Nullable<T>。

这应该是 C#语言中最简单的一项改进了，本章后续内容也将贯彻“编写更简洁的代码”这一主题。?后缀用于简化类型的表达，下一个特性则用于简化值的表达。

2. null 字面量

C# 1 中 null 表达式永远代指一个 null 引用。到了 C# 2，null 的含义扩展了：或者表示一个 null 引用，或者表示一个 HasValue 为 false 的可空类型的值。null 值可用于赋值、函数实参以及比较等任何地方。有一点需要强调：当 null 用于可空值类型时，它表示 HasValue 为 false 的可空类型的值，而不是 null 引用。null 引用和可空值类型不容易辨明，例如以下两行代码是等价的：

```
int? x = new int?();
int? x = null;
```

一般我更倾向于使用 null（第 2 种写法）而不是显式调用无参构造函数。不过当涉及比较逻辑时，这两种写法就不容易抉择了，例如：

```
if (x != null)

if (x.HasValue)
```

对于书写习惯上的偏好，我自己也很难一以贯之。不是说保持一致的编码风格不重要，只是就这部分内容来说，确实影响不大。可自由切换编码风格，无须考虑兼容性问题。

3. 转换

前面讲过，存在从 T 到 Nullable<T>的隐式类型转换，以及从 Nullable<T>到 T 的显式类型转换。此外，C#语言还允许链式转换。对于任意两个非可空的值类型 S 和 T，如果存在从 S 到 T 的类型转换（例如从 int 转换到 decimal），那么以下类型转换都是合法的：

- Nullable<S>到 Nullable<T>的类型转换（显式转换或隐式转换，视 S 到 T 的转换类型而定）；
- S 到 Nullable<T>的类型转换（同上）；
- Nullable<S>到 T 的显式类型转换。

上述转换的工作原理比较显而易见：其实是将 S 到 T 按照要求进行转换，并为其填充了 null 值。这种通过填充 null 值扩展已有操作的过程叫作**提升**（lifting）。

有一点需要注意：无论是可空值还是非可空值，都可以进行显式类型转换，LINQ to XML 就很好地利用了该特性。它可以显式地将 XElement 类型转换为 int 或者 Nullable<int>类型。LINQ to XML 中有很多操作，当查找一个不存在的元素时会返回一个 null 引用，然后把 null 引用转换为 Nullable<int>。该过程涉及把 null 引用转换为 null 值，同时引入“可空”。整个过程不会抛出任何异常。可是如果把一个空的 XElement 引用强制转换为非可空的 int 类型，就会引发异常。由于这两种转换的存在，LINQ to XML 处理可选元素和必选元素都变得更安全、更轻松。

对于类型转换操作，我们既可以使用 C#预定义的类型转换操作，也可自定义类型转换。其他那些原本用于非可空类型的操作，操作的范围也扩展至可空类型。

4. 提升运算符

C#允许对以下运算符进行重载。

- 一元运算符：+、++、-、--、!、~、true、false。
- 二元运算符[①]：+、 -、*、 /、% 、&、|、^、<<、>>。
- 等价运算符：==、!=。
- 关系运算符：< 、> 、<=、>=。

使用以上运算符重载非可空类型 T 时，Nullable<T>也会重载相同的运算符，不过操作数

① 虽然等价运算符和关系运算符也属于二元运算符，但在行为上与其他二元运算符有所不同，因此需要单独列出。

类型和返回值类型会和非可空类型有所区别，这些都被称为**提升运算符**。无论是预定义运算符(比如数值类型的加法运算符)，还是用户自定义运算符(比如把 1 个 TimeSpan 结构加到一个 DateTime 结构的加法运算符)都适用，此外还需要遵循以下规则：

- ❑ true 和 false 运算符不能被提升，但二者很少用，因此影响不大；
- ❑ 只有操作数是非可空值类型的运算符才能被提升；
- ❑ 对于一元运算符和二元运算符(等价运算符和关系运算符除外)，原运算符的返回类型必须是非可空的值类型；
- ❑ 对于等价运算符和关系运算符，原运算符的返回类型必须是 bool 类型；
- ❑ 作用于 Nullable<bool>的&和|运算符具有单独定义的行为，稍后介绍。

对于所有运算符来说，操作数的类型都成了对应的可空等价类型。对于一元操作数和二元操作数，返回类型也成为可空类型。如果任意一个操作数为 null，那么返回值也为 null。等价运算符和关系运算符可以保证返回类型是非可空的布尔型。进行等价操作时，两个 null 被视作相等，而一个 null 和任意一个非 null 值是不相等的。对于关系运算符，当任意一个操作数为空时，总是返回 false。当两个操作数均为非空时，执行方式与原运算符相同。

这些规则听起来可能比较复杂，但多数情况下它们的执行结果不会超出我们的预期。接下来用 int 来说明，因为 int 有众多预定义运算符(而且类型简单)，用它举例再好不过了。表 2-1 列举了一些相关的表达式、提升运算符及其结果。假定共有 3 个变量：four、five 和 nullInt，它们的类型都是 Nullable<int>，对应的值与变量名一致。

表 2-1 向可空整数应用提升运算符的例子

表 达 式	提升运算符	结 果
-nullInt	int? -(int? x)	null
-five	int? -(int? x)	-5
five + nullInt	int? +(int? x, int? y)	null
five + five	int? +(int? x, int? y)	10
four & nullInt	int? &(int? x, int? y)	null
four & five	int? &(int? x, int? y)	4
nullInt == nullInt	bool ==(int? x, int? y)	true
five == five	bool ==(int? x, int? y)	true
five == nullInt	bool ==(int? x, int? y)	false
five == four	bool ==(int? x, int? y)	false
four < five	bool <(int? x, int? y)	true
nullInt < five	bool <(int? x, int? y)	false
five < nullInt	bool <(int? x, int? y)	false
nullInt < nullInt	bool <(int? x, int? y)	false
nullInt <= nullInt	bool <=(int? x, int? y)	false

该表中最让人不解的应该是最后一行：为什么 null 值小于等于另外一个 null 值，其结果会是 false 呢？而且第 7 行显示二者相等的命题为真。尽管这个结果很怪异，但是根据我的个人经验，在实际编码中并不会导致问题。前面讲运算符提升需要遵循的规则时，提过 Nullable<bool> 这个类型与其他类型的行为有所不同。

5. 可空逻辑

真值表，是用于列举布尔逻辑中所有可能输入的组合和对应结果的表。学习 Nullable<bool>类型逻辑，也可以采用相同的办法。只不过输入值除了 true 和 false，还需要加上 null。还好条件逻辑运算符（&&运算符和||运算符）不适用于 Nullable<bool>类型，省去不少事。

表 2-2 是 Nullable<bool>全部 4 个逻辑运算符的真值表。其中与运算符（&）和或运算符（|）具有特殊行为。非运算符（!）和异或运算符（^）与其他提升运算符的规则相同。列表中额外规则不适用于 Nullable<bool>类型的情况都已加粗。

表 2-2 Nullable<bool>运算符真值表

x	y	x & y	x | y	x ^ y	!x
true	true	true	true	false	false
true	false	false	true	true	false
true	null	null	**true**	null	false
false	true	false	true	true	true
false	false	false	false	false	true
false	null	**false**	null	null	true
null	true	null	**true**	null	null
null	false	**false**	null	null	null
null	null	null	null	null	null

理解这些规则有一个简单方法：可以把 bool?类型的值看作“某种程度的可能”，把输入中的 null 看作一个变量，如果结果取决于该变量的值，那么结果一定是 null。例如表 2-2 第 3 行表达式 true & y，当且仅当 y 为 true 时，表达式的结果才是 true。因此，如果 y 的值是 null，则其结果是 null。而对于表达式 true | y，无论 y 的值是什么，其结果总是 true。

就提升运算符和可空值逻辑的原理而言，C#语言和 SQL 语言在处理 null 值问题上存在两处轻微的冲突：C# 1 的 null 引用和 SQL 的 NULL 值。绝大部分情况下二者并不会发生冲突：C# 1 没有为 null 引用设计逻辑运算符，因此在 C#中使用早期类 SQL 语言的结果没有问题，但当涉及比较操作时，二者的矛盾就凸显了。在标准 SQL 中，如果参与比较（仅就大于、等于、小于而言）的两个值中有一个是 NULL，则其结果不可预知；C# 2 则规定比较操作的结果不能为 null，两个 null 值相等。

提升运算符的执行结果是 C#特有的

本节所讨论的提升运算符、类型转换以及 Nullable<bool>逻辑等特性都是由 C#编译器提供的，而不是由 CLR 或 framework 本身提供的。如果使用 ildasm 工具检查上述可空值运算符的代码，就会发现是编译器创建了所有 IL 代码来进行空值检查，并做出相应处理。

因此，不同语言处理 null 值的方式会有所不同。如果需要在基于.NET 平台的不同语言之间移植代码，就需要格外小心了。例如 Visual Basic 中提升运算符的行为就更接近 SQL：当 x 或 y 为 Nothing 时，x < y 的结果也为 Nothing。

下面介绍另一个可以应用于可空值类型的运算符，其行为更符合我们的直观预期：只需要把 null 引用的行为照搬到 null 值上即可。

6. as 运算符与可空值类型

在 C# 2 之前，as 运算符只能用于引用类型；到了 C# 2，as 运算符也可以用于可空值类型了。该运算符的返回值为一个可空类型的值：当原始引用的类型为 null 或与目标类型不匹配时，返回 null 值，否则返回一个有意义的值，示例如下：

```
static void PrintValueAsInt32(object o)
{
    int? nullable = o as int?;
    Console.WriteLine(nullable.HasValue ?
                      nullable.Value.ToString() : "null");
}
...
PrintValueAsInt32(5);                    ◁── 打印结果：5
PrintValueAsInt32("some string");        ◁── 打印结果：null
```

使用 as 运算符，仅需一步操作就能把任意引用安全地转换成一个值。转换结束后，通常还需手动检查结果是否为 null。在 C# 1 时代，转换类型后，还需要用 is 运算符来判断转换是否成功。这种方式不太优雅，本质上等同于请求 CLR 执行了两次相同的类型检查。

说明　对可空类型使用 as 运算符，性能出奇地低。大部分情况下，这不算太大的问题（还是要比 I/O 操作效率高），但是依然比先用 is 运算符判断类型，然后进行强制类型转换性能低。我在几乎所有 framework 和编译器的组合上都试过上述操作，慢得确乎无疑。

对于目标结果是 Nullable<T>类型的表达式来说，as 是很方便的运算符；而且 C# 7 对大部分可空值类型采用模式匹配（详见第 12 章），故使用 as 运算符是更优的解决方案。最后，C# 2 还引入了一个全新的运算符，用于优雅地处理 null 值。

7. 空合并运算符??

在实际编码中，总会有使用可空值类型的需求：当一个表达式运算结果为 null 时，为变量提供一个默认值。C# 2 引入了??运算符来解决上述问题，称为**空合并运算符**。

??是一个二元运算符，first ?? second 表达式的计算分为以下几个步骤：

(1) 计算 first 表达式；

(2) 若结果不为 null，则整个表达式的结果等于 first 的计算结果；

(3) 若结果为空，则继续计算 second 表达式，整个表达式的结果为 second 的计算结果。

上述过程只是粗略的描述，语言规范中的正式规则还包括了处理 first 与 second 之间的类型转换。不过类型转换的过程对于该运算符的大部分使用场景来说不重要，因此这里略去相关内容。如有兴趣继续探究，可参考相关语言规范。

上述规则中有一个重点需要强调：如果第 1 个操作数的类型是可空值类型，同时第 2 个操作数是第 1 个操作数对应的非可空值类型，整个表达式的类型就是该非可空值类型。例如以下代码是合法的：

```
int? a = 5;
int b = 10;
int c = a ?? b;
```

以上代码中，a 是可空值类型，表达式 a ?? b 的值可以不经类型转换直接赋值给非可空类型的 c。这样的赋值之所以合法，是因为 b 是非可空的，所以整个表达式的返回值将不可能为 null。另外，??表达式还可以自组合使用，例如 x ?? y ?? z，如果 x 为空就计算 y；如果 x 和 y 都为空，就计算 z。

C# 6 引入了空值条件运算符?.（详见 10.3 节），该运算符便利了作为表达式结果的空值处理。在代码中把?.和??运算符组合使用，可以发挥出处理空值的强大作用。一如既往，对于新技术的使用要遵循适度原则。如果过度应用运算符使得代码可读性变差，不如考虑将单条语句拆分为多条，优先增强可读性。

对 C# 2 的可空值类型的介绍就到此为止。我们已经介绍完 C# 2 最重要的两个特性，后续还会讨论若干重大特性和一些小的特性，下面先介绍**委托**。

2.3　简化委托的创建

委托这一特性存在的目的自其诞生之日起就从未改变过，那就是封装目标代码。封装好的代码可以在应用程序中进行传递，并根据需要执行（要保证参数和返回值的类型安全）。在 C# 1 时代，委托基本上用于事件处理和启动线程。即使在 2005 年 C# 2 推出之后，这一状况也没有发生太大变化。直到 2008 年 LINQ 问世，C#开发人员才开始适应这种把函数传来传去的编程方式。

C# 2 提供了 3 种创建委托实例的新方式，同时支持声明泛型委托，比如 EventHandler <TEventArgs>和 Action<T>。首先介绍**方法组转换**。

2.3.1　方法组转换

所谓**方法组**，就是一个或多个同名方法。可以说，C#程序员每天都在不知不觉中使用方法组，因为每调用一次方法就是对方法组的一次使用，参见如下代码：

```
Console.WriteLine("hello");
```

表达式 Console.WriteLine 就是一个方法组。之后编译器会根据该方法的调用实参从方法组中选择合适的重载方法进行调用。除了方法调用，C# 1 还将方法组用于**委托创建表达式**，作为创建委托实例的唯一方式。假设有如下方法：

```
private void HandleButtonClick(object sender, EventArgs e)
```

可以如下所示创建 EventHandler①实例：

① 假设 EventHandler 签名为：public delegate void EventHandler(object sender, EventArgs e)。

```
EventHandler handler = new EventHandler(HandleButtonClick);
```

C# 2 通过方法组转换简化了委托实例的创建过程：只要委托的签名与方法组中任何一个重载方法兼容，该方法组就可以隐式地转换为该委托类型。2.3.3 节会详细探讨兼容性，目前只采用方法签名完全一致的委托来举例。

像前面 EventHandler 的例子，C# 2 可以将其形式简化为：

```
EventHandler handler = HandleButtonClick;
```

事件的订阅和取消也可以采用相同的方式：

```
button.Click += HandleButtonClick;
```

简化版的代码和使用创建委托表达式的代码最终会生成相同的中间代码，唯一的区别是前者更简洁。如今很少有使用创建委托表达式的代码了。方法组转换的出现简化了开发人员创建委托实例的工作，而接下来的**匿名方法**特性在这方面表现更佳。

2.3.2 匿名方法

本章不会深入探讨匿名方法，因为匿名函数的继任者 lambda 表达式才是真正的主角。lambda 表达式由 C# 3 推出。如果 lambda 表达式问世在先，大概就不会有匿名方法了。

话虽如此，但是 C# 2 引入的匿名方法也曾帮助我以一种全新的方式来认识委托。使用匿名方法，无须在创建委托实例前预先编写另一个实体方法①，只需在委托中创建内联代码即可。大体步骤是：使用 delegate 关键字，添加实参列表（可选），然后在大括号内编写需要的代码，例如在事件触发时向控制台输出消息这个功能：

```
EventHandler handler = delegate
{
    Console.WriteLine("Event raised");
};
```

不会立刻调用 Console.WriteLine，而是创建了一个委托。只有委托被调用时，才会调用 Console.WriteLine。我们可以通过传入合适的参数，打印 sender 和事件参数这些信息：

```
EventHandler handler = delegate(object sender, EventArgs args)
{
    Console.WriteLine("Event raised. sender={0}; args={1}",
        sender.GetType(), args.GetType());
};
```

然而匿名方法的真正威力，要等它用作**闭包**（closure）时才能发挥出来。闭包能够访问其声明作用域内的所有变量，即使当委托执行时这些变量已经不可访问。后面介绍 lambda 表达式时，会详细讲解闭包这个概念（包括编译器如何处理闭包），现在只需参考如下示例。AddClickLogger

① 这个方法最终还是会出现在 IL 代码中。

方法接收两个参数：control 和 message，该方法给 control 的 Click 事件处理器添加委托实例，该实例根据 message 来向 control 输出内容。

```
void AddClickLogger(Control control, string message)
{
    control.Click += delegate
    {
        Console.WriteLine("Control clicked: {0}", message);
    }
}
```

message 作为 AddClickLogger 方法的参数，是可以被匿名方法"捕获"的。AddClickLogger 方法本身并不执行该匿名方法，它只是把匿名方法作为响应器添加给 Click 事件。当匿名方法真正开始执行时，AddClickLogger 方法早已经返回了。那么方法的参数为何还能访问呢？简而言之，是由编译器默默完成了枯燥的代码生成工作。3.5.2 节会详细介绍 lambda 表达式是如何捕获变量的。这里的 EventHandler 并无特殊之处，它只是 framework 中一个常驻、常用的委托类型。C# 2 关于委托方面的改进，目前还剩兼容性这项没有介绍，之前的方法组转换中提过这一点。

2.3.3 委托的兼容性

在 C# 1 中创建委托实例时，创建实例的方法与委托的返回值类型和参数类型（包括 ref/out 修饰符）必须完全一致。假设有如下委托声明和方法：

```
public delegate void Printer(string message);

public void PrintAnything(object obj)
{
    Console.WriteLine(obj);
}
```

之后创建一个 Printer 委托的实例来把 PrintAnything 方法封装起来。看似应该没什么问题，Printer 传入的参数肯定是 string 引用，而 string 类型的引用可以通过一致性转换变为 object 类型的引用，但 C# 1 不允许这种方式，因为二者的参数类型不匹配。到了 C# 2，就可以在创建委托表达式和方法组转换中进行上述转换了。

```
Printer p1 = new Printer(PrintAnything);
Printer p2 = PrintAnything;
```

此外，还可以使用委托来创建另外一个委托，条件是二者的签名要兼容。假设还有一个和 PrintAnything 兼容的委托：

```
public delegate void GeneralPrinter(object obj);
```

之后可以使用 GeneralPrinter 实例来继续创建 Printer 委托的实例：

```
GeneralPrinter generalPrinter = ...;                  ◁ 任意创建 GeneralPrinter
                                                         委托的方式均可
Printer printer = new Printer(generalPrinter);        ◁ 构建一个 Printer 来封装
                                                         GeneralPrinter
```

编译器允许以上写法，因为 Printer 的任何合法实参都可以安全地用作 GeneralPrinter 的实参，返回值类型也同理：

```
public delegate object ObjectProvider();              | 无参委托
public delegate string StringProvider();              | 返回值

StringProvider stringProvider = ...;                  ◁ 任意创建 StringProvider
                                                         的方式均可
ObjectProvider objectProvider =
    new ObjectProvider(stringProvider);               创建一个 ObjectProvider
                                                      来封装 StringProvider
```

重申一下：以上代码之所以安全，原因是 StringProvider 的返回值类型和 ObjectProvider 的返回值类型兼容。

不过有时上述规则并不能如我们所愿。参数或返回值之间的兼容性必须满足**一致性转换**规则，这样才能保证执行期变量值不变，而如下所示的代码就不能通过编译：

```
public delegate void Int32Printer(int x);             | 接受 32/64 位
public delegate void Int64Printer(long x);            | 整型的委托

Int64Printer int64Printer = ...;                      ◁ 任意创建 Int64Printer
                                                         的方式均可
Int32Printer int32Printer =
    new Int32Printer(int64Printer);                   出错！不能在 Int32Printer
                                                      中封装 Int64Printer
```

这是因为两个委托的签名不兼容：尽管从 int 到 long 类型存在隐式类型转换，但它不符合一致性转换的要求。编译器有无可能在后台创建一个方法来替我们完成类型转换呢？很可惜这里没有。如果编译器能替我们完成类型转换，将会为开发助力不少，4.4 节会讲到。

请注意，虽然兼容委托看似泛型型变，但二者实际上是不同的特性。抛开其他方面，委托中的封装本质上是创建了一个新的实例，而不是把已有委托看作不同类型的实例。在介绍完相关特性的全部内容之后，会详细探讨这一话题，现阶段读者只需要知道两者是不同的即可。

以上就是 C# 2 的委托特性的全部内容。方法组转换如今依旧应用广泛；兼容特性不知不觉中已融入日常编码；匿名方法的使用频度大幅下降，因为 lambda 表达式几乎取代了匿名方法的所有功能，但是其闭包特性功能的强大令我动容至今。一个特性的出现会引发另一个特性，这种情况在 C#中屡见不鲜。下面就先领略一下 C# 5 异步特性的先驱：迭代器。

2.4　迭代器

C# 2 中只有很少一部分接口有特定的语言支持，其中 IDisposable 接口通过 using 语句获得支持；语言还保证了数组相关的接口；而枚举接口有语言层面的支持。IEnumerable 一直都有 foreach 语句来支持枚举类型的消费。C# 2 还扩展了泛型版本的枚举接口 IEnumerable<T>，该泛型接口比较直观。

枚举接口代表了元素的序列。对序列的常规操作，无外乎生产和消费序列。无论是泛型接口还是非泛型接口，如果选择手动实现，无疑既繁复又易出错，因此 C# 2 引入了一个新特性——迭代器——来简化该过程。

2.4.1 迭代器简介

迭代器是包含**迭代器块**的方法或者属性。迭代器块本质上是包含 yield return 或 yield break 语句的代码，只能用于以下返回类型的方法或属性：

- IEnumerable
- IEnumerable<T>（T 可以是类型形参，也可以是普通类型）
- IEnumerator
- IEnumerator<T>（T 可以是类型形参，也可以是普通类型）

根据迭代器的返回类型，每个迭代器都有一个**生成类型**（yield type）。如果返回类型是非泛型接口，那么生成类型是 object；如果返回类型是泛型接口，那么生成类型是该泛型接口实参的类型，比如 IEnumerator<string>的生成类型是 string。

yield return 语句用于生成返回序列的各个值，yield break 语句用于终止返回序列。其他一些语言（比如 Python）也有类似的结构，有时称为**生成器**（generator）。

下面展示一个简单的迭代器，用它来进一步探究迭代器的原理，其中 yield return 语句已加粗。

代码清单 2-11 一个生成整型值的简单方法

```
static IEnumerable<int> CreateSimpleIterator()
{
    yield return 10;
    for (int i = 0; i < 3; i++)
    {
        yield return i;
    }
    yield return 20;
}
```

有了以上方法，就可以在 foreach 循环中遍历其执行结果了：

```
foreach (int value in CreateSimpleIterator())
{
    Console.WriteLine(value);
}
```

循环的打印结果如下：

```
10
0
```

```
1
2
20
```

到目前为止，还没什么特别之处。这段代码还可以有更简单的替代实现：创建一个 List<int>，把 yield return 都替换成 Add()，最后返回该列表。两种实现方式循环打印的结果完全相同，但执行过程却天差地别：迭代器是延迟执行的。

2.4.2 延迟执行

延迟执行（也称**延迟计算**）属于 lambda 演算的一部分，于 20 世纪 30 年代被提出。其基本思想十分简单：只在需要获取计算结果时执行代码。当然，延迟执行的应用范围远不止于迭代器，但是目前了解这些就够了。

为了阐释清楚代码是如何执行的，如下所示扩展以上代码：采用 while 循环来重新实现与原 foreach 循环大致相同的逻辑。简单起见，还使用了 using 语法糖来保证 Dispose 方法的自动调用。

代码清单 2-12 扩展 foreach 循环

```
IEnumerable<int> enumerable = CreateSimpleIterator();        // 调用迭代器方法
using (IEnumerator<int> enumerator =
    enumerable.GetEnumerator())                               // 从 IEnumerable<T>获取 IEnumerator<T>
{
    while (enumerator.MoveNext())                             // 如果存在下一个元素，则移动到下一个元素
    {
        int value = enumerator.Current;                       // 获取当前值
        Console.WriteLine(value);
    }
}
```

如果读者此前不了解 IEnumerable/IEnumerator（及其泛型版本）这对接口，不妨借此机会学习二者的差异。IEnumerable 是可用于迭代的序列，IEnumerator 则像是序列的一个游标。多个 IEnumerator 可以遍历同一个 IEnumerable，并且不会改变 IEnumerable 的状态，而 IEnumerator 本身就是多状态的：每次调用 MoveNext()，当前游标都会向前移动一个元素。

如果还不太清楚，可以把 IEnumerable 想象成一本书，把 IEnumerator 想象成书签。一本书可以同时有多个书签，一个书签的移动不会改变书和其他书签的状态，但是书签自身的状态（它在书中的位置）会改变。IEnumerable.GetEnumerator()方法如同一个启动过程，它请求序列来创建一个 IEnumerator 用于迭代，就像把一个书签插入到一本书的起始页。

有了 IEnumerator，就可以重复调用 MoveNext()方法了。如果该方法返回 true，表示当前游标移动到了一个可以通过 Current 属性来访问的元素；如果返回 false，则表示到达了序列的末尾。

上述行为与延迟执行有何关系呢？既然知道了使用迭代器的代码要调用什么方法，下面看看方法内部何时开始执行。以下代码取自代码清单 2-11：

```
static IEnumerable<int> CreateSimpleIterator()
{
    yield return 10;
    for (int i = 0; i < 3; i++)
    {
        yield return i;
    }
    yield return 20;
}
```

当 CreateSimpleIterator()被调用时，方法体中的代码都没有执行。

如果在 yield return 10 这一行插入断点后开始调试，就会发现方法被调用之后根本不会触发断点。调用 GetEnumerator()方法同样不会触发断点。只有 MoveNext()被调用时方法才会真正开始执行。然后怎么样呢？

2.4.3 执行 yield 语句

之后方法是根据需要执行的。当如下几种情形之一发生时，代码会终止执行：

- 抛出异常；
- 方法执行完毕；
- 遇到 yield break 语句；
- 执行到 yield return 语句，迭代器准备返回值。

如果抛出异常，那么该异常会正常流转；如果执行到了方法末尾，或者遇到了 yield break 语句，MoveNext()方法就会返回 false 来表示已经到达序列的末尾；如果遇到了 yield return 语句，Current 属性会被赋以当前迭代值，然后 MoveNext()返回 true。

说明 这里需要澄清一下，前面说异常正常流转的前提是迭代器的代码已经在执行了。请牢记，直到调用代码开始迭代序列之后，迭代器的代码才开始执行。抛出异常的是 MoveNext()调用，而不是最初的迭代器方法调用。

在本例中，MoveNext()开始迭代之后，它遇到一条 yield return 10 语句，于是 Current 赋值为 10，然后返回 true。

第一次 MoveNext()调用还比较好理解，之后呢？之后不可能从头开始迭代，否则这个函数就陷入无限返回 10 的死循环了。实际上，当 MoveNext()返回时，当前方法就仿佛被暂停了。生成的代码会追踪当前的语句执行进度，还会记录一些相关状态信息，比如循环中局部变量 i 的值。当 MoveNext()再次被调用，就会从之前的位置继续执行，这就是**延迟执行**名称的由来。这部分内容如果由开发人员自行实现，会比较容易出错。

2.4.4 延迟执行的重要性

接下来借用一段打印斐波那契数列的代码来展示延迟执行的重要性。下面的 Fibonacci()方法将返回一个无限长度的序列，然后由另外一个方法迭代该数列，直至到达某个预先设定的上限值（1000）。

代码清单 2-13　迭代斐波那契数列

```
static IEnumerable<int> Fibonacci()
{
    int current = 0;
    int next = 1;
    while (true)                          ← 只有无限次请求时才会变成无限循环
    {
        yield return current;             ← 生成当前的斐波那契值
        int oldCurrent = current;
        current = next;
        next = next + oldCurrent;
    }
}

static void Main()
{
    foreach (var value in Fibonacci())    ← 调用方法获取序列
    {
        Console.WriteLine(value);         ← 打印当前值
        if (value > 1000)                 ← break 条件
        {
            break;
        }
    }
}
```

如果不使用迭代器，该如何实现这个方法呢？可以创建一个 List<int>，然后向该列表添加值，直到达到预设的上限值。然而，如果这个上限值很大，那么相应的列表也会变得很大。而且当前方法应该只负责和斐波那契数列本身相关的信息，根本就不应该关心何时停止这样的外部信息。有时需要根据打印时长来确定停止时机，有时需要根据打印的数目来确定停止时机，有时则需要根据当前值来确定停止时机。总不能因为停止时机不同，而去实现3个近似的方法。

另外，可以在循环中就完成打印工作，从而可以避免创建列表。但是如果这样做，Fibonacci()方法就与元素的使用方式耦合得更紧密了。假如我们不是要打印这些值，而是要把它们相加呢？难道再写一个方法吗？这种做法显然违背了“关注点分离”原则。

最终只有迭代器方案才更优：用迭代器来表示一个无限长的序列，仅此而已。调用方可以根据需要来决定迭代次数①或者自由地使用这些值。

① 前提是不要超出 int 值的最大表示范围，否则可能会抛出异常或者返回一个溢出之后的超大负值。具体情况取决于代码是否做了安全检查。

手动实现斐波那契数列总体来说比较容易：执行流程简单，并且只需维护不同调用之间有限的几个状态（只有一条 yield return 语句）；但是当代码趋于复杂时，手动实现就不那么明智了。编译器不仅会生成一些代码来跟踪执行位置，并且在处理 finally 块的问题上也十分智能，然而这部分内容并不是那么简单。

2.4.5 处理 finally 块

C#为代码执行流程控制提供了多种语法机制。下面着重介绍 finally 块的处理，因为这部分内容对于迭代器来说十分重要，而且探究起来也很有意思。在实际工作中，通常会使用 using 语句而不是直接用 finally 块，但是 using 语句是基于 finally 块实现的，因此二者在行为上具有一致性。

代码清单 2-14 展示了具体的执行流程，代码中的迭代器在 try 块中生成了两个元素，并逐个打印到控制台。后面还会多次使用该方法。

代码清单 2-14 一个用于记录执行进度的迭代器

```
static IEnumerable<string> Iterator()
{
    try
    {
        Console.WriteLine("Before first yield");
        yield return "first";
        Console.WriteLine("Between yields");
        yield return "second";
        Console.WriteLine("After second yield");
    }
    finally
    {
        Console.WriteLine("In finally block");
    }
}
```

在运行这段代码之前，先预测一下迭代该序列会输出什么结果。特别是当返回 first 时，会输出 In finally block 这句吗？有以下两种思考方式。

- 如果认为在执行到 yield return 语句时，执行就暂停了，逻辑上讲执行还停留在 try 块中，那么就不会执行到 finally 块。
- 如果认为当执行到 yield return 时，代码实际上返回到了 MoveNext()调用，感觉应该已经退出了 try 块，那么就应该正常执行 finally 块的代码。

这里就不卖关子了，答案是第一个。这种暂停执行的机制更加有效并且符合我们的直观预期。如果 try 块中每执行一次 yield return 语句，就需要执行一次 finally 块，而且在执行完方法的其他代码之后，还要再执行一次 finally 块。这种行为怎么看都不太正常。

下面验证一下上述结论。代码清单 2-15 负责对该序列进行迭代并逐个打印。

代码清单 2-15　一个简单的 foreach 循环进行迭代并打印

```
static void Main()
{
    foreach (string value in Iterator())
    {
        Console.WriteLine("Received value: {0}", value);
    }
}
```

以上代码的执行结果显示 finally 块中的代码确实只在最后执行了一次。

```
Before first yield
Received value: first
Between yields
Received value: second
After second yield
In finally block
```

这段代码也证明了延迟执行的存在：Main()函数的输出和 Iterator()方法的输出穿插出现，因为迭代器在不停地暂停和恢复。

前面的迭代器都是将整个序列全部进行迭代，因此还不算难理解，可是如果要求迭代中途停止呢？如果从迭代器获取元素的代码块只调用一次 MoveNext()呢（比如只获取序列第一个元素这样的需求）？这种情况会不会让迭代器一直在 try 块之中暂停，而永远都不会去执行 finally 块呢？

答案是不会。如果完全手动编写调用 IEnumerator<T>的方法，然后只调用一次 MoveNext()方法，那么最终将不会执行 finally 块。如果采用 foreach 循环，在序列全部迭代完成之前退出循环，那么将执行 finally 块。代码清单 2-16 展示了从迭代中退出循环：当遇到非 null 值就立刻退出循环。这段代码与代码清单 2-15 的不同之处已加粗。

代码清单 2-16　使用迭代器退出 foreach 循环

```
static void Main()
{
    foreach (string value in Iterator())
    {
        Console.WriteLine("Received value: {0}", value);
        if (value != null)
        {
            break;
        }
    }
}
```

执行结果如下：

```
Before first yield
Received value: first
In finally block
```

重点关注最后一行结果：执行了 finally 块。当退出 foreach 循环时，finally 块自动执行，这是因为 foreach 循环中隐含了一条 using 语句。代码清单 2-17 展示了如何把代码清单 2-16 中的 foreach 循环手动改写成等价的代码。这段代码跟代码清单 2-12 类似，只不过这里需要重点关注 using 语句。

2

代码清单 2-17　将代码清单 2-16 扩展成不使用 foreach 循环的形式

```
static void Main()
{
    IEnumerable<string> enumerable = Iterator();
    using (IEnumerator<string> enumerator = enumerable.GetEnumerator())
    {
        while (enumerator.MoveNext())
        {
            string value = enumerator.Current;
            Console.WriteLine("Received value: {0}", value);
            if (value != null)
            {
                break;
            }
        }
    }
}
```

using 语句是重点。它保证了不管采用何种方式离开循环，都会调用 IEnumerator<string> 的 Dispose 方法。在调用 Dispose 方法时，如果此时迭代器还暂停在 try 块中也没有关系，Dispose 方法会负责最终调用 finally 块，很智能吧！

2.4.6　处理 finally 的重要性

虽然 finally 块的处理属于比较细枝末节的内容，但它对于迭代器的实用性而言意义重大。这意味着迭代器可以用于那些需要释放资源的方法，比如文件处理器，它还意味着相同目的的迭代器可以链接起来使用。第 3 章将谈到 LINQ to Objects 需要频繁使用序列，对于文件或者其他资源的操作来说，可靠的资源释放机制至关重要。

这些都要求调用方释放迭代器

在迭代完序列最后一个元素（或者中途放弃迭代）之后，如果不调用迭代器的 Dispose 方法，就会发生资源泄漏或者内存清理延迟，因此应当避免这种情况。

虽然非泛型的 IEnumerator 接口并非扩展自 IDisposable 接口，但 foreach 循环会负责检查运行时实现是否实现了 IDisposable 接口，然后根据需要调用 Dispose 方法。泛型版的 IEnumerator<T>由于本身就是扩展自 IDisposable 接口，因此比非泛型的要简单。

如果是手动调用 MoveNext()来进行迭代（肯定会有这样的需求），也需要手动调用 Dispose 方法。如果是迭代泛型的 IEnumerable<T>，如前所示使用 using 语句即可；而如果要迭代非泛型序列，那就需要像编译器处理 foreach 那样自行检查接口了。

代码清单 2-18 展示了如何从一个文件中读取并逐行返回文件内容，这个例子很好地展示了迭代器块在获取资源上的便捷性。

代码清单 2-18　逐行读取文件内容

```
static IEnumerable<string> ReadLines(string path)
{
    using (TextReader reader = File.OpenText(path))
    {
        string line;
        while ((line = reader.ReadLine()) != null)
        {
            yield return line;
        }
    }
}
```

.NET 4.0 引入了 `File.ReadLines` 方法（功能与上述方法类似），但 framework 中的这个方法并不好用。如果调用一次 `ReadLines` 方法并多次迭代结果，实际上只对文件执行了一次打开操作，代码清单 2-18 则可以保证每次迭代都会打开一次文件。这种方式更容易理解，但也有缺陷：如果由于文件不存在或者不可读等原因引发了异常，将无法及时抛出异常。在设计 API 时经常需要做一些艰难的权衡。

这个例子的重点在于展示了迭代器能够正确执行处理的重要性。如果由于 `foreach` 抛出异常或者提前退出而导致打开的文件未关闭，这个方法就基本上毫无价值了。接下来一窥迭代器背后的实现机制。

2.4.7　迭代器实现机制概览

我认为在学习代码时很有必要大致了解一下编译器的行为，尤其是某些比较复杂的场景，比如迭代器、`async/await` 以及匿名方法等。这里仅为抛砖引玉，更多细节，请参考 http://csharpindepth.com/上的一篇文章。当然，C#的官方实现规范永远更准确、更详细。不同的编译器在实现细节上会略有差异，但大部分编译器的基本策略是一致的。

首先声明：虽然只是实现一个迭代器方法①，但编译器背后会生成一个全新的类型来实现相关接口。我们所编写的方法体会被移动到生成类型的 `MoveNext()` 方法中，并且调整相关的执行语义。对于以下方法，编译器会生成怎样的代码呢？

代码清单 2-19　待反编译的迭代器示例

```
public static IEnumerable<int> GenerateIntegers(int count)
{
    try
    {
        for (int i = 0; i < count; i++)
        {
```

① 属性访问器也可以用迭代器实现，不过简单起见，这里仅讨论迭代器的实现方法。属性访问器的实现方法与之相同。

```
            Console.WriteLine("Yielding {0}", i);
            yield return i;
            int doubled = i * 2;
            Console.WriteLine("Yielding {0}", doubled);
            yield return doubled;
        }
    }
    finally
    {
        Console.WriteLine("In finally block");
    }
}
```

代码清单 2-19 是一个迭代器方法的原始形式。虽然只是一个简单的方法，但其中隐含了以下 5 点精心设计：

- 一个参数；
- 一个需要在 `yield return` 语句之间保留的局部变量；
- 一个不需要在 `yield return` 语句之间保留的局部变量；
- 两条 `yield return` 语句；
- 一个 `finally` 块。

上述方法迭代循环 `count` 次，每次迭代都会生成两个整型值：`i` 和 `i*2`。比如在传入参数是 5 的情况下，返回值序列是 0, 0, 1, 2, 2, 4, 3, 6, 4, 8。

随书代码中包含完整的反编译代码，并且经过手动调整。由于代码太长，书中就不全部展示了，这里只做概述。代码清单 2-20 给出了代码的主体结构，但缺少具体的实现细节。下面先解释 `MoveNext()`方法，该方法包含了实际工作的大部分内容。

代码清单 2-20 编译器为迭代器生成的代码结构

```
public static IEnumerable<int> GenerateIntegers(       // 原方法声明签名的桩方法
    int count)
{
    GeneratedClass ret = new GeneratedClass(-2);
    ret.count = count;
    return ret;
}

private class GeneratedClass                            // 表示状态机的生成类
    : IEnumerable<int>, IEnumerator<int>
{
    public int count;                                   // 状态机中所有不同功能的字段
    private int state;
    private int current;
    private int initialThreadId;
    private int i;

    public GeneratedClass(int state)                    // 桩方法和 GetEnumerator 方法都会调用的构造器
    {
        this.state = state;
        initialThreadId = Environment.CurrentManagedThreadId;
```

```
    }

    public bool MoveNext() { ... }                    状态机的主体代码

    public IEnumerator<int> GetEnumerator() { ... }   根据需要创建一个新的状态机

    public void Reset()
    {
        throw new NotSupportedException();            生成的迭代器不支持 Reset 操作
    }

    public void Dispose() { ... }                     根据需要执行 finally 块

    public int Current { get { return current; } }    用于返回最后生成值的属性

    private void Finally1() { ... }                   在 MoveNext 和 Dispose 方法中使用的 finally 块主体

    IEnumerator Enumerable().GetEnumerator()
    {
        return GetEnumerator();
    }                                                 显式实现的非泛型接口成员

    object IEnumerator.Current { get { return current; } }
}
```

以上就是生成代码的简化版本。重点关注：编译器生成了一个**状态机**，它是一个私有的嵌套类。编译器生成的代码中，很多变量名不是合法的 C#标识符，简便起见，我把它们都改成了 C#的合法名称。编译器还会生成一个和原始方法签名相同的方法，调用方会调用这个新方法。新方法所做的工作包括：创建一个状态机实例、复制参数、把状态机返回给调用方。原始代码中的方法都不会被调用，前文提到的延迟执行正与此有关。

状态机中包含了实现迭代器的全部内容。

- 方法当前执行位置指示器。该指示器与 CPU 的指令计数器类似，但更简单，因为只需要区分若干种状态。
- 所有参数的一份复本，当需要使用参数值时方便获取。
- 方法体中定义的局部变量。
- 最近一次生成的值。调用方可以通过 `Current` 属性获取该值。

之后调用方会执行以下操作。

(1) 调用 `GetEnumerator()`来获得 `IEnumerator<int>`。

(2) 反复调用 `MoveNext()`并访问 `IEnumerator<int>`中的 `Current` 属性，直到 `MoveNext()`返回 `false`。

(3) 在需要清理资源时调用 `Dispose` 方法，无论是否有异常抛出。

绝大部分情况下，状态机只能在创建它的线程内被使用一次。编译器生成这样的代码旨在优化下列情形：`GetEnumerator()`方法负责检查状态机，比如状态机处于当前线程且为初始态，则返回 `this`，因此状态机需要同时实现 `IEnumerable<int>`和 `IEnumerator<int>`这两个接口。通常代码中很少需要同时实现这两个接口[1]。如果 GetEnumerator()被其他线程调用或多次被调用，这些调用会各自创建一个新的状态机实例，并复制初始的参数值。

MoveNext()方法的内容比较复杂。它第一次被调用时，会正常执行其中的代码；在后续调用中，它就需要准确跳转到方法中的指定位置。本地变量都定义为状态机的字段，因为在不同的调用期间需要保留本地变量值。

在一个优化过的构建中，有些局部变量是不需要复制给字段的。使用字段来保存局部变量的好处是，当下一个 MoveNext()到来时可以追踪前一个 MoveNext()调用的局部变量值。注意，代码清单 2-19 中 doubled 这个局部变量是个例外：

```
for (int i = 0; i < count; i++)
{
    Console.WriteLine("Yielding {0}", i);
    yield return i;
    int doubled = i * 2;
    Console.WriteLine("Yielding {0}", doubled);
    yield return doubled;
}
```

对于 doubled 变量只是做了初始化、打印值，最后生成值。当再次返回到方法时，doubled 变量已经没用了，因此编译器在做发布构建时，会把它优化成真正的局部变量；但是在调试构建中为方便调试，还会保留该变量。注意，如果把最后两行加粗的代码调换顺序——先生成再打印，编译器就不能进行上述优化了。

MoveNext()方法内部是如何实现的呢？这里不会给出具体的代码，否则容易深陷于纷繁的细节中，因而只给出大致结构。

代码清单 2-21 简化版的 MoveNext()方法

```
public bool MoveNext()
{
    try
    {
        switch (state)
        {

        }

    }
    fault
    {
        Dispose();
    }
}
```

跳转表负责跳转到方法中的正确位置

方法代码在每个 yeild return 都会返回

只有发生异常时 fault 块的代码才会执行

发生异常后清理资源

状态机包含了一个变量（state）用于记录当前执行位置。变量的具体值随不同的实现有所差别。以 Roslyn 编译器为例，状态值如下所示。

[1] 如果原方法只返回 IEnumerator，状态机就只需要实现 IEnumerator 这一个接口。

- -3：MoveNext()当前正在执行。
- -2：GetEnumerator()尚未被调用。
- -1：执行完成（无论成功与否）。
- 0：GetEnumerator()已被调用，但是MoveNext()还未被调用（方法的开始）。
- 1：在第1条yield return语句。
- 2：在第2条yield return语句。

当调用MoveNext()时，它利用上述状态在方法的执行位置进行跳转：跳转到执行初始位置或者恢复到上一条yield return语句的位置。请注意，代码中不存在表示"为doubled变量赋值"位置的状态，因为没有从该位置恢复执行的需要，只需要从上次暂停的位置恢复执行即可。

代码清单2-21中靠近结尾的fault块是一个IL结构，该结构在C#中并没有对等形式。它类似于finally块，在发生异常时会被执行，但并不捕获异常。（为什么finally块在异常发生时才执行呢？）这用于根据需要执行清理操作，在本例中等同于finally块中的内容。finally块中的代码被移动到了一个单独的方法中，然后由Dispose()来调用（发生异常时）或者由MoveNext()调用（正常执行完try块中的逻辑）。Dispose()方法会依据当前状态来确定需要执行何种清理操作。finally块越多，此处逻辑就越复杂。

探究特性背后的实现机理，虽然无法直接提升C#编程技能，但是至少让我们了解了编译器背后所做的大量工作。类似的机制在C# 5中的async/await也有应用，只不过在异步过程中，恢复执行的操作不是由MoveNext()调用触发，而是由异步操作的完成来触发。

至此，C# 2中最庞大的一个特性就介绍完毕了。C# 2还引入了一些不太复杂的小特性，下面集中介绍。这些小特性之间没有太多相关性，不过有时这也是语言设计工作的一部分。

2.5 一些小的特性

下面要介绍的部分特性我个人很少用到，但还有一些特性在现代C#代码库中十分常见。特性的使用频度和介绍它所用的篇幅并不一定成正比。本节将介绍以下特性。

- 局部类型：单个类型的代码可以分散在多个源文件中。
- 用于工具类型的静态类。
- 属性get访问器和set访问器的访问性分离（public、private等）。
- 改进命名空间别名：简化在多个命名空间或程序集中同名的使用。
- 编译指令：额外提供编译器专用特性，例如实现暂时取消编译警告等功能。
- 大小固定的缓冲区：用于非安全代码中的数据内联。
- [InternalsVisibleTo]特性：简化测试环节。

以上特性都相互独立，因此讨论顺序无关紧要，而且如果读者对某一特性不感兴趣，可以选择略过，不会影响理解后面内容的学习。

2.5.1　局部类型

局部类型允许单个类、结构体或者接口分成多个部分声明，而且一般分布于多个源文件。局部类型常与代码生成器配合使用，多个代码生成器分别负责不同的声明部分，之后还可以通过手动编码予以强化。编译器会整合这些部分，这样局部类型的行为就与非局部类型一致了。

在声明局部类型时，需要在类型声明前添加 partial 修饰符，并且每个声明部分都需要 partial 修饰。代码清单 2-22 是由两部分组成的一个类声明，展示了在一个部分中声明的方法可以在另外一个部分中正常调用。

代码清单 2-22　一个局部类的简单示例

```
partial class PartialDemo
{
    public static void MethodInPart1()
    {
        MethodInPart2();                    <-- 调用在第 2 部分
    }                                           声明的方法
}

partial class PartialDemo
{
    private static void MethodInPart2()           <-- 被第 1 部分
    {                                                 调用的方法
        Console.WriteLine("In MethodInPart2");
    }
}
```

此外，如果声明的是泛型类型，那么其各部分声明的类型名和类型形参都必须相同。如果存在类型约束，那么这些类型约束也必须相同。如果声明的类型实现了多个接口，那么这些局部类型可以负责各自的接口实现，而且实现部分和相应接口可以不在同一声明中。

局部方法（C# 3）

C# 3 还引入了局部类型的一个扩展特性：**局部方法**。编写局部方法，可以在一个类型的局部声明中声明一个不包含方法体的方法，而在另一个局部声明中定义该方法的实现（可选）。局部方法默认是私有方法，返回值必须是 void 且不能使用 out 参数（可以使用 ref 参数）。在编译时，只会保留实现了的局部方法。如果局部方法只是声明而没有实现，那么会移除该方法的所有调用代码。这种策略乍看有些奇怪，但很有用：可以由生成器来负责生成可选的“钩子方法”，之后就可以手动为“钩子方法”添加额外的行为了。代码清单 2-23 定义了两个局部方法，其中一个已实现，一个未实现。

代码清单 2-23　两个局部方法——一个已实现，一个未实现

```
partial class PartialMethodsDemo
{
    public PartialMethodsDemo()
    {
        OnConstruction();                 <-- 调用尚未实现的
                                              局部方法
```

```
    }

    public override string ToString()
    {
        string ret = "Original return value";
        CustomizeToString(ref ret);                  ◁— 调用已经实现的
        return ret;                                      局部方法
    }

    partial void OnConstruction();                     | 局部方法声明
    partial void CustomizeToString(ref string text);   |
}

partial class PartialMethodsDemo
{
    partial void CustomizeToString(ref string text)  ◁— 局部方法实现
    {
        text += " - customized!";
    }
}
```

以上代码中，第1部分很可能是由生成器自动生成的，在构造和获取字符串表示时可以有额外的行为；第2部分属于手动编写的代码，它不允许对构建进行定制操作，但会改变 `ToString()` 方法返回的字符串表示。虽然 `CustomizeToString` 没有直接返回定制的值，但是可以通过 `ref` 参数修改传入值来达到相同的效果。

由于 `OnConstruction` 方法只有声明没有实现，因此编译器会将它彻底移除。像这种只有声明没有实现的局部方法，如果它具有参数并且被调用，那么调用中的实参表达式也不会被执行。

强烈建议把代码生成器设计成可以生成局部类。哪怕纯手写代码，也不要忽视局部类的作用。我曾使用局部类把某些大型类对应的测试代码分散到多个源文件中，这样便于管理和组织文件。

2.5.2　静态类

静态类是指使用 `static` 修饰符修饰的类。如果要编写一个全部由静态方法组成的工具类，静态类是不二之选。静态类内部不能声明实例方法、属性、事件或构造器，但是可以声明普通的嵌套类。

虽然声明一个仅包含静态成员的非静态类是完全合法的，不过为了表明该类的用途，最好在前面加上 `static` 修饰符。因为编译器知道静态类不能实例化，所以它可以防止静态类用作变量类型或是类型实参。代码清单-24展示了静态类的使用规则。

代码清单 2-24　静态类示例

```
static class StaticClassDemo                     合法：静态类可以
{                                                声明静态方法
    public static void StaticMethod() { }    ◁—
                                             非法：静态类不可以
    public void InstanceMethod() { }     ◁—  声明实例方法
```

```
    public class RegularNestedClass
    {
        public void InstanceMethod() { }
    }
}
...
StaticClassDemo.StaticMethod();

StaticClassDemo localVariable = null;
List<StaticClassDemo> list =
    new List<StaticClassDemo>();
```

合法：静态类可以声明普通嵌套类型

合法：普通嵌套类型内部可以声明实例方法

合法：静态类中调用静态方法

非法：不能声明静态类的变量

非法：不能将静态类用作类型实参

此外，**扩展方法**（于 C# 3 引入）对于静态类也有特殊要求：扩展方法只能在非嵌套、非泛型的静态类中声明。

2.5.3 属性的 getter/setter 访问分离

很难想象 C# 1 中属性居然只有单一的访问修饰符，这个修饰符必须同时作用于 getter 访问器和 setter 访问器。C# 2 则引入了新机制：可以通过添加修饰符来让一个访问器比另一个更私有。通常都是让 setter 访问器比 getter 访问器更私有。最常见的组合是 `public getter` 搭配 `private setter`：

```
private string text;

public string Text
{
    get { return text; }
    private set { text = value; }
}
```

本例中，只要拥有 `text` 属性 setter 的访问权限，就可以直接为字段赋值。但是对于更为复杂的场景，可能还需要增加校验功能或者增加字段发生变化时的通知功能。使用属性可以很好地把这些行为封装起来。当然，也可以通过编写一个方法来实现相同的功能，但是用属性来实现更符合 C#的编码传统。

2.5.4 命名空间别名

命名空间的作用是允许在不同的命名空间下定义多个同名类型。使用命名空间，可以避免为保证命名唯一而导致的冗长类型名。C# 1 已经支持了命名空间和**命名空间别名**这两个特性。这样一来，当需要在同一源码文件中使用不同命名空间下的同名类型时，就可以清晰、准确地表示具体指代哪个类型。代码清单 2-25 展示了如何在一个方法内部同时使用来自 Windows Forms 和 ASP.NET Web Forms 的两个 `Button` 类。

代码清单 2-25　C# 1 中的命名空间别名

```
using System;
using WinForms = System.Windows.Forms;          引入命名
using WebForms = System.Web.UI.WebControls;     空间别名

class Test
{
   static void Main()
   {
      Console.WriteLine(typeof(WinForms.Button));    通过别名进行区分
      Console.WriteLine(typeof(WebForms.Button));
   }
}
```

C# 2 从 3 个重要方面扩展了对命名空间别名的支持。

1. 命名空间别名限定符语法

对于代码清单 2-25 中 `WinForms.Button` 这条语句，只要不存在另外一个名为 `WinForms` 的类型就没有问题；如果存在这样一个类型，编译器就会把 `WinForms.Button` 看作访问 `WinForms` 类型的 `Button` 成员，而不是把 `WinForms` 当作命名空间别名来对待。为了解决这一问题，C# 2 引入了一种新的语法——**命名空间别名限定符**，使用一对冒号来表示冒号前的标识符是命名空间别名而不是类型名，从而避免歧义。使用新语法改写以上代码：

```
static void Main()
{
    Console.WriteLine(typeof(WinForms::Button));
    Console.WriteLine(typeof(WebForms::Button));
}
```

消除歧义不仅有助于编译器的识别工作，更重要的是区分了命名空间别名和类型名，增强了可读性。建议在使用命名空间别名时，统一使用双冒号语法。

2. 全局命名空间别名

尽管在全局命名空间下声明类型这种行为在产品级代码中不太常见，但还是有可能发生的。在 C# 2 之前，是无法完全区分命名空间下的类型的。C# 2 引入了 `global` 作为全局命名空间的一个别名。该别名除了可以指示全局命名空间中的类型，还可以用于类型完全限定名的一个“根”命名空间（这也是我最常用的一个功能）。

例如最近我在处理很多带 `DateTime` 参数的方法，当向当前命名空间引入另外一个名为 `DateTime` 类型的时候，这些函数声明就无法正常工作了。相比为 `System` 命名空间起一个别名，把每个 `System.DateTime` 的位置都替换成 `global::System.DateTime` 更简单一些。我发现命名空间别名（尤其是全局命名空间别名）在编写代码生成器或者处理自动生成的代码时非常有用，因为这些地方比较容易发生命名冲突。

3. 外部别名

前面讨论了不同命名空间下相同类型名的冲突问题，现在更进一步：假设有不同的程序集，它们提供了相同的命名空间，而命名空间中又有相同的类型名，这要怎么处理呢？

这绝对属于罕见情况，但还是有可能出现。C# 2 引入了**外部别名**来处理这种情况。在源码中声明外部别名时无须指定任何关联的命名空间：


```
extern alias FirstAlias;
extern alias SecondAlias;
```

在同一源码中，可以在 using 指令中使用该别名，或者使用类型完全限定名。例如使用 Json.NET 期间又添加了一个声明了 Newtonsoft.Json.Linq.JObject 的程序集，那么可以如下所示编写代码：

```
extern alias JsonNet;
extern alias JsonNetAlternative;

using JsonNet::Newtonsoft.Json.Linq;
using AltJObject = JsonNetAlternative::Newtonsoft.Json.Linq.JObject;
...
JObject obj = new JObject();           <-- 使用普通 Json.NET 对象类型
AltJObject alt = new AltJObject();     <-- 在另一个程序集中使用 JObject 类型
```

这么写还有一个问题：需要把每个外部别名与对应的程序集关联起来。该关联机制与具体实现相关，例如可以在工程选项中指定，也可以在编译命令行中指定。

我不记得自己是否使用过外部别名。我通常把外部别名看作一种权宜之计，因为在一开始就可以选择一些能够避免命名冲突的其他解决方案。不过有这样一个权宜之计可供选择，终归是一件好事。

2.5.5　编译指令

编译指令是与具体实现相关的指令，这些指令可以为编译器提供额外的信息。编译指令并不能改变程序的行为，不能违反 C#语言规范。除此之外，编译指令几乎是万能的。编译器会对无法识别的指令发出警告，但不会生成错误信息。编译器指令的语法比较简单：由#pragma 关键字顶格，后面紧跟编译指令的内容。

微软 C#编译器支持警告指令以及校验和指令。校验和指令一般出现在自动生成的代码中，警告指令主要用于禁用和启用特定的警告信息，例如对一段特定代码禁用 CS0219 警告（变量已赋值，但未被使用）：

```
#pragma warning disable CS0219
int variable = CallSomeMethod();
#pragma warning restore CS0219
```

在 C# 6 之前，只能使用数字来作为警告的标识。Roslyn 编译器进一步提升了编译流的扩展性，其他被纳入构建的包也可以提供警告信息。为此，C#语言修改了警告标识的规则，允许在警告标识前添加前缀（比如 C#编译器的前缀是 CS）。明确起见，建议所有警告信息都添加前缀（例如要写成 CS0219 而不是 0219）。

如果没有指定警告标识符，那么所有警告信息都会受影响。我从未用过这个机制，也不建议使用。通常情况下，需要修正警告信息而不是禁用它们。如果一味地禁用警告信息，只会掩盖代码中隐藏的问题。

2.5.6 固定大小的缓冲区

固定大小的缓冲区这项特性，我也从未在产品代码中使用过，但它依然有用，尤其是需要和本机代码频繁交互时。

固定大小的缓冲区只能用于非安全的代码，并且只能用于结构体内部。该缓冲区负责在结构体内部分配一块固定大小的内存，在语法上需要使用 `fixed` 修饰符。代码清单 2-26 展示了一个结构体，其中包含一个任意 16 字节的数据，两个 32 位的整型用于表示数据的主版本号和小版本号。

代码清单 2-26　用固定大小的缓冲区表示一个版本化的数据块

```
unsafe struct VersionedData
{
    public int Major;
    public int Minor;
    public fixed byte Data[16];
}

unsafe static void Main()
{
    VersionedData versioned = new VersionedData();
    versioned.Major = 2;
    versioned.Minor = 1;
    versioned.Data[10] = 20;
}
```

以上结构体类型的大小应该是 24 字节或者 32 字节，因为运行时会以 8 字节为单位对齐数据。这里的重点是：所有数据都直接存储在结构体内部，没有指向外部字节数组的引用。该结构体可以用于和本机代码的相互调用，也可以用于普通的托管代码。

警告　尽管此前给出过关于使用示例代码的一般警告，这里还需要具体表述一下：为保证代码尽量简短，以上结构体没有进行任何封装操作。这段代码仅用于初步展示固定大小缓冲区的语法。

C# 7.3 关于访问大小固定缓冲区字段的改进

代码清单 2-26 展示了如何通过局部变量访问固定大小的缓冲区。假设 `versioned` 变量不是局部变量，而是一个类的字段，在 C# 7.3 之前，需要通过 `fixed` 语句来创建一个指针才能访问 `versioned.Data`；到了 C# 7.3 以后，就可以通过字段直接访问该缓冲区了，不过仍限于非安全的上下文中。

2.5.7 InternalsVisibleTo

C# 2 的最后一个特性依然属于 framework 和运行时的范畴，甚至 C#语言规范中根本就没有介绍该特性，不过任何现代 C#编译器都不会忽略该特性。framework 提供了一个名为[Internals-VisibleToAttribute]的程序集级别的 attribute，它包含一个参数，用于指定另一个程序集。由该参数指定的程序集，可以访问当前程序集中包含该 attribute 的内部成员，代码如下所示：

```
[assembly:InternalsVisibleTo("MyProduct.Test")]
```

指定好程序集之后，还需要在程序集名称中包含对应的公钥，参考 Noda Time 项目中的写法：

```
[assembly:InternalsVisibleTo("NodaTime.Test,PublicKey=0024...4669"]
```

当然，真正的公钥要比示例中的长得多。虽然以这种方式来指定程序集看起来并不怎么优雅，但毕竟写好之后很少需要再去关心其内容了。我曾在以下 3 个场景中应用过该特性（有一个之后后悔了）。

- 允许测试程序集访问内部成员，以此简化测试工作。
- 允许私有工具类访问内部成员，以此避免代码复制。
- 允许某个库访问另一个关系紧密的库的内部成员。

最终证明最后一个场景并不合适：我们往往习惯性地认为内部代码的修改不会影响程序的版本号。对于版本号相互独立的两个库，如果暴露一个库的内部代码给另外一个库，内部代码就会像公开代码那样对版本号产生影响了。我会时刻铭记以上教训并以此为戒。

对于测试类和工具类，我青睐暴露内部代码的做法。我知道测试界有一条准则——只测试公共 API，但是一般而言，我们都会尽力控制对外暴露的公共 API 范围，使之最小。因此，如果想简化测试代码，不妨多用这种方式来访问内部成员。

2.6 小结

- C# 2 新引入的各项特性让 C#语言的风格发生了巨大变化。泛型和可空类型已经是 C#中不可或缺的成员了。
- 使用泛型，API 签名可以更好地表达类和方法的类型信息。泛型提升了编译时的类型安全，同时没有增加代码冗余。
- 引用类型一直以来都具备表达信息缺失的能力。可空值类型让值类型也获得了相应的语言、运行时和 framework 的支持，从此使用起来更便捷。
- 自 C# 2 起委托变得更易用了。方法组转换和和匿名方法增强了语言的功能、提升了语言的简洁性。
- 迭代器可以以延迟执行的方式产生序列，可以暂停方法的执行，当调用方请求下一个值时再恢复执行。
- 不是所有特性都是重大特性，诸如局部类型、静态类这样的小特性依然可以大有作为。有些小特性应用得不是特别广泛，但是对于某些特殊场景来说至关重要。

第 3 章

C# 3：LINQ 及相关特性

本章内容概览：

- 如何轻松实现简单属性；
- 如何更简洁地初始化对象和集合；
- 如何为局部数据创建匿名类型；
- 如何使用 lambda 表达式构建委托和表达式树；
- 如何仅使用查询表达式实现复杂查询。

C# 2 的大部分特性互无关联。虽然可空值类型依赖泛型特性，但二者彼此独立，因为它们所服务的目标不同。

C# 3 则不同，它引入了大量新特性，这些新特性在各自领域均有建树，但是总体上都服务于同一个目标：LINQ。本章将逐个介绍这些特性，并在最后展示它们如何协作。首先介绍唯一与 LINQ 没有直接关系的特性。

3.1 自动实现的属性

在 C# 3 之前，每个属性都需要手动实现：手动为属性体添加 get 访问器或 set 访问器。编译器能够实现类字段的事件，但不能实现属性，即会有很多属性如下所示：

```
private string name;
public string Name
{
    get { return name; }
    set { name = value; }
}
```

由于编码风格存在差别，具体的属性会有不同的实现形式。不过，无论是长长的一行还是短短的数行，都属于冗余代码。先定义一个字段，再定义属性，从而对外提供字段访问，这种方式无疑十分啰唆。

通过**自动实现的属性**（简称**自动属性**），C# 3 大大简化了这一环节。有了自动属性之后，将由编译器负责实现原先的访问器部分，于是前一段代码可以缩减为一行：

```
public string Name { get; set; }
```

字段的声明也不再是必需的了。实际上字段依然存在，只不过由编译器自动创建并为其赋予一个名称，这个名称在C#代码中是不可见的。

另外，不能在C# 3中声明只读的自动属性，而且在声明时不能赋初始值。不过，C# 6修复了这两个瑕疵，详见8.2节。在C# 6之前，只能通过将`set`访问器设为`private`来模拟只读属性，如下所示：

```
public string Name { get; private set; }
```

自动属性为减少样板代码立下了汗马功劳。虽然只在要求简单读写操作的情况下自动属性才能发挥作用，但根据我的经验，在实际编码中这样的场景很常见。

如前所述，自动属性与LINQ并无直接关系。下面介绍对LINQ贡献突出的特性：隐式类型的局部变量和隐式类型数组。

3.2 隐式类型

为了清楚地描述C# 3的新特性，首先需要定义几个术语。

3.2.1 类型术语

可以用多个术语来描述编程语言与其类型系统的交互方式。有些人用**弱类型**（weakly typed）和**强类型**（strongly typed）来区分，不过我个人并不倾向于这样的定义。这两个术语缺乏明确的定义，开发人员在理解上会产生分歧。人们对类型系统的另外两种描述更具共识，它们是**静态类型**和**动态类型**、**显式类型**和**隐式类型**。下面依次介绍。

1. 静态类型和动态类型

静态类型的语言是典型的面向编译的语言：所有表达式的类型都由编译器来决定，并由编译器来检查类型的使用是否合法。假设要调用对象中的方法，编译器可以通过类型信息来查找合适的方法。查找的依据包括：调用方法的表达式的类型、方法名称、实参的类型和个数。这种决定某个表达式“具体含义”（调用哪个方法、访问哪个字段，等等）的过程称为**绑定**。动态类型的语言把绝大部分甚至所有绑定操作放到了执行期。

说明 C#中有些表达式在源码层面不具有类型信息，比如`null`，但是编译器总是可以根据表达式所在上下文推断出其类型，然后根据该类型来检查表达式的使用是否正确。

C#总体上属于静态类型语言（不过C# 4引入了动态绑定，第4章将详述）。尽管具体调用虚函数的哪个实现取决于执行期调用对象的类型，但是执行方法签名绑定的整个过程都发生在编译时。

2. 显式类型和隐式类型

在显式类型语言中，源码会显式地给出所有相关的类型信息，包括局部变量、字段、方法参数或者返回类型。隐式类型语言则允许开发人员不给出具体的类型信息，而是通过其他机制（编译器或者执行期的其他方式）根据上下文推断出类型。

C#总体上属于显式类型，不过在 C# 3 之前，就已经出现了隐式类型的身影，例如 2.1.4 节提到的对泛型类型实参的类型推断机制。另外，隐式类型转换的出现（比如从 int 到 long 的转换），也削弱了 C#的显式类型特征。

介绍完了类型分类的基础知识，下面探讨 C# 3 中有关隐式类型的相关特性，首先是隐式类型的局部变量。

3.2.2 隐式类型的局部变量

隐式类型的局部变量是使用上下文关键字 var 而不是类型关键字声明的变量。

```
var language = "C#";
```

使用 var 关键字来声明局部变量，其结果依然是一个类型确定的局部变量。唯一的区别是，不再明确写出类型信息，而是由编译器根据变量的赋值在编译时推断出来。因此以上代码还是会生成：

```
string language = "C#";
```

提示　C# 3 刚推出的时候，很多开发人员刻意规避使用 var 声明变量。他们认为使用 var 会减少很多编译时类型检查，或者导致执行期出现性能问题。其实完全多虑了，它只是用于推断局部变量的类型。隐式声明的变量与显式声明的变量的行为完全一致。

基于类型推断的执行过程，可以得出关于隐式类型局部变量的两条重要的使用规则：

- 变量在声明时就必须被初始化；
- 用于初始化变量的表达式必须已经具备某个类型。

违反上述规则的例子如下：

```
var x;
x = 10;

var y = null;
```

没有提供初始值

初始值没有类型

其实在某些情况下，编译器可以通过分析变量的所有赋值语句来推断变量的类型，这样就能打破上述两条规则。有一些语言选择了这样的方式，但 C#设计团队不愿将类型推断的过程复杂化，因此保持了更为简单的设计。

关于 var 关键字还有一项限制：只能用于局部变量。我一直很渴望用上隐式类型的字段，可惜总不能如愿（直到 C# 7.3 也未出现）。

前面的例子还没有展现出 var 的优势，因为即使采用显式声明方式也不影响代码的灵活性和可读性。var 主要适用于以下 3 种场景。

- 变量为匿名类型，不能为其指定类型。3.4 节会讨论匿名类型，它是与 LINQ 相关的一项特性。
- 变量类型名过长，并且根据其初始化表达式可以轻松推断出类型。
- 变量的精确类型并不重要，并且初始化表达式可以提供足够的信息来推断。

关于第 1 种情况，3.4 节会给出示例。对于第 2 种情况，假设要创建一个用于映射 decimal 数据和对应名称的字典，如果采用显式类型声明，代码如下所示：

```
Dictionary<string, List<decimal>> mapping =
    new Dictionary<string, List<decimal>>();
```

代码冗长且不美观，还需要折行才能在本页中显示。下面改用 var：

```
var mapping = new Dictionary<string, List<decimal>>();
```

效果相同，但代码更少，同时减少了注意力的分散。当然，只有当所需变量类型与初始化表达式类型完全一致时，var 才适用。如果所需的变量是 IDictionary<string, List<decimal>>（是接口，而不是类），var 就不起作用了。但是，对于局部变量来说，接口和实现之间的这种不一致通常并不会造成影响。

在编写本书第 1 版时，我对于隐式类型局部变量的使用还是小心翼翼。除了 LINQ 和需要直接调用构造器的情况，我很少用到该特性。当时我担心将来重读代码时会难以区分变量的类型。

一晃十多年过去了，当时的顾虑早已消除。不管是在测试代码中，还是在产品代码中，局部变量的声明几乎是 var 的天下。绝大多数情况下，我通过检视就能推断出变量类型。对于不好推断的情况，就果断使用显式类型声明。

我不是教条主义者，不会强推我个人的习惯编码。显式类型和隐式类型的变量最终产生的代码相同。将来任何时候都能自由地从一种方式切换到另外一种方式。我建议最好与同事或者开源合作者进行友好协商，找到大家都认可的平衡点，并一以贯之，毕竟这些人和你的代码接触最多。C# 3 中关于隐式类型的其他特性有所不同。这些特性和 var 关键字没有直接关系，但效果相同：都省略类型名称，类型信息交由编译器推断。

3.2.3 隐式类型的数组

有时会有这样的需求：创建一个数组，但是暂时不需要添加数据，所有元素都保持默认值。创建这样的数组的语法从 C# 1 一直沿用至今：

```
int[] array = new int[10];
```

但是我们经常也会需要用一些特定的值来初始化数组。在 C# 3 之前，可以采用以下两种形式：

```
int[] array1 = { 1, 2, 3, 4, 5};
int[] array2 = new int[] { 1, 2, 3, 4, 5};
```

第1种初始化方式要求必须在变量声明中指定数组类型。以下形式非法：

```
int[] array;
array = { 1, 2, 3, 4, 5 };        ←— 非法
```

第2种初始化方式则不受此规则限制：

```
array = new int[] { 1, 2, 3, 4, 5 };
```

C# 3引入了第3种方式：数组为隐式类型，其类型由元素的类型决定。

```
array = new[] { 1, 2, 3, 4, 5 };
```

只要编译器可以根据元素的类型来推断数组的类型，上述方式就可以自由使用。对于多维数组，这同样适用：

```
var array = new[,] { { 1, 2, 3 }, { 4, 5, 6 } };
```

编译器是如何进行类型推断的呢？列出所有可能情况来精确描述整个过程太过复杂，这里只描述一下大致流程。

(1) 统计每一个元素的类型，将这些类型整合成一个**类型候选集**。

(2) 对于类型候选集中的每一个类型，检查是否所有元素都可以隐式地转换为该类型。剔除不满足该检查条件的类型，最终得到一个筛选过的类型集。

(3) 如果该类型集中只剩一个类型，则该类型就是推断出来的元素类型，编译器根据该类型来创建合适的数组。如果类型集中类型的数量为0或大于1，则编译时会报错。

最终得到的类型必须是初始化器中某个表达式的类型。编译器不会去查找这些表达式的共同基类或接口。表3-1通过具体例子展示了上述规则。

表3-1　隐式类型数组的类型推断示例

表达式	结果	备注
`new[] { 10, 20 }`	`int[]`	所有元素均为`int`类型
`new[] { null, null }`	Error	所有元素均不具有类型
`new[] { "xyz", null }`	`string[]`	`string`是唯一候选类型，并且`null`可以转换为`string`类型
`new[] { "abc", new object() }`	`object[]`	候选类型有两个：`string`和`object`，`string`可以隐式转换为`object`类型，反之则不成立
`new[] { 10, new DateTime() }`	Error	候选类型有两个：`int`和`DateTime`，但是两个类型不能相互转换
`new[] { 10, null }`	Error	`int`是唯一候选类型，但`null`不能转换为`int`类型

隐式类型数组的主要作用还是减少代码冗余，但有一种情况除外，那就是和匿名类型搭配使用时只能使用隐式类型数组，而不能显式地指定类型。即便如此，隐式类型数组依然是开发人员

手中不可或缺的一把利器。

下一个特性依然延续了“让创建和初始化对象更简单”的主题，但在实现方式上有所不同。

3.3 对象和集合的初始化

使用**对象初始化器**和**集合初始化器**，可以让通过初始化值来创建新对象或新集合变得更简单：仅需一个表达式即可完成创建。此项功能对于LINQ来说十分重要，这是由其查询语句的转译方式决定的。另外，这两个初始化器在其他一些场景也大有用处。该特性要求对象类型必须是可变类型，这一要求在编写函数风格的代码时会比较烦人；但应用得当会大有功效。在深入其细节之前，先看一个简单的示例。

3.3.1 对象初始化器和集合初始化器简介

举一个非常简单的例子：一个电子商务系统的订单模型。以下代码包括Order、Customer和OrderItem 3个类。

代码清单 3-1 电子商务系统订单模型

```
public class Order
{
    private readonly List<OrderItem> items = new List<OrderItem>();

    public string OrderId { get; set; }
    public Customer Customer { get; set; }
    public List<OrderItem> Items { get { return items; } }
}

public class Customer
{
    public string Name { get; set; }
    public string Address { get; set; }
}

public class OrderItem
{
    public string ItemId { get; set; }
    public int Quantity { get; set; }
}
```

该如何创建一个订单呢？首先创建一个Order的实例，然后为OrderId和Customer两个属性赋值。不能直接为Items属性赋值，因为它是只读属性。可以先获取Items对象，然后向其添加元素。假定我们不能修改类定义，也不能使用对象初始化器和集合初始化器，创建订单对象的代码如下所示。

代码清单 3-2　不使用对象初始化器和集合初始化器创建和添加订单

```
var customer = new Customer();
customer.Name = "Jon";                      创建 Customer
customer.Address = "UK";

var item1 = new OrderItem();            创建第 1 个
item1.ItemId = "abcd123";               OrderItem
item1.Quantity = 1;

var item2 = new OrderItem();            创建第 2 个
item2.ItemId = "fghi456";               OrderItem
item2.Quantity = 2;

var order = new Order();
order.OrderId = "xyz";
order.Customer = customer;              创建 Order
order.Items.Add(item1);
order.Items.Add(item2);
```

以上代码可以进一步简化：给类添加带参数的类构造器，然后通过构造器为属性赋初始值。即便有了对象初始化器和集合初始化器，我也会尽量采用构造器的方式，但是简便起见，这里需要假定由于某种不可抗力（例如我们没有源码修改权限），无法为类添加构造器。使用对象初始化器和集合初始化器，创建并初始化的过程就可以化繁为简了。

代码清单 3-3　使用对象初始化器和集合初始化器来创建和添加订单

```
var order = new Order
{
    OrderId = "xyz",
    Customer = new Customer { Name = "Jon", Address = "UK" },
    Items =
    {
        new OrderItem { ItemId = "abcd123", Quantity = 1 },
        new OrderItem { ItemId = "fghi456", Quantity = 2 }
    }
};
```

在我看来，代码清单 3-3 要比代码清单 3-2 可读性强。由于采用了缩进，对象的整个结构看起来更清晰，而且代码冗余也相应减少了。下面逐部分地继续深入探究代码细节。

3.3.2　对象初始化器

从语法上讲，对象初始化器就是由大括号包围的一系列成员初始化器。每个成员初始化器的形式是 `property = initializer-value`，其中 `property` 是用于初始化的字段或者属性的名称，`initializer-value` 是表达式、集合初始化器或者其他对象初始化器。

说明 对象初始化器常和属性搭配使用，这也是本章代码所采用的方式。字段没有访问器，但也可以采用类似于等价的方式：get 访问器相当于字段的读操作，set 访问器相当于字段的写操作。

对象初始化器只能用于构造器调用或者其他对象初始化器中。此时的构造器和普通构造器一样，也可以拥有参数。如果不需要指定参数，那么参数列表()也可以省去不写，它等于提供了一个空的参数列表。例如下面两种写法是等价的：

```
Order order = new Order() { OrderId = "xyz" };
Order order = new Order { OrderId = "xyz" };
```

注意，只有在使用对象初始化器或者集合初始化器时，构造器的参数列表才可以省略。下面这种写法是非法的：

```
Order order = new Order;    <—— 非法
```

对象初始化器的作用只是表达应该如何初始化每个属性。如果初始化值（=右边的内容）是一个普通的表达式，那么会先计算该表达式的值，然后将结果传给属性对应的 set 访问器。代码清单 3-3 的大部分内容遵循该模式，只有 Items 属性采用的是**集合初始化器**，稍后会讲到。

如果初始化值是另一个对象初始化器，则不会调用 set 访问器，而会调用 get 访问器，然后将嵌套对象初始化器得到的结果应用于由 get 访问器返回的属性。代码清单 3-4 创建了一个 HttpClient 对象，并对每个发送的请求都修改其默认请求头的内容。代码中选择设置请求头的 From 和 Date 两个属性，是因为它们的值最简单。

代码清单 3-4 通过嵌套的对象初始化器来修改一个新创建的 HttpClient 对象的默认请求头

```
HttpClient client = new HttpClient
{
    DefaultRequestHeaders =          <—— 为 DefaultRequestHeaders
    {                                    调用的属性 get 访问器
        From = "user@example.com",   <—— 为 From 调用的属性
        Date = DateTimeOffset.UtcNow <—— set 访问器
    }
};                                   为 Date 调用的属性
                                     set 访问器
```

它等同于以下代码：

```
HttpClient client = new HttpClient();
var headers = client.DefaultRequestHeaders;
headers.From = "user@example.com";
headers.Date = DateTimeOffset.UtcNow;
```

一个对象初始化器在其成员初始化序列中，可以包含多个嵌套的对象初始化器、集合初始化器、普通表达式。下面介绍集合初始化器。

3.3.3　集合初始化器

集合初始化器的语法：用大括号包围初始化元素，各个元素之间以逗号分隔。初始化元素可以是一个表达式，也可以是另一个集合初始化器。集合初始化器只能用于构造器调用或者对象初始化器中。另外，集合初始化器对于集合元素的类型也有限制，稍后会讲到。代码清单 3-3 展示了在一个对象初始化器中使用集合初始化器（代码中加粗的部分）。

```
var order = new Order
{
    OrderId = "xyz",
    Customer = new Customer { Name = "Jon", Address = "UK" },
    Items =
    {
        new OrderItem { ItemId = "abcd123", Quantity = 1 },
        new OrderItem { ItemId = "fghi456", Quantity = 2 }
    }
};
```

集合初始化器多用于创建新集合。下面这行代码创建了一个字符串集合并为其添加初始值：

```
var beatles = new List<string> { "John", "Paul", "Ringo", "George" };
```

编译器会将以上代码转换成一个构造器调用，其后紧跟一系列 `Add` 方法的调用：

```
var beatles = new List<string>();
beatles.Add("John");
beatles.Add("Paul");
beatles.Add("Ringo");
beatles.Add("George");
```

如果当前集合并不具备这样的单参数 `Add` 方法呢？这时就需要用大括号包围初始化元素。除了 `List<T>`，使用频度最高的泛型集合应该是 `Dictionary<TKey, TValue>`了。它添加元素的方法是 `Add(key, value)`，因此可以如下所示使用集合初始化器：

```
var releaseYears = new Dictionary<string, int>
{
    { "Please please me", 1963 },
    { "Revolver", 1966 },
    { "Sgt. Pepper's Lonely Hearts Club Band", 1967 },
    { "Abbey Road", 1970 }
};
```

编译器把每个元素初始化器都看作一个 `Add` 调用。如果元素初始化器没有大括号，则将其作为单个参数传递给 `Add` 方法。前面 `List<string>`代码中的集合初始化器就是这种方式。

如果元素初始化器带有大括号，依然按照 `Add` 方法的单个调用来处理，只不过会把大括号中的每个表达式都当作一个参数。上述字典的例子等同于如下代码：

```
var releaseYears = new Dictionary<string, int>();
releaseYears.Add("Please please me", 1963);
```

```
releaseYears.Add("Revolver", 1966);
releaseYears.Add("Sgt. Pepper's Lonely Hearts Club Band", 1967);
releaseYears.Add("Abbey Road", 1970);
```

接下来会正常执行重载决议：它负责查找最合适的 Add 方法。如果是泛型的 Add 方法，还要需要执行类型推断。

只有实现了 IEnumerable 接口的类型才能够使用集合初始化器，但实现 IEnumerable<T> 接口并不是必然要求。C#语言的设计团队曾遍历 framework 来查找那些具备 Add 方法的类型，最终确定区分集合类和非集合类的最佳方式就是检查该类型是否实现了 IEnumerable 接口。试想 DateTime.Add(TimeSpan)方法，显然 DateTime 不是一个集合类，虽然它具备 Add 方法，但它不能使用集合初始化器：

```
DateTime invalid = new DateTime(2020, 1, 1) { TimeSpan.FromDays(10) };  <-- 非法
```

编译器在编译集合初始化器时，并不需要 IEnumerable 的具体实现。因此，有时在测试项目中可以这样做：使用包含 Add 方法的类型，并且让该类型实现 IEnumerable 接口，实现中只抛出一个 NotImplementedException。这样做便于构造测试数据，但是并不建议在产品代码中采用这种方式。我希望能有一个单独的 attribute 来负责指示该类型是否适用于集合初始化器，这样就可以不用额外实现 IEnumerable 接口了，可惜未能如愿。

3.3.4 仅用单一表达式就能完成初始化的好处

读者可能会好奇：这些特性对于 LINQ 有什么用呢？前面曾提过，几乎 C# 3 的所有特性都是为 LINQ 服务的，那么对象初始化器和集合初始化器的作用何在呢？答案就是：与 LINQ 相关的其他特性都要求代码具备单一表达式的表达能力。（例如在一个查询表达式中，对于一个给定的输入，select 子句不支持通过多条语句生成结果。）

这种仅用一个表达式就能够初始化对象的能力，其作用不仅限于 LINQ，还有助于简化字段初始化器、方法实参甚至是条件表达式?:，对于静态字段初始化器构建查找表更是有奇效。不过如果初始化表达式变得太过庞大，仍需要对其进行拆分。

而且这项特性于其自身也意义重大。如果没有对象初始化器来创建 OrderItem 对象，那么在为 Order.Items 属性添加元素时，集合初始化器的便捷性也会有所折损。

后面每当提到一个新特性或改进特性（比如 3.5 节中的 lambda 表达式或 8.3 节中的表达式主体成员）对单一表达式有所贡献时，正是对象初始化器和集合初始化器让该特性变得更出众。

对象初始化器和集合初始化器让创建和初始化类型实例变得更简洁，但前提是已有合适的类型用于创建。下一个特性是匿名类型，它让我们在创建对象前无须预先声明一个类型。这个逻辑听起来比较绕，但实际上不难理解。

3.4 匿名类型

使用匿名类型，无须预先声明一个类型便能创建静态类型对象。听起来当前类型应该是在执行期动态创建的，但是实际过程要更微妙。下面介绍如何在代码中定义匿名类型，以及编译器如何处理匿名类型及其局限性。

3.4.1 基本语法和行为

解释匿名类型，最简单的方式还是举例子。代码清单 3-5 展示了如何创建一个包含 Name 和 Score 两个属性的对象。

代码清单 3-5 一个有 Name 和 Score 属性的匿名类型

```
var player = new
{
    Name = "Rajesh",
    Score = 3500
};

Console.WriteLine("Player name: {0}", player.Name);
Console.WriteLine("Player score: {0}", player.Score);
```

创建一个匿名类型的对象，包含 Name 和 Score 两个属性

打印属性值

这个简短的例子揭示了匿名类型的几个要素。

- 匿名类型的语法类似于对象初始化器，但无须指定类型名称，只需要 new 关键字、左大括号、属性以及右大括号。这一形式称为**匿名对象创建表达式**。其中属性部分可以继续嵌套匿名对象创建表达式。
- 声明 player 变量使用了 var 关键字。因为所创建的类型是匿名类型，所以只能用 var 来声明（也可以使用 object 来声明，不过意义不大）。
- 以上代码依然属于静态类型的范畴。Visual Studio 会为 player 变量自动设置 Name 和 Score 属性。如果要访问一个不存在的属性（比如 player.Points），则编译器会报错。属性的类型是根据赋值的类型进行推断的：player.Name 是 string 类型，player.Score 是 int 类型。

以上便是对匿名类型的基本介绍。匿名类型有哪些用途呢？这就涉及 LINQ 了。当执行一个查询时，不管被查询的数据源是 SQL 数据库还是对象集合，经常需要一种特定的、不同于源数据、只在查询语句中有意义的数据形态。

假设有一个集合，集合中每个人都有最喜欢的颜色。我们需要把查询结果绘制成一张直方图，该查询结果集按照颜色和喜欢该颜色的人数进行划分，于是这个数据形态所代表的含义只在这个特定的上下文中有意义。使用匿名类型可以更精练地表达这种“一次性”的类型需求，同时还不失静态类型的优势。

对比 Java 中的匿名类

熟悉 Java 语言的读者，可能会好奇 Java 中的匿名类（anonymous class）和 C#的匿名类型之间的关系。虽然二者名称比较相近，但是不论从语法还是用途上讲，都有着显著差别。

纵观历史，Java 中的匿名类主要用于实现接口或者扩展抽象类，以便覆盖某一两个方法。C#的匿名类型不是用于实现接口或者继承类（System.Object 除外），该特性主要与数据相关而不是与代码相关。

C#还提供了一个关于匿名对象创建表达式的简化形式，利用这种形式，可以从其他对象复制属性或字段到新对象中，并且二者的属性或字段名称相同。该语法称为**投射初始化器**。借用之前的电子商务的数据模型，有如下 3 个类：

- Order——OrderId、Customer、Items
- Customer——Name、Address
- OrderItem——ItemId、Quantity

代码中可能会需要一个特定的 order 对象，该对象包含以上所有属性值。假设已有 order、customer 和 item 这几个类型的对象，那么可以很轻松地利用它们来创建一个匿名类型：

```
var flattenedItem = new
{
    order.OrderId,
    CustomerName = customer.Name,
    customer.Address,
    item.ItemId,
    item.Quantity
};
```

在这个例子中，除了 CustomerName，其他属性都使用了投射初始化器。以上代码的运行结果和下面这种显式写出每个属性名称得到的结果是相同的：

```
var flattenedItem = new
{
    OrderId = order.OrderId,
    CustomerName = customer.Name,
    Address = customer.Address,
    ItemId = item.ItemId,
    Quantity = item.Quantity
};
```

如果需要从一个查询操作中筛选出部分属性，或者需要把多个对象合并成一个匿名对象，投射初始化器更有效。在进行复制时，如果目标属性或字段的名称与源名称一致，那么可以交由编译器来推断名称，如以下代码：

```
SomeProperty = variable.SomeProperty
```

可以直接简化为：

```
variable.SomeProperty
```

在复制多个属性时，使用投射初始化器可以大幅减少代码冗余。如果能够把表达式缩减到一行，比起每个属性都单列一行的代码，差别还是很大的。

> **重构与投射初始化器**
>
> 尽管以上两种形式的代码的结果相同，但并不代表二者的行为也完全一致。如果把 Address 属性重命名为 CustomerAddress 会怎么样？
>
> 在使用投射初始化器的代码版本中，匿名类型的属性名称也会随之改变；而在显式指定属性名称的代码版本中，属性名称不会变化。虽说我几乎没有因为这个差异遇到什么问题，但还是有必要提及这一点。

关于匿名类型的语法就介绍到这里。匿名类型的属性使用起来与普通类型的属性没有差别，那么其背后的机制是怎样的呢？

3.4.2　编译器生成类型

虽然源码中没有出现匿名类型的名称，但编译器需要为它生成一个类型。它在执行期没有任何特殊之处，对于执行期来说也只是一个普通的类型而已，只不过这个类型的名称不是一个有效的 C#名称。关于该类型，有几个比较有意思的特征，其中一些得到了语言规范层面的保证，另外一些则没有。当采用微软 C#编译器时，匿名类型具备以下特点。

- 它是一个类（保证）。
- 其基类是 object（保证）。
- 该类是密封的（不保证，虽然非密封的类并没有什么优势）。
- 属性是只读的（保证）。
- 构造器的参数名称与属性名称保持一致（不保证，有时对于反射有用）。
- 对于程序集是 internal 的（不保证，在处理动态类型时会比较棘手）。
- 该类会覆盖 GetHashCode()和 Equals()方法：两个匿名类型只有在所有属性都等价的情况下才等价。（可以正常处理 null 值。）只保证会覆盖这两个方法，但不保证散列值的计算方式。
- 覆盖并完善 ToString()方法，用于呈现各属性名称及其对应值。这一点不保证，但对于问题诊断来说作用重大。
- 该类型为泛型类，其类型形参会应用于每一个属性。具有相同属性名称但属性类型不同的匿名类型，会使用相同的泛型类型，但拥有不同的类型实参。这一点不保证，不同编译器的实现方式不同。
- 如果两个匿名对象创建表达式使用相同的属性名称，具有相同的属性类型以及属性顺序，并且在同一个程序集中，那么这两个对象的类型相同。

最后一点对于变量重新赋值、使用匿名类型的隐式类型数组来说很重要。根据我的个人经验，一般很少会对由匿名类型初始化的变量重新赋值，但这么做确实可行。例如下面的代码完全合法：

```
var player = new { Name = "Pam", Score = 4000 };
player = new { Name = "James", Score = 5000 };
```

同样，也可以使用匿名类型来创建隐式类型数组，具体的语法形式参见 3.2.3 节：

```
var players = new[]
{
    new { Name = "Priti", Score = 6000 },
    new { Name = "Chris", Score = 7000 },
    new { Name = "Amanda", Score = 8000 },
};
```

请注意，两个匿名类型若要类型相同，那么两个匿名对象创建表达式中的属性名称、属性类型以及属性的顺序都必须完全一致。例如以下代码就是非法的，因为数组中第 2 个元素中的属性顺序与其他的不一致：

```
var players = new[]
{
    new { Name = "Priti", Score = 6000 },
    new { Score = 7000, Name = "Chris" },
    new { Name = "Amanda", Score = 8000 },
};
```

尽管数组中每个元素单独看都是合法的，但是由于第 2 个元素的与众不同，编译器无法推断数组类型。此外，增加属性或者修改属性类型这些行为也会导致对象类型发生变化。

尽管匿名类型在 LINQ 中大有用处，但是它并不适用于所有场景。下面简单介绍匿名类型在哪些场景中不适用。

3.4.3 匿名类型的局限性

匿名类型在需要实现数据的局部化表示时能够发挥作用。所谓**局部化**，就是指某个数据形态的使用范围限制在特定方法中。如果需要在多处使用同一个数据形态，匿名类型就无能为力了。虽说可以把匿名类型的实例用于方法返回值或者方法参数，但是必须使用泛型或者 `object` 类型。因为匿名类型不具名的特性，所以很难应用于方法签名之中。

在 C# 7 之前，如果需要在多个方法中使用同一个数据结构，一般需要声明自定义类或结构体。C# 7 引入了元组（第 11 章会介绍），元组可作为候选解决方案，不过依然取决于数据封装程度的需求。

说到数据封装，需要说明匿名类型是不提供任何数据封装的。匿名类型中不能有校验，也不能添加任何行为。如果有类似的需求，就只能自定义类型，而不是使用匿名类型。

前文提到 C# 4 引入了动态类型，而通过动态类型进行跨程序集的匿名类型访问是很困难的，这是因为匿名类型的 internal 属性。我曾在 MVC Web 应用中见过类似的尝试：页面的 model 采用匿名类型构建，之后在 view 中使用 `dynamic` 类型（第 4 章还会阐述）访问该匿名对象。如果这两部分代码在一个程序集中，那么是可行的；如果包含 model 代码的程序集通过 `[InternalsVisibleTo]` 特性来使其内部成员对于包含 view 代码的其他程序集设置了可见，也是可行的，但是这种实现方式看起来会比较奇怪。我通常建议把 model 定义为普通类型，不要定义成匿名类型，以便充分利用静态类型的优势。在这种情况下，虽然匿名类型能够暂时节省时间，但从长远来看还是使用普通类型更好。

说明　Visual Basic 语言也有匿名类型，但是它与 C#中的匿名类型行为并不相同。C#中的匿名类型会将所有属性用于等价比较和计算散列值，并且它们都是只读属性，而 Visual Basic 中的匿名类型，只有用 `Key` 修饰符声明的属性才会参与上述过程。没有用 `Key` 修饰的属性不受读写访问限制，并且不参与等价比较和散列值计算。

至此，关于 C# 3 特性的介绍已经过半，这些特性都和数据相关。接下来的几个特性侧重于可执行代码。首先介绍 lambda 表达式，之后是扩展方法。

3.5　lambda 表达式

第 2 章讲过匿名方法是如何通过内联代码简化委托实例的创建的：

```
Action<string> action = delegate(string message)
{
    Console.WriteLine("In delegate: {0}", message);
};
action("Message");
```

使用匿名方法创建委托

调用委托

C# 3 引入 **lambda 表达式**之后，这一过程变得更简洁了。**匿名函数**这个术语用于指代匿名方法和 lambda 表达式。之后书中会经常使用该术语，它在 C#语言规范中也广泛使用。

说明　**lambda 表达式**这个名称源于 lambda 演算。lambda 演算是数学和计算机科学界的一个术语，由 Alonzo Church 于 20 世纪 30 年代提出。最初 Church 借用希腊字母 λ（lambda）来表示函数（方法），因此该名称沿用至今。

C#的设计团队出于各种必要的原因，花费大量精力来简化委托实例的创建过程，其中 LINQ 是最重要的一个原因。3.7 节介绍查询表达式时，会讲到查询表达式会被转译成包含 lambda 表达式的代码。即使不利用查询表达式，LINQ 最终还是需要在源码中直接使用 lambda 表达式。

接下来首先介绍 lambda 表达式的语法，然后深入探究其行为模式，最后讨论表达式树是如何将代码变成数据表示形式的。

3.5.1 lambda表达式语法简介

lambda表达式的基本语法形式如下：

```
参数列表 => 主体
```

参数列表和主体（body）都可以有多种呈现形式。最显式的形式是：lambda表达式的参数列表与普通方法或匿名方法的参数列表相同。同样，lambda表达式的主体可以是一个代码块：用一对大括号包围的一组语句。这种形式的lambda表达式与匿名方法差不多：


```
Action<string> action = (string message) =>
{
    Console.WriteLine("In delegate: {0}", message);
};
action("Message");
```

这样的lambda表达式看起来无甚奇特，不过是用=>符号替换了delegate关键字而已。但是在特殊场景下，lambda表达式可以变得更短。

首先简化主体部分：如果主体只包含一条return语句或者一个表达式，它就可以简化成只有这一条语句，而且return关键词也可以省略不写。前面的例子只有一条调用语句，因此可以简写成：

```
Action<string> action =
    (string message) => Console.WriteLine("In delegate: {0}", message);
```

稍后会展示带return语句的例子。lambda表达式简化成这种形式之后，可称为具有**表达式主体**，而带有大括号的lambda表达式可称为具有**语句主体**。

参数列表也可以简化：编译器有时可以根据lambda表达式转化后的类型推断参数类型。lambda表达式本身没有类型，但可以转换为兼容的委托类型，这样编译器就可以依据该转换来推断参数类型。

在前面的代码中，编译器知道Action<string>有一个string类型的参数。根据这一信息，就可以推断出lambda表达式的参数类型。当编译器能够执行类型推断时，编程人员可以省略参数类型，因此上述例子可以简化为：

```
Action<string> action =
    (message) => Console.WriteLine("In delegate: {0}", message);
```

如果lambda表达式只有一个参数，并且可以推断出参数类型，那么参数列表的圆括号也可以省略：

```
Action<string> action =
    message => Console.WriteLine("In delegate: {0}", message);
```

下面看几个含return语句的例子，并且把每个例子都一步步地简化。首先构建一个委托来执行两整型相乘并返回结果：

```
Func<int, int, int> multiply =
    (int x, int y) => { return x * y; };        最长的版本

Func<int, int, int> multiply = (int x, int y) => x * y;    使用表达式主体

Func<int, int, int> multiply = (x, y) => x * y;       推断参数类型
(有两个参数，因此不能省略圆括号)
```

接着再创建一个委托，获取一个字符串的长度，将长度自乘，然后返回计算结果：

```
Func<string, int> squareLength = (string text) =>     最长的版本
{
    int length = text.Length;
    return length * length;
};

Func<string, int> squareLength = (text) =>      推断参数类型
{
    int length = text.Length;
    return length * length;
};

Func<string, int> squareLength = text =>      单参数时可以省略圆括号
{
    int length = text.Length;
    return length * length;
};
(目前无法继续简化了，因为主体有两条语句)
```

也可以通过计算两次 Length 值的方式，进一步简化以上代码：

```
Func<string, int> squareLength = text => text.Length * text.Length;
```

当然，这属于另一个层面的简化，它通过修改代码逻辑来实现简化，不是语法层面的简化。这些特殊实例虽然看起来比较奇怪，但实际上这样的简化适用场景相当广，尤其是在 LINQ 中。至此，语法部分介绍完毕，下面继续讲解委托实例的行为模式，尤其是关于变量捕获的方面。

3.5.2　捕获变量

2.3.2 节讲匿名方法捕获变量时，说过要在 lambda 表达式中重提这一话题。这或许是 lambda 表达式最难懂的一部分，Stack Overflow 上面有很多相关问题。

要通过 lambda 表达式来创建委托实例，编译器需要把 lambda 表达式中的代码转换成一个方法，之后在执行期创建委托就如同已经定义了方法组一样。下面主要介绍编译器执行的转换过程。这样描述让人感觉编译器需要把一部分源码转译成另一些不包含 lambda 表达式的源码，但实际上编译器不会这样做，它可以直接生成相应的 IL 代码。

首先简单回顾捕获变量的概念。在 lambda 表达式中，可以像使用普通方法那样任意使用变量。这些变量可以是静态字段、实例字段（如果在实例方法中编写 lambda 表达式[①]）、this 变量、

① 构造器、属性访问器等也可以包含 lambda 表达式，不过简单起见，这里假定只在方法中使用 lambda 表达式。

方法参数或者局部变量。这些都属于捕获变量的范畴，因为它们都定义在 lambda 表达式所在直接上下文之外。那些 lambda 表达式自带的参数或者定义在 lambda 表达式内部的局部变量，则不属于捕获变量。代码清单 3-6 展示了 lambda 表达式捕获的各种变量，之后会讲解编译器是如何处理这部分代码的。

代码清单 3-6　lambda 表达式捕获变量


```
class CapturedVariablesDemo
{
    private string instanceField = "instance field";

    public Action<string> CreateAction(string methodParameter)
    {
        string methodLocal = "method local";
        string uncaptured = "uncaptured local";

        Action<string> action = lambdaParameter =>
        {
            string lambdaLocal = "lambda local";
            Console.WriteLine("Instance field: {0}", instanceField);
            Console.WriteLine("Method parameter: {0}", methodParameter);
            Console.WriteLine("Method local: {0}", methodLocal);
            Console.WriteLine("Lambda parameter: {0}", lambdaParameter);
            Console.WriteLine("Lambda local: {0}", lambdaLocal);
        };
        methodLocal = "modified method local";
        return action;
    }
}

// 其他代码

var demo = new CapturedVariablesDemo();
Action<string> action = demo.CreateAction("method argument");
action("lambda argument");
```

其中涉及很多变量：

- `instanceField` 是 `CapturedVariablesDemo` 类的一个实例字段，为 lambda 表达式所捕获；
- `methodParameter` 是 `CreateAction` 方法的一个参数，为 lambda 表达式所捕获；
- `methodLocal` 是 `CreateAction` 方法中的一个局部变量，为 lambda 表达式所捕获；
- `uncaptured` 是 `CreateAction` 方法中的一个局部变量，因为没有被 lambda 表达式使用，所以不属于捕获变量；
- `lambdaParameter` 是 lambda 表达式自己的参数，不属于捕获变量；
- `lambdaLocal` 是 lambda 表达式内部的局部变量，不属于捕获变量。

需要重点关注的是，这些 lambda 表达式捕获的是这些变量本身，而不是委托创建时这些变量的值①。如果在委托定义后到委托调用前这一期间修改任何一个捕获变量，那么这些修改都会在输出结果中体现出来。同样，lambda 表达式自己也能够修改这些捕获变量的值，那么编译器如何保证这些变量在委托调用时依然可用呢？

1. 通过生成类来实现捕获变量

考虑如下 3 种普遍情形。

- 如果没有捕获任何变量，那么编译器可以创建一个静态方法，不需要额外的上下文。
- 如果仅捕获了实例字段，那么编译器可以创建一个实例方法。在这种情况下，捕获 1 个实例字段和捕获 100 个没有什么差别，只需一个 this 便可都可以访问到。
- 如果有局部变量或参数被捕获，编译器会创建一个私有的嵌套类来保存上下文信息，然后在当前类中创建一个实例方法来容纳原 lambda 表达式的内容。原先包含 lambda 表达式的方法会被修改为使用嵌套类来访问捕获变量。

具体实现细节因编译器而异

读者可能会遇到上述流程的不同变体。例如对于没有捕获变量的 lambda 表达式，编译器可能会创建一个包含一个实例方法的嵌套类，而不是创建一个静态方法。委托的执行效率会因创建方式的不同而略有差异。这里只描述编译器为访问捕获变量所做的那些必要、基本的工作，其复杂度可能根据实际需要而增加。

显然，最后一种情形最为复杂，因此需要重点关注。先看代码清单 3-6。下面是创建 lambda 表达式的方法（其中省略了类声明部分）：

```
public Action<string> CreateAction(string methodParameter)
{
    string methodLocal = "method local";
    string uncaptured = "uncaptured local";

    Action<string> action = lambdaParameter =>
    {
        string lambdaLocal = "lambda local";
        Console.WriteLine("Instance field: {0}", instanceField);
        Console.WriteLine("Method parameter: {0}", methodParameter);
        Console.WriteLine("Method local: {0}", methodLocal);
        Console.WriteLine("Lambda parameter: {0}", lambdaParameter);
        Console.WriteLine("Lambda local: {0}", lambdaLocal);
    };
    methodLocal = "modified method local";
    return action;
}
```

如前所述，编译器会创建一个私有的嵌套类来保存额外的上下文信息，然后在该类中创建一个实例方法用于容纳 lambda 表达式的代码。上下文信息被保存在嵌套类的实例变量中，在本例中就是：

① 关于这一点，本书会不厌其烦地反复强调。对于不熟悉捕获变量的读者，可能需要一些时间来适应。

- 一个 CapturedVariablesDemo 类实例的引用，用于之后访问 instanceField；
- 一个 string 变量来保存捕获的方法参数；
- 一个 string 变量来保存捕获的局部变量。

下面是嵌套类以及 CreateAction 方法使用该嵌套类的代码。

代码清单 3-7 捕获变量的 lambda 表达式转译后的代码

```
private class LambdaContext                          ← 生成类保存
{                                                       捕获变量
    public CapturedVariablesDemoImpl originalThis;
    public string methodParameter;                     捕获的变量
    public string methodLocal;

    public void Method(string lambdaParameter)       ← lambda 表达式体变成
    {                                                   一个实例方法
        string lambdaLocal = "lambda local";
        Console.WriteLine("Instance field: {0}",
            originalThis.instanceField);
        Console.WriteLine("Method parameter: {0}", methodParameter);
        Console.WriteLine("Method local: {0}", methodLocal);
        Console.WriteLine("Lambda parameter: {0}", lambdaParameter);
        Console.WriteLine("Lambda local: {0}", lambdaLocal);
    }
}

public Action<string> CreateAction(string methodParameter)
{
    LambdaContext context = new LambdaContext();
    context.originalThis = this;
    context.methodParameter = methodParameter;
    context.methodLocal = "method local";              生成类用于所有
    string uncaptured = "uncaptured local";             捕获的变量

    Action<string> action = context.Method;
    context.methodLocal = "modified method local";
    return action;
}
```

注意 CreateAction 方法末尾附近的 context.methodLocal 是如何被修改的。当委托最终被执行时，它能够知道该变量的修改情况。同样，如果委托自己修改了任何捕获的变量，那么每个委托的调用都会受到前一个调用的影响。再次强调：编译器捕获的是变量本身，而不是变量值的副本。

以上两个代码示例中为捕获变量仅创建了一个上下文。根据编程规范的要求，每个局部变量只能有一次实例化。下面丰富一下这个示例。

2. 局部变量的多次实例化

简单起见，这次不捕获参数和实例字段，只捕获一个局部变量。请看代码清单 3-8：在 CreateActions 方法中创建了 action 的一个 list，然后依次执行这些 action，其中每个 action 都会捕获 text 变量。

代码清单 3-8　局部变量的多次实例化

```
static List<Action> CreateActions()
{
    List<Action> actions = new List<Action>();
    for (int i = 0; i < 5; i++)
    {
        string text = string.Format("message {0}", i);    ← 在循环内部声明局部变量
        actions.Add(() => Console.WriteLine(text));       ← 在 lambda 表达式中捕获该变量
    }
    return actions;
}

// 其他代码

List<Action> actions = CreateActions();
foreach (Action action in actions)
{
    action();
}
```

在这段代码中，text 在循环中声明是非常关键的一点。每次声明 text 时，该变量就完成一次实例化，因此每个 lambda 表达式捕获的都是不同的变量实例，于是 5 个完全独立的 text 变量被分别捕获。虽然这段代码中变量初始化后没有任何修改操作，但实际上我们完全可以在循环内部或在 lambda 表达式内部修改该变量的值。无论修改哪个变量值，都不会影响其他变量。

编译器的做法是：每次初始化都创建一个不同的生成类型实例，因此代码清单 3-8 中的 CreateAction 方法会转译成如下形式。

代码清单 3-9　为每次初始化创建上下文实例

```
private class LambdaContext
{
    public string text;

    public void Method()
    {
        Console.WriteLine(text);
    }
}

static List<Action> CreateActions()
{
    List<Action> actions = new List<Action>();
    for (int i = 0; i < 5; i++)
    {
        LambdaContext context = new LambdaContext();    ← 为每次循环都创建一个新的上下文
        context.text = string.Format("message {0}", i);
        actions.Add(context.Method);                    ← 使用上下文创建一个 action
    }
    return actions;
}
```

希望读者理解这段代码。我们是从 lambda 表达式的单一上下文，进阶到了循环的每次迭代都有一个新的上下文。接下来继续增加复杂度，把这两种情况混在一起。

3. 多个作用域下的变量捕获

循环的每次迭代都要实例化一次变量，是因为变量**作用域**的缘故。一个方法内部可能存在多个作用域，每个作用域都可能包含局部变量的声明，而一个 lambda 表达式可以从多个作用域捕获变量，示例见代码清单 3-10。这段代码创建了两个委托实例，每个委托分别捕获两个变量：它们捕获同一个 `outerCounter` 变量，又各自捕获一个 `innerCounter` 变量。委托的工作就是打印变量的当前值，并且执行加一操作。最后将每个委托各自执行两次，这样可以清楚地展现捕获变量之间的区别。

代码清单 3-10 从多个作用域捕获变量

```
static List<Action> CreateCountingActions()
{
    List<Action> actions = new List<Action>();      两个委托捕获
    int outerCounter = 0;                        ◁  同一个变量
    for (int i = 0; i < 2; i++)
    {                                               每次循环都创建
        int innerCounter = 0;                   ◁  一个新变量
        Action action = () =>
        {
            Console.WriteLine(
                "Outer: {0}; Inner: {1}",
                outerCounter, innerCounter);        计数器打印
            outerCounter++;                         和自增
            innerCounter++;
        };
        actions.Add(action);
    }
    return actions;
}

// 其他代码

List<Action> actions = CreateCountingActions();
actions[0]();
actions[0]();                    每个委托
actions[1]();                    调用两次
actions[1]();
```

代码清单 3-10 的执行结果如下：

```
Outer: 0; Inner: 0
Outer: 1; Inner: 1
Outer: 2; Inner: 0
Outer: 3; Inner: 1
```

前两行是第 1 个委托打印的结果，后两行是第 2 个委托打印的结果。如前所述，`outerCounter` 变量被两个委托共用，而 `innerCounter` 为两个委托分别所有。

每个委托都需要各自的上下文，但是各自的上下文还需要指向一个公共的上下文。编译器是如何处理这种情况的呢？答案是创建两个私有嵌套类。代码清单 3-10 经编译器处理后的结果如下。

代码清单 3-11　从多个作用域捕获变量而创建多个类

```
private class OuterContext
{
    public int outerCounter;
}

private class InnerContext
{
    public OuterContext outerContext;
    public int innerCounter;

    public void Method()
    {
        Console.WriteLine(
            "Outer: {0}; Inner: {1}",
            outerContext.outerCounter, innerCounter);
        outerContext.outerCounter++;
        innerCounter++;
    }
}

static List<Action> CreateCountingActions()
{
    List<Action> actions = new List<Action>();
    OuterContext outerContext = new OuterContext();
    outerContext.outerCounter = 0;
    for (int i = 0; i < 2; i++)
    {
        InnerContext innerContext = new InnerContext();
        innerContext.outerContext = outerContext;
        innerContext.innerCounter = 0;
        Action action = innerContext.Method;
        actions.Add(action);
    }
    return actions;
}
```

外层作用域的上下文

包含外层上下文引用的内层作用域上下文

用于创建委托的方法

创建一个外层上下文

每次循环都创建一个内层上下文

大多数读者很少需要查看这样的代码，但编译器生成代码的方式会对程序性能有不小的影响。如果在性能敏感的代码中使用 lambda 表达式，那么需要注意可能会因为变量捕获而创建过多对象，从而影响性能。

关于同一作用域下多个 lambda 表达式捕获不同的变量集合，或者在值类型方法中使用 lambda 表达式，还有很多示例可举。虽然我认为研究编译器生成的代码这件事很有趣，但恐怕读者不这么想。若有兴趣了解编译器处理 lambda 表达式的机制，只需要运行 ildasm 之类的反编译器即可。

前面介绍了如何把 lambda 表达式转换成委托，而使用匿名方法也能实现。此外，lambda 表达式还有一项“超能力”——转换成表达式树。

3.5.3 表达式树

表达式树是将代码按照数据来表示的一种形式。这项特性是 LINQ 能够有效处理 SQL 数据库这类数据提供者的核心秘诀所在。通过表达式树，C#的代码可以在执行期被分析并转换成 SQL。

委托的作用是提供可运行的代码，而表达式树的作用是提供可查看的代码，这有点类似于反射（reflection）机制。虽然也可以在代码中直接构建表达式树，但更普遍的做法是让编译器负责把 lambda 表达式转换成表达式树。代码清单 3-12 通过创建一个表达式树完成两个值的相加操作。

3

代码清单 3-12 表达式树——两个整型值相加

```
Expression<Func<int, int, int>> adder = (x, y) => x + y;
Console.WriteLine(adder);
```

虽然只有短短两行代码，但其背后发生了很多事情。先从结果看起。如果打印一个普通的委托，所得结果只是一个关于类型的结果，不会包含任何委托行为的信息，而代码清单 3-12 准确地描述了表达式树的行为：

```
(x, y) => x + y
```

编译器并未在任何地方生成一个硬编码的字符串。以上字符串是通过表达式树动态构建出来的。这段代码表明：代码是可以进行执行期检查的。这就是表达式树的所有关键所在。

首先看 adder 的类型：Expression<Func<int, int, int>>。把它拆解成两部分：Expression<TDelegate>和 Func<int, int, int>。第 2 部分是第 1 部分的类型实参，它是一个代理类型，由两个 int 参数和一个 int 返回值构成。（返回值类型由最后一个参数指定，例如 Func<string, double, int>的意思是接收 string 和 double 类型的参数，返回 int 类型值。）

Expression<TDelegate>是处理 TDelegate 类型的表达式树类型。其中 TDelegate 必须是委托类型（不是通过类型约束体现的，而是在执行期强制保证的）。委托类型仅仅是表达式树相关的诸多类型之一，它们均位于 System.Linq.Expressions 命名空间下。非泛型的 Expression 类是所有表达式类型的抽象基类，它也用于容纳创建具象子类实例的工厂方法。

adder 变量是一个表示接收两个整型值并返回一个整型值方法的表达式树表示，之后可以用 lambda 表达式来为该变量赋值。编译器负责生成适用于执行期的表达式树。示例代码相对简单（读者也可以自行手动实现）。

代码清单 3-13 手动创建表达式树——两个整型值相加

```
ParameterExpression xParameter = Expression.Parameter(typeof(int), "x");
ParameterExpression yParameter = Expression.Parameter(typeof(int), "y");
Expression body = Expression.Add(xParameter, yParameter);
ParameterExpression[] parameters = new[] { xParameter, yParameter };
```

```
Expression<Func<int, int, int>> adder =
    Expression.Lambda<Func<int, int, int>>(body, parameters);
Console.WriteLine(adder);
```

虽然示例比较简单，但仍比 lambda 表达式复杂多了。在添加了方法调用、属性访问器、对象初始化器这些之后，就会变得更复杂且更易出错，因此能让编译器负责把 lambda 表达式转换成表达式树特别重要，不过关于此还有一些限制规则。

1. 转换表达式树的局限性

只有拥有表达式主体的 lambda 表达式才能转换成表达式树，这条规则最为重要。`(x, y) => x + y` 符合该规则，但下面这句代码会编译报错：

```
Expression<Func<int, int, int>> adder = (x, y) => { return x + y; };
```

从.NET 3.5 开始，表达式树 API 就已经扩展支持代码块和其他构建了，但是 C#编译器依然保留了该限制，而且对于 LINQ 使用的表达式树也有同样的限制。这也是对象初始化器和集合初始化器很重要的原因：可以在一个表达式内完成初始化，以供表达式树使用。

另外，lambda 表达式不能使用赋值运算符，也不能使用 C# 4 的动态类型和 C# 5 的异步。（虽然对象初始化器和集合初始化器也用到了`=`，但是在其上下文中并不算赋值运算符。）

2. 将表达式树编译成委托

如前所述，对远程数据源执行查询操作并不是表达式树的唯一用途。表达式树可用于在执行期动态构建委托，虽然这种方式一般需要手动编写部分代码，而不是使用 lambda 表达式进行转化。

`Expression<TDelegate>`有一个 `Compile()`方法，该方法返回一个委托类型。该委托类型与普通的委托类型无异。借用前面那个例子，我们构建出 `adder` 表达式树，将其编译成一个委托，然后调用该委托并打印出结果 5。

代码清单 3-14　把表达式树编译成委托，并调用委托得到结果

```
Expression<Func<int, int, int>> adder = (x, y) => x + y;
Func<int, int, int> executableAdder = adder.Compile();     ← 将表达式树编译成委托
Console.WriteLine(executableAdder(2, 3));                  ← 正常调用委托
```

这项能力可以和反射特性搭配使用，用于访问属性、调用方法来生成并缓存委托，其结果与手动编写委托结果相同。对于单一的方法调用或访问属性，已经存在现有的方法来直接创建委托，不过有时需要额外的转换或操作步骤，而使用表达式树来实现的话十分简便。

等到介绍完所有相关特性之后，我们再回头讨论为什么表达式树对于 LINQ 如此重要。至此，还剩最后两个特性未介绍，其一是扩展方法。

3.6 扩展方法

扩展方法是一个静态方法，它可以在其第一个参数的类型实例上以实例方法的调用方式进行调用。这个特性乍听起来似乎没什么意义。假设有如下方法调用：

```
ExampleClass.Method(x, y);
```

把 ExampleClass.Method 改成扩展方法之后，就可以这样调用了：

```
x.Method(y);
```

以上就是扩展方法的全部内容。扩展方法是 C#编译器最简单的转换工作之一。当对扩展方法进行链式调用时，它能显著增强代码的可读性。关于可读性的增强，后面介绍 LINQ 示例时还会看到，下面先讲解其语法。

3.6.1 声明扩展方法

声明扩展方法时，需要在其第一个参数前添加关键字 this。扩展方法必须声明在一个非嵌套、非泛型的静态类中，而且在 C# 7.2 之前第一个参数不能是 ref 参数（13.5 节会详述）。扩展方法所在的类不能是泛型类，但扩展方法自身可以是泛型方法。

扩展方法的第一个参数有时称为**扩展目标**（target）或**扩展类型**（extended type）（C#编程规范中并没有给出官方命名）。

这里借用 Noda Time 的一个例子：有一个扩展方法，它负责把 DateTimeOffset 类型值转换为 Instant 类型值。在 Instant 结构体中，目前已有一个静态方法来完成这项工作，但还需要再添加一个扩展方法。代码清单 3-15 是该方法的实现。这里引入了命名空间的声明（仅此一次）。后面介绍 C#编译器如何查找扩展方法时，还会用到该命名空间。

代码清单 3-15 Noda Time 中的 ToInstant 扩展方法

```
using System;

namespace NodaTime.Extensions
{
    public static class DateTimeOffsetExtensions
    {
        public static Instant ToInstant(this DateTimeOffset dateTimeOffset)
        {
            return Instant.FromDateTimeOffset(dateTimeOffset);
        }
    }
}
```

编译器唯一需要做的就是为扩展方法及其所在类添加 [Extension] 特性。该特性在命名空间 System.Runtime.CompilerServices 下。它本质上是一个标记，标记 ToInstant() 方法可以按照 DateTimeOffset 的实例方法那样调用。

3.6.2　调用扩展方法

前文展示过扩展方法的调用：扩展方法可以在其第一个参数的类型实例上以实例方法的调用方式进行调用，但还需要一个前提，就是让编译器可以查找到这个扩展方法。

首先是优先级问题：如果存在一个与该类同名的普通实例方法，那么编译器总是会优先选择该实例方法来调用。在此过程中，无所谓扩展方法是否具有更匹配的形参。如果编译器查找到有可调用的实例方法，就不会再去查找扩展方法了。

如果编译器没有找到可调用的实例方法，那么会开始查找扩展方法。首先查找扩展方法调用代码所在的命名空间以及所有 `using` 指令指定的命名空间。现在假设在 `CSharpInDepth.Chapter03` 这个命名空间的 `ExtensionMethodInvocation` 类中调用扩展方法[①]，参考代码清单 3-16（假设编译器拥有足够的信息来查找到扩展方法）。

代码清单 3-16　在 Noda Time 之外调用 `ToInstant()` 扩展方法

```
using NodaTime.Extensions;        // 引入 NodaTime.Extensions 命名空间
using System;

namespace CSharpInDepth.Chapter03
{
    class ExtensionMethodInvocation
    {
        static void Main()
        {
            var currentInstant =
                DateTimeOffset.UtcNow.ToInstant();    // 调用扩展方法
            Console.WriteLine(currentInstant);
        }
    }
}
```

编译器会从以下位置查找扩展方法：

- `CSharpInDepth.Chapter03` 命名空间下的静态类；
- `CSharpInDepth` 命名空间下的静态类；
- 全局命名空间下的静态类；
- `using` 指令指定的命名空间下的静态类（例如 `using System` 这样的指向命名空间的命令）；
- （只在 C# 6 中）`using static` 指定的静态类，10.1 节还会介绍。

编译器会从最内层的命名空间一路向外查找至全局命名空间。在查找的每条路径上，都要查找当前命名空间下的静态类，或者查找 `using` 指令指定的命名空间中的类。查找的顺序并不重要。如果调整 `using` 指令的顺序后影响了扩展方法的查找结果，建议将扩展方法重新命名。不过需要知道，查找的每一步中都有可能找到多个适合调用的扩展方法。此时编译器会对当前所有

① 如果读者查看随书代码，会发现其中所有命名空间都是 Chapter01、Chapter02 这样的简单形式。这里没有采用简单形式，旨在展示编译器查找命名空间时的层次特点。

候选方法执行常规的重载决议。在决策完成后，编译器为调用扩展方法所生成的 IL 代码和调用普通静态方法所生成的 IL 代码是完全相同的。

null 值也可以调用扩展方法

在处理 null 值的问题上，扩展方法和实例方法有所不同。请看最初的那个例子：

```
x.Method(y);
```

如果 Method 是实例方法，x 为 null，就会抛出一个 NullReferenceException；而如果 Method 是一个扩展方法，那么即便 x 为 null，也会将 x 作为其首个参数进行方法调用。有时扩展方法会要求参数不能为 null，当参数为 null 时则应抛出 ArgumentNullException。或者扩展方法已经过精心设计，可以妥善处理 null。

下面回过头看看为什么扩展方法对于 LINQ 意义非凡。这就要谈及查询语句了。

3.6.3 扩展方法的链式调用

代码清单 3-17 是一个简单查询：现有一个单词序列，我们需要按照单词长度进行筛选，并将其按字母顺序排序，然后全部转换为大写。该查询只用到了 C# 3 中的 lambda 表达式和扩展方法这两个特性。本章最后会把 C# 3 的所有特性贯通，这里重点关注这一小段代码的可读性。

代码清单 3-17 字符串简单查询

```
string[] words = { "keys", "coat", "laptop", "bottle" };    // 一个简单的数据源
IEnumerable<string> query = words
    .Where(word => word.Length > 4)                          // 过滤、排序、转换
    .OrderBy(word => word)
    .Select(word => word.ToUpper());

foreach (string word in query)                               // 打印结果
{
    Console.WriteLine(word);
}
```

请注意，以上代码中 Where、OrderBy 和 Select 三个调用的顺序就是操作实际发生的顺序。由于 LINQ 中存在延迟和优化策略，我们很难知道具体何时会执行什么操作，但代码的阅读顺序和执行顺序是一致的。代码清单 3-18 实现了相同的查询功能，但没有使用扩展方法。

代码清单 3-18 没有使用扩展方法的简单查询

```
string[] words = { "keys", "coat", "laptop", "bottle" };
IEnumerable<string> query =
    Enumerable.Select(
        Enumerable.OrderBy(
            Enumerable.Where(words, word => word.Length > 4),
            word => word),
        word => word.ToUpper());
```

虽然我努力排版，试图增强以上代码的可读性，但阅读起来依然很困难。代码中方法调用的顺序和实际执行的顺序刚好相反：Where 方法是第一个被调用的，却放在了末尾。而且 lambda 表达式 word => word.ToUpper()究竟属于哪个方法调用很不明确。它属于 Select 方法，但和 Select 中间隔了一堆代码。

还有一个办法可以增强以上代码的可读性，那就是把每个方法调用的结果都赋给一个局部变量，然后通过上一个变量再继续调用下一个方法。请看代码清单 3-19。（在这个例子中，还可以先声明 query 变量，然后对每个调用的结果都重新赋值，不过这个办法不具有普适性。）方便起见，这次还是使用 var 来声明变量。

代码清单 3-19　使用多条语句实现的简单查询功能

```
string[] words = { "keys", "coat", "laptop", "bottle" };
var tmp1 = Enumerable.Where(words, word => word.Length > 4);
var tmp2 = Enumerable.OrderBy(tmp1, word => word);
var query = Enumerable.Select(tmp2, word => word.ToUpper());
```

这段代码比代码清单 3-18 要好些。操作的顺序回归正常，lambda 表达式属于哪个操作也显而易见，但大量额外的局部变量容易造成混淆且会分散注意力。

当然，方法的链式调用带来的好处不仅仅限于 LINQ。一个方法调用的结果用作另一个方法调用的开始，类似的需求很常见，而扩展方法能让我们以可读性强的方式编码任何类型，而且不局限于那些已经支持链式调用的类型。IEnumerable<T>并不关心与 LINQ 相关的任何内容，它只用于表示一个通用序列。是 System.Linq.Enumerable 类添加 filter、group 和 join 这些操作进来。

C# 3 的特性本可以到此为止了。现有的特性已经为 C#语言注入了大量活力，也使得诸多 LINQ 查询的编写方式在可读性方面近乎完美；但是当查询变得更复杂，尤其是增加了 join 和 group 操作之后，直接使用扩展方法会变得十分复杂，于是还需要一个新的特性——查询表达式。

3.7　查询表达式

虽然几乎 C# 3 的所有特性都对 LINQ 有所贡献，但只有**查询表达式**是专门为 LINQ 设计的。使用查询表达式，我们可以通过查询专用语句（select、where、let、group by 等）编写简洁的查询代码。由编译器负责把查询表达式翻译成非查询语句的形式，并进行常规编译[①]。下面举一个简单的例子。还记得代码清单 3-17 中的查询语句吗？

```
IEnumerable<string> query = words
    .Where(word => word.Length > 4)
    .OrderBy(word => word)
    .Select(word => word.ToUpper());
```

使用查询表达式改写的功能相同的查询代码如下所示。

① 该机制听起来类似于 C 语言中的宏，不过查询表达式比宏的内容更多。C#至今还没有宏的概念。

代码清单 3-20 使用 filter、order、projection 的查询表达式入门

```
IEnumerable<string> query = from word in words
                            where word.Length > 4
                            orderby word
                            select word.ToUpper();
```

其中加粗的部分就是查询表达式了，非常简洁。之前 word 在 lambda 表达式中作为参数出现，而在查询表达式中 word 在 from 子句中作为一个**范围变量**出现，并且可以应用于之后的其他子句。那么这个查询表达式会被怎么处理呢？

3.7.1 从 C#到 C#的查询表达式转换

前面很多特性是通过转译后的 C#源码来讲解的，例如 3.5.2 节中的捕获变量，当时谈到了如果要实现与 lambda 表达式相同的效果，需要编写怎样的 C#代码。这么做是为了展示编译器生成代码的原理，实际上编译器并不会生成任何形式的 C#代码。C#语言规范中对于捕获变量的内容也是在描述其结果，而没有定义应当如何转译代码。

但查询表达式与之不同。语言规范直接将其定义为一种语法转译，且该转译过程发生在绑定或重载决议之前。代码清单 3-20 和代码清单 3-17 并不仅仅是最终结果一致，代码清单 3-20 在进一步处理之前就会被转译成代码清单 3-17 的形式。语言规范中没有规定下一步处理的处理形式。很多时候，转译的结果就是使其变成扩展方法的调用，不过语言规范并没有强制要求该行为。转译的结果也可以是实例方法的调用，或者是 Select、Where 这些属性返回的委托的调用。

关于查询表达式，C#语言规范中规定了必须提供某些方法，但并没有要求提供全部方法。例如对于一个包含 Select、OrderBy 和 Where 这些方法的 API，我们可以使用像代码清单 3-20 中那样的查询语句，但没有 join 子句可以使用。

这里不会具体讲解每个查询表达式子句，但是需要重点介绍两个相关概念。从某种程度上说，这两个概念是引入查询表达式更为重要的原因。

3.7.2 范围变量和隐形标识符

查询表达式引入了**范围变量**的概念。范围变量与普通变量不同，范围变量充当了查询语句中每条子句中的输入。在上一个例子中，位于查询表达式起始位置的 from 子句引入了范围变量（加粗的部分）：

```
from word in words          <— from 子句引入范围变量
where word.Length > 4       | 后续子句中使用
orderby word                | 范围变量
select word.ToUpper()       |
```

当仅存在一个范围变量时，比较好理解。开头的 from 语句并不是引入范围变量的唯一方式。子句中引入范围变量的最简单方式应该是使用 let 关键字。假设需要在查询中多次使用单词长度这个变量，但我们又不想每次都调用 Length 属性。如果需要就单词长度进行排序，并且在输出结果中使用长度变量，那么使用let子句的查询如下所示。

代码清单 3-21　使用let子句引入新的范围变量

```
from word in words
let length = word.Length
where length > 4
orderby length
select string.Format("{0}: {1}", length, word.ToUpper());
```

现在作用域中同时有两个范围变量：length和word。那么问题来了，在对查询进行转译时，该如何表示这两个变量呢？这就需要把原始的单词序列转换成“单词-长度”对。在需要访问范围变量的子句中，再通过变量对来访问其中的某个变量。代码清单3-22展示了代码清单3-21经过编译器转译后如何以匿名类型的方式表示变量对。

代码清单 3-22　使用隐形标识符对查询进行转译

```
words.Select(word => new { word, length = word.Length })
     .Where(tmp => tmp.length > 4)
     .OrderBy(tmp => tmp.length)
     .Select(tmp =>
         string.Format("{0}: {1}", tmp.length, tmp.word.ToUpper()));
```

这里的tmp不属于查询转译的一部分，语言规范中是用*符号表示的。在语言规范并没有规定为查询构建表达式树时，参数应当使用什么名称。这个名称本身不重要，因为在编写查询时它是不可见的，因此把它称为**隐形标识符**。

这里对于查询表达式的各个细节不做更多介绍，否则至少需要单独一章的篇幅才能讲完。之所以介绍隐形标识符，主要出于两个原因：首先，了解了多个范围变量的引入规则之后，便于读者接受和学习查询表达式的反编译结果；其次，根据我的个人经验，隐形标识符是使用查询表达式的最大驱动力。

3.7.3　选择使用哪种LINQ语法

查询表达式表现出众，但是它并不总是表示查询的最简单方式。查询表达式必须以from子句开始，以select或者group by子句结尾。虽然听起来尚可接受，但对于某些简单过滤操作的需求，这种写法就显得很笨拙了，例如：

```
from word in words
where word.Length > 4
select word
```

对比采用扩展方法的写法：

```
words.Where(word => word.Length > 4)
```

二者编译后的结果相同[1]，当然要选简单的写法。

---

① 编译器在处理select子句时提供了特殊的处理方法，可以保证只选择当前查询元素。

说明 对于采用非查询表达式的语法，目前没有统一的术语，而有**方法语法**、**点式语法**、**流式语法**、**lambda 语法**等名称，之后书中会统一采用**方法语法**来代称。对于这几个术语之间的细微差别，读者无须费心分辨。

当查询变得更复杂时，方法语法依然可以从容应对。LINQ 中提供的很多方法，并没有与之对应的查询表达式语法，包括 `Select` 和 `Where` 的某些重载方法。这些重载方法返回的是元素以及元素对应的索引值。另外，如果想在查询的结尾执行一个方法调用（例如调用 `ToList()`来把结果转换成 `List<T>`对象），就要把整个查询表达式用圆括号括起来；如果使用方法语法，只需在末尾直接添加方法调用即可。

我并不是不推荐使用查询表达式。在很多情况下（包括前面那个例子在内），两种方式难分高下。编译器能够替我们处理那些隐形标识符时，也是查询表达式绽放光芒之时。虽然完全可以手动实现这一过程，但根据我的个人经验，如果自行构建那些匿名类型，然后在子句中进行拆解，会很烦琐，使用查询表达式则会简单许多。

最后，建议大家掌握两种方式。不管舍弃哪种方式，都相当于放弃增强代码可读性的可能。至此，C# 3 的所有特性介绍完毕。在介绍下一章内容之前，先谈谈这些特性是如何构建起 LINQ 世界的。

3.8 终极形态：LINQ

这部分不会介绍当前的各种 LINQ 提供器。我目前应用最多的 LINQ 技术是 LINQ to Objects，配合 `Enumerable` 静态类和委托使用。下面介绍这些特性是如何成就 LINQ 的。假设有一个查询从 Entity Framework 获取数据，代码如下所示（假设已存在某数据库和相应的表结构）：

```
var products = from product in dbContext.Products
               where product.StockCount > 0
               orderby product.Price descending
               select new { product.Name, product.Price };
```

短短 4 行代码，应用了所有新特性。

- 匿名类型，包括投射初始化器（只选择 `name` 和 `price` 这两个属性）。
- 使用 `var` 声明的匿名类型，因为无法声明 `products` 变量的有效类型。
- 查询表达式。当然对于本例可以不使用查询表达式，但对于更复杂的情况，使用查询表达式能事半功倍。
- lambda 表达式。lambda 表达式在这里作为查询表达式转译之后的结果。
- 扩展方法。它使得转译后的查询可以通过 `Queryable` 类实现，因为 `dbContext.Products` 实现了 `IQueryable<Product>`接口。
- 表达式树。它使得查询逻辑可以按照数据的方式传给 LINQ 提供器，然后转换成 SQL 语句并交由数据库执行。

不管缺少上述哪个特性，LINQ 的实用性都将大打折扣。虽然我们可以用内存集合来取代表达式树，虽然不用查询表达式也能写出可读性比较强的简单查询，虽然不用扩展方法也可以使用专用的类配合相关方法，但是这些特性加在一起将别开生面。

3.9 小结

- C# 3 的所有特性都和数据处理相关，大部分属于 LINQ 的核心特性。
- 自动属性为那些不需要额外行为的属性提供了简洁的实现方式。
- 使用 `var` 关键字声明隐式类型（以及隐式类型数组）对于匿名类型的处理是不可或缺的，同时有利于减少代码冗余。
- 对象始化器和集合初始化器简化了初始化过程，增强了可读性，同时具备了在单一表达式内完成初始化的能力，这对于处理 LINQ 的其他方面至关重要。
- 匿名类型为只在局部使用的数据类型的创建提供了轻量化的解决方案。
- lambda 表达式提供了比匿名方法更简单的委托创建方式。同时可以通过表达式树以数据的方式表示代码。LINQ 提供器可以通过该功能把 C#的查询语句转换成其他形式（比如 SQL）的查询语句。
- 扩展方法是可以像实例方法那样调用的一种静态方法。即便某类型最初没有设计成流畅接口，也可以之后通过扩展方法来实现。
- 查询表达式会被转译成 lambda 表达式形式的 C#查询代码。对于复杂的查询，使用查询表达式更好；而对于简单的查询，则推荐使用方法语法。

第 4 章

C# 4：互操作性提升

本章内容概览：

- 使用动态类型提升互操作性以及简化反射；
- 为形参提供默认值，调用方不必指定对应实参；
- 为方法实参指定名称使其表意更清晰；
- 以更简洁的方式使用 COM 库编码；
- 通过泛型型变实现泛型类型转换。

C# 4 是一个比较有意思的版本，最重要的一项特性是引入了动态类型。自此 C#语言兼备静态类型（大部分代码）和动态类型（使用 dynamic 关键字的代码），这一点在编程语言中比较少见。

动态类型起初是为互操作性而引入的，但它一直没能成为开发人员的日常工具。其他版本的一些主要特性（比如泛型、LINQ、async/await）早已成为大部分 C#程序员的手头工具，但动态类型的使用频度依然相对较低。可以肯定的是，在真正需要动态类型的场景，定有其用武之地。退一万步讲，这个特性至少很有趣。

C# 4 中的其他特性也对互操作性有所提升，尤其是在使用 COM 组件时。有些改进是针对 COM 设计的，比如命名索引器、隐式 ref 实参以及嵌入式互操作类型。可选形参和命名实参在处理 COM 组件时大有作为，还可以用于纯托管代码。这是我日常用到的 C# 4 中的两个特性。

最后，C# 4 还提供了一个关于泛型的特性，该特性从 CLR 的 v2 版本（CLR 包含泛型的第一个运行版本）开始启用。泛型型变（generic variance）既简单又复杂。刚接触时，一般会觉得这个特性非常直观：比如 string 类型的序列显然是 object 类型的序列，但是有些程序员很难理解为什么 string 类型的 list 不是 object 类型的 list。这个特性虽然用途广泛，但深究起来颇为复杂。大部分情况下，我们浑然不觉地应用了该特性。希望通过本章的讲解，当读者因代码运行不畅需要探查原因时，会有一个更清晰的脉络，从而轻松解决问题。首先介绍动态类型。

4.1 动态类型

有些特性的难点主要集中在引入的新语法，掌握语法后基本上就理解特性了。然而动态类型刚好相反：语法极其简单，但就其影响和实现层面而言，会引出近乎无穷的细节。本章会介绍动态类型的基础知识，并深入探究部分细节，最后对于动态类型的使用场景和使用方式给出一些相关建议。

4.1.1　动态类型介绍

首先看一个示例。代码清单 4-1 展示了从文本中获取子串的两种方式。这里暂不解释为什么使用动态类型，只是展示其用法。

代码清单 4-1　使用动态类型获取子串

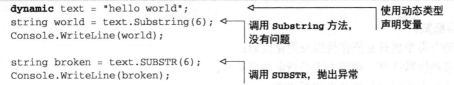

```
dynamic text = "hello world";              // 使用动态类型声明变量
string world = text.Substring(6);          // 调用 Substring 方法，没有问题
Console.WriteLine(world);

string broken = text.SUBSTR(6);            // 调用 SUBSTR，抛出异常
Console.WriteLine(broken);
```

这一小段代码背后涉及很多内容，其中最重要的一点是，它完全可以通过编译。如果把第一行 text 的类型改成 string，那么后面调用 SUBSTR 的位置会编译报错。实际上，编译器在编译这段代码时，不会查找名为 SUBSTR 的方法是否存在，也不会查找 Substring 方法。查找这两个方法发生在执行期。

第 2 行代码在执行期会查找一个名为 Substring 且能够匹配 6 这个实参的方法，找到该方法并且执行之后会返回一个字符串，将字符串赋值给 world 变量，之后 world 变量就可以正常打印了。等到代码尝试查找名为 SUBSTR 且匹配实参 6 的方法时，发现无法找到，代码执行失败并且抛出 RuntimeBinderException。

第 3 章讲过，在特定上下文中查找符号含义的过程称为**绑定**。动态类型是把绑定过程从编译时转移到了执行期。使用静态类型，编译器生成的 IL 代码中包含的是精准的方法签名的调用；而使用动态类型，编译器生成的 IL 代码的功能是执行绑定并执行绑定的结果。这一切都是由 dynamic 关键字触发的。

1. 什么是动态类型

代码清单 4-1 使用 dynamic 类型声明了 text 变量：

```
dynamic text = "hello world";
```

dynamic 是什么类型呢？dynamic 类型不同于前面讲过的 C#中的其他类型，它只存在于 C#中：System.Type 中没有 dynamic 的定义，CLR 也对该类型一无所知。在 C#中使用 dynamic，IL 都会转换成 object 来声明，必要时会加上[Dynamic]属性。

说明　当 dynamic 用于方法签名时，编译器需要为相关代码提供该动态类型的信息；如果用于局部变量，则不会采用此策略。

使用 dynamic 有以下基本规则。

(1) 非指针类型到 dynamic 类型存在隐式类型转换。

(2) dynamic 类型的表达式到任意非指针类型存在隐式类型转换。

(3) 如果表达式中有 dynamic 类型的值，通常都是在执行期才完成绑定的。

(4) 大部分含有 dynamic 类型值的表达式，表达式编译时的类型也是 dynamic。

稍后会给出最后两条的反例。有了上述规则，重新审视代码清单 4-1，首先看前两行：

```
dynamic text = "hello world";
string world = text.Substring(6);
```


第 1 行代码中，string 类型转换成了 dynamic 类型，这是可行的（参考第 1 条规则）。第 2 行代码则展示了另外 3 条规则：

- text.Substring(6)在执行期完成绑定（第 3 条规则）；
- text.Substring(6)在编译时的类型是 dynamic（第 4 条规则）；
- text.Substring(6)到 string 有一个隐式类型转换（第 2 条规则）。

把 dynamic 类型的表达式转换成非 dynamic 类型，这个过程也是动态绑定的。如果将 world 变量声明为 int 类型，编译会通过，但是在执行期会抛出 RuntimeBinderException。如果将 world 声明为 XNamespace 类型，编译会通过，在执行期绑定器会根据用户自定义的隐式类型转换，将 string 转换为 XNamespace。记住这点之后，再看几个动态绑定的例子。

2. 在多个上下文中应用动态绑定

前面介绍了方法调用动态结果的动态绑定以及之后的类型转换，不过几乎所有行为在执行时都可以是动态的。代码清单 4-2 展示了在加法运算符上下文中，根据执行期动态值的类型执行 3 种加法操作。

代码清单 4-2 动态类型的加法操作

```
static void Add(dynamic d)
{
    Console.WriteLine(d + d);      <-- 在执行期根据类型执行加法操作
}

Add("text");                       使用不同的值调用方法
Add(10);
Add(TimeSpan.FromMinutes(45));
```

执行结果如下：

```
texttext
20
01:30:00
```

上面例子中加法操作的每个类型都是合理的，但如果换成静态类型的上下文，写法就会大不相同。最后看看涉及动态参数的方法重载过程。

代码清单 4-3　动态方法重载决议

```
static void SampleMethod(int value)
{
    Console.WriteLine("Method with int parameter");
}

static void SampleMethod(decimal value)
{
    Console.WriteLine("Method with decimal parameter");
}

static void SampleMethod(object value)
{
    Console.WriteLine("Method with object parameter");
}

static void CallMethod(dynamic d)
{
    SampleMethod(d);          <-- 动态调用方法
}

CallMethod(10);
CallMethod(10.5m);
CallMethod(10L);
CallMethod("text");
```

（使用不同类型间接调用 SampleMethod 方法）

执行结果如下：

```
Method with int parameter
Method with decimal parameter
Method with decimal parameter
Method with object parameter
```

需要重点关注执行结果的最后两行：执行期的重载决议也会顾及类型转换。第 3 行结果，long 类型的值转换成了 decimal 而不是 int，虽然该值也在 int 类型的范围内。第 4 行结果，string 类型的值转换成了 object 类型。执行期的绑定行为会尽可能与编译时的绑定行为一致，其绑定依据是动态值在执行期的类型。

只有动态值才会被动态处理

编译器会保证执行期能够获得尽可能准确的信息。当绑定过程涉及多个值，静态类型值使用的是编译时类型，而动态类型值使用的是执行期类型。这点细微差别在大部分情况下可以忽略不计。在可下载源码中有一个相关示例（附有注释），供读者参阅。

经动态绑定的方法调用，其结果的类型都是编译时类型 dynamic。当绑定发生时，如果被选中的方法的返回类型是 void，并且方法的结果被使用（例如给某个变量赋值），绑定就会失败。大部分动态绑定操作与之机制相同：编译器对于动态操作会牵涉哪些信息知之甚少，不过依然存在几种例外情况。

3. 在动态绑定的上下文中，编译器做哪些检查

如果在编译时就能获得一个方法调用的上下文，那么编译器可以检查能否找到该特定名称的方法。如果找不到能够在执行期调用的方法，依然会引发编译错误。该规则适用于以下场景：

- 目标不是动态值的实例方法和索引器；
- 静态方法；
- 构造器。

代码清单 4-4 展示了几个使用动态值的方法调用，这些调用在编译时均会报错。

代码清单 4-4 涉及动态值的编译错误示例

```
dynamic d = new object();
int invalid1 = "text".Substring(0, 1, 2, d);
bool invalid2 = string.Equals<int>("foo", d);
string invalid3 = new string(d, "broken");
char invalid4 = "text"[d, d];
```

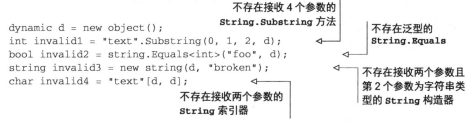

不存在接收 4 个参数的 `String.Substring` 方法

不存在泛型的 `String.Equals`

不存在接收两个参数且第 2 个参数为字符串类型的 `String` 构造器

不存在接收两个参数的 `String` 索引器

编译器能够（但并不总是）得知上述特定例子会在运行时会出错。使用动态绑定容易陷入某些不确定的状态中，因此在处理动态值时需要格外谨慎。

前面这些例子假设能够通过编译，依然会使用动态绑定，但也有例外。

4. 有哪些有动态值参与的操作，但并非动态绑定

绝大部分处理动态值的操作会涉及：类型绑定、查找合适方法、属性、转换或者运算符等，但还有一些情况，编译器不需要为其生成绑定代码。

- 给一个类型是 `object` 或者 `dynamic` 的变量赋值。因为不需要类型转换，所以编译器只需复制现有的引用。
- 传入方法的参数类型是 `object` 或者 `dynamic`。和上一条类似，只不过是把变量换成参数。
- 使用 `is` 运算符判断某个值的类型。
- 使用 `as` 运算符转换某个值的类型。

如果要把某个动态值通过显式或隐式方式转换成特定类型，尽管执行期绑定系统可以执行用户定义的转换，但 `is` 运算符和 `as` 运算符并不能使用用户定义的转换，因此也不需要绑定操作。同样，几乎所有带动态值的操作，结果也都是动态的。

5. 哪些操作有动态值参与但是依然是静态类型

编译器会尽力帮忙执行类型检查。如果某个表达式的类型只能是某个唯一类型，那么编译器会为其赋予编译时类型。假设有变量 `d`，其类型是 `dynamic`，那么下面 3 种情况都是正确的。

- `new SomeType(d)` 表达式具备编译时类型 `SomeType`，尽管该构造器在执行期才会被动态绑定。
- `d is SomeType` 表达式具备编译时类型 `bool`。

- d as SomeType 表达式具备编译时类型 SomeType。

关于动态类型就介绍到这里。4.1.4 节将讨论在编译时和执行期都存在的意外扭曲现象。了解了动态类型的一些基础知识，下面介绍动态类型除执行期绑定外的其他功能。

4.1.2　超越反射的动态行为

动态类型的一个作用是，可以要求编译器和 framework 根据类型的成员执行常规的反射操作。不过动态类型的灵活作用远不止于此。引入动态类型的一个原因是提升和动态语言的互操作性，这样可以允许动态语言在绑定时动态变化。很多动态语言允许在执行期拦截方法。这一点很有用，比如用于透明缓存或者日志，也可以为方法添加没有预先定义的功能或者字段。

1.一个假想的数据库访问的例子

假定有一个需求：某个数据库包含一个名为 book 的表，表中包含 author 字段。动态类型允许以如下方式编码：

```
dynamic database = new Database(connectionString);
var books = database.Books.SearchByAuthor("Holly Webb");
foreach (var book in books)
{
    Console.WriteLine(book.Title);
}
```

这段代码涉及以下几个动态操作。

- Database 类会对 Books 属性请求做出响应，它会向数据库 schema 发起对 Books 表的请求，并且返回某个 table 对象。
- 该 table 对象可以响应 SearchByAuthor 方法调用：它识别出该方法以 SearchBy 开头，然后在 schema 中查找一个名为 Author 的列，接着生成 SQL 语句，通过提供的参数查询该列，并且返回一个行对象的列表。
- 每个行对象都可以响应 Title 属性并且返回 Title 列的值。

以上代码对熟悉 Entity Framework 或者其他 ORM（object-relational mapping）的读者来说应该不陌生。通过手动创建（或者 schema 生成）某些类来实现上述查询功能也不难，但两种方式的区别是，前者是动态的：并不存在 Book 或者 BooksTable 类，这些调用响应都发生在执行期。4.1.5 节还会从宏观上继续探讨该特性的优缺点，现在读者只需要知道动态类型在某些场景中颇为实用即可。

在介绍支撑动态类型背后的类型基础之前，先看几个应用动态类型的例子。首先介绍 framework 中的一个类型，然后介绍 Json.NET。

2. ExpandoObject：一个装有数据和方法的动态袋子

.NET Framework 提供了一个名为 ExpandoObject 的类型，位于 System.Dynamic 命名空间下。该类型有两种工作模式，视是否将该类型当作动态值而定。代码清单 4-5 有助于读者对后续内容有一个大致的概念。

代码清单 4-5　在 ExpandoObject 中存取 items

```
dynamic expando = new ExpandoObject();
expando.SomeData = "Some data";                          // 将数据赋值给属性
Action<string> action =
    input => Console.WriteLine("The input was '{0}'", input);
expando.FakeMethod = action;                             // 将委托赋值给属性

Console.WriteLine(expando.SomeData);
expando.FakeMethod("hello");                             // 动态访问数据和委托

IDictionary<string, object> dictionary = expando;
Console.WriteLine("Keys: {0}",
    string.Join(", ", dictionary.Keys));                 // 将 ExpandoObject 视作字典并打印键值

dictionary["OtherData"] = "other";
Console.WriteLine(expando.OtherData);                    // 使用静态上下文填充数据，然后从动态值获取数据
```

当 ExpandoObject 用于一个静态类型的上下文中，它是一个由 name/value 对组成的字典，与普通的字典一样实现了 IDictionary<string, object>，也可以用作普通字典，例如在执行期进行键的查找等。

此外，它还实现了 IDynamicMetaObjectProvider 接口，该接口是动态行为的入口，后面会探讨该接口。ExpandoObject 实现该接口后，我们就可以在代码中通过名字来访问字典的键了。当在动态上下文中调用 ExpandoObject 的方法时，它会像字典中的键一样查找方法名。如果这个键对应的值是一个委托并为其提供了合适的参数，委托会被执行，委托返回的结果就会成为该方法调用的结果。

虽然代码清单 4-5 只存储了一个数值和一个委托，但理论上可以存储任意多个对象。它相当于一个可以动态访问的字典。

也可以使用 ExpandoObject 来实现之前那个数据库的例子。我们可以创建一个 ExpandoObject 来表示 Books 表，然后使用单独的 ExpandoObject 表示每本书。该表将有一个 SearchByAuthor 的键，该键对应一个委托来负责执行查询。每本书还有一个 Title 的键用于保存书名信息，等等。不过在实际工作中，一般会选择直接实现 IDynamicMetaObject-Provider 接口，或是使用 DynamicObject。稍后会继续讨论这两个类型，首先看一下动态类型的另一个应用：动态访问 JSON 数据。

3. Json.NET 的动态视图

如今 JSON 应用广泛。用于创建和消费 JSON 数据的一个流行的库是 Json.NET[①]。它提供了多种处理 JSON 数据的方式，可以直接解析成自定义类，也可以解析成类似于 LINQ to XML 这样的对象模型，后者被称为 LINQ to JSON，它操作的类型通常是 JObject、JArray 和 JProperty。它的使用方式类似于 LINQ to XML，通过字符串进行访问，也可以执行动态操作。代码清单 4-6 使用了两种方式来处理同一个 JSON 数据。

① 当然，还有其他 JSON 库，只不过我个人对 Json.NET 最熟悉。

代码清单 4-6　动态地使用 JSON 数据

```
string json = @"
    {
      'name': 'Jon Skeet',
      'address': {
        'town': 'Reading',
        'country': 'UK'
      }
    }".Replace('\'', '"');                        硬编码的 JSON 数据

JObject obj1 = JObject.Parse(json);                 将 JSON 解析成 JObject

Console.WriteLine(obj1["address"]["town"]);         使用静态类型视图

dynamic obj2 = obj1;
Console.WriteLine(obj2.address.town);               使用动态类型视图
```

虽然只是一个简单的 JSON，但其中包含了一个嵌套的对象。代码的后半部分展示了：访问 JSON 数据，既可以使用 LINQ to JSON 提供的索引器，也可以使用它提供的动态视图。

读者倾向于哪种方式呢？关于两种方式一直存在各种争议。不管是采用字符串字面量还是采用动态属性访问，两种方式都容易让人犯拼写错误。采用静态类型方式，因为采用字符串作为属性名称，所以可复用度高；采用动态类型方式，在原型设计时更便于阅读。4.1.5 节会探讨动态类型的适用场景，不过在此之前，建议读者先建立初步的想法。下面介绍如何全手动实现动态行为。

4. 用代码实现动态行为

动态行为的内容比较复杂，不过这里暂不考虑这些复杂的部分。本章内容不足以支撑顺畅自如地编写产品级优化的实现方案，对于动态类型来说只是一个开始，还远不是终点。本章仅提供足够的知识供读者就该特性开展探索和实践，以便决定还要付出多少努力来继续深入探究动态类型。

前面提到 ExpandoObject 类型实现了 IDynamicMetaObjectProvider 接口。该接口指明：对象应当实现自身的动态行为，而不是通过反射框架那种普通的方式实现。作为一个接口，它看起来很简单，但请不要被这个假象所欺骗：

```
public interface IDynamicMetaObjectProvider
{
    DynamicMetaObject GetMetaObject(Expression parameter);
}
```

因为真正复杂的部分都位于 DynamicMetaObject 之中，它是其他所有行为的驱动力。在考虑该类型时，可以参考官方文档给出的定义：

> 代表了动态绑定和参与到动态绑定过程中对象的绑定逻辑。

尽管我使用过这个类，但依然不敢保证完全理解上面这句话，也无法给出更好的定义。通常需要创建一个继承自 DynamicMetaObject 的类，并且完成一些虚方法的覆盖。如果要动态地处理方法调用，可以像下面这样覆盖这个方法：

```
public virtual DynamicMetaObject BindInvokeMember
    (InvokeMemberBinder binder, DynamicMetaObject[] args);
```

binder 参数负责给出被调用方法的名称、调用方是否需要区分大小写的绑定方式等信息；而 args 参数则是调用方提供的实参列表，实参列表中是一些 DynamicMetaObject。返回值也是一个 DynamicMetaObject，用于表示应当如何处理方法调用。它不会立刻执行方法调用，而会创建一棵表达式树来表示调用的行为。

上述过程涉及的内容都极其复杂，但可以有效处理各种复杂情况。还好我们不需要亲自动手实现 IDynamicMetaObjectProvider，本书也不会做类似的尝试。下面介绍一个比较友好的类型：DynamicObject。

DynamicObject 作为实现动态行为类的基类，可以将实现动态行为的过程尽可能地简化。虽然其结果可能不如实现 IDynamicMetaObjectProvider 效率高，但更容易理解。

接下来创建一个名为 SimpleDynamicExample 的类，该类型具备以下动态行为。

- 调用该类型的任何方法，都会在终端打印一行信息，打印内容包含方法名和参数。
- 获取一个属性时，返回该属性的名称。名称中会包含一个前缀，该前缀用于指示当前调用为动态调用。

代码清单 4-7 展示了 SimpleDynamicExample 类的使用方式。

代码清单 4-7 动态行为的针对性使用

```
dynamic example = new SimpleDynamicExample();
example.CallSomeMethod("x", 10);
Console.WriteLine(example.SomeProperty);
```

输出结果如下：

```
Invoked: CallSomeMethod(x, 10)
Fetched: SomeProperty
```

CallSomeMethod 和 SomeProperty 的名字本身没有任何特殊性，但可以根据需要以不同方式指定特定名称。截至目前，即便是讲过的简单行为，也很难正确应用底层接口，但使用 DynamicObject 的话就很简单。

代码清单 4-8 SimpleDynamicExample 的实现

```
class SimpleDynamicExample : DynamicObject
{
    public override bool TryInvokeMember(
        InvokeMemberBinder binder,
        object[] args,
        out object result)
    {
        Console.WriteLine("Invoked: {0}({1})",
            binder.Name, string.Join(", ", args));
        result = null;
        return true;
    }
```

处理方法调用

```
    public override bool TryGetMember(
        GetMemberBinder binder,
        out object result)
    {
        result = "Fetched: " + binder.Name;
        return true;
    }
}
```

处理属性访问

与 DynamicMetaObject 中的方法一样，当对 DynamicObject 的方法进行覆盖之后，可以正常接收 binder 了，但无须再关心表达式树或其他 DynamicMetaObject 值。方法的返回值用于指示动态对象是否成功处理相关操作。若返回 false，则会抛出 RuntimeBinderException。

关于实现动态行为，就介绍到这里。希望代码清单 4-8 能够激励读者继续实践 DynamicObject。即便将来没有机会用于产品级代码，当作练习也可自得其乐。如果读者苦于没有具体的练习素材，那么可以试试实现本章开始 Database 的例子，即实现下面这段代码：

```
dynamic database = new Database(connectionString);
var books = database.Books.SearchByAuthor("Holly Webb");
foreach (var book in books)
{
    Console.WriteLine(book.Title);
}
```

下面看看在处理动态值时，C#编译器会生成怎样的代码。

4.1.3　动态行为机制速览

读者应该已经发现，我很喜欢探究 C#编译器如何通过 IL 来实现各种新特性。前面讲过 lambda 表达式中捕获变量如何引发额外的类创建，lambda 表达式转换成表达式树引发 Expression 类方法调用。动态类型的实现机制有些类似于表达式树，它们都是将代码转换成数据的表达模式，不过动态类型的规模更为庞大。

这部分所涉细节比前文少。尽管细节本身很有意思，但是并不需要深入了解[①]。好在这部分内容是完全开源的。如果读者感觉意犹未尽，可以阅读源码并深入探究。下面先从各子系统与其负责的动态类型方面说起。

1. 职责划分

考量一个 C#特性的时候，通常会自然地将职责划分为 3 部分：

- C#编译器
- CLR
- framework 库

① 实话说，我自己也没有掌握全部细节。

有些特性基本属于 C#编译器范畴，比如隐式类型。framework 不需要提供任何类型来支持 `var`，运行时对于某个类型是显式还是隐式也是一无所知。

与之相对的另一个极端是泛型：泛型需要编译器、运行时和 framework 的全方位支持（通过反射 API）。而 LINQ 处于中间位置：第 3 章讲到编译器有很多特性，framework 则提供了 LINQ to Objects 以及表达式树的 API，但运行时没有提供相关支持。对于动态类型，情况还要更复杂一些。图 4-1 用图形化的方式展示了动态类型所获得的支持。

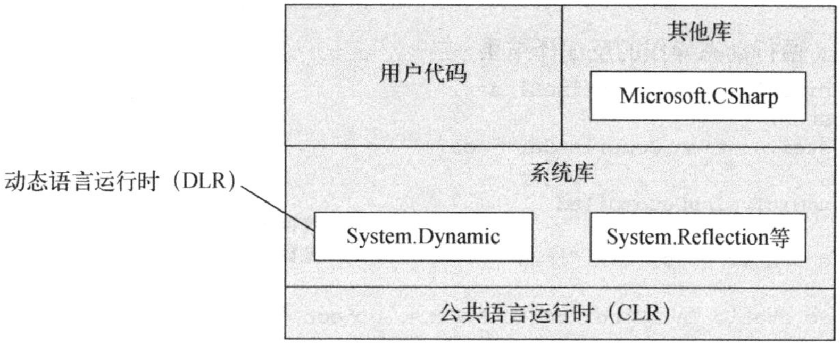

图 4-1 动态类型所涉组件图示

CLR 没有变动之处，不过我认为从 v2 到 v4 版本的优化也部分地受到了动态类型的驱动。首先编译器肯定参与其中，它负责生成各种 IL，稍后给出相关例子。至于 framework 或者库的支持，主要有两个方面。第一是**动态语言运行时**（dynamic language runtime，DLR），它提供了与语言无关的基础架构，例如 `DynamicMetaObject`。该架构负责执行所有动态行为。第二个是 Microsoft.CSharp.dll，但该库并不属于核心 framework。

说明 Microsoft.CSharp.dll 库虽然是随 framework 一同发布的，但是并不属于系统 framework 库的一部分，而应该算作一个第三方库依赖，只不过此第三方刚好是微软而已。从另一个角度讲，微软 C#编译器和该库有着强耦合的关系，因此很难将其恰当归类。

Microsoft.CSharp.dll 库主要负责与 C#语言相关的所有特定部分。假设某个方法调用的某个参数是动态值，那么由该库负责在运行时进行重载决议。该库是 C#编译器绑定部分的一个副本，但区别是它要在全动态的 API 上下文中实施绑定。

如果读者注意过项目中的 Microsoft.CSharp.dll 引用，并对该库的作用感到疑惑，那现在应该都清楚了。如果项目中没有使用任何动态类型，那么完全可以移除该库的引用；如果代码中使用了动态类型，而又没有添加对该库的引用，编译时就会报错，因为 C#编译器会生成对该程序集的调用代码。既然谈到编译器生成代码的问题，下面趁热打铁介绍一些相关内容。

2. 动态类型生成的 IL 代码

回到本章开始的例子，对其稍作简化，得到下面两行代码：

```
dynamic text = "hello world";
string world = text.Substring(6);
```

很简单吧？其中包含了两个动态操作：

- Substring 方法的调用；
- Substring 方法执行结果转换为 string 类型。

代码清单 4-9 是前面代码生成结果的反编译代码。清晰起见，我把 Main 方法、类定义的环境上下文也加了进来。

代码清单 4-9　两行动态操作的反编译结果

```
using Microsoft.CSharp.RuntimeBinder;
using System;
using System.Runtime.CompilerServices;

class DynamicTypingDecompiled
{
  private static class CallSites                     <-- 缓存调用位置
  {
    public static CallSite<Func<CallSite, object, int, object>>
       method;
    public static CallSite<Func<CallSite, object, string>>
       conversion;
  }

  static void Main()
  {
    object text = "hello world";
    if (CallSites.method == null)                    <-- 根据需要为方法创建调用位置
    {
      CSharpArgumentInfo[] argumentInfo = new[]
      {
        CSharpArgumentInfo.Create(
          CSharpArgumentInfoFlags.None, null),
        CSharpArgumentInfo.Create(
          CSharpArgumentInfoFlags.Constant |
            CSharpArgumentInfoFlags.UseCompileTimeType,
          null)
      };
      CallSiteBinder binder =
        Binder.InvokeMember(CSharpBinderFlags.None, "Substring",
          null, typeof(DynamicTypingDecompiled), argumentInfo);
      CallSites.method =
        CallSite<Func<CallSite, object, int, object>>.Create(binder);
    }

    if (CallSites.conversion == null)                <-- 根据需要为转换创建调用位置
    {
      CallSiteBinder binder =
        Binder.Convert(CSharpBinderFlags.None, typeof(string),
          typeof(DynamicTypingDecompiled));
      CallSites.conversion =
        CallSite<Func<CallSite, object, string>>.Create(binder);
```

```
    }
    object result = CallSites.method.Target(     调起方法
      CallSites.method, text, 6);                调用位置

    string str =
      CallSites.conversion.Target(CallSites.conversion, result);
  }                                                  调起转换
}                                                    调用位置
```

对于上面糟糕的代码格式还请见谅，虽然我已经竭尽所能增强代码的可读性，但依然无法避免那些长名称的变量。不过还好，如果不是兴趣驱动，基本上没有必要研究这类代码。需要注意，`CallSite`位于`System.Runtime.CompilerServices`命名空间下，是一个与语言无关的类型，而`Binder`类则位于`Microsoft.CSharp.RuntimeBinder`下。

代码中涉及了很多 call site。每个 call site 都由生成代码所缓存，DLR 中也存在多级缓存机制。上述过程也涉及绑定操作。在 call site 中缓存每步绑定的结果可以提升效率，因为当调用之间的上下文发生了变化，即使是同一个方法调用，最终得到的绑定结果也可能不同。

以上代码最终得到的是一个超级高效的系统。动态类型在效率上虽然还不及静态类型，但已经接近了。我认为在需要使用动态类型的大部分场景中，其性能问题不会成为制约因素。下面总结动态类型的一些局限以及适用场景。

4.1.4 动态类型的局限与意外

一门语言，如果在诞生之初就设计为静态语言，是很难为其集成动态类型的。很自然地，在某些情况下二者无法很好地融合。我总结了一张清单，罗列了动态类型的局限以及在执行期的意外行为。这张清单虽然无法穷尽所有情况，但已经囊括大部分常见问题。

1. 动态类型与泛型

动态类型与泛型搭配使用很有意思。编译时使用`dynamic`有如下规则：

- 类型所实现的接口中不能有`dynamic`类型实参；
- 在类型约束中不能使用`dynamic`；
- 一个类的基类可以有`dynamic`的类型实参，该类型实参可以嵌套在另一接口内；
- `dynamic`可以用作变量的接口类型实参。

下列声明均非法：

```
class DynamicSequence : IEnumerable<dynamic>
class DynamicListSequence : IEnumerable<List<dynamic>>
class DynamicConstraint1<T> : IEnumerable<T> where T : dynamic
class DynamicConstraint2<T> : IEnumerable<T> where T : List<dynamic>
```

以下声明均合法：

```
class DynamicList : List<dynamic>
class ListOfDynamicSequences : List<IEnumerable<dynamic>>
IEnumerable<dynamic> x = new List<dynamic> { 1, 0.5 }.Select(x => x * 2);
```

2. 扩展方法

执行期的绑定器不能处理扩展方法。从原理上讲，执行期绑定器是可以处理扩展方法的，但如果这么做，它需要在每个 call site 都保存所有 using 指令的相关附加信息。不过这并不影响在类型实参中使用动态类型的情况，因为这还是属于静态绑定调用的范畴。代码清单 4-10 中的编译和运行都没有问题。

代码清单 4-10　在动态值列表执行 LINQ

```
List<dynamic> source = new List<dynamic>
{
    5,
    2.75,
    TimeSpan.FromSeconds(45)
};
IEnumerable<dynamic> query = source.Select(x => x * 2);
foreach (dynamic value in query)
{
    Console.WriteLine(value);
}
```

这里仅有的动态操作就是 `x * 2` 和 `Console.WriteLine` 的重载决议。`Select` 方法调用依然是编译时绑定。下面把它变成动态的，并简化成只调用 `Any()`扩展方法。（如果还是调用 `Select` 方法，会遇到另一个问题，稍后介绍。）修改后的代码如下所示。

代码清单 4-11　在动态目标上调用扩展方法

```
dynamic source = new List<dynamic>
{
    5,
    2.75,
    TimeSpan.FromSeconds(45)
};
bool result = source.Any();
```

这段代码未展示输出结果，因为它根本不会输出结果。它会抛出一个 `RuntimeBinderException`，因为 `List<T>`没有 `Any` 这样一个扩展方法。

如果还想让扩展方法的调用目标看起来像动态值，可以像普通静态方法调用那样操作。例如代码清单 4-11 的最后一行可以改写为：

```
bool result = Enumerable.Any(source);
```

该调用的绑定依然发生在执行期，但仅涉及重载决议。

3. 匿名函数

动态类型在匿名函数的应用上存在 3 项限制。方便起见，下面都使用 lambda 表达式来举例。

首先，匿名方法不能赋值给 `dynamic` 类型的变量，因为编译器不能确定应该创建哪个类型的委托。例如以下代码非法：

```
dynamic function = x => x * 2;
Console.WriteLine(function(0.75));
```

不过有一种迂回的方法：先赋值给或者转换成一个中间的静态变量，然后把静态值赋给动态值，这样就可以实现委托的动态调用了，因此以下代码是可行的，并最终打印出结果 1.5。

```
dynamic function = (Func<dynamic, dynamic>) (x => x * 2);
Console.WriteLine(function(0.75));
```

其次，lambda 表达式也不能出现在需要动态绑定的操作中，原因同上。这也是代码清单 4-11 中不能用 Select 来展示扩展方法的原因，否则代码清单 4-11 的代码就可以改写如下：


```
dynamic source = new List<dynamic>
{
    5,
    2.75,
    TimeSpan.FromSeconds(45)
};
dynamic result = source.Select(x => x * 2);
```

以上代码在执行期会执行失败，因为无法查找到 Select 扩展方法。其实它根本无法通过编译，就是因为使用了 lambda 表达式。解决编译问题的方法与前面一样：把 lambda 表达式先赋值给静态变量或者转换成委托类型。虽然执行期查找不到 Select 扩展方法还是会失败，但如果调用类似于 List<T>.Find 这样的一般方法还是没有问题的。

最后，需要转换成表达式树的 lambda 表达式，不能包含任何 dynamic 操作。这一点听起来有些奇怪，因为 DLR 内部就有使用表达式树。不过在实际使用中，这并不算什么问题。大部分情况下，当需要使用表达式树时，使用动态类型的意义和方式都并不明确。

下面修改代码清单 4-10，使用静态类型 source 变量，使用 IQueryable<T>。

代码清单 4-12　在 IQueryable<T>中使用动态元素类型

```
List<dynamic> source = new List<dynamic>
{
    5,
    2.75,
    TimeSpan.FromSeconds(45)
};
IEnumerable<dynamic> query = source
    .AsQueryable()
    .Select(x => x * 2);              <-- 这句代码现在不能通过编译
```

AsQueryable()方法调用的结果是 IQueryable<dynamic>类型的。该类型属于静态类型，但是 Select 方法接收表达式树而不是委托，即 lambda 表达式(x => x * 2)会转化成表达式树，但它执行的是一个动态操作，所以在编译时就报错了。

4. 匿名类型

之前讲匿名类型时，曾提过这个问题，在此重申：匿名类型在 C#编译时生成的 IL 代码与普通类是相同的。匿名类型的访问权限是 internal，所以匿名类型所在的程序集之外是不可访问的。

这样的设计通常不会导致什么问题，因为匿名类型通常只在单个方法中使用；但有了动态类型，就可以访问匿名类型实例的属性了（代码必须有生成类的访问权限）。以下代码示例是合法的：

代码清单 4-13　动态访问匿名类型的属性

```
static void PrintName(dynamic obj)
{
    Console.WriteLine(obj.Name);
}
static void Main()
{
    var x = new { Name = "Abc" };
    var y = new { Name = "Def", Score = 10 };
    PrintName(x);
    PrintName(y);
}
```

以上代码共包含两个匿名类型，绑定过程并不会在意绑定的对象是否为匿名类型，不过绑定期间会检查它是否拥有对属性的访问权限。如果把这两段代码拆分到两个程序集中，就会出现问题。绑定器会发现它即将访问的匿名类型仅对其所在的程序集可见，然后抛出 RuntimeBinder-Exception。要解决这个问题，可以使用[InternalsVisibleTo]来让程序集在绑定时可以访问匿名类型创建时所在的程序集，这也不失为一个不错的方式。

5. 显式的接口实现

执行期绑定器使用的是动态值的执行期类型，然后以静态变量值的绑定方式来执行绑定，然而在处理显式接口实现这个 C#现有特性时，就出现问题了。当使用显式接口实现时，实现的成员只在使用接口视图时才是可用的，而不能使用类型本身。

空口解释比较费劲，下面以 List<T>为例来说明。

代码清单 4-14　显式接口实现的例子

```
List<int> list1 = new List<int>();
Console.WriteLine(list1.IsFixedSize);        // 编译时错误

IList list2 = list1;
Console.WriteLine(list2.IsFixedSize);        // 成功。打印 False

dynamic list3 = list1;
Console.WriteLine(list3.IsFixedSize);        // 执行期错误
```

List<T>实现了 IList 接口。该接口有一个名为 IsFixedSize 的属性，List<T>显式实现了该属性。任何静态 List<T>对象，如果试图通过表达式访问该属性，在编译时就会报错，但是可以通过 IList 声明的变量来访问该属性，且该属性总是返回 false。如果是动态访问呢？绑定器总是使用该动态值的具体类型进行绑定，所以访问仍会失败并抛出 RuntimeBinder-Exception。解决办法是把该动态类型转换为接口类型（通过类型转换或者借助一个新变量）。

可以肯定的是，每天和动态类型打交道的人都能举出一大堆模棱两可的极端案例。不过经过以上讨论，相信读者遇到这些情况也不会太过惊异了。下面介绍使用动态类型的场合与方式。

4.1.5 动态类型的使用建议

总体上讲，我自己并不是动态类型的拥趸，已记不清最后一次在产品中使用动态类型是什么时候了。如果确实需要使用动态类型，我一般会小心翼翼反复做好功能测试和性能测试。

我更青睐静态类型，个人经验所见，静态类型有如下 4 大优势。

- 使用静态类型，可以更早地发现许多错误——在编译时发现而不是等到执行期。这一点对于那些很难进行穷举测试的代码路径来说尤其重要。
- 编辑器可以自动补全代码。代码自动补全其实对打字速度的帮助有限，但它对提示程序员下一步行为有重要作用，对于使用不太熟悉的类型来说尤其如此。如今编辑器对于动态语言也能提供相当不错的代码补齐功能，但是准确度还远不如静态语言，因为可获取的信息相对有限。
- 静态类型可以驱动开发人员思考 API 的设计，比如参数、返回值等。当接收参数和返回值的类型确定之后，就相当于现成的文档了，剩下的只需要给那些尚不明确的部分添加注释，比如接收值范围等。
- 静态类型的处理工作是在编译时而非执行期完成的，因此静态类型的执行效率更高。不过，现代的运行时机制已经十分强大，这一点不必过分强调，但确实是值得考量的一点。

毋庸置疑，动态类型的忠实粉丝同样可以列举出动态类型的诸多优势，只可惜我非此道中人。我认为，如果一门语言从诞生之初就设计成动态类型语言，那么这些优势会更容易获得。C#主体还是一门静态类型语言，因此才会有前文所说的那些极端案例的遗留产物。下面就何时使用动态类型给出一些相关建议。

1. 处理反射更简单

假设需要使用反射来访问某个属性或方法，而且我们在编译时能够知道该属性或方法的名字，但由于某些原因无法获取它的静态类型，这时使用动态类型让执行期绑定器来执行获取操作要比通过反射 API 获取容易得多。当需要执行多步反射操作时，动态类型带来的便利性会更显著，参考以下代码：

```
dynamic value = ...;
value.SomeProperty.SomeMethod();
```

而如果采用反射方式，将涉及如下过程：

(1) 根据初始值的类型获取 `PropertyInfo`；

(2) 获取该属性的值并保存；

(3) 根据属性获取结果的类型，获取 `MethodInfo`；

(4) 执行该方法。

考虑到还需要添加校验代码来检查属性和方法是否存在，代码的行数就不止一行了。其结果就是不仅没有比动态方式更安全，代码的可读性反而变差了。

2. 处理共有成员但不共有接口的情况

有时对于一个值，我们会预先知道它所有可能的类型，并不需要访问这些类型的同名成员。如果这些类型都实现自同一个接口或者继承自同一个基类，它们的接口或基类都声明了该成员，那么一切安好。可是现实往往不会这么理想。如果这些类型的同名成员都是独立声明的呢（假设也不能修改）？那就比较麻烦了。

虽然不会用到反射，但需要重复执行类型检查、类型转换，然后才能访问到成员。C# 7 提供的模式可以大幅简化该过程，但依然无法完全避免重复性工作。这时就应该使用动态类型了，动态类型能够传递出"请相信我，即使无法通过静态的方式表达，但我可以确定当前成员一定存在"的意图。在测试工程中，我倾向于使用动态类型（出错的代价无非是测试失败而已）；而在产品代码中，我会更谨慎地使用动态类型。

3. 使用为动态类型构建的库

.NET 的生态系统十分繁荣并且在日益壮大。各路开发人员开发了各种有趣的库，其中一些库乐于接纳动态类型。设想有一个库，它被设计成提供更简单的 REST 原型设计，或者是无须生成代码、基于 RPC 的 API。这些库对于开发初期工作会很有帮助，因为在创建静态类型库之前可以保证开发工作顺利开展。

这有点类似于之前的 Json.NET 的例子。我们可以等到数据模型完全定义好之后再编写表示这些数据模型的类，但在原型设计阶段，把 JSON 及其访问代码改成动态方式会更简便。与之类似，之后还会介绍 COM 组件的改进方式。通过这种改进，就能使用动态类型取代烦琐的类型转换操作了。

总而言之，当使用静态类型比较简单时，应当使用静态类型。在某些场景中，也可以考虑使用动态类型。读者应当根据实际情况来衡量采用动态类型的得失，例如有些可以用于测试或原型设计的代码并不一定适用于产品级代码。

抛开那些为了专业目的而编写的代码不谈，光是通过 `DynamicObject` 或 `IDynamicMetaObjectProvider` 来实现响应动态行为这样的能力，就能让我们在探求开发乐趣的过程中大开眼界。无论我个人有多刻意避免使用动态类型，但它本身优良的设计和在 C#中的应用，确实为日后的探索提供了许多可能。

接下来要介绍的特性与动态类型有所不同，不过它们都将为 COM 互操作性添砖加瓦。下面回到静态类型这一话题，了解它的一个侧面：为形参指定实参。

4.2 可选形参和命名实参

可选形参和命名实参的作用域有限：对于某个方法、构造器、索引器或委托，如何为调用提供实参？**可选形参**能够让调用方完全省略某个实参。使用**命名实参**，调用方可以向编译器或代码阅读者提供更清晰的信息：当前实参与哪个形参相关联。

下面通过举例来深入探究其细节。这部分只针对方法进行探讨，对于其他也可能包含参数的成员，我们也只针对方法进行探讨。

4.2.1 带默认值的形参和带名字的实参

代码清单 4-15 中有一个简单的方法，该方法包含三个参数，其中两个都是可选形参。后面几种调用方式展示了不同的特性。

代码清单 4-15 可选形参的调用方法

```
static void Method(int x, int y = 5, int z = 10)      ← 一个必要形参，两个可选形参
{
    Console.WriteLine("x={0}; y={1}; z={2}", x, y, z);   ← 打印参数值
}

...

Method(1, 2, 3);            ← x=1; y=2; z=3
Method(x: 1, y: 2, z: 3);   ← x=1; y=2; z=3
Method(z: 3, y: 2, x: 1);   ← x=1; y=2; z=3
Method(1, 2);               ← x=1; y=2; z=10
Method(1, y: 2);            ← x=1; y=2; z=10
Method(1, z: 3);            ← x=1; y=5; z=3
Method(1);                  ← x=1; y=5; z=10
Method(x: 1);               ← x=1; y=5; z=10
```

图 4-2 展示了该方法和一个方法调用，用于解释相关术语。

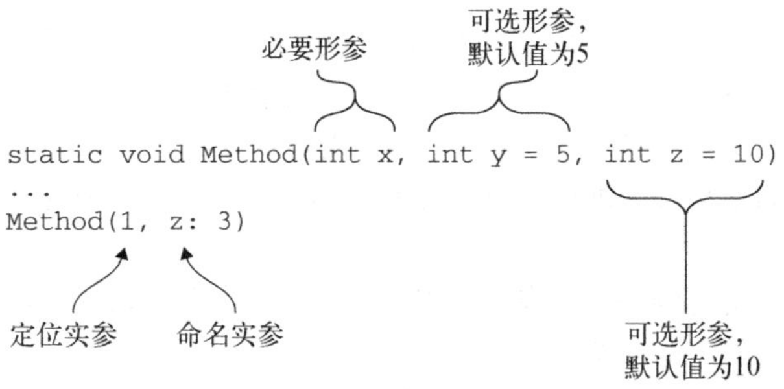

图 4-2 可选形参/必要形参与命名实参/定位实参的语法

涉及的语法比较简单。

- 我们可以在形参名称后使用=为其指定一个**默认值**。任何指定了默认值的形参都是**可选**形参；任何没有指定默认值的形参都是**必要**形参。使用 ref 或者 out 修饰的形参不能有默认值。
- 对于实参，可以在实参值前面使用:为其指定参数名称。不指定名称的实参被称为**定位实参**。

形参的默认值必须是以下表达式之一。

- 编译时的常量值，比如数值、字符串或者 null。
- default 表达式，例如 default(CancellationToken)。14.5 节会讲到，C# 7.1 引入了 default 语法，就可以直接使用 default 而不需要 default(CancellationToken)了。
- new 表达式，例如 new Guid()或者 new CancellationToken()，它只对值类型有效。

所有可选形参必须放在必要形参之后，形参数组除外（形参数组是使用 params 修饰符修饰的形参）。

警告　虽然把可选形参放在形参数组前是合法的，但在调用时这种写法会引起混淆。建议避免这种写法，关于这类调用的处理方式，本书不会细谈。

把参数设为可选，是为了当调用实参的值与默认值一样时，可以省略该实参。下面介绍编译器是如何处理默认形参和命名实参的。

4.2.2　如何决定方法调用的含义

如果读者阅读过语言规范，就会发现决定实参与形参对应关系的过程，实际上属于重载决议的一部分，而且与类型推断关联紧密，但这部分内容比较复杂，所以这里将其简化，重点关注假设已经完成重载决议的单个方法，介绍如下。

其中的规则不难列出。

- 所有定位实参必须位于所有命名实参之前。这条规则在 C# 7.2 之后有所放宽，详见 14.6 节。
- 定位实参与对应的形参在方法签名中的位置总是相同的。第一个定位实参对应第一个形参，第二个定位实参对应第二个形参，以此类推。
- 命名实参依照名字与形参进行对应：名为 x 的实参，对应名为 x 的形参。命名实参不受顺序限制。
- 任何形参都只能对应唯一的实参。不能出现同名的命名实参，也不能使用命名实参抢占已经有对应实参的定位形参。
- 所有必要形参都必须有对应的实参来提供值。
- 可选形参可以没有对应的实参，此时会由编译器负责提供默认值来作为相应实参。

再看一下前面例子中的一个方法调用：

```
static void Method(int x, int y = 5, int z = 10)
```

x 是必要形参，因为它没有默认值，而 y 和 z 都是可选形参。表 4-1 展示了一些合法的调用以及对应的执行结果。

表 4-1 使用命名实参和可选形参的一些调用示例

调 用	实 参	说 明
`Method(1, 2, 3)`	`x=1; y=2; z=3`	全部是定位实参，属于 C# 4 之前的常规调用方式
`Method(1)`	`x=1; y=5; z=10`	因为 y 和 z 没有实参，所以由编译器为二者提供实参
`Method()`	`n/a`	非法，因为 x 没有提供实参
`Method(y: 2)`	`n/a`	非法，因为 x 没有提供实参
`Method(1, z: 3)`	`x=1; y=5; z=3`	由编译器为 y 提供默认值，z 属于命名实参，所以 y 等于被跳过了
`Method(1, x: 2, z: 3)`	`n/a`	非法，因为 x 对应了两个实参
`Method(1, y: 2, y: 2)`	`n/a`	非法，因为 y 对应了两个实参
`Method(z: 3, y: 2, x: 1)`	`x=1; y=2; z=3`	合法，因为命名实参不受顺序限制

在处理方法调用时，有两点需要重点关注。首先，在方法调用中，实参会按照在源码中出现的顺序从左到右依次被运算。这一点在多数情况下都无关紧要，但是如果实参的运算有副作用，就会产生后果了。考虑以下两个方法调用：

```
int tmp1 = 0;
Method(x: tmp1++, y: tmp1++, z: tmp1++);       <—— x=0; y=1; z=2

int tmp2 = 0;
Method(z: tmp2++, y: tmp2++, x: tmp2++);       <—— x=2; y=1; z=0
```

两个方法调用的唯一差别是命名实参的顺序。正是因为顺序不同，导致最终传入实参的值不同，而且这两种代码的可读性都不太强。当实参运算的副作用关乎调用结果时，建议单独运算每个实参，把它们赋值给局部变量，然后把这些局部变量直接作为实参传递：

```
int tmp3 = 0;
int argX = tmp3++;
int argY = tmp3++;
int argZ = tmp3++;
Method(x: argX, y: argY, z: argZ);
```

通过这种方式，不管采用命名实参还是定位实参，都不会影响方法的调用行为，可以根据可读性的强弱自由选择。把实参运算和方法调用分离开来，可以让运算顺序变得更清晰易懂。

其次，如果由编译器为形参提供默认值，那么这些值是嵌在它所生成 IL 代码中的。编译器需要为其指定默认值，而不是等到执行期才确定。因此默认值必须是编译时的常量值，这也是可选形参影响版本号的一种方式。

4.2.3 对版本号的影响

对于公共 API 来说，版本号的制定是一个令人头疼的问题，难以做到界限分明。虽然语义版本规则要求任何破坏性改动都需要更新主版本号，可是如果考虑到各种模糊案例，对于那些依赖于某个库的代码，几乎任何改动都可以算作破坏性改动。因此，就制定版号本来说，可选形参和命名实参的使用是比较困难的。下面看几种实际情况。

1. 参数名称的改变具有破坏性

假设有一个库，库中包含某个公共方法：

```
public static Method(int x, int y = 5, int z = 10)
```

如果在新版本中做如下改动：

```
public static Method(int a, int b = 5, int c = 10)
```

上述改动就具有破坏性的。那些使用命名实参的方法调用代码都失效了，因为它们所指定的参数名已经不存在了。请记住，任何时候对参数名的检查都要像对待类型和成员名那样仔细。

2. 默认值的改动也会有意外影响

前面说过，默认值是编译器在 IL 代码对方法的调用中就已经确定的值。在同一个程序集下，默认值的改动不会引发问题。如果是不同程序集，只有将调用代码重新编译才能使改动后的默认值重新生效。

如果可以预知需要改动默认值，那么可以在文档中明确通知大家，这种做法也算合情合理。但还是无法避免会有某些调用方被这一改动搞得猝不及防，尤其是包含某些复杂依赖链时。规避该问题的一种方法是，使用一个专用的默认值，该默认值总是让方法在执行期自行选取值。例如对于某个 `int` 类型的参数，就可以改用 `Nullable<int>`，这样该参数的默认值就为 `null`，然后方法就有了自主选择权。之后就算方法实现发生变动，但每个使用了新版本的调用方，都会自动获得新的行为，无须重新编译。

3. 添加重载方法很棘手

在单一版本的情况下，重载决议是很困难的事情。添加重载方法同时不对任何代码造成破坏则是难上加难，因此原有的方法签名都必须出现在新版本中，这样才不会破坏二进制文件的兼容性，同时要保证所有原有方法的调用，其重载决议结果与先前保持一致，或者至少能决议到等价的方法中。形参是否为可选形参，并不属于方法签名的一部分：将形参改为可选或不可选，并不会破坏代码的二进制兼容性，但可能会破坏源头的兼容性。如果在引入重载方法时不够仔细，添加了某个具有更多可选形参的方法，那么很容易为重载决议带来不确定性。

假如有两个方法在重载决议时匹配度相当：就调用而言未有胜者，连实形参转换也势均力敌，那么只能通过默认值的匹配度来一较高下了。一个没有可选形参的方法，与一个有可选形参但没有指定对应实参的方法相比，前者会胜出；但如果是一个有可选形参但没有指定对应实参的方法，与一个有两个可选形参但同样没有指定对应实参的方法相比，二者不相上下。

强烈建议尽量避免添加那些有可选参数的重载方法，最好从一开始就在头脑中建立这条准则。这里提供一点方法：对于那些可能有多种参数选项的方法，可以创建一个新类用于表示这些选项，然后把这个类作为方法调用的一个可选参数。这样当需要动态添加新选项时，就可以向这个新类添加更多属性，而不用修改原方法的签名。

纵然限制重重，我仍对可选参数钟情不已。这是因为对于多数常规情况来讲，可选参数能够简化方法调用的代码，而且我也偏好使用命名实参，因为它让调用代码的表意更清晰。尤其当同一类型的多个参数出现在同一个方法中，这种情况更容易让人混淆。例如 Windows Forms 的 `MessageBox.Show` 方法，我总是使用命名实参来进行调用。我也记不清究竟是消息 box 的 title 在先，还是 text 在先。虽然 IntelliSense 在编码时可以给出提示，但在阅读代码时，还是命名参数更清晰明了：

```
MessageBox.Show(text: "This is text", caption: "This is the title");
```


下一个特性比较特殊，部分读者极少使用它，而另一些读者使用频繁。虽然 COM 组件这项技术已经比较陈旧，但目前依然存在于大量代码当中。

4.3 COM 互操作性提升

在 C# 4 之前，Visual Basic 语言比 C#更适合跟 COM 组件交互。Visual Basic 一直以来都是一门比较易用的语言，它从诞生之初就提供了命名实参和可选形参的特性。C# 4 的出现则让 C#语言和 COM 组件交互变得简单了许多。如果读者没有与 COM 组件交互的需要，那么可以跳过本节内容，本节介绍的所有特性都只与 COM 组件相关。

说明 COM（component object model，组件对象模型）由微软于 1993 年推出，是一种在 Windows 系统上用于互操作性的跨语言形式。COM 组件的完整概念超出了本书的探讨范围，这里假定读者已经知晓相关内容。最常用的 COM 库当属 Microsoft Office 组件。

首先要介绍的特性位于语言层面之上。该特性主要与部署过程相关，另外还与如何对外暴露操作相关。

4.3.1 链接主互操作程序集

当针对 COM 类型编程时，需要使用该组件库生成的程序集，通常称为**主互操作程序集**（primary interop assembly，PIA），该程序集由组件发布者负责生成。我们可以使用类型库导入工具（tlbimp）来为自己的 COM 库生成 PIA。

在 C# 4 之前，必须在代码最终运行的机器上部署完整的 PIA，而且部署版本要与编译的版本保持一致。这样需要将 PIA 和应用程序一起交付，或者自行保证安装的 PIA 是正确的版本。

自 C# 4 和 Visual Studio 2010 起，对 PIA 的使用就可以从引用变成链接方式了。该使用方式可以通过 Visual Studio 中 property 页的 reference 标签中的 Embed Interop Types 选项更改。

将该选项设为 `True` 后，相关的 PIA 部分会被直接嵌入当前程序集，并且只有应用程序中用到的部分才会被纳入。到了代码运行阶段，客户机上的运行版本与组件的编译版本是否相同已经无所谓了，因为程序用到的那部分代码已经在编译时包含进来了。图 4-3 是从代码的运行角度看引用方式（旧方式）和链接方式（新方式）的区别。

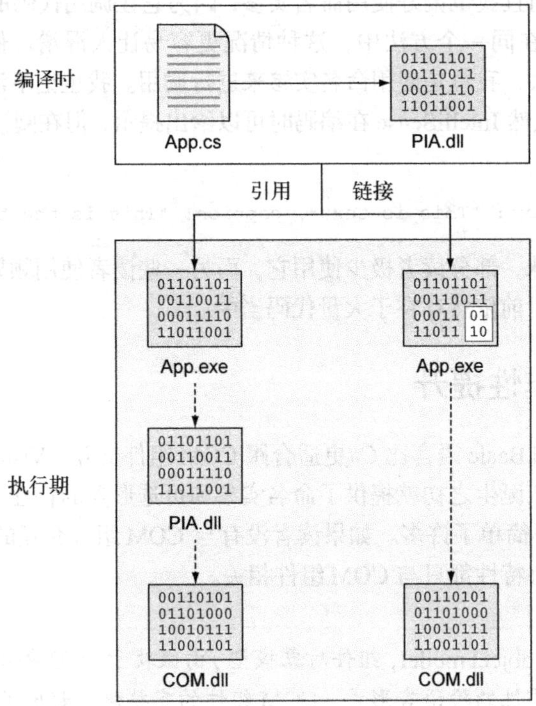

图 4-3　引用与链接的对比

除了部署方式的变化，链接 PIA 也影响了 COM 类型中 VARIANT 类型的处理方式。如果 PIA 被引用，所有返回 VARIANT 的操作都会通过 C#的 object 类型暴露。之后需要把 object 类型的返回值转换成适用于方法和属性的类型。

如果是链接方式的 PIA，则会返回 dynamic 类型值，而不是 obejct 类型值。前面讲过，dynamic 类型到任意非指针类型都存在隐式类型转换，并且会在执行期执行校验。参考以下关于打开 Excel 文件并填充 20 个数据的示例。

代码清单 4-16　通过隐式动态类型转换在 Excel 中设置一组数据

```
var app = new Application { Visible = true };
app.Workbooks.Add();
Worksheet sheet = app.ActiveSheet;
Range start = sheet.Cells[1, 1];
Range end = sheet.Cells[1, 20];
sheet.Range[start, end].Value = Enumerable.Range(1, 20).ToArray();
```

这段代码其实还隐含了一些接下来要讲的特性，不过这里先重点关注 sheet、start 和 end 的赋值。这 3 个的赋值通常都需要进行类型转换，因为赋给它们的值是 object 类型的。如果使用的是 var 或者 dynamic，就不需要为这些变量指定静态类型了，而且可以在更多的操作中使用动态类型。当清楚当前变量的类型时，我比较倾向于使用静态类型。一方面是为了执行隐式校验，另一方面是为了后续代码可以获得 IntelliSense。

对于那些大量使用 VARIANT 类型的 COM 库，这就是动态类型最重要的好处之一。接下来的这个 COM 特性也是基于 C# 4 的一个新特性，而且把可选形参提升到了一个新高度。

4.3.2 COM 组件中的可选形参

部分 COM 方法包含大量参数，而且这些参数经常是 ref 参数。在 C# 4 之前，像保存 Word 文档这样的操作都要大费周章。

代码清单 4-17 在 C# 4 之前如何创建并保存 Word 文档

```
object missing = Type.Missing;                     ← ref 参数的占位变量

Application app = new Application { Visible = true };   ← 打开 Word
Document doc = app.Documents.Add(
    ref missing, ref missing,
    ref missing, ref missing);
Paragraph para = doc.Paragraphs.Add(ref missing);
para.Range.Text = "Awkward old code";               创建并填充文档

object fileName = "demo1.docx";
doc.SaveAs2(ref fileName, ref missing,
    ref missing, ref missing, ref missing,
    ref missing, ref missing, ref missing,
    ref missing, ref missing, ref missing,
    ref missing, ref missing, ref missing,
    ref missing, ref missing);                      保存文档

doc.Close(ref missing, ref missing, ref missing);
app.Application.Quit(
    ref missing, ref missing, ref missing);         关闭 Word
```

如上所示，仅仅为了创建并保存文档就需要如此多的代码，而且 ref missing 这条语句出现了 20 次之多。有如此多的无关参数林立于代码之中，很难有效找到那些有用的代码。

C# 4 推出的若干特性大大简化了该过程。

- 如前所述，使用命名实参可以让实参与形参之间的对应关系变得一目了然。
- 对于 ref 参数，值可以直接指定为实参（仅适用于 COM 库）。编译器会在后台为其创建一个局部变量，然后将该变量按照引用进行传递。
- ref 参数可以是可选参数，在调用代码中可以省略（也仅适用于 COM 库）。Type.Missing 用于表示默认值。

有了上述特性之后，代码清单 4-17 可以以更简洁的形式呈现，参见代码清单 4-18。

代码清单 4-18　使用 C# 4 创建和保存 Word 文档

```
Application app = new Application { Visible = true };
Document doc = app.Documents.Add();              ← 省略了所有的可选形参
Paragraph para = doc.Paragraphs.Add();
para.Range.Text = "Simple new code";

doc.SaveAs2(FileName: "demo2.docx");             ← 使用命名实参表意

doc.Close();
app.Application.Quit();
```

这种转变显著增强了代码的可读性。代码中移除了 20 个 `ref missing` 及其变量。我们传递给 `SavaAs2` 的实参与该方法的第一个形参相对应。也可以使用定位实参代替命名实参，不过命名实参在表意上会更清晰。如果需要为后面的某个形参提供实参，直接添加该形参名称以及对应参数值即可，其他无关参数可以直接省略。

此外，`SaveAs2` 方法还展示了隐式 `ref` 的特性。利用该特性，我们可以在源码层面直接传递值，而无须事先声明一个变量保存 `demo2.docx` 后再通过引用传递，编译器会把它转换成 `ref` 参数。最后要介绍的 COM 相关的特性，Visual Basic 比 C#更显著。

4.3.3　命名索引器

索引器属于 C#的“开朝元老”，它主要用于集合，例如通过索引从列表中获取元素，或者通过键从字典中获取值，不过一直以来 C#中的索引器在源码中都是不具名的，类型只能拥有默认索引器（default indexer）。我们可以通过 attribute 来指定一个可以在其他语言中使用的名字，但 C#并不允许通过名字来区分不同的索引器，至少在 C# 4 之前是这样的。

其他一些语言允许通过名字来构建和使用索引器，这样我们就可以有针对性地访问对象的不同方面了；然而 C#在常规代码中依然不支持该特性，但单独为 COM 类型开了一道后门，请看示例。

Word 中的 `Application` 类型对外提供了一个名为 `SynonymInfo` 的命名索引器，其声明如下：

```
SynonymInfo SynonymInfo[string Word, ref object LanguageId = Type.Missing]
```

在 C# 4 之前，需要像调用一个方法那样调用 `get_SynonymInfo`，这显得比较奇怪；到了 C# 4，就可以通过名称来访问了。

代码清单 4-19　访问命名索引器

```
Application app = new Application { Visible = false };

object missing = Type.Missing;                                        | 在 C# 4 之前访问
SynonymInfo info = app.get_SynonymInfo("method", ref missing);        | synonyms
Console.WriteLine("'method' has {0} meanings", info.MeaningCount);
```

```
info = app.SynonymInfo["index"];
Console.WriteLine("'index' has {0} meanings", info.MeaningCount);
```

使用命名索引器简化代码

以上代码展示了命名索引器可以像普通方法调用那样使用可选形参。C# 4之前的代码需要声明一个局部变量，再烦琐地以引用方式传递给命名方法；有了 C# 4，通过名字就可以获取索引器，而且第二个可选参数也可以省去。

以上就是 C# 4 中与 COM 组件相关的特性，希望已经阐释清楚了这些特性的优势。虽然我自己并不常用 COM 组件，但倘若日后有这方面的需要，那么前面这些改进也会让我的工作轻松许多。而且由于每个人使用的 COM 库的结构不同，这些特性所带来的好处也有多有少。例如在需要经常使用 ref 参数和 VARIANT 返回值时，它们起到的作用就远比那些需要很少参数和具有具体返回类型的库要明显得多。抛开这些不谈，光是使用链接的方式处理 PIA 就足以让部署过程大大简化了。

对 C# 4 特性的介绍已渐近尾声。最后一个特性会有些晦涩难懂，不过我们通常是在没有察觉的情况下应用该特性的。

4.4 泛型型变

对于泛型型变，举例说明比直接描述其概念要简单。泛型型变讨论的是关于如何根据泛型的类型实参对泛型进行安全的类型转换，其中数据流转的方向是重点。

4.4.1 泛型型变示例

首先还是用一个熟悉的接口 IEnumerable<T>为例。该接口代表了一个元素类型为 T 的序列。自然地，任何 string 类型的序列一定是 object 类型的序列，根据变体规则：

```
IEnumerable<string> strings = new List<string> { "a", "b", "c" };
IEnumerable<object> objects = strings;
```

以上代码看起来是如此的顺理成章，如果它编译不通过反而奇怪了，可是在 C# 4 之前，这段代码确实不能通过编译。

说明 示例中会经常用到 string 和 object 这两个类型，因为 C#开发人员对它们比较熟悉，所以没有提供额外的上下文。其他具有基类与子类继承关系的类型也适用。

并非所有直觉上可行的代码就一定行得通，对于 C# 4 也不例外。下面进一步扩展上述猜想，从序列扩展到列表：任何 string 类型的列表就一定是 object 类型的列表吗？现实是残酷的：

```
IList<string> strings = new List<string> { "a", "b", "c" };
IList<object> objects = strings;
```

非法：不存在从 IList<string>到 IList<object>的转换

IEnumerable<T>和 IList<T>究竟有何区别？为什么换成 list 就不行？答案是，换成 list 之后就不再安全了。这是因为在 IList<T>的方法中，类型 T 既用作输入，也用作输出；而在 IEnumerable<T>中，所有 T 类型的值都只用作输出。IList<T>有 Add 这样的方法，接收 T 型值作为输入。这个类型的变体具有潜在的危险。稍微扩展一下前面的例子：

```
IList<string> strings = new List<string> { "a", "b", "c" };
IList<object> objects = strings;
objects.Add(new object());
string element = strings[3];
```

向列表添加一个新的对象

以 string 类型取出元素

除第 2 行外，其他代码单独看都没有问题。把一个 object 类型的引用添加到 IList<object>列表中没有问题，从 IList<string>类型的列表中读取一个 string 的元素中也没有问题。可是如果允许把 string 类型的列表看作 object 类型的列表，上面两个行为就会发生冲突。因此 C#从语言规则上禁止第 2 行代码，以保证另外两个操作是安全的。

前面讲了值如何只用作输出（IEnumerable<T>），以及值如何同时用于输入和输出（IList<T>），而有些 API 中值总是用作输入，其中一个简单的例子是 Action<T>委托：在调用委托时，为其传入一个类型为 T 的值作为输入。变体在 Action<T>中依然起作用，不过方向相反。这一差别在刚接触时比较容易让人困惑。

现在假设有一个可以接收 object 类型的 Action<object>委托，那么该委托一定可以接收一个 string 类型的引用。根据语言规则，可以有从 Action<object>到 Action<string>的类型转换：

```
Action<object> objectAction = obj => Console.WriteLine(obj);
Action<string> stringAction = objectAction;
stringAction("Print me");
```

基于以上示例代码，定义如下术语。

- **协变**：当泛型值只用作输出时。
- **逆变**：当泛型值只用作输入时。
- **不变**：当泛型值既用作输入也用作输出时。

目前来看这些定义还不够清晰，因为它们只是一些比较宏观的概念，还没有对应具体内容。在了解了 C#如何应用相关变体语法之后，就能将这些概念融会贯通了。

4.4.2 接口和委托声明中的变体语法

C#变体的第一要点：变体只能用于接口和委托，例如类或结构体的协变是不存在的。第二：变体的定义与每一个具体的类型形参绑定。可以概括地说“IEnumerable<T>是协变的”，而更准确的说法是“IEnumerable<T>对于类型 T 是协变的”。C#为此还推出了新语法：在声明接口和委托的语法中，可以为每个类型形参添加独立修饰符。IEnumerable<T>和 IList<T>接口以及 Action<T>委托的声明方式如下：

```
public interface IEnumerable<out T>
public delegate void Action<in T>
public interface IList<T>
```

如上所示，修饰符 in 和 out 用于表示类型形参的变体属性。

- 用 out 修饰的类型形参是协变的。
- 用 in 修饰的类型形参是逆变的。
- 没有修饰符的类型形参是不变的。

编译器会根据声明所在上下文的其他内容来检查该修饰符是否使用得当。例如下面这个委托的声明就是非法的，因为类型形参用作输入，却被声明为协变：

```
public delegate void InvalidCovariant<out T>(T input)
```

下面的接口声明也是非法的，因为类型形参用作输出，却被声明为逆变：

```
public interface IInvalidContravariant<in T>
{
    T GetValue();
}
```

任何类型形参都只能由一个修饰符修饰。如果同一个声明中有多个类型形参，那么该声明可以有多个修饰符。例如 Func<T, TResult>委托，它接收一个类型为 T 的输入，返回一个类型为 TResult 的输出结果。很自然地，T 应该是逆变的，TResult 是协变的。

```
public TResult Func<in T, out TResult>(T arg)
```

在日常开发中，一般直接使用这些已经声明好变体类型的接口和委托。对于可使用的类型实参，还有如下限制。

4.4.3 变体的使用限制

首先重申一下前文的一个要点：变体声明于接口和委托中，并且不能被实现接口的类或结构体所继承。类和结构体永远是不可变的。假设有如下类定义：

```
public class SimpleEnumerable<T> : IEnumerable<T>     <-- 这里不可以使用 out 修饰符
{
                          <-- 实现
}
```

不能根据变体特性把 SimpleEnumerable<string>转换成 SimpleEnumerable<object>，但是可以利用 IEnumerable<T>的协变特性，把 SimpleEnumerable<string>转换成 IEnumerable<object>。

假设我们正在处理某些委托或接口，这些委托或接口具有协变或逆变的类型形参，那么哪些类型转换是可行的呢？解释规则前先定义几个术语。

- 包含变体的转换称为**变体转换**。

- 变体转换属于**引用转换**。引用转换不改变变量的值，它只改变变量在编译时的类型。
- **一致性转换**指的是从一个类型转换为一个相同的（从 CLR 的角度看）类型。它可以是在 C#中同类型之间的转换（例如 string 类型到 string 类型的转换），也可以是 C#中不同类型间的转换，例如从 object 到 dynamic 的转换。

假设有类型实参 A 和 B，我们希望将 IEnumerable<A>转换成 IEnumerable<B>。只有存在从 A 到 B 的一致性转换或隐式引用转换时，才能完成目标转换。以下转换均合法。

- IEnumerable<string>到 IEnumerable<object>，因为子类到基类（或者基类的基类，以此类推）都属于隐式引用转换。
- IEnumerable<string>到 IEnumerable<IConvertible>，因为实现类到其接口的转换属于隐式引用转换。
- IEnumerable<IDisposable>到 IEnumerable<object>，任何引用类型到 object 或者 dynamic 类型都属于隐式引用转换。

以下转换皆非法。

- IEnumerable<object>到 IEnumerable<string>，因为 object 到 string 属于显式引用转换，而非隐式。
- IEnumerable<string>到 IEnumerable<Stream>：string 类和 Stream 类属于非相关类。
- IEnumerable<int>到 IEnumerable<IConvertible>：int 到 IConvertible 存在隐式类型转换，但是它属于装箱转换，而不是引用转换。
- IEnumerable<int>到 IEnumerable<long>：int 到 long 存在隐式类型转换，但属于数值转换而非引用转换。

如上所示，类型实参的转换必须是引用转换或一致性转换的要求，出人意料地影响了值类型。

IEnumerable<T>的例子中只有一个类型实参，如果有多个类型实参呢？当然是要逐一检查每个类型实参，确保每个实参转换对都满足上述要求。

更正式的表述为：假设有某个具有 n 个类型形参的泛型声明：T<X_1, ..., X_n>，完成 T<A_1, ..., A_n>到 T<B_1, ..., B_n>的转换，要通过遍历从 1 到 n 之间的每个 i 值来检查每对实参。

- 如果 X_i 是协变，A_i 到 B_i 必须存在一致性转换或者隐式引用转换
- 如果 X_i 是逆变，B_i 到 A_i 必须存在一致性转换或者隐式引用转换。
- 如果 X_i 是不可变的，A_i 到 B_i 必须存在一致性转换。

以 Func<in T, out TResult>为例解释上述规则。

- Func<object, int>到 Func<string, int>存在合法的转换，因为：
  - 第 1 个类型形参是逆变的，string 到 object 存在隐式引用转换；
  - 第 2 个类型形参是协变的，int 到 int 存在一致性转换。
- Func<dynamic, string>到 Func<object, IConvertible>存在合法转换，因为：
  - 第 1 个类型形参是逆变的，dynamic 到 object 存在一致性转换；

- 第 2 个类型形参是协变的，string 到 IConvertible 存在隐式引用转换。
- Func<string, int>到 Func<object, int>不存在合法转换，因为：
  - 第 1 个类型形参是逆变的，object 到 string 不存在隐式引用转换；
  - 当第 1 个类型形参转变非法时，整个转换就是非法的，第 2 个类型形参是否合法就无须考量了。

面对这样一堆复杂的规则，是不是有点应接不暇呢？其实无须担忧，99%的情况下我们根本不会意识到正在使用泛型型变。我列出这些规则，是为了方便困于某个编译错误的读者查找错误原因[①]。下面介绍泛型型变的具体应用场景。

4.4.4 泛型型变实例

很多情况下，我们并没有察觉应用了泛型型变的特性，因为它总是与我们的自然预期相一致。尽管如此，还是有必要列举泛型型变的几个应用场景。

首先是 LINQ 和 IEnumerable<T>。假设有一个字符串集合，我们希望对集合执行查询操作，并希望最后得到的结果是 List<object>类型而不是 List<string>类型。之后还有可能向该 list 添加新元素。在协变特性出现之前，最简单的实现方式就是调用 Cast 方法。

代码清单 4-20 通过字符串查询获得 List<object>，不使用泛型型变

```
IEnumerable<string> strings = new[] { "a", "b", "cdefg", "hij" };
List<object> list = strings
    .Where(x => x.Length > 1)
    .Cast<object>()
    .ToList();
```

我不太习惯这种方式。在管道（pipeline）中额外添加一步类型转换的意义何在？有了泛型型变后，就可以在 ToList()调用中指定类型实参了。

代码清单 4-21 通过字符串查询获得 List<object>，使用泛型型变

```
IEnumerable<string> strings = new[] { "a", "b", "cdefg", "hij" };
List<object> list = strings
    .Where(x => x.Length > 1)
    .ToList<object>();
```

Where 调用的结果是 IEnumerable<string>类型的，ToList<object>()相当于让编译器把该结果看作 IEnumerable<object>类型。由于泛型型变的存在，该操作是可行的。

此外，IComparer<T>与逆变联用会有奇效。IComparer<T>接口用于在排序过程中与其他类型值比较大小。假设有一个基类 Shape，它有一个 Area 的属性，并且有 Circle 和 Rectangle 两个子类继承自 Shape。我们可以编写一个实现 IComparer<Shape>接口的 AreaComparer 方法，通过调用 List<T>.Sort()方法对 List<Shape>进行排序。但如果是 List<Circle>或者 List<Rectangle>，该如何排序呢？虽然在泛型型变出现之前已有不少解决办法，但有了变体

① 对于某些特殊的报错，前面列举的内容可能还不足以定位问题，建议阅读本书第 3 版，相关描述更详细。

之后，这项工作轻松了很多。

代码清单 4-22　通过 IComparer<Shape>对 List<Circle>排序

```
List<Circle> circles = new List<Circle>
{
    new Circle(5.3),
    new Circle(2),
    new Circle(10.5)
};
circles.Sort(new AreaComparer());
foreach (Circle circle in circles)
{
    Console.WriteLine(circle.Radius);
}
```

代码清单 4-22 的完整源码可以从线上下载，而且完整源码也十分简洁。关键之处在于调用 Sort 方法时将 AreaComparer 转换成 IComparer<Circle>类型。在 C# 4 出现以前是无法实现的。

在声明自己的接口或者委托时，考虑一下其类型形参是否支持协变或者逆变是很有必要的。如果一个接口可以支持变体，其作者却并没有考虑到这一点，会让人很恼火。

4.5　小结

- C# 4 支持**动态类型**，动态类型的绑定操作从编译时推迟到执行期执行。
- 通过 IDynamicMetaObjectProvider 和 DynamicObject 类，动态类型可以支持自定义行为。
- 动态类型由编译器和 framework 提供的特性共同实现。framework 通过优化和重度缓存提升了动态类型的性能。
- C# 4 允许形参指定默认值。指定了默认值的形参称为**可选形参**，方法调用方可以省略相应的实参。
- C# 4 允许为实参提供对应的形参名称。该特性与可选形参搭配使用，可以让我们在提供实参时进行取舍。
- C# 4 允许 COM 主互操作程序集以**链接**方式使用而不是以**引用**方式。链接方式可以让部署工作更灵活简单。
- 链接的 PIA 以动态类型对外提供变量值，可以避免不必要的类型转换。
- 可选形参特性针对 COM 库进行了扩展，使得 ref 形参也具有可选属性。
- COM 库中的 ref 形参可以以值的方式指定。
- 泛型型变特性可以让泛型接口和泛型委托安全地进行类型转换，无论泛型值用作输入还是输出。

第 5 章

编写异步代码

本章内容概览：

- 何谓编写异步代码；
- 如何通过 async 修饰符声明异步方法；
- 如何通过 await 操作进行异步等待；
- C# 5 带来的 async/await 在语言层面的变化；
- 异步代码遵循何种使用规范。

异步问题一直是开发痛点。众所周知，异步编程可以解决线程因为等待独占式任务而导致的阻塞问题，但如何正确实现异步模式一直是一头巨大的拦路虎。

即便是.NET Framework 这样相对年轻的框架，也提供了 3 种异步编程的模型，旨在减少开发人员的“痛楚”。

- .NET 1.*x*时代的 BeginFoo/EndFoo 模型，该模型使用 IAsyncResult 和 AsyncCallback 来填充结果。
- .NET 2.0 时代的事件驱动异步模型，该模型通过 BackgroundWorker 和 WebClient 实现。
- .NET 4.0 时代的任务并行库（TPL）方案，.NET 4.5 又将其扩展。

不可否认，任务并行库方案在总体设计上十分优秀，但想通过它来编写稳健、易读的异步代码依然很困难。尽管任务并行库对并行的支持相当出色，但异步的某些通用属性最好能从语言层面修正，而不是单纯靠类库来实现。

C# 5 推出的最重要的特性通常称为 async/await。该特性基于任务并行库，它赋予了开发人员以形如同步编程的方式来编写异步代码。从此告别了那些烦琐的回调、事件订阅以及碎片化的错误处理。从此异步代码也可以清晰地表达意图，也能以开发人员熟悉的结构来构建。C# 5 引入的新语言架构使开发人员可以 await 某个异步操作完成。await 的语法看起来与普通的阻塞调用十分相像——在当前操作完成前，后续的代码将暂不执行，但 await 并不会阻塞当前线程。虽然听起来颇有些自相矛盾，但相信经过本章的讲解，读者能够豁然开朗。

async/await 特性自 C# 5 推出之后经历了一些小的更新迭代，方便起见，本章也囊括了 C# 6 和 C# 7 中关于该特性的改进部分。当涉及这些方面的内容时会明确指出，因为这些特性需要 C# 6 或者 C# 7 的编译器支持。

.NET Framework 4.5 全面接纳了异步。framework 中提供的很多操作是基于任务的异步模式，对外提供了跨 API 的一致性体验。与之类似，Windows Runtime 平台（通用 Windows 应用程序 UWA/UWP 的基础）也强制所有长耗时（或潜在长耗时）的操作异步化。许多现代 API（比如 Roslyn 和 `HttpClient`）重度依赖异步模式。总而言之，大部分 C#程序员在工作中或多或少会用到异步特性。

说明　Windows Runtime 平台就是通常所讲的 WinRT。不要把这个概念与 Windows RT 搞混了，Windows RT 是 Windows 8.*x* 为 ARM 处理器提供的操作系统版本。通用 Windows 应用程序（UWP）是 Windows Store 应用程序的改进版。UWP 是 UWA 在 Windows 10 操作系统上的改进版。

需要澄清一点，C#在执行并行或异步操作时并非无所不能。虽然编译器日益智能化，但还是无法消除异步执行天然的复杂性。对于异步编程，编程人员依然需要认真思考。而 `async/await` 模式的美妙之处就在于，它剔除了之前所有繁复难懂的样板代码，这样开发人员就可以集中精力攻坚克难了。

温馨提示：异步话题属于 C#中的高阶话题，它对于开发人员来说非常重要（即便是初级开发，也需要对该领域有所领会），但是起始阶段的学习又偏于艰深。

本章内容主要针对一般的异步开发，这样大家无须深入了解技术细节，便能使用 `async/await` 特性。第 6 章会探讨更为复杂的异步编程的实现原理。深入了解技术原理当然有助于提升开发能力，但学习本章内容也能有效提升 `async/await` 的开发效率。本章内容虽然相对基础，但依然需要循序渐进地消化和理解每个新特性。

5.1　异步函数简介

前面只是粗略地提到 C# 5 简化了异步编程，并没有详细探讨其中各个特性，下面从一个示例看起。

C# 5 引入了**异步函数**的概念。异步函数可以指某个由 `async` 修饰符修饰的方法或者匿名函数，它可以对 `await` 表达式使用 `await` 运算符。

说明　匿名函数指 lambda 表达式或者匿名方法。

研究 C#语言异步编程的变化，`await` 表达式是最佳切入点：如果 await 表达式所做的操作尚未完成，异步函数将立即返回，当表达式的值可用之后，代码将从之前的位置（在恰当的线程中）恢复执行。当前语句执行完成前，下一条语句不会执行，这条自然流程依然适用，只是当前线程不阻塞。以上描述可能不够清晰，下面用更具体的术语和行为来讲解，不过在这之前先看一个例子。

5.1.1 异步问题初体验

从一个简单、具有实际意义的异步场景开始。在实际应用中，网络延迟问题颇为烦扰，然而网络延迟非常适于展示异步模式的重要性，尤其在使用如 Windows Forms 这类 GUI 框架时。接下来的第一个例子就是一个小型 Windows Forms 应用，它从本书网站的主页获取文字内容，然后通过 HTML 中的标签显示页面长度。

代码清单 5-1 采用 async 方法显示页面长度

```
public class AsyncIntro : Form
{
    private static readonly HttpClient client = new HttpClient();
    private readonly Label label;
    private readonly Button button;

    public AsyncIntro()
    {
        label = new Label
        {
            Location = new Point(10, 20),
            Text = "Length"
        };
        button = new Button
        {
            Location = new Point(10, 50),
            Text = "Click"
        };
        button.Click += DisplayWebSiteLength;      <- 关联事件处理器
        AutoSize = true;
        Controls.Add(label);
        Controls.Add(button);
    }

    async void DisplayWebSiteLength(object sender, EventArgs e)
    {
        label.Text = "Fetching...";
        string text = await client.GetStringAsync(      开始获取页面
            "http://csharpindepth.com");
        label.Text = text.Length.ToString();      <- 更新 UI
    }

    static void Main()
    {
        Application.Run(new AsyncIntro());      <- 程序入口：开始运行 form
    }
}
```

以上代码的第一部分内容创建了 UI，并将按钮与某个事件处理器相关联。这里需要关注 `DisplayWebSiteLength` 方法。当发生按钮点击事件时，应用程序会获取网站主页的文字内容，然后更新标签内容来显示页面长度。

说明　虽然 Task 实现了 IDisposable 的接口，但代码中并没有执行对 GetStringAsync 返回任务的回收操作，好在一般不需要回收任务。

虽然这里可以采用一个更简短的 console 应用作为示例，但代码清单 5-1 更具说服力。需要特别指出的是，如果去掉代码中的 async 和 await 关键字，把 HttpClient 替换成 WebClient，把 GetStringAsync 替换为 DownloadString，以上代码依然可以正常编译和运行，只不过在获取页面内容时，程序的 UI 在会暂停响应。而如果运行异步版本的代码（最好是在一个网络延时比较高的环境中），就会看到程序 UI 是可以响应用户操作的：比如在获取页面的同时移动应用程序窗口。

说明　可以把 HttpClient 看作 WebClient 的改进版。它优先选择.NET 4.5 之后的 HTTP API，这套 API 只包含异步模式的操作。

相信大部分开发人员对 Windows Forms 开发中关于线程的两条黄金法则不陌生：

- 不要在 UI 线程中执行任何长耗时的操作；
- 不要在 UI 线程以外访问 UI 的控件。

虽然 Windows Forms 如今可能已经属于过时的技术了，但大部分 GUI 的框架还遵循着上述两条法则，虽然这样的法则实践起来并不那么容易。作为练习，读者可以尝试在不使用 async/await 的情况下，实现类似于代码清单 5-1 功能的代码。对于这个简单的例子，可以使用基于事件的 WebClient.DownloadStringAsync 方法，但是随着控制流的不断复杂化（错误处理、等待多个页面操作完成等），遗留代码就会变得愈发难以维护；而如果使用 C# 5 来实现，之后的代码修改都可以顺乎自然了。

现在 DisplayWebSiteLength 方法看上去很神奇，它能按照预期的方式执行，但我们不知道它是如何做到的。具体细节暂且不表，它会是后面内容的重头戏。

5.1.2　拆分第一个例子

接下来稍微扩展上述方法。代码清单 5-1 中对 HttpClient.GetStringAsync 返回值直接使用了 await 关键字。实际上，还可以把 await 和方法调用拆分开：

```
async void DisplayWebSiteLength(object sender, EventArgs e)
{
    label.Text = "Fetching...";
    Task<string> task = client.GetStringAsync("http://csharpindepth.com");
    string text = await task;
    label.Text = text.Length.ToString();
}
```

请注意，task 变量的类型是 Task<string>，但是 await task 表达式的类型只是 string。

就本例来说，await 运算符执行了一次拆封操作，至少当 await 的对象是 Task<TResult>类型时如此。（之后会讲到，await 的目标值也可以是其他类型，不过 Task<TResult>类型适合作为入门。）这也是 await 特性的一个方面，虽然不与异步问题直接相关，但它能够简化编码工作。

await 的主要作用是避免在等待长耗时操作时线程被阻塞。读者可能想知道，就线程而言这是如何实现的呢？因为在方法的开始和末尾都对 label.Text 赋值了，所以有理由认为这些语句就是在 UI 线程中执行的，但显然在加载页面的过程中，UI 线程并没有被阻塞。

其中的关键在于：执行到 await 表达式时，方法立即返回。在执行到 await 之前，UI 线程代码都是以同步方式执行的，正如其他事件处理器一样。如果调试代码，在第一行添加一个断点，就会看到 stack trace 显示按钮正处于触发 Click 事件中，Button.OnClick 方法也是一样。当执行到 await 时，代码会检查是否已得到执行结果，如果还没有（在本例中几乎是肯定的），它就会创建一个续延（continuation），当 Web 操作完成后，就执行该续延。在本例中，续延会执行方法的其余内容，直接跳转到 await 表达式的末尾。续延的执行还是在 UI 线程中，因为后面还需要控制 UI 控件。

5

定义 续延本质上是回调函数，当异步操作（任务）执行完成后被调起。在 async 方法中，续延负责维护方法的状态。类似于闭包维护变量的上下文，续延会记录方法的执行位置，以便之后恢复方法的执行。Task 类有一个专门用于附加续延的方法：Task.ContinueWith。

如果在 await 表达式之后的某个位置添加一个断点并再次运行代码，由于 await 表达式需要安排续延，因此就会看到栈追踪中不再有 Button.OnClick 方法，因为该方法早已执行完成了。现在调用栈中应该只有 Windows Forms 的事件循环，再往上则是一些异步基础架构层。这样的调用栈状态，与从后台线程调用 Control.Invoke 来更新 UI 的调用栈状态相似，只不过这些都已经替我们自动完成了。刚开始查看调用栈时可能会令人不安，但这对于保证异步行为的有效执行是必不可少的过程。

上述过程是由编译器创建的一个复杂的状态机完成的。第 6 章会探讨该状态机的实现细节，现在重点介绍 async/await 所提供的功能。首先探讨对于异步编程，开发人员想要的功能和语言实际所能提供的功能。

5.2 对异步模式的思考

如果让一个开发人员描述什么是异步执行，回答多半会以多线程开头。虽然多线程是异步模式的一项典型用途，但不是异步执行的必要条件。为了充分理解 C# 5 中异步特性的工作机制，首先需要摆脱线程的思维束缚，回归这个问题的本质。

5.2.1　关于异步执行本质的思考

异步模式可谓直击 C#程序员所熟悉的执行模型的核心。考虑如下简单代码：

```
Console.WriteLine("First");
Console.WriteLine("Second");
```

对于以上代码，我们认为第 2 行代码应该在第 1 行执行完成之后开始。执行流是沿着语句的顺序依次向后的，但是异步模式并不遵循上述规则。异步模式围绕**续延**这一概念：指示某项操作执行完成之后执行什么操作。读者可能会联想到**回调**，不过回调的含义比续延模式更广泛。就异步而言，续延用于代指可以保存程序执行状态的回调，而不是类似于 GUI 事件处理器这类专用回调。

在.NET 中，续延的本质是类型为 `action` 的委托，它们负责接收异步操作的结果。因此，在 C# 5 之前调用 `WebClient` 的异步方法时，需要针对成功、失败等诸多结果编写相应的事件处理。这么做的问题在于，对于那些步骤特别复杂的情况，编写如此多的委托方法最终会导致问题变得更加复杂。即便借助 lambda 表达式也无济于事，而想确保错误处理的逻辑无误更是困难。（以这种方式编写的异步代码，我对成功路径的代码比较有把握，对于失败的处理代码则没有十足把握。）

`await` 在 C#中的任务本质上是请求编译器为我们创建续延。尽管构想简单，却能显著增强代码可读性，让开发人员更从容。

前面对于异步模式的描述比较理想化，实际上基于任务的异步模式要略有不同。在真实的异步模型中，续延并没有传递给异步操作，而是由异步操作发起并返回了一个令牌，该令牌可供续延使用。该令牌代表正在执行的操作，该操作可能在返回到调用方之前就已经执行完成了，也可能还在执行中。该令牌用于表达：在该操作完成前不能开始后续的处理操作。令牌通常是以 `Task` 或 `Task<TResult>`的形式出现的，但并非强制要求。

说明　这里的令牌与取消令牌不同。二者的共同之处是，都强调不必关心背后正在发生的操作，只需要知道令牌所允许的行为即可。

C# 5 的异步方法典型的执行流程如下：

(1) 执行某些操作；

(2) 启动一个异步操作，并记录其返回的令牌；

(3) 执行某些其他操作（通常在异步操作完成前不能进行后续操作，对应这一步应该为空）；

(4)（利用令牌）等待异步操作完成；

(5) 执行其他操作；

(6) 完成执行。

如果忽略等待环节，那么以上工作使用 C# 4 便能完成。如果可以接受在异步操作完成前线程被阻塞，那么使用令牌通常也可以实现：对于一个 `Task`，仅调用 `Wait()`方法即可，但这样做会造成线程资源浪费：线程停止工作了。就好比打电话订了比萨外卖，然后站在家门口一直等比萨送达，而在现实生活中，我们会利用等比萨送达的这段时间去做其他事情。此时就需要 await 出场了。

等待异步操作其实是在表达：现在代码不能往下执行了，等待操作完成后再继续执行。那么如何才能不阻塞线程呢？答案很简单，那就是立即返回，之后继续异步地执行自身。如果想让调用方知道异步方法何时完成，则需要传递一个令牌给调用方，这样调用方就可以选择阻塞于该令牌上，或者（更有可能）将该令牌用于另一个续延。通常最终都会得到一批相互调用的异步方法，感觉就像进入了某段代码的一种“异步模式”。语言规范中并没有要求如此实现，但事实上对于调用异步操作的代码，其行为也和异步操作相一致，于是无形中就形成这样一条调用链。

5.2.2 同步上下文

前文提到 UI 代码的黄金法则之一是不在 UI 线程之外更新 UI。在代码清单 5-1 中，需要确保 `await` 表达式之后的代码在 UI 线程中执行。异步函数使用 `SynchronizationContext` 类确保代码能够返回正确的线程中，`SynchronizationContext` 类诞生于.NET 2.0，用于像 `BackgroundWorker` 这样的组件中。`SynchronizationContext` 类负责在正确的线程中执行委托。该类中的 `Post`（异步）和 `Send`（同步）消息机制类似于 Windows Forms 的 `Control.BeginInvoke` 方法和 `Control.Invoke` 方法。

不同的执行环境会使用不同的上下文，例如某个上下文可能会允许线程池中某个线程执行给定操作。异步模式的上下文信息比同步上下文要多，想要搞清楚异步方法如何准确地在需要的上下文中执行，首先需要重点关注同步上下文。

关于 `SynchronizationContext` 的更多内容，请参阅 Stephen Cleary 在 MSDN 上发表的文章“Parallel Computing - It's All About the SynchronizationContext”。ASP.NET 开发人员需要格外小心，如果对 ASP.NET 的上下文不够仔细，容易编写出看起来正确但实际上会造成死锁的代码。在 ASP.NET Core 推出之后情况略有改善。Stephen Cleary 在他的另外一篇博文（“ASP.NET Core SynchronizationContext”）中探讨了相关话题。

示例中的 `Task.Wait()` 和 `Task.Result`

前面的示例代码中使用了 `Task.Wait()` 和 `Task.Result`，旨在让例子尽可能简单。通常在 console 应用中这么做比较安全，因为 console 应用不涉及同步上下文。async 方法的续延总在线程池中执行。

在实际应用中，使用这两个方法需要格外小心。在执行完成前，它们都会造成线程阻塞，即如果在一个需要执行续延的线程中执行这两个方法，就会导致当前应用发生死锁。

理论部分的探讨暂且为止，下面深入探究异步方法的具体细节。异步匿名函数采用的是相同的设计思路，但异步方法讨论起来要容易得多。

5.2.3 异步方法模型

可以如图 5-1 所示看待异步方法。

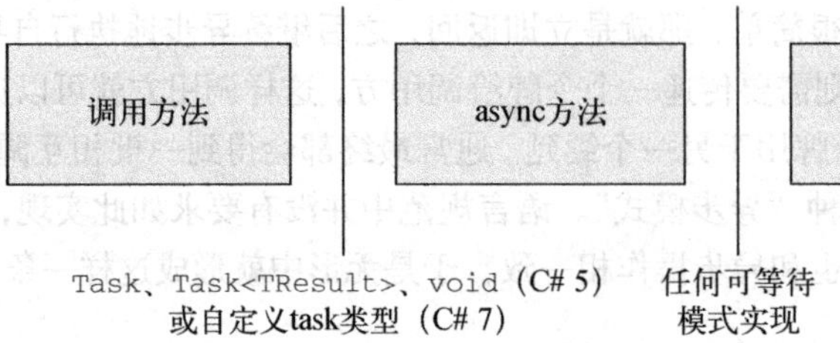

图 5-1　划分异步边界

其中有三个代码块（方法）和两个边界类型（方法返回类型）。接下来把前面获取页面长度的例子改造成一个简单的 console 应用。

代码清单 5-2　在异步方法中获取页面长度

```
static readonly HttpClient client = new HttpClient();

static async Task<int> GetPageLengthAsync(string url)
{
    Task<string> fetchTextTask = client.GetStringAsync(url);
    int length = (await fetchTextTask).Length;
    return length;
}

static void PrintPageLength()
{
    Task<int> lengthTask =
        GetPageLengthAsync("http://csharpindepth.com");
    Console.WriteLine(lengthTask.Result);
}
```

图 5-2 是代码清单 5-1 映射到图 5-1 后的结果。

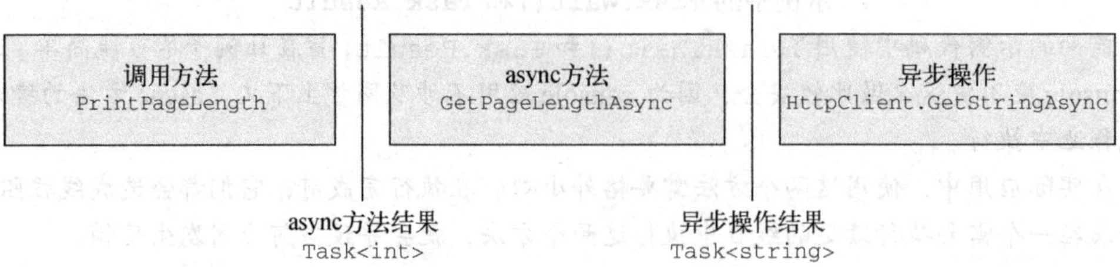

图 5-2　代码清单 5-1 映射到图 5-1 的通用模式

虽然这里主要关注 GetPageLengthAsync 方法，但我把 PrintPageLength 方法也列出来了，以便观察方法之间是如何交互的。特别需要注意，我们需要知道方法边界处的有效类型。之后图 5-2 会以各种形式贯穿于本章的讲解中。

下面介绍如何编写 async 方法以及 async 方法的行为模式。这部分内容信息量很大，包括：使用 async 方法所能实现的功能、叠加使用 async 方法的效果等。

对于异步编程，只有两点新语法：async 修饰符和 await 运算符。async 用于修饰异步方法的声明，await 用于消费异步操作。不过，跟随着程序代码中不同部分之间信息传递的增加，情况很快就会变得十分复杂，尤其是在定位程序错误时。书中尽量分别讨论各个部分，但实际代码无法分开实现。如果读者对某部分内容有疑问，请不要心急，后续内容会给予解答。

接下来分 3 节探讨异步方法，这 3 个阶段逐层递进。

- 声明 async 方法。
- 使用 await 运算符等待异步操作执行完成。
- 方法执行完成后返回值。

图 5-3 展示了 3 节内容在理论模型中的位置。

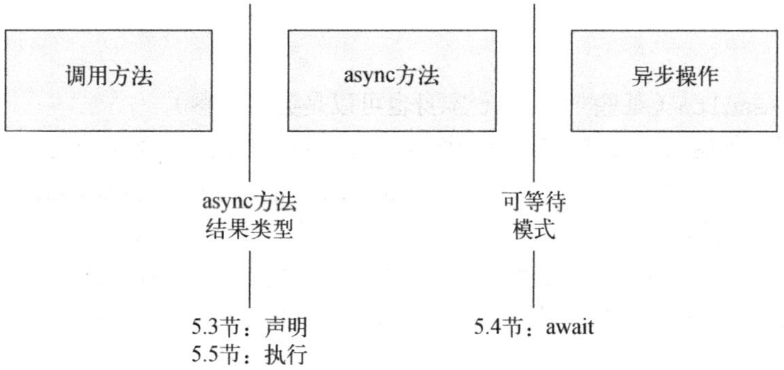

图 5-3　5.3 节、5.4 节和 5.5 节内容在理论模型中的位置

从最简单的部分开始：声明 async 方法。

5.3　async 方法声明

除了新增了 async 关键字，async 方法声明的语法与其他方法声明没有区别。async 关键字可以放在返回类型前的任意位置。例如以下声明均合法：

```
public static async Task<int> FooAsync() { ... }
public async static Task<int> FooAsync() { ... }
async public Task<int> FooAsync() { ... }
public async virtual Task<int> FooAsync() { ... }
```

我个人习惯把 async 放在紧邻返回类型的位置，当然，读者可以按自己的偏好来。还是前面提到的那条原则，最好与团队协商好编码风格，并尽量保持同一代码库内编码风格统一。

关于 async 关键字，有一个秘诀：设计团队当初其实并不需要引入该关键字。编译器在遇到 yield return 或者 yield break 时，就会进入迭代器块模式。同理，当某个方法中出现了 await 修饰符，编译器也可以由此进入异步模式。不过我认为强制要求 async 关键词的做法是可取的，因为这样做便于阅读使用了异步方法的代码。只要出现 async 关键词，就意味着后面会有 await，继而寻找那些应当转换为 async 调用搭配 await 表达式的阻塞调用。

然而在生成的 IL 代码中，async 修饰符被省略了，这一点很重要。对于调用方法来讲，async 方法不过是一个恰好返回值是 task 的普通方法罢了。我们可以把现有普通方法（方法签名合适）改成 async 方法，或者反向操作。这种改动是源码和二进制兼容的。async 属于方法的实现细节，因此不能声明抽象方法或者接口中的方法为 async。不过这些方法的返回值完全可以是 Task<int>类型的，它们的具体实现可以使用 async/await，也可以只是普通方法。

5.3.1　async 方法的返回类型

async 方法和调用它的方法之间通过返回值进行交互。在 C#5 中，异步函数的返回值仅限于以下 3 个类型：

- void;
- Task;
- Task<TResult>（某些 TResult 本身也可以是类型形参）。

C# 7 新增了一种返回值类型。5.8 节会继续讨论返回值的问题，第 6 章也会谈及。

.NET 4 中的 Task 和 Task<TResult>类型都表示某个可能尚未执行完成的操作。Task<TResult> 继承自 Task。二者的区别在于，Task<TResult>表示返回值为 TResult 类型的操作，而 Task 表示没有返回值的操作。返回 Task 类型很有用处，因为它允许调用代码把自己的续延附加给返回的 task，检测该 task 执行完成或成功与否，等等。有时可以把 Task 看作 Task<void>。

说明　讲到这里，F#开发人员完全有理由为他们的 Unit 类型而窃喜。Unit 类型与 void 类似，但它是真实的类型。Task 与 Task<TResult>类型之间的差异让人苦恼。如果 void 可以用作类型实参，在委托中就可以省去 Action 系列了，例如可以使用 Func<string, void> 替代 Action<string>。

---

async 方法之所以可以返回 void 类型，是为了与事件处理器兼容。例如以下 UI 按钮点击的事件处理器：

```
private async void LoadStockPrice(object sender, EventArgs e)
{
    string ticker = tickerInput.Text;
    decimal price = await stockPriceService.FetchPriceAsync(ticker);
    priceDisplay.Text = price.ToString("c");
}
```

这是一个异步方法，但是调用方（按钮的 OnClick 方法或者其他任何可能触发事件的代码）并不在意。调用方不关心事件处理何时完成（货物价格载入完毕并更新 UI 后）。它只是调用了提供给自己的事件处理器。在此过程中，编译器将生成某个状态机的代码，以及状态机将续延和 FetchPriceAsync 的返回值进行绑定等都属于实现细节。

然后像对待一般的事件处理器那样，为该方法订阅该事件：

```
loadStockPriceButton.Click += LoadStockPrice;
```

毕竟对于调用方来说，这不过是一个普通的方法，只是 void 的返回类型和 object、EventArgs 的输入参数类型，使得该方法能够用于 EventHandler 委托实例。

警告　返回 void 类型的异步方法最好只用于事件订阅中。对于其他不需要返回特定值的情况，把异步方法的返回类型声明为 Task 更好。这样调用方才能 await 操作完成、发现操作失败，等等。

虽然 async 方法的返回类型受到严格限制，但其他方面没有特殊要求。async 方法可以是泛型、静态或者非静态的，也可以指定各种常规的访问修饰符，不过对于参数的使用依然存在一些限制。

5.3.2　async 方法的参数

async 方法的参数不能由 out 或者 ref 修饰。这是因为 out 和 ref 参数是用于与调用方交换信息的，有时 async 方法在控制流返回到调用方时，操作可能还未开始执行，因此引用参数可能尚未赋值。实际情况可能更诡异：设想有个局部变量以 ref 的方式用作 async 方法的实参，结果直到调用方法自己都执行完毕了，引用变量可能还未赋值。既然这么做不合理，编译器干脆将其禁止了。此外，指针类型也不能用作 async 方法的参数。

声明完 async 方法后，可以着手编写方法体，并且使用 await 来等待异步操作了。接下来介绍 await 表达式的用途和用法。

5.4　await 表达式

使用 async 来声明方法旨在在方法内部使用 await 表达式。除此之外，async 方法的其他部分与普通方法无异。所有控制流都可以正常使用：循环、异常、using 表达式等。那么 await 要用在何处？它的功能又是什么？

await 表达式的语法非常简单：await 运算符外加一个可以返回值的表达式即可。await 运算符可以搭配方法调用、变量或者属性使用。await 的表达式不仅限于简单的表达式。可以采用链式方法调用，然后使用 await 等待结果：

```
int result = await foo.Bar().Baz();
```

await 操作的优先级比点符号运算符的优先级低，因此以上代码等同于：

```
int result = await (foo.Bar().Baz());
```

不过 await 所搭配的表达式也有条件限制，必须是**可等待的**，下面介绍这个所谓的**可等待模式**。

5.4.1　可等待模式

可等待模式用于判断哪些类型可以使用 await 运算符。图 5-4 是对图 5-1 的回顾，其中第 2 条边界关乎 async 方法与其他异步操作是如何进行交互的。可等待模式是**异步操作**的定义基础。

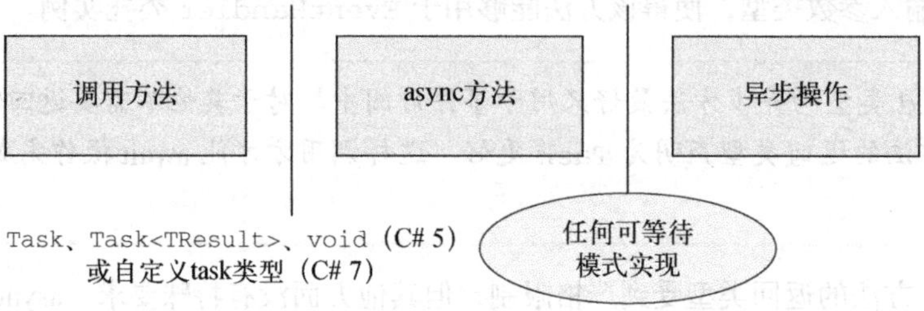

图 5-4　可等待模式允许 async 方法异步地等待操作执行完成

读者可能会认为这种模式需要通过接口来表达，比如使用 using 表达式时，编译器要求必须实现 IDisposable 接口，实际上它是基于模式实现的。假设有一个返回类型为 T 的表达式需要使用 await，编译器会执行以下检查步骤。

- T 必须具备一个无参数的 GetAwaiter()实例方法，或者存在 T 的扩展方法，该方法以类型 T 作为唯一参数。GetAwaiter 方法的返回类型不能是 void，其返回类型称为 awaiter 类型。
- awaiter 类型必须实现 System.Runtime.INotifyCompletion 接口，该接口中只有一个方法：void OnCompleted(Action)。
- awaiter 类型必须具有一个可读的实例属性 IsCompleted，其类型为 bool。
- awaiter 类型必须具有一个非泛型、无参数的实例方法 GetResult。
- 上述成员不必为 public，但是这些成员需要能被调用 await 的 async 方法访问到。（因此存在这样的可能性：对于某个类型，在某些代码中可以使用 await，但在其他代码中不可行，不过这种情况十分罕见。）

如果类型 T 满足所有上述条件，就可以使用 await 运算符了。不过除此以外，编译器还需要另外一点信息来决定 await 表达式的类型。该类型取决于 GetResult 方法的返回类型。GetResult 方法可以是 void 返回类型，此时 await 表达式就被视为无结果表达式，如同表达式直接调用某个 void 方法一样。GetResult 的返回类型不是 void，那么 await 表达式的返回类型与 GetResult 保持一致。

下面以静态方法 Task.Yield()为例解释上述规则。与 Task 中其他多数方法不同，Yield()方法本身不返回某个 task，而返回 YieldAwaitable。简化版的代码如下：

```
public class Task
{
    public static YieldAwaitable Yield();
}

public struct YieldAwaitable
```

```
{
    public YieldAwaiter GetAwaiter();

    public struct YieldAwaiter : INotifyCompletion
    {
        public bool IsCompleted { get; }
        public void OnCompleted(Action continuation);
        public void GetResult();
    }
}
```

可见 YieldAwaitable 符合前面所说的可等待模式的规则，因此可以编写如下代码：

```
public async Task ValidPrintYieldPrint()
{
    Console.WriteLine("Before yielding");
    await Task.Yield();                         <—— 合法
    Console.WriteLine("After yielding");
}
```

但以下写法是非法的，因为它试图使用 YieldAwaitable 返回的结果：

```
public async Task InvalidPrintYieldPrint()
{
    Console.WriteLine("Before yielding");
    var result = await Task.Yield();     <—— 非法。await 表达式
    Console.WriteLine("After yielding");      不生成返回值
}
```

第 2 行代码非法的原因与下面代码非法的原因相同：

```
var result = Console.WriteLine("WriteLine is a void method");
```

因为并没有生成结果，所以不能将其赋值给某个变量。

Task 的 awaiter 类型的 GetResult 方法的返回类型为 void，而 Task<TResult>的 awaiter 类型的 GetResult 方法的返回类型为 TResult。

扩展方法的历史重要性

GetAwaiter 之所以也可以是扩展方法，主要是由历史原因而不是现实原因决定的。C# 5 是与.NET 4.5 同期发布的，正是在这一版本中，C# 将 GetAwaiter 方法引入了 Task 和 Task<TResult>中。如果 GetAwaiter 必须是根红苗正的实例方法，开发人员就不得不继续使用.NET 4.0；而一旦支持扩展方法，就可以通过提供了这些扩展方法的 NuGet 包来实现 Task 和 Task<TResult>的异步化。这样也能让社区不用测试.NET 4.5 预览版，便能测试 C# 5 编译器。

如今 framework 中的代码，早已具备相应的 GetAwaiter 方法，因此以后几乎不再需要通过扩展方法来为某个类型添加可等待属性了。

5.6 节会详细介绍异步方法的执行流程，以及可等待模式下成员的用法。关于 await 表达式，还有若干限制条件。

5.4.2　await 表达式的限制条件

类似于 yield return，await 表达式的使用场景也存在限制。一个明显的限制是它只能用于 async 方法或者异步匿名函数中（5.7 节会讲到）。即便是在 async 方法中，也不能将 await 随便用于匿名函数，除非该匿名函数也是异步的。

此外，await 运算符也不能用于非安全的上下文中。不过这并不代表在 async 方法中不能使用非安全代码，只是在 async 方法的非安全代码中不能使用 await 运算符而已。代码清单 5-3 展示了一段精心设计的代码，这段代码中有一个指针负责遍历字符串中的字符，最后计算出其中 UTF-16 编码单元的数量。这段代码本身实际意义不大，但它展示了如何在 async 方法中使用非安全的上下文。

代码清单 5-3　在 async 方法中使用非安全代码

```
static async Task DelayWithResultOfUnsafeCode(string text)
{
    int total = 0;
    unsafe                          <- async 方法中可以有非安全的上下文
    {
        fixed (char* textPointer = text)
        {
            char* p = textPointer;
            while (*p != 0)
            {
                total += *p;
                p++;
            }
        }
    }
    Console.WriteLine("Delaying for " + total + "ms");
    await Task.Delay(total);              <- 但是 await 表达式不能位于非安全的上下文中
    Console.WriteLine("Delay complete");
}
```

另外，在锁中也不能使用 await 运算符。如果需要在锁中等待某个异步操作，那么应该考虑重新设计代码。不要手动通过 try/finally 块调用 Monitor.TryEnter 和 Monitor.Exit 来绕过编译器的限制，而应调整代码来避免这种情况发生。如果实际情况确实特殊，也请考虑使用 SemaphoreSlim 的 WaitAsync 方法来代替。

lock 语句中使用的 monitor，只能由请求它的同一线程来释放。这样就不会出现执行 await 表达式之前代码的线程，与执行 await 表达式之后代码的线程不同这种情况。即便可以保持操作前后的线程不变（例如在 GUI 同步线程中），同一线程中的其他代码也有可能进入 lock 语句使用同一个 monitor。这显然不理想。lock 语句和异步很难兼容。

还有一些上下文，在 C# 5 中不能使用 await 运算符，不过到了 C# 6 解禁了。

- ❑ 所有带有 catch 块的 try 块。
- ❑ 所有 catch 块。
- ❑ 所有 finally 块。

在一个仅搭配有 finally 块的 try 块中使用 await 运算符一直是可行的，即可以在 using 语句中使用 await。C#设计团队在 C# 5 发布之前，没想好如何安全可靠地在上述上下文中使用 await 表达式。这为异步编程带来了些许不便。在设计 C# 6 时他们找到了正确构建状态机的方式，因此 C# 6 解除了上述限制。

前面介绍了如何声明 async 方法以及 await 运算符在其中的用法。那么当异步操作执行完成后呢？下面介绍返回值是如何返回给调用方的。

5.5 返回值的封装

前面介绍了调用方和 async 方法之间边界的声明，以及如何在 async 方法中等待异步操作。下面讨论图 5-4 中第 1 条边界的问题：如何使用返回语句返回值给调用方，参考图 5-5。

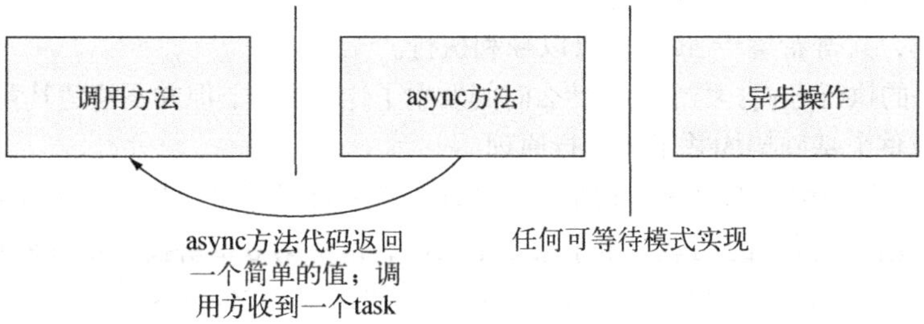

图 5-5 async 方法返回值给调用方

前面举过一个带有返回数据的例子，再来回顾一下。这次只重点关注返回。以下内容来自代码清单 5-2：

```
static async Task<int> GetPageLengthAsync(string url)
{
    Task<string> fetchTextTask = client.GetStringAsync(url);
    int length = (await fetchTextTask).Length;
    return length;
}
```

length 的类型是 int，但是方法的返回类型是 Task<int>。编译器生成的代码负责封装数据，因此调用方最终得到的还是 Task<int>类型值。当操作完成后，该返回值将包含最终的数据值。一个返回非泛型 Task 的方法与一个普通的 void 方法没有区别：都不需要 return 语句；如果有 return 语句，return 后面不能有任何具体的值，只能是 return 本身。不管是哪种情况，task 都能够捕获 async 方法中抛出的异常（5.6.5 节会详述）。

希望读者对于封装返回值的必要性有了一些直观的理解。几乎可以肯定，在 async 方法执行到 return 语句之前，它就已经将控制流返回给调用方，并以某种方式将相关信息提供给了调用方。Task<TResult>（计算机科学中的 future 概念）表示的是对未来某个值或者异常的承诺。

对于一般的代码执行流程，如果 return 语句出现在某个 try 块中，并且该 try 块带有 finally 块（using 语句也适用），用于计算返回值的表达式会被立即运算，不过只有当代码都执行完成后，才会正式成为 task 的结果。如果 finally 块抛出异常，那么整个执行都会失败，而不是得到一个半成功半失败的结果。

在此重申：这种自动封装和拆封的结合，成就了异步特性的组合模式。async 方法可以轻松消费其他 async 方法的结果，于是可以使用多个异步小结构构建起一个复杂的系统。这种方式可以参照 LINQ：在 LINQ 中，我们针对序列中的单个元素编写操作，然后通过封装和拆封就能把操作应用于整个序列。在进行异步编程时，我们很少会显式处理 task，而会使用 await 来消费 task，然后自动产生一个结果 task，这些都属于 async 方法机制的一部分。如何编写异步方法已介绍完毕，下面通过具体示例介绍异步方法的执行流程。

5.6 异步方法执行流程

对于 async/await 的理解可以划分为以下几个层次。

- 不求甚解，只寄希望于 await 可以顺利执行。
- 研究代码的执行方式：哪个线程什么时间发生了什么操作，但并不清楚其背后的实现原理。
- 深入探究整个基础架构并了解运行原理。

截至目前，相关介绍还都只停留在第 1 个层次，偶尔涉及第 2 个层次。下面着重探讨第 2 个层次，介绍语言层面所提供的功能。至于第 3 个层次，留待第 6 章讲授，届时将介绍编译器的幕后工作。（即便学完第 6 章，读者亦可继续向更深的层次进发。本书不讨论 IL 层面以下的内容：操作系统和硬件层对于异步和线程的支持。）

在多数开发工作中，读者可以根据实际情况游走于前两个层次之间。对我而言，除非代码需要在多个操作间进行协作，否则我也很少考虑第 2 个层次的细节，一般代码功能无误即可。重要的是，当需要深入思考时拥有相关知识储备。

5.6.1 await 的操作对象与时机

首先简化问题。有时 await 是与某些方法调用链或者某个属性搭配使用的，如下所示：

```
string pageText = await new HttpClient().GetStringAsync(url);
```

这种写法看起来 await 可以作用于整个表达式。实际上，await 只能针对单一值进行操作。以上代码等价于：

```
Task<string> task = new HttpClient().GetStringAsync(url);
string pageText = await task;
```

同理，await 表达式的结果也可以用于方法实参或者其他表达式中。再次重申，把 await 和表达式的其他部分分开来看会有助于理解。

假设有两个方法：GetHourlyRateAsync()和 GetHoursWorkedAsync()，分别返回 Task<decimal>和 Task<int>，于是有如下复杂语句：

```
AddPayment(await employee.GetHourlyRateAsync() *
        await timeSheet.GetHoursWorkedAsync(employee.Id));
```

按照 C#表达式的运算法则，会优先对*左侧的操作数进行运算，然后再对右侧操作数进行运算，因此上述语句可以展开为：

```
Task<decimal> hourlyRateTask = employee.GetHourlyRateAsync();
decimal hourlyRate = await hourlyRateTask;
Task<int> hoursWorkedTask = timeSheet.GetHoursWorkedAsync(employee.Id);
int hoursWorked = await hoursWorkedTask;
AddPayment(hourlyRate * hoursWorked);
```

这里不讨论编程风格。可以把代码写成一行，也可以展开成多行，只不过后者的代码量会更大，但更便于理解和调试。也可以使用第 3 种写法，虽然看起来差不多，但实际并不相同：

```
Task<decimal> hourlyRateTask = employee.GetHourlyRateAsync();
Task<int> hoursWorkedTask = timeSheet.GetHoursWorkedAsync(employee.Id);
AddPayment(await hourlyRateTask * await hoursWorkedTask);
```


这种写法更易读，而且还具有潜在的性能优势，5.10.2 节会继续讨论这个例子。

这部分的核心内容在于找出 await 的操作对象和时机。在本例中，await 的操作对象是由 `GetHourlyRateAsync` 和 `GetHoursWorkedAsync` 返回的 task，这两个 `await` 操作都发生在 `AddPayment` 方法执行之前。这一点毋庸置疑，因为只有先得到两个乘数的执行结果，才能把它们作为中间结果执行乘法，最后把乘法的执行结果作为 `AddPayment` 的调用实参。了解了如何把复杂的代码简化为 await 的操作对象和时机，下面谈谈 `await` 操作的本质。

5.6.2 await 表达式的运算

当执行到 `await` 表达式，此时有两种可能：异步操作已经完成或尚未完成。如果操作已经完成，执行流程继续即可。执行完成也分两种情况：如果操作失败并且捕获了表示失败的异常，抛出异常即可；如果执行成功，那么获取操作结果（例如从 `Task<string>`获取 `string`），执行流程继续从后续的代码执行。以上过程不涉及任何线程上下文切换或者添加任何续延。

如果异步操作仍在进行，情况就复杂多了。此时方法会异步等待操作完成，然后在某个合适的上下文中继续执行其余代码。其中“异步等待”意味着方法已经停止执行。还需要给异步操作附加一个续延，然后方法返回。异步基础架构负责保证续延能够在正确的线程执行：通常是线程池中的线程（特点是线程之间无差别），或者是适当的 UI 线程。具体采用哪个线程，由同步上下文（5.2.2 节讲过）决定，并且可以通过 `Task.ConfigureAwait` 来控制，5.10.1 节会继续讨论。

返回与完成

描述异步行为时，最困难的应该是区分**方法返回**（返回到原调用方或者某个续延）和**方法完成**这两个概念。与多数方法不同，异步方法可以多次返回，当前没有任务即可返回。

回到之前订比萨外卖的那个例子，假设有 `EatPizzaAsync` 方法，该方法包含打电话下单、送餐员上门、比萨放凉一点以及吃比萨一系列行为。每个操作完成后，方法都可以返回，但只有最后一步吃比萨完成后，才表示最终完成。

从开发人员的角度看，感觉就像等待异步操作时方法暂停了。编译器可以保证在续延执行前后，方法中的所有局部变量的值都保持一致，就如同迭代器块那样。

针对上述情况，看一个具体的例子。假设有一个简单的 console 应用，该应用调用一个异步方法，该异步方法 await 两个 task。`Task.FromResult` 总是返回一个已经完成的 task，而 `Task.Delay` 需要等到某个固定的延迟之后才完成。

代码清单 5-4　await 完成的 task 和未完成的 task

```
static void Main()
{
    Task task = DemoCompletedAsync();              // 调用 async 方法
    Console.WriteLine("Method returned");
    task.Wait();                                   // 阻塞，直到 task 完成
    Console.WriteLine("Task completed");
}

static async Task DemoCompletedAsync()
{
    Console.WriteLine("Before first await");
    await Task.FromResult(10);                     // await 一个已经完成的 task
    Console.WriteLine("Between awaits");
    await Task.Delay(1000);                        // await 一个尚未完成的 task
    Console.WriteLine("After second await");
}
```

代码执行结果如下：

```
Before first await
Between awaits
Method returned
After second await
Task completed
```

关于执行顺序，有如下几个重点。

- async 方法在 await 已完成的 task 时不返回，此时方法还是按照同步方式执行。执行结果的前两行显示，这两行输出结果之间没有其他输出内容。
- 当 async 方法 await 延迟 task 时，async 方法会立即返回。因此 `Main` 方法的第 3 行输出结果是 `Method returned`。async 方法能够得知当前 await 的操作尚未完成，因此选择返回以防止阻塞。
- async 方法返回的 task 只有在方法完成后才完成，因此 `Task completed` 在 `After second await` 之后打印。

图 5-6 是 `await` 表达式的执行流程图，然而流程图无法很好地描述异步行为，这是天然的缺陷。

可以把图 5-6 中的虚线部分视作从图最上方伸过来的。请注意，这里假定 `await` 表达式有返回结果。如果 await 的对象是 `Task` 之类的值，则 `fetch result` 表示检查操作是否成功完成。

现在停下来稍作思考，从异步方法返回究竟意味着什么？有以下两种可能。

- 目前是执行中遇到的第一个 await 表达式，最初的调用方还在调用栈中。（牢记，在真正需要等待之前，方法一直是以同步方式执行的。）
- 已处于等待某个操作完成期间，因此正处于某个被调起的续延之中。此时的调用栈与方法刚开始执行时的调用栈大不相同。

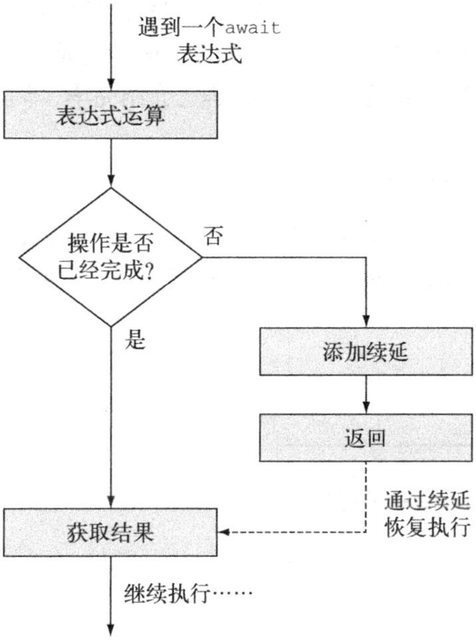

图 5-6 await 处理流程图

在第 1 种情况下，最后得到的一般是返回给调用方的 Task 或者 Task<TResult>。显然，此时还没有获得方法返回的结果，也就无法得知方法能否正常完成（不抛出异常）。鉴于此，即将返回的 task 必须是未完成的。

在第 2 种情况下，回调方是谁取决于当前上下文。例如在 Windows Forms UI 中，如果在 UI 线程中调用某个 async 方法，并且没有主动切换出 UI 线程，那么整个方法将在 UI 线程中执行。刚开始时，调用栈处于某个事件处理器之中或其他调用方之中，然而接下来就会被 Windows Forms 内部机制（通常是消息泵）直接回调，就像使用 Control.BeginInvoke(continuation)一样。此时，调用方（无论是 Windows Forms 消息泵、线程池机制或是其他）都不关心当前 task 的情况。

温馨提示：在真正执行到第一个异步 await 表达式之前，方法是完全同步执行的。调用某个异步方法与在新线程中启动新的 task 不同，需要编程人员自己来保证 async 方法够快速返回。虽然究竟如何实现仍取决于代码所处上下文，但是确实需要尽量避免在 async 方法中执行长耗时的阻塞任务，应当将其剥离到另一个方法中，然后使用 Task 将其异步化。

回顾一下 await 时操作已经完成的情况。读者可能会有这样的疑问：对于这种能够立刻完成的操作，为什么不一开始就采用同步的方式，而要大费周章地使用异步呢？这有点类似于 LINQ 中对某个序列调用 Count()方法：通常需要遍历序列中的所有元素才能获得最终结果，但有时

（比如该序列是 List<T>类型）存在优化的实现。因此设计一种单一的抽象来同时覆盖两种可能会更好，还能保证性能。

考虑一个实际的异步 API，比如异步地读取某个硬盘文件的文件流，文件中需要读取的全部数据很有可能之前（比如通过某个 ReadAsync 方法）就已经从硬盘读取到内存中了，此时无须任何异步机制就可以立即使用这些数据。再比如某个架构设计中有一个缓存，我们在异步地获取数据时，无论是从内存缓存获取（返回一个已完成的任务），还是从外部存储中获取（当读取操作完成时才标记为完成的任务）。异步的基本执行流程已介绍完毕，下面把可等待模式也纳入讨论。

5.6.3　可等待模式成员的使用

5.4.1 节将可等待模式描述为一种需要实现的类型，可以对该类型的表达式使用 await 运算符。下面把异步行为模式的几块拼图合到一起。图 5-7 在图 5-6 的基础上稍做扩展，用可等待模式替代原先比较宽泛的描述。

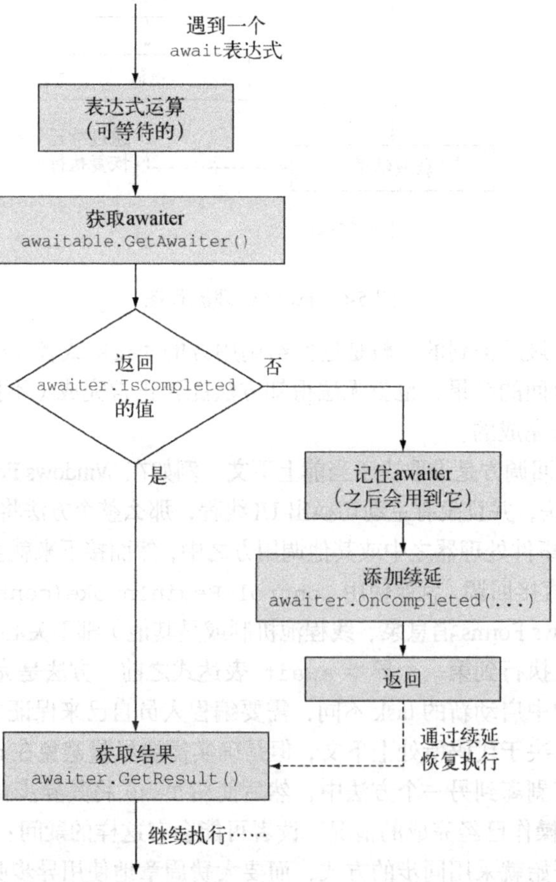

图 5-7　通过可等待模式处理 await

这样改写之后读者可能会有疑问：为什么设计得这么复杂？为什么需要语言层面的支持？附加续延比我们想象的要复杂。在简单情况下，当控制流呈现为纯线性时（执行任务、等待、继续执行、等待……），可将续延视作 lambda 表达式（也不是很轻松）。当代码中包含循环、条件分支，又想把代码都集中在一个方法内，情况就会变得非常复杂，而此时 async/await 可以大显身手。虽然有人认为这不过是编译器层面的一些语法糖而已，但是如果不是编译器替我们做幕后工作，仅靠自己手动创建续延，代码可读性将相差较大。

前面讲的都是操作成功的情况，如果发生失败该如何处理呢？

5.6.4 异常拆封

在.NET 中，通常通过异常来表示失败。与返回给调用方值类似，异常处理也需要语言层面的额外支持。如果 await 的某个异步操作失败，它可能是其他线程中早已失败的操作。常规的同步生成异常的方式此时不再适用。async/await 的基础架构会尽量让处理异步失败接近于处理同步失败。如果把失败看作一种特殊形式的结果，异常和返回值的处理就很相似了。5.6.5 节将介绍如何从异步方法中生成异常，下面先看一下当 await 一个失败的操作时会发生什么。

awaiter 的 GetResult()方法表示如果有返回值，就获取该值，GetResult()方法也负责生成异步操作抛出的异常并将其返回给调用方。实际过程更复杂，因为在异步世界中，单个 Task 可以表示多个操作，因此可能导致多处失败。下面以 Task 和 Task<TResult>为例展开分析，因为它们是 await 操作的常见类型。

Task 和 Task<TResult>表示失败的方式如下。

- 当某个操作失败时，任务的 Status 变成 Faulted（并且 IsFaulted 的值为 true）。
- Exception 属性返回一个 AggregateException，它包含导致任务失败的所有（可能多个）异常。如果任务没有 faulted，则该属性值为 null）。
- 如果任务最后的状态为 Faulted，Wait()方法会抛出一个 AggregateException。
- Task<TResult>（也在等待完成）的 Result 属性可能抛出一个 AggregateException。

另外，可以通过 CancellationTokenSource 和 CancellationToken 取消任务。如果任务取消了，Wait()方法和 Result 属性会抛出一个 AggregateException，其中包含一个 OperationCanceledException（实际上，继承自 OperationCanceleException 的 TaskCanceledException），但它的状态是 Canceled 而不是 Faulted。

在 await 某个 task 时，如果其状态变为 faulted 或者 canceled，那么抛出的异常将不是 AggregateException，而是 AggregateException 内部的第一个异常。多数情况下，这就是我们想要的结果。异步特性的指导思想就是尽量以更接近同步编程的方式编写异步代码。代码清单 5-5 一次获取一个 URL 直到某个操作成功或者 URL 取完。

代码清单 5-5 获取网页时捕获异常

```
async Task<string> FetchFirstSuccessfulAsync(IEnumerable<string> urls)
{
    var client = new HttpClient();
```

```
        foreach (string url in urls)
        {
            try
            {
                return await client.GetStringAsync(url);    <-- 如果成功返回该 string
            }
            catch (HttpRequestException exception)    <-- 否则捕获并打印异常
            {
                Console.WriteLine("Failed to fetch {0}: {1}",
                    url, exception.Message);
            }
        }
        throw new HttpRequestException("No URLs succeeded");
    }
```

暂先忽略这段代码中顺序获取页面和丢失原始异常的不足，这里的重点是捕获 HttpRequestException 的过程。使用 HttpClient 尝试执行一个异步操作，如果失败，则抛出 HttpRequestException。我们的目标是捕获并且处理该异常。虽然愿望美好，但是 GetStringAsync()调用对于类似于服务器超时这种错误不会抛出 HttpRequestException，因为该方法只是启动了一个操作。当它发现错误时，方法早已经返回了。它所能做的就是返回一个最终状态为 faulted 的 task，其中包含一个 HttpRequestException。如果只是对该 task 调用 Wait()方法，那么只能抛出一个 AggregateException，该异常包含 HttpRequestException。其 awaiter 的 GetResult 方法抛出 HttpRequestException，然后被 catch 块正常捕获。

显然，这种方式会丢失信息。如果在一个状态为 faulted 的 task 中有多个异常，而 GetResult 只能抛出其中一个，它只会选择第一个异常。读者可能希望重写以上代码，这样当发生失败时，调用方可以捕获 AggregateException，然后检查导致失败的所有原因。某些 framework 方法确实会这么做，例如 Task.WhenAll()，它会异步地等待多个 task（在方法调用中指定）。如果其中任何一个 task 失败，返回的结果将包含所有 faulted task 的异常。但如果对 WhenAll()返回的 task 使用 await 运算符，就只能得到第一个异常。如果想查看异常的细节，最简单的做法是对每个原始 task 都调用 Task.Exception。

综上所述，awaiter 类型的 GetResult()方法可以生成成功结果，也可以生成异常。就 Task 和 Task<TResult>而言，GetResult()对失败 task 的 AggregateException 进行了拆封，只返回其内部的第一个异常。这就解释了为何 async 方法可以消费另外一个异步操作。那么它自己的执行结果如何生成给调用方呢？

5.6.5　完成方法

首先回顾几个知识点。

- async 方法通常返回先于执行完成。
- async 方法在遇到 await 表达式时，如果操作尚未完成，则立即返回。
- 假设 async 方法是非 void 方法（调用方无法知晓内部发生的事情），该方法返回的值是某个 task 类型：C# 7之前的 Task 或 Task<TResult>，或者 C# 7 开始支持的某个自定义 task 类型（5.8 节会探讨）。方便起见，这里暂时假定其为 Task<TResult>类型。

- 该 task 负责指示 async 方法如何以及何时完成。如果方法正常执行完成，task 的状态会变成 RanToCompletion，并且 Result 属性会保存返回值。如果方法体抛出异常，task 的状态会变为 Faulted（或者 Canceled），然后异常会被封装成 AggregateException，并赋值给 task 的 Exception 属性。
- 当 task 状态变为上述任何一个终结态，与之相关联的续延（例如异步方法中 await task 的代码）就会被安排执行。

貌似重复的内容

此时读者可能会感觉自己翻到了前几页的内容。这些内容和前面讲的 await 难道不一样吗?

当然一样。这里就是要通过描述 async 方法的执行流程，来说明 async 方法是如何完成的，而不是说明某个 await 表达式如何检查他操作如何完成。如果感觉两者不一样才奇怪呢，因为 async 方法通常都是采用链式调用连接在一起的：在某个 async 方法中 await 的值很可能是由另一个 async 方法返回的。美其名曰：异步操作组合。

5

以上过程都是编译器通过一系列基础架构替我们完成的。第 6 章会深入探究其中的实现细节（当然，由于个人能力所限，对这些细节的介绍可能无法面面俱到）。本章侧重于代码中可取的异步行为。

1. 成功返回

执行成功是最简单的情况：如果 async 方法声明为 Task<TResult>类型，返回语句就需要返回一个类型为 T（或者可以转换为 TResult 的类型）的结果，然后由异步基础架构为 task 生成结果。

如果返回类型是 Task 或 void，那么与同步 void 方法类似，返回语句只能包含 return 而不能包含任何具体的值，或者没有 return 直接让执行流程自然走完。不管是哪种情况，都无须生成任何值，但需要按照实际情况更新 task 的状态。

2. 延迟异常和实参校验

关于异常最重要的一点是，async 方法从不直接抛出异常。即便 async 方法执行的第一步就是抛出异常，那它也只是返回一个 faulted task。（此时该 task 立即变为 faulted）。这一点会给实参校验来带来麻烦。假设在某个 async 方法中，需要在校验参数非空之后执行某些操作，如果是按照同步代码那种方式校验参数，那么调用方在开始等待 task 前无法获取任何信息，示例见代码清单 5-6。

代码清单 5-6　async 方法中失效的参数校验

```
static async Task MainAsync()
{
    Task<int> task = ComputeLengthAsync(null);        ◁ 故意传入错误的实参
    Console.WriteLine("Fetched the task");
    int length = await task;                          ◁ await 结果
    Console.WriteLine("Length: {0}", length);
}

static async Task<int> ComputeLengthAsync(string text)
{
    if (text == null)
    {
        throw new ArgumentNullException("text");      ◁ 尽早抛出异常
    }
    await Task.Delay(500);                            ◁ 模拟真实的异步操作
    return text.Length;
}
```

这段代码的执行结果是：Fetched the task 出现在失败之前。因为参数校验在 await 表达式之前，所以会优先抛出异常，而调用方在调用 await 之前该异常对它来说是不可见的。有些参数校验也可以在很短的时间内提前完成（或者引发其他异步操作）。在这种情况下，如果能够立刻报告失败，有助于避免系统陷于后续的错误。例如 HttpClient.GetStringAsync 方法，如果给它传入一个 null 引用，它会立刻抛出异常。

说明　这一点与迭代器方法中的参数校验需求类似。虽然并不完全相同，但都是实现相似的效果。在迭代器块中，方法中的所有代码，在第一个 MoveNext() 调用之前都不会被执行。在 async 方法中，即便立即执行参数校验，但是如果不调用 await，异常就不会暴露出来。

对这个问题无须太过忧虑。积极的参数校验在很多情况下属于锦上添花。如今我在编码中不再循规蹈矩而转向实用主义。多数时候这种时间差并非不可容忍。但是如果需要从一个返回 task 的方法中同步抛出异常，有 3 种方法可以实现。这 3 种方法本质上都是相同的，仅形式不同。

基本思路是，编写一个返回 task 的非 async 方法，该方法负责实现参数校验功能，待校验完成之后调用另一个异步函数。3 种方法的区别体现在异步函数的具体实现方式上：

- 它可以是某个独立的 async 方法；
- 可以是某个异步匿名函数（稍后介绍）；
- 可以是局部 async 方法（从 C# 7 开始）。

我个人倾向于使用最后一种，其优势是不会向类中额外引入新的方法，也避免了创建委托的麻烦。代码清单 5-7 展示了第 1 种方式，因为第 1 种方式不涉及任何新知识，而另外两种方式的代码与之类似（见随书代码）。这段代码只展示 ComputeLengthAsync 方法的内容，调用部分的代码无须改动。

代码清单 5-7 使用单独的方法实现积极的参数校验

```
static Task<int> ComputeLengthAsync(string text)       ◁— 非 async 方法。因此异常
{                                                          不会被封装到 task 中
    if (text == null)
    {
        throw new ArgumentNullException("text");
    }                                                   校验完成后调用
    return ComputeLengthAsyncImpl(text);          ◁— 实现方法
}

static async Task<int> ComputeLengthAsyncImpl(string text)
{
    await Task.Delay(500);                 ◁— async 方法的实现中
    return text.Length;                        假设无须校验输入值
};
```

使用 null 作为实参调用 ComputeLengthAsync 方法，异常会以同步方式抛出，而不是返回一个 faulted task。

在介绍异步匿名函数之前，先简单介绍一下异步取消机制。前面多次涉及相关内容，下面探讨其细节。

3. 处理取消

任务并行库为.NET 4 引入了一个统一的取消模型，主要依靠以下两个类型：CancellationTokenSource 和 CancellationToken。其思路是：创建一个 CancellationTokenSource，然后向其请求一个 CancellationToken，该 CancellationToken 会被传递给某个异步操作。我们只能通过 CancellationTokenSource 来执行该取消操作，但是取消操作会体现在令牌上。（因此可以把同一个令牌传递给多个操作，而不同操作互不干扰。）CancellationToken 有多种用法，常规用法是调用 ThrowIfCancellationRequested。当令牌被取消时它只会抛出 OperationCanceledException[①]。如果是调用同步方法（例如 Taks.Wait），当任务被取消时，也会抛出同样的异常。

C#编程规范中没有规定取消机制和异步方法之间应当如何交互。根据编程规范，如果异步方法抛出任何异常，则方法返回的 task 的状态是 Faulted。Faulted 的具体含义属于实现层面；但在实践中，如果异步方法抛出 OperationCanceledException（或者是该异常的某个子类型，比如 TaskCanceledException），返回的 task 的状态就是 Canceled。需要明确，是抛出异常的类型（直接抛出 OperationCanceledException，不需要取消令牌）决定了 task 的状态。

代码清单 5-8 通过抛出 OperationCanceledException 来创建被取消的 task

```
static async Task ThrowCancellationException()
{
    throw new OperationCanceledException();
}
...
Task task = ThrowCancellationException();
Console.WriteLine(task.Status);
```

① 随书代码中包含相关示例。

这段代码打印的结果是 Canceled 而不是 Faulted，这和编程规范中的说法有出入。如果对该 task 调用 Wait() 方法或者向其请求结果（Task<TResult>），那么异常还是会在 AggregateException 内部被抛出，因此并不需要显式地检查每个任务是否被取消。

竞态条件

读者可能会有疑问：代码清单 5-8 中是否存在竞态条件？毕竟调用的是一个异步方法，然后期待它的状态立刻得到修正。如果代码启动了一个新线程就不妙了，但事实并非如此。

请记住，在第一个 await 表达式之前，异步方法是以同步方式执行的。虽然它依然要处理结果和异常封装，但并不因为它在异步方法中就一定有多个线程。ThrowCancellationException 方法并不包含 await 表达式，因此整个方法实际上是以同步方式在执行，只是告诉我们当它返回时会给出一个结果。当遇到不包含 await 表达式的异步函数时，Visual Studio 会发出警告信息。

如果正在等待的某个操作被取消，那么原始的 OperationCanceledException 会被抛出。之后除非采取某些直接措施，否则从异步方法返回的 task 将被取消。

读到这里值得庆贺，本章最为艰深的内容已介绍完毕。虽然接下来还有若干特性需要学习，但比之前的内容要容易理解得多。第 6 章的内容又会变得艰深，届时将剖析编译器的幕后工作，不过目前可享受一段短暂的轻松。

5.7　异步匿名函数

关于异步匿名函数的介绍不会花费过多篇幅。顾名思义，异步匿名函数由两个特性组合而成：匿名函数（lambda 表达式和匿名方法）和异步函数（包含 await 表达式的代码）。通过异步匿名函数可以创建表示异步操作的委托。前面所讲的关于异步方法的所有知识都适用于异步匿名函数。

说明　不能使用异步匿名函数来创建表达式树。

创建异步匿名函数很简单，形式与创建匿名方法或 lambda 表达式一样，在前面加上 async 即可，例如：

```
Func<Task> lambda = async () => await Task.Delay(1000);
Func<Task<int>> anonMethod = async delegate()
{
    Console.WriteLine("Started");
    await Task.Delay(1000);
    Console.WriteLine("Finished");
    return 10;
};
```

其中委托的返回值类型必须符合异步方法的要求（C# 5 和 C# 6 支持的 void、Task 或者 Task<TResult>类型，或者 C# 7 支持的自定义 task 类型）。与普通匿名函数类似，异步匿名函数也可以捕获变量、添加参数等。另外，异步操作直到委托被调用才会开始执行，而且多次调用会创建多个操作。与调用 async 方法一样，await 结果 task 并不会启动操作，而是调用委托的时候启动操作，对于异步匿名函数的结果也不需要使用 await。代码清单 5-9 稍微完整一些（虽然依然没有实际意义）：

代码清单 5-9 使用 lambda 表达式创建和调用异步函数

```
Func<int, Task<int>> function = async x =>
{
    Console.WriteLine("Starting... x={0}", x);
    await Task.Delay(x * 1000);
    Console.WriteLine("Finished... x={0}", x);
    return x * 2;
};
Task<int> first = function(5);
Task<int> second = function(3);
Console.WriteLine("First result: {0}", first.Result);
Console.WriteLine("Second result: {0}", second.Result);
```

上述例子所用数值是特意选取的，这样第 2 个操作可以先于第 1 个操作完成。但是由于需要等待第 1 个操作完成才能打印最终结果（调用 Result 属性的操作会一直阻塞直到任务完成——再次强调，运行这段代码时需要格外小心），因此最后代码运行结果为：

```
Starting... x=5
Starting... x=3
Finished... x=3
Finished... x=5
First result: 10
Second result: 6
```

如果把这些异步代码放到某个异步方法中，其所有行为都会与以上代码一致。

虽然我在工作中编写 async 方法要远多于异步匿名函数，但异步匿名函数仍有着其存在价值，尤其体现在与 LINQ 搭配使用时。虽然无法用于 LINQ 查询表达式中，但是可以直接调用其等价方法。异步匿名函数也有局限性：由于异步函数不能返回 bool 类型，因此它不能与 Where 方法搭配使用。我最常用的方法是 Select，通过它把某个类型的 task 序列转换成其他类型的 task 序列。下面介绍一个前面多次提及的特性：C# 7 引入该特性，将异步的普适性推向了新的高度。

5.8 C# 7 自定义 task 类型

在 C# 5 和 C# 6 中，异步函数（即 async 方法和异步匿名函数）只能返回 void、Task 或 Task<TResult>。C# 7 对于这一限制有所放宽：某些通过特定方式修饰的类型也可以用作异步函数的返回类型。

温馨提示：async/await 特性一直允许使用 await 来运算符合可等待模式的自定义类型。

本节所讨论的特性，指的是如何为 async 方法指定自定义返回类型。

该特性既简单又复杂。复杂性体现在：如果要自定义 task 类型，需要烦琐的编码工作，非信念坚定者不可为。简单性体现在：基本可以确定，除了实验目的，基本无须实现自定义 task 类型。我们需要使用的类型是 `ValueTask<TResult>`，下面一探究竟。

5.8.1　99.9%的情况：`ValueTask<TResult>`

在编写本章时，`System.Threading.ValueTask<TResult>`类型还只是在 netcoreapp2.0 框架中对外提供，但是 NuGet 中的 `System.Threading.Tasks.Extensions` 包中包含该类型，故其适用范围大大扩展。（更重要的是，该包也支持 netstandard1.0。）

`ValueTask<TResult>`与 `Task<TResult>`类似，但它是值类型。`ValueTask<TResult>` 提供了一个 `AsTask` 方法，可根据需要获取常规 task（例如用作 `Task.WhenAll` 或 `Task.WhenAny` 调用的某个元素），不过多数情况下只是按照普通 task 那样调用 `await` 操作。

`ValueTask<TResult>`相比 `Task<TResult>`优势何在？其实体现在堆内存分配和垃圾回收上。`Task<TResult>`是一个类，虽然有时异步基础架构会复用已创建的 `Task<TResult>`对象，但多数 async 方法需要创建新的 `Task<TResult>`对象。一般情况下，.NET 创建对象的性能消耗不足为虑，但如果频繁创建对象或者遇到性能敏感型程序，就需要尽量避免创建新对象。

如果在 async 方法中对某个尚未完成的操作使用 `await`，那么创建对象是不可避免的。虽然此时方法会立即返回，但它需要安排一个续延。当操作完成时，该续延负责执行 async 方法中的其余语句。大部分 async 方法中的操作不会在 await 前执行完成。此时使用 `ValueTask<TResult>` 没有任何优势，甚至可能造成性能有所下降。

有时 task 在 await 之前便已完成，于是 `ValueTask<TResult>`就有了用武之地。以简化版的真实代码为例，假设需要从某个 `System.IO.Stream` 中读取数据，方式是异步逐字节读取。我们自然会创建一个缓存中间层来避免频繁调用底层 `Stream` 的 `ReadAsync` 方法，然而还需要一个 async 方法来负责把 I/O 流数据填充到缓存层，然后返回下一个字节。我们可以用 `byte?`的 `null` 值来表示数据读取已到达末尾。该方法本身并不难实现，但它的每次调用都会创建一个 `Task<byte?>`类型的对象，这会给垃圾回收器带来负担。如果使用 `ValueTask<TResult>`，只有在需要把流数据重新填充到缓存时才需要堆内存分配。代码清单 5-10 展示了该封装类型 `ByteStream` 以及调用它的代码。

代码清单 5-10　逐字节异步流读取封装

```
public sealed class ByteStream : IDisposable
{
    private readonly Stream stream;
    private readonly byte[] buffer;
    private int position;              <-- 待返回的缓冲区下一个索引
    private int bufferedBytes;         <-- 缓冲区读取的字节数

    public ByteStream(Stream stream)
    {
```

```
        this.stream = stream;
        buffer = new byte[1024 * 8];        <-- 8KB 缓冲区的大小，意味着几乎不需要 await 操作
    }

    public async ValueTask<byte?> ReadByteAsync()
    {
        if (position == bufferedBytes)       <-- 根据需要重新填充缓冲区
        {
            position = 0;
            bufferedBytes = await
                stream.ReadAsync(buffer, 0, buffer.Length)   <-- 从流中异步读取
                    .ConfigureAwait(false);   <-- 配置 await 操作忽略上下文
            if (bufferedBytes == 0)
            {
                return null;        <-- 指示已经读取到流的末尾
            }
        }
        return buffer[position++];      <-- 返回缓冲区中的下一个字节
    }

    public void Dispose()
    {
        stream.Dispose();
    }
}

# 调用举例
using (var stream = new ByteStream(File.OpenRead("file.dat")))
{
    while ((nextByte = await stream.ReadByteAsync()).HasValue)
    {
        ConsumeByte(nextByte.Value);      <-- 以某种方式使用字节内容
    }
}
```

暂时忽略 ReadByteAsync 方法中的 ConfigureAwait 调用。5.10 节介绍如何提升 async/await 效率时会探讨相关内容。剩余代码就很直白了，而且也可以不使用 ValueTask <TResult>，只不过性能会差很多。

在这个例子中，大部分 ReadByteAsync 方法调用甚至不会用到 await 运算符，因为可以直接返回缓存中的数据。ValueTask<TResult>类型对于其他可以立即完成的操作也具有相同的效果。如前所述，在 await 一个已经完成的操作时，执行流程会同步执行，于是无须安排续延了，也可以避免对象的内存分配。

前面的例子是 Google.Protobuf 包中 CodedInputStream 类原型的简化版——Google.Protobuf 是 Google Protocol Buffers 序列化协议的.NET 实现。实际代码中存在若干个方法，每个方法都只负责读取部分数据，或同步或异步。对拥有多个整型字段的消息进行反序列化，会涉及很多异步方法调用，如果每次 async 方法都返回 Task<TResult>类型，那么程序的执行效率必然低下。

说明　读者可能好奇，async 方法不需要返回值（通常返回类型为 Task）的情况是怎样的呢？这种情况同样是完成 task 且无须安排续延。此时依然可以使用 Task 作为返回类型：async/await 基础架构会缓存一个 task。该 task 是一个 Task 类型同步方法在不抛出异常的情况下返回的结果。如果方法以同步方式执行完成，但是抛出了异常，那么为 Task 对象分配内存的性能消耗与异常本身所带来的开销相比可以忽略不计。

对于大部分开发人员来说，能够使用 ValueTask<TResult>作为 async 方法的返回类型，是 C# 7 在异步领域做出的实在贡献，不过 C# 7 使用了一种通用方式来实现，这样我们可以通过它为 async 方法创建自定义类型。

5.8.2　剩下 0.1%的情况：创建自定义 task 类型

再次强调：绝大部分读者不需要了解这部分内容。对于这部分内容，找不到比 ValueTask<TResult>更具体的实例了。为了保证本书的完整性，还需要阐述编译器判断 task 类型的机制。第 6 章会继续探讨该机制的细节，届时会展示 async 方法经过编译器生成之后的代码。

显然，自定义 task 类型必须实现**可等待模式**，但除此之外还有很多要求。创建自定义 task 类型，需要编写一个相应的 builder（构造者）类型，然后使用 System.Runtime.CompilerServices.AsyncMethodBuilderAttribute 来告诉编译器这两个类型之间的关系。该 attribute 是由 NuGet 提供的，与 ValueTask<TResult>位于同一个包中。如果不想添加额外的依赖关系，可以自行声明并引用该 attribute（放置在合适的命名空间下并且包含合适的 BuilderType 属性），这样就能成为编译器认可的装饰 task 类型了。

该 task 类型可以是某个类型形参的泛型或非泛型。如果是泛型，那么其类型形参必须是 awaiter 类型的 GetResult 类型；如果是非泛型，那么 GetResult 的返回类型必须是 void[①]。而 builder 必须是与之对应的泛型或非泛型。

这里 builder 类型正是编译器和代码进行交互的地方，当编译处理到一个返回自定义类型的方法时，它需要知道如何创建该自定义 task，是填充完成还是异常，在某个续延之后恢复执行等待，为此需要提供的方法集以及各个属性要比实现可等待模式复杂得多。代码清单 5-11 是关于具体提供哪些成员的一个完整实例，不过其中并不包含具体的实现部分。

代码清单 5-11　某泛型 task 类型所需成员的主体代码

```
[AsyncMethodBuilder(typeof(CustomTaskBuilder<>))]
public class CustomTask<T>
{
    public CustomTaskAwaiter<T> GetAwaiter();
}

public class CustomTaskAwaiter<T> : INotifyCompletion
```

① 这一点曾让我颇感诧异，它意味着无法编写返回如 string 类型操作的 task 类型。不过自定义 task 类型本身只是一个很小的特性，所以实际需要这样边缘化用例的可能性也相当小。

```
{
    public bool IsCompleted { get; }
    public T GetResult();
    public void OnCompleted(Action continuation);
}

public class CustomTaskBuilder<T>
{
    public static CustomTaskBuilder<T> Create();

    public void Start<TStateMachine>(ref TStateMachine stateMachine)
        where TStateMachine : IAsyncStateMachine;

    public void SetStateMachine(IAsyncStateMachine stateMachine);
    public void SetException(Exception exception);
    public void SetResult(T result);

    public void AwaitOnCompleted<TAwaiter, TStateMachine>
        (ref TAwaiter awaiter, ref TStateMachine stateMachine)
        where TAwaiter : INotifyCompletion
        where TStateMachine : IAsyncStateMachine;

    public void AwaitUnsafeOnCompleted<TAwaiter, TStateMachine>
        (ref TAwaiter awaiter, ref TStateMachine stateMachine)
        where TAwaiter : INotifyCompletion
        where TStateMachine : IAsyncStateMachine;

    public CustomTask<T> Task { get; }
}
```

这段代码展示了某个泛型自定义 task 类型。非泛型自定义 task 类型与以上代码的唯一区别是，builder 的 `SetResult` 方法是无参数的。

这里有一个要求很有意思：`AwaitUnsafeOnCompleted` 方法。第 6 章会讲到，编译器有**安全等待**和**非安全等待**两个概念，而后者依赖可等待类型来处理上下文的生成。一个自定义 task builder 类型必须处理两种等待的恢复执行。

说明 **非安全**这个术语与 `unsafe` 关键字没有直接关系，尽管二者都表示“小心危险”。

再重申一遍：可以肯定，除了兴趣驱使，几乎不需要自己实现自定义 task 类型。将来我也不会在产品代码中使用自定义 task 类型，而肯定会使用 `ValueTask<TResult>`，不过这个特性本身依然可圈可点。

说到有用的新特性，C# 7.1 还有一个特性值得一提，而且这个特性比自定义 task 类型简单多了。

5.9 C# 7.1 中的异步 `Main` 方法

C#语言中程序入口方法一直以来都有如下要求：

- 方法名必须是 `Main`；
- 必须为静态；

- 返回类型必须是 void 或者 int；
- 必须是无参方法或者只能有一个 string[]类型的参数（不能是 ref 和 out 参数）；
- 必须是非泛型并且在一个非泛型类中声明（如果是嵌套类，那么涉及的类也必须都是非泛型）；
- 不能是没有实现的局部类；
- 不能有 async 修饰符。

从 C# 7.1 开始，废止了最后一条要求，同时略微修改了对返回类型的要求。在 C# 7.1 中，可以编写 async 入口方法（方法名依然是 Main 不是 MainAsync），但其返回类型必须是 Task 或者 Task<int>，对应同步 Main 方法的 void 和 int 返回类型。不同于大部分方法，异步 Main 方法的返回类型不能是 void，也不能使用自定义 task 类型。

除此之外，它只是普通的 async 方法。例如代码清单 5-12 中的 async 入口方法就是在控制台打印两行输出，两次打印之间有延迟。

代码清单 5-12　一个简单的入口方法

```
static async Task Main()
{
    Console.WriteLine("Before delay");
    await Task.Delay(1000);
    Console.WriteLine("After delay");
}
```

编译器在处理该 async 入口方法时，会创建一个同步的封装方法，该封装方法作为程序集真正的入口方法。封装方法依然满足前面所说的几个要求：无参数或者只有一个 string[]参数，返回值类型是 void 或者 int（取决于 async 方法的参数和返回值类型）。封装方法会调用这段代码，然后对返回的 task 调用 GetAwaiter()，并且在 awaiter 上调用 GetResult()方法。封装方法的代码如下：

```
static void <Main>()
{
    Main().GetAwaiter().GetResult();
}
```

方法的名称在 C#中是非法的，但在 IL 中是合法的

async 入口方法对于编写某些小型工具或者探究异步 API 的代码来说是很方便的特性。

以上就是异步特性在语言层面的全部内容，不过知道语言的用途并不等于实际掌握了用法。对于异步问题来说更是如此，因为异步问题有其天然的复杂性。

5.10　使用建议

本节内容不能作为高效使用异步特性的完全指南，否则需要再写一本书。本章篇幅已经很长了，因此本节压缩了内容，根据我的个人经验给出一些重要的使用建议。强烈建议读者从其他开发人员处借鉴学习，特别是 Stephen Cleary 和 Stephen Toub，二人写了很多关于异步话题的博文，这些文章深入探讨了异步的某些方面。下面列举一些有用的建议，这些建议的重要性不分先后。

5.10.1 使用 ConfigureAwait 避免上下文捕获（择机使用）

5.2.2 节和 5.6.2 节介绍了同步上下文及其对 `await` 运算符的影响。例如在 WPF 或者 Windows Forms 的某个 UI 线程中，如果存在对某个异步操作的 await，那么 UI 同步上下文和异步基础架构会确保在 `await` 运算符之后，续延能够在同一个 UI 线程中运行。这样的设计符合我们对于 UI 代码的要求，因为可以确保之后安全地访问 UI 元素。

但如果编写的是库代码或者不涉及 UI 操作的应用程序，就不需要再返回到 UI 线程，即便操作最初是在 UI 线程中执行的。一般而言，应当尽量减少在 UI 线程中执行代码，以保证 UI 更新更平顺，也可以避免 UI 成为性能瓶颈。当然，如果编写的是 UI 库，那之后可能还需要返回到 UI 线程，但是对于大部分库来说，比如业务逻辑、Web 服务、数据库访问等，不需要再返回到 UI 线程。

`ConfigureAwait` 方法就是用于完成此项任务的。它接收一个参数，该参数决定返回的可等待在等待时是否需要捕获上下文。到目前为止，我所见到的该参数值总是 `false`，于是此前用于获取页面长度的代码可以淘汰了：

```
static async Task<int> GetPageLengthAsync(string url)
{
    var fetchTextTask = client.GetStringAsync(url);
    int length = (await fetchTextTask).Length;
                                              <-- 假设这里还有
    return length;                                更多代码
}
```

可以对 `client.GetStringAsync(url)` 返回的 task 调用 `ConfigureAwait(false)`，然后 await 结果：

```
static async Task<int> GetPageLengthAsync(string url)
{
    var fetchTextTask = client.GetStringAsync(url).ConfigureAwait(false);
    int length = (await fetchTextTask).Length;
                                              <-- 假设这里还有
    return length;                                更多代码
}
```

简单起见，其中 `fetchTextTask` 使用了隐式类型。在第 1 个例子中，它的类型为 `Task<int>`；在第 2 个例子中，它的类型为 `ConfiguredTaskAwaitable<int>`。不过我遇到的大部分代码直接 await 返回值：

```
string text = await client.GetStringAsync(url).ConfigureAwait(false);
```

调用 `ConfigureAwait(false)` 的结果是不会把续延安排到最初的同步上下文中执行，而是为它安排一个线程池的线程。注意，只有 await 的 task 还未完成时，两段代码的行为才有区别。如果 task 已经完成，那么方法会以同步方式继续执行，无论是否使用了 `ConfigureAwait(false)`。因此，库中每个 await task 都应当以此进行配置，不能指望只对 async 方法的第一个 task 使用 `ConfigureAwait(false)` 之后，其余代码就都能在线程池线程中执行了。

编写库代码时需小心谨慎。我认为最终可能会有某个更优的解决方案（比如可以对整个程序集进行默认设置），但目前仍需小心行事。建议使用 Roslyn 分析器来探查代码中遗漏配置之处。我对 NuGet 包提供的 ConfigureAwaitChecker.Analyzer 个人体验良好，当然读者也可以选择其他工具。

读者可能会担心这样的配置会对调用方有什么影响，不必多虑。假设调用方正在 await 由 GetPageLengthAsync 返回的 task，并且需要根据结果更新 UI。即使 GetPageLengthAsync 内部的续延需要在线程池线程中运行，UI 代码中的 await 表达式也能够捕获 UI 的上下文，然后安排自己的续延在 UI 线程中执行，这样在 task 完成之后 UI 仍然可以正常更新。

5.10.2　启动多个独立 task 以实现并行

5.6.1 节通过多种方式实现同一个功能：根据雇员的时薪和实际工作时长计算应发工资，最后两段代码如下：

```
Task<decimal> hourlyRateTask = employee.GetHourlyRateAsync();
decimal hourlyRate = await hourlyRateTask;
Task<int> hoursWorkedTask = timeSheet.GetHoursWorkedAsync(employee.Id);
int hoursWorked = await hoursWorkedTask;
AddPayment(hourlyRate * hoursWorked);
```

以及

```
Task<decimal> hourlyRateTask = employee.GetHourlyRateAsync();
Task<int> hoursWorkedTask = timeSheet.GetHoursWorkedAsync(employee.Id);
AddPayment(await hourlyRateTask * await hoursWorkedTask);
```

第 2 段代码除了更简短，还引入了并行的能力。这两个 task 可以分别启动，因为二者之间不存在结果依赖。不过这并不是说异步基础架构需要创建更多线程。如果两个异步操作是 Web 服务，那么这两个服务请求可以同时处于等待响应状态，而线程不会被阻塞。

这样，代码简短的优势反而成了次要的。如果既想使用独立变量，又想保持并行执行，也是可以实现的：

```
Task<decimal> hourlyRateTask = employee.GetHourlyRateAsync();
Task<int> hoursWorkedTask = timeSheet.GetHoursWorkedAsync(employee.Id);
decimal hourlyRate = await hourlyRateTask;
int hoursWorked = await hoursWorkedTask;
AddPayment(hourlyRate * hoursWorked);
```

这段代码和第 1 段代码的区别是，第 2 行和第 3 行互换了位置。原先代码是先 await hourlyRateTask，然后启动 hoursWorkedTask，互换位置之后就变成了同时启动并 await 两个 task。

多数时候，应当尽可能并行执行独立的 task。需要注意的是，如果 hourlyRateTask 失败了，就不会去检查 hoursWorkedTask 的结果（是否失败）。如果想记录所有 task 的失败结果，则需要使用 Task.WhenAll。

当然，这种并行是以各个 task 相互独立执行为条件的。有时这种依赖关系并不明显。假设有一个 task 是为用户授权，另一个 task 是以该用户的身份执行某些操作，那就需要等到用户授权检查完成后才能执行后续操作，这时就无法实现并行操作了。async/await 特性本身无法判断哪些操作可以并行执行，需要编程人员自行判断，但 async/await 特性有助于简化这一过程。

5.10.3 避免同步代码和异步代码混用

虽然同步模式和异步模式之间并不是零和关系，但如果在代码中将两者混用会让事情复杂化。在这两种模式之间进行切换困难重重，并且困难程度随情况而异。对于一个仅对外提供同步操作的网络库来说，为同步操作编写异步封装很难保证代码安全，反之亦然。

特别需要注意，通过 `Task<TResult>.Result` 属性和 `Task.Wait()` 方法以同步方式从异步操作获取结果是有风险的，容易导致死锁。多数情况下，异步操作需要在阻塞线程中执行续延，以等待操作完成。

相关话题，可以阅读 Stephen Toub 的技术博文“Should I expose synchronous wrappers for asynchronous methods?”和“Should I expose asynchronous wrappers for synchronous methods?”，两篇文章对此做了详细而深入的论述。（剧透：两种情况的答案都是“否”。）当然，所有规则皆有例外，但强烈建议读者在彻底搞懂之后，再考虑违反规则。

5.10.4 根据需要提供取消机制

取消机制在同步模式中并没有对等机制，在同步代码中一般需要等到方法返回之后才能执行后续代码。异步模式中的取消机制功能十分强大，但它依赖整个调用栈的协作。对于那些不接受取消令牌的方法，其实用性会大大降低。虽然可以编写一些复杂的代码给 async 方法添加取消状态，来取代不支持取消的 task 的结果，但这并不是理想的解决方案。我们真正想要的是，能够终止正在执行的任务，并且在操作完成后，无须关心资源的回收和释放。

还好大部分底层异步 API 可以接收取消令牌作为参数。我们需要做的就是采用同样的模式，把从参数获取的取消令牌作为所有调用 async 方法的实参进行传递。即使当前并不需要支持取消操作，但最好一开始就支持取消，不然将来再添加支持会很麻烦。

再次提醒：对于如何解决异步操作不支持取消的问题，可参考 Stephen Toub 的博文“How do I cancel non-cancelable async operations?”。

5.10.5 测试异步模式

异步模式的测试可能极其困难，尤其是在需要测试异步模式本身时。（比如测试“如果取消本方法第 2 个和第 3 个异步调用之间的操作会发生什么”会涉及复杂烦琐的工作。）

虽然并不是不可完成的任务，但若要做到全面的测试覆盖，必将是一场攻坚战。在编写本书第 3 版时，我还畅想到 2019 年会有健全的框架问世，能简化异步测试的工作，可惜未能如愿。

不过目前大部分单元测试框架支持异步测试。由于同步代码和异步代码的混合编写困难重重，因此这一支持对于测试异步方法至关重要。编写异步测试方法很简单，只需要 async 修饰符和 Task 的返回类型即可。

```
[Test]
public async Task FooAsync()
{
                                    测试 FooAsync 产品
                                    代码的测试代码
}
```

测试框架通常会提供 Assert.ThrowsAsync 方法，来测试某个异步方法返回 faulted task 的情况。

在测试异步代码时，经常需要创建一个已经完成的 task，该 task 有正常或者 faulted 的返回结果，此时 Task.FromResult、Task.FromException 和 Task.FromCanceled 方法就派上用场了。

如果想进一步提升灵活性，也可以使用 TaskCompletionSource<TResult>。框架中很多异步基础架构使用该方法。通过它能够创建某个正在执行的 task，并为其预先设置返回结果（也可以是异常或者取消），然后到达某个节点时 task 完成。当我们想从某个 mock 依赖中得到返回的 task，又需要在之后的测试中让 task 完成时，该方法可发挥奇效。

关于 TaskCompletionSource<TResult>，还需要知道，在设定返回结果时，task 对应的续延可以在同一线程中同步执行。续延如何执行的具体细节，则依赖线程的不同情况以及相关同步上下文。了解这一点之后，读者就不用重复我曾经走过的弯路了。

以上就是我编写异步代码几年来学习和总结的一些不完全经验，而无意偏离本书的宗旨（本书是关于 C#语言的，而不是异步）。前面从开发人员的角度探讨了 async/await 特性的功能。虽然透过可等待模式得以初窥异步背后的实现原理，但依然未能涵盖所有细节。

第 6 章将介绍异步的实现原理，如果读者之前没有使用过 async/await 特性，强烈建议动手实践。这些实现原理的细节很重要，但颇为复杂，即便经验丰富的开发人员也不敢小觑，如果没有相关使用经验，学习将步履维艰。如果既没有实践经验，同时目前也不打算花时间实践的话，建议先跳过第 6 章。第 6 章只介绍异步的实现细节，即便跳过也不会耽误对其他内容的学习。

5.11　小结

- ❑ 异步模式的核心思想：先发起一个操作，然后在不阻塞线程的前提下，等到操作完成之后再恢复先前的执行。
- ❑ 采用 async/await，我们能以熟悉的方式编写异步代码。
- ❑ async/await 负责处理同步上下文，这样 UI 代码能够启动一个异步操作，等到操作完成后继续回到 UI 线程执行代码。
- ❑ 成功的返回结果和异常都会由异步操作生成。
- ❑ await 运算符的使用有一些限制，C# 6 取消了 C# 5 中的部分限制。
- ❑ 编译器根据可等待模式来决定什么类型可以被 await。
- ❑ C# 7 允许创建自定义 task 类型，但绝大部分情况下只需要使用 ValueTask<TResult>类型。
- ❑ C# 7.1 允许异步 Main 方法来作为程序入口方法。

第6章 异步原理

本章内容概览：

- 异步代码的结构；
- 如何与框架 builder 类型进行交互；
- 如何在 async 方法中单步执行；
- 执行上下文如何贯通 await 表达式；
- 如何与自定义 task 类型进行交互。

2010 年 10 月 28 日的那个夜晚至今依然历历在目。当时 Anders Hejlsberg 正在 PDC 上演示 async/await。就在他的演讲开始的前几分钟，海量的相关可下载文件在网上放出，其中包括 C#编程规范变更大纲、C# 5 编译器的社区技术预览（community technology preview，CTP），以及 Anders Hejlsberg 正在演示的 PPT 文稿。我一边观看 Anders 的实时演讲，一边飞快地浏览他的演讲文稿，同时计算机上正安装着预览版的编译器。当 Anders Hejlsberg 完成演讲时，我已经可以开始编写异步代码并进行一些初步尝试了。

接下来的几周里，我都致力于反复研究编译器所生成的代码，并尝试实现一个类似于 CTP 所提供库的简化版本。当 C#的新版本发布之后，我终于弄清楚哪里改进了，并且对于异步机制背后的原理愈发欣赏。随着对该特性理解的逐步深入，我发现编译器默默地替我们完成了很多样板代码的编写，令我愈加心怀感激之情。这个过程就像是用显微镜研究一朵美丽的花：看得越仔细、越深入，越发现它美不胜收。

当然，不是所有人的感受都和我相同。对于那些无暇探究异步实现机理的开发人员，他们完全可以凭借第 5 章所述内容编写出无误的异步代码。读者完全可以跳过本章，因为后面的章节与本章没有任何依赖关系。其实读者很少会在调试程序时深入到本章所探讨的层次，不过本章的目标是让大家更好地理解 async/await 是如何协调工作的。学完本章内容后，再回头看可等待模式以及自定义 task 类型，会感觉更加得心应手。这个过程听起来虽然有些不可思议，不过开发人员确实能够通过学习这些实现细节来加深对 C#语言的理解。

接下来需要做一个假定：C#编译器可以把使用 async/await 的 C#代码转换成不含有 async/await 的 C#代码。当然，这只是一种粗略的近似，因为编译器实际的工作层级是可以 emit 为 IL 的中间表示层。实际上 async/await 的某些代码所生成的 IL 代码并不能通过常规的 C#代码来表示，好在这些地方也都不难解释。

调试构建和发布构建存在区别（将来可能亦然）

在编写本章时，我发现调试构建和发布构建中的异步代码存在差异：在调试构建中，生成的状态机是类型，而不是结构体。（这种方式会便于调试，尤其是会增强 Edit 和 Continue 的灵活性。）在我编写本书第 3 版时，这两种构建方式还没有差异，但之后编译器的实现发生了变更，而且将来有可能再次变更。很有可能将来使用 C# 8 编译器对异步代码进行反编译时，看到的代码跟此时又不同了。

不过对于这种意外情况，也不必太过不安。根据定义，实现细节是允许不断变更的。我们研究某个实现的意义也不会因此而丧失。只需要意识到这不同于学习 C#的规则，总会有不期而至的变化。

本章展示的生成代码都是基于发布构建的。两种构建所生成代码的主要差别在于性能，大部分读者更关注发布构建的性能，而不是调试构建的性能。

编译器生成的代码就像一个洋葱：其复杂性是层层包裹的。我们将从最外层的代码开始探讨，然后逐步向着更复杂的内容进发：`await` 表达式以及 awaiter 与续延之间的交织缠绵。简单起见，这里只探讨异步方法，而不涉及异步匿名函数。二者背后的机制相同，无须赘述。

6.1　生成代码的结构

第 5 章提过，异步模式的实现原理（不管是近似方式的代码还是编译器实际生成的代码）是基于**状态机**的。编译器会生成一个私有的嵌套结构体来代表异步方法，而且它必须包含一个与所声明方法同名的方法。这个同名方法称为**桩方法**。这个方法本身没什么特别之处，不过它是之后一切的起始方法。

说明　后文会经常提到一个概念：状态机**暂停**。暂停所对应的时间点是：当 async 方法执行到某个 `await` 表达式，被 await 的操作尚未完成。第 5 章讲过，当状态机暂停后会安排一个续延，然后 async 方法返回。等到操作完成后，续延负责执行 async 方法中的其余代码。与之类似，需要讨论 async 方法中的步进：在方法暂停期间所执行的代码。以上这些并非官方术语，只是有助于后文的讲解。

状态机负责追踪 async 方法当前的执行进度。从逻辑上讲，可以分为以下 4 种状态（按照正常的执行顺序排列）：

- ❑ 未启动；
- ❑ 正在执行；
- ❑ 暂停；

- 完成（成功或 faulted）。

其中只有暂停类的状态与 async 方法的结构有关。async 方法中的每个 `await` 表达式是单独的状态，每次返回后都会触发后续代码的执行。在状态机执行期间，它不需要追踪当前执行代码。这些代码由 CPU 的指令指针来追踪其执行位置，这一点和同步代码相同。只有当状态机需要进入暂停时，才需要记录状态。记录状态旨在从当前执行位置恢复执行。图 6-1 展示了不同状态之间的转换关系。

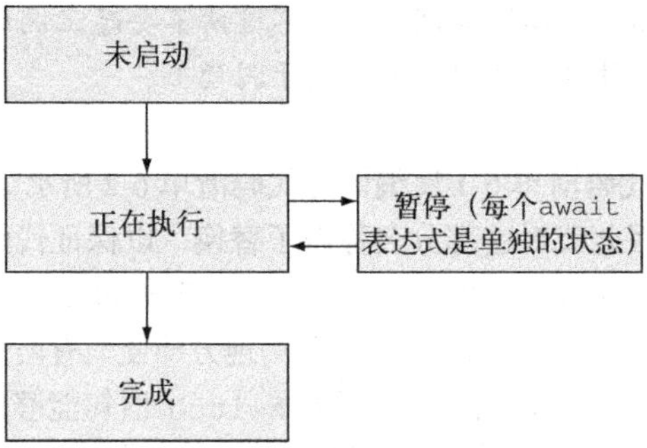

图 6-1 状态之间的转换

下面通过一段代码来增强认识。代码清单 6-1 是一个简单的 async 方法（不是最简单的 async 方法，但可以同时展示多个要点）。

代码清单 6-1 简单入门 async 方法

```
static async Task PrintAndWait(TimeSpan delay)
{
    Console.WriteLine("Before first delay");
    await Task.Delay(delay);
    Console.WriteLine("Between delays");
    await Task.Delay(delay);
    Console.WriteLine("After second delay");
}
```

这里需要关注以下几点：

- async 方法包含一个形参，之后在状态机中会用到该形参；
- async 方法包含了两个 `await` 表达式；
- async 方法返回 `Task` 类型的结果，因此在最后一行打印结束之后需要返回一个 task，不过这里并不需要一个特定的返回结果。

这个例子直白易懂，因为其中没有包含循环或者 `try/catch/finally` 这些复杂的结构。其中的控制流很简单（await 的部分除外）。下面看看编译器生成的代码。

自行尝试

我通常使用 ildasm 搭配 Redgate Relfector 处理这种问题，并且把优化级别设置到 C# 1，这样做可以防止反编译器对 async 方法进行重组。无论读者使用的是哪款反编译工具，都建议检查生成的 IL 代码。我曾遇到有的反编译器在处理 await 表达式时出现 bug 的情况，通常这些 bug 都与执行顺序有关。

对生成代码进行反编译研究不是强制要求。如果读者哪天对编译器所生成的代码感到好奇，从本书中也寻找不到答案，建议尝试探索。不过请不要忘记调试构建和发布构建的差别，也不要被编译器所生成的各种名称吓到（不太便于阅读）。

利用这些工具，可以把代码清单 6-1 反编译为代码清单 6-2 所示结果。很多 C#编译器生成的名称不是有效的 C#名称，因此我对这部分名称做了替换，以保证代码可运行。我也会对某些标识符名称进行重命名，以便于阅读。另外，我还调整了状态机的 case 和标签的顺序。这种调整对代码逻辑完全没有影响，但能够明显增强可读性。有的地方即便只有两个 case，我也使用了 switch 语句（编译器则可能会采用 if/else 结构），因为 switch 语句能够代表多个跳转位置这样更普遍的情况。不过编译器需要为简单的情况做尽可能简单的优化。

代码清单 6-2　代码清单 6-1 生成后的代码（除 MoveNext 外）

```
# 桩方法
[AsyncStateMachine(typeof(PrintAndWaitStateMachine))]
[DebuggerStepThrough]
private static unsafe Task PrintAndWait(TimeSpan delay)
{
    var machine = new PrintAndWaitStateMachine
    {
        delay = delay,
        builder = AsyncTaskMethodBuilder.Create(),
        state = -1
    };
    machine.builder.Start(ref machine);
    return machine.builder.Task;
}

# 状态机的私有结构体
[CompilerGenerated]
private struct PrintAndWaitStateMachine : IAsyncStateMachine
{
    public int state;
    public AsyncTaskMethodBuilder builder;
    private TaskAwaiter awaiter;
    public TimeSpan delay;

    void IAsyncStateMachine.MoveNext()
    {
    }

    [DebuggerHidden]
```

初始化状态机，包括方法参数

运行状态机，直到需要等待为止

返回代表异步操作的 task

状态机的状态（需要恢复的位置）

异步基础架构类型所关联的 builder

当恢复执行时用于获取结果的 awaiter

原始方法参数

状态机主要的工作代码

```
    void IAsyncStateMachine.SetStateMachine(
        IAsyncStateMachine stateMachine)
    {
        this.builder.SetStateMachine(stateMachine);   <-- 连接 builder 和装箱后的状态机
    }
}
```

代码清单 6-2 看上去比较复杂。在此提醒，MoveNext 方法才是这段代码的重头戏，而我已经暂时去掉这部分实现逻辑了。代码清单 6-2 的作用是，为学习 MoveNext 实现做好思想准备，以及初步认识代码结构。下面逐段分析以上代码，首先是桩方法。

6.1.1 桩方法：准备和开始第一步

代码清单 6-2 中的桩方法除了 AsyncTaskMethodBuilder，其余都比较简单。AsyncTaskMethodBuilder 是一个值类型，它是通用异步基础架构的一部分。稍后会介绍 builder 和状态机如何交互。


```
[AsyncStateMachine(typeof(PrintAndWaitStateMachine))]
[DebuggerStepThrough]
private static unsafe Task PrintAndWait(TimeSpan delay)
{
    var machine = new PrintAndWaitStateMachine
    {
        delay = delay,
        builder = AsyncTaskMethodBuilder.Create(),
        state = -1
    };
    machine.builder.Start(ref machine);
    return machine.builder.Task;
}
```

该方法中所应用的 attribute 主要用于辅助，对于正常的执行流程没有影响，而且无助于理解生成异步代码的原理。状态机都是在桩方法中创建的，主要需要以下 3 点信息：

- 形参（在本例中是 delay），每个形参在状态机中都是独立的字段；
- builder，这个对象会随着 async 方法返回类型的不同而异；
- 初始状态，永远是–1。

说明 AsyncTaskMethodBuilder 这个名称可能让人联想到反射，但它并没有在 IL 中创建方法。生成代码可以使用 builder 提供的功能来生成成功信息或失败信息、处理 await 等。读者完全可以把它当作“helper”来理解。

在创建好状态机之后，桩方法会请求状态机的 builder 来启动它，并将状态机自身以引用的方式传给方法。后文会经常使用引用传递，通过引用传递可以保证效率和对象一致性。状态机和 AsyncTaskMethodBuilder 都是不可变的值类型。通过引用传递 machine 给 Start 方法可以

避免状态的复制，这种方式更高效，并且可以确保在 Start 方法中对状态的任何修改都可以在 Start 方法返回之后呈现给调用方。状态机中 builder 的状态在 Start 中会发生变化。这就是在 Start 调用和之后的 Task 属性都要使用 machine.builder 的原因。假设把 machine.builder 赋值给一个局部变量：

```
var builder = machine.builder;
builder.Start(ref machine);
return builder.Task;
```

不可行的重构方式

如果这样写，builder.Start() 方法内部发生的状态变化不会反映在 machine.builder（反之亦然），因为它只是 builder 的一份副本。这也是 machine.builder 是一个字段而不是属性的原因。不应在状态机中操作 builder 的副本，而应当直接操作状态机本身的那些值。这种程度的细节处理，本不是开发人员应当顾及的，因此不推荐编写可变值类型和公共字段。（第 11 章将介绍这样设计的妙处和背后的精心考量。）

状态机开始之后并不会创建任何新线程。它只是执行状态机中的 MoveNext() 方法，直到状态机 await 另一个异步操作或者状态机完成为止。换言之，它按照步进的方式执行。不管是哪种情况，MoveNext() 方法都会返回，此时 machine.builder.Start() 方法也会返回，这样就可以把 task 作为整个异步方法的结果返回给调用方。builder 负责创建 task 并且确保它在异步方法的整个执行期间能够正确切换状态。

以上就是桩方法的内容。下面看看状态机本身。

6.1.2　状态机的结构

这里还是省略了状态机中的主要代码（MoveNext() 方法中的代码），该类型的结构如下：

```
[CompilerGenerated]
private struct PrintAndWaitStateMachine : IAsyncStateMachine
{
    public int state;
    public AsyncTaskMethodBuilder builder;
    private TaskAwaiter awaiter;
    public TimeSpan delay;

    void IAsyncStateMachine.MoveNext()
    {

    }

    [DebuggerHidden]
    void IAsyncStateMachine.SetStateMachine(
        IAsyncStateMachine stateMachine)
    {
        this.builder.SetStateMachine(stateMachine);
    }
}
```

省略了实现部分

同样，这个方法中的 attribute 并不重要。关于该类型，有如下几个要点。

- 它实现了 `IAsyncStateMachine` 接口，该接口用于异步基础架构，它仅包含两个方法。
- 类型中的字段存储着状态机在步进时所需要的信息。
- `MoveNext()` 方法在状态机启动后或暂停恢复后被调用。
- `SetStateMachine()` 方法的实现总是保持不变（在发布构建中）。

其实之前接触过 `IAsyncStateMachine` 接口的实现，只不过它被隐藏了：`AsyncTaskMethodBuilder.Start()` 是一个泛型方法，它具有一个类型约束，类型形参必须实现 `IAsyncStateMachine` 接口。在完成一些内部事务后，`Start()` 调用 `MoveNext()` 方法来让状态机执行 async 方法的第一步。

其中涉及的字段大致可分为以下 5 类：

- 当前状态（例如未启动、暂停等待某个 `await` 表达式等）；
- 方法 builder，用于和异步基础架构交互，并且提供返回的 `Task`；
- awaiter；
- 形参和局部变量；
- 临时栈变量。

其中状态和 builder 都很简单，状态就是一个整型值，有以下几种可能值：

- –1，尚未启动或正在执行（具体是哪个没有影响）；
- –2，执行完成（成功或 faulted）；
- 其他值，正在某个 `await` 表达式处暂停。

如前所述，builder 的类型取决于 async 方法的返回类型。在 C# 7 以前，builder 类型总是 `AsyncVoidMethodBuilder`、`AsyncTaskMethodBuilder` 或者 `AsyncTaskMethodBuilder<T>`。当 C# 7 引入自定义 task 类型后，builder 类型根据定义 task 类型时的 `AsyncTaskMethodBuilderAttribute` 指定。

视 async 方法体的不同，其他字段会稍复杂一些，编译器会尽可能定义最少的字段。关键在于：只有当状态机在某个时间节点恢复时，才需要这些字段的值。有时编译器会出于各种目的使用这些字段，而有时则会完全忽略它们。

关于编译器复用字段的第 1 个例子是 awaiter。一次只能有一个相关的 awaiter，因为任何特定状态机一次都只能 await 一个值。编译器会为每个 awaiter 创建一个字段。如果在 async 方法中 await 两个 `Task<int>` 值，1 个 `Task<string>` 和 3 个非泛型的 `Task` 值在 async 方法中，那么最终会得到 3 个字段：`TaskAwaiter<int>`、`TaskAwaiter<string>` 和一个非泛型的 `TaskAwaiter`。编译器会根据 awaiter 的类型为每个 `await` 表达式匹配合适的字段。

说明 这里假定 awaiter 是由编译器引入的。如果自行调用 `GetAwaiter()` 然后把结果赋值给某个局部变量，那么它会被视为普通的局部变量。这里讨论的 awaiter 专指 `await` 表达式返回的结果。

下面考虑局部变量。这里编译器没有复用字段，而是可以把它们完全忽略。如果某个局部变量仅在两个 await 表达式之间使用，而不是贯穿整个 await 表达式，那么它在 MoveNext()方法中依然保持局部变量的形态。

考虑以下 async 方法：

```
public async Task LocalVariableDemoAsync()
{
    int x = DateTime.UtcNow.Second;          // x 在 await 之前赋值
    int y = DateTime.UtcNow.Second;          // y 只在 await 之前使用
    Console.WriteLine(y);
    await Task.Delay();
    Console.WriteLine(x);                    // x 在 await 之后使用
}
```

编译器会为 x 创建一个字段，因为当状态机暂停时，需要保存 x 的值。y 则不同，在代码执行时它依然可以保持局部变量。

说明　编译器在尽量创建最少字段这方面做得很好。但有时你也许会发现某个编译器应当做优化但并没有做。例如两个变量具有相同的类型并且都贯穿了整个 await 表达式（因此需要为它们创建字段），但是它们不会在同一个作用域同时出现。此时编译器就应该可以像处理 awaiter 那样只创建一个字段。在编写本章时，这一优化未能实现，未来会如何，让我们拭目以待。

此外，还有一些临时栈变量。当 await 表达式用作其他表达式的一部分时，如果需要记录某些中间值，那么会用到临时栈变量。代码清单 6-1 中没有这类栈变量，所以代码清单 6-2 只有 4 个字段：状态、builder、awaiter 和参数。具体示例如下：

```
public async Task TemporaryStackDemoAsync()
{
    Task<int> task = Task.FromResult(10);
    DateTime now = DateTime.UtcNow;
    int result = now.Second + now.Hours * await task;
}
```

async 方法中依然需要遵守 C#关于操作数运算的规则。now.Second 和 now.Hours 都需要在 await task 之前完成运算。当 task 完成，状态机恢复之后，需要进行数学运算，因此必须记录这两个值。

说明　在本例中，我们清楚 Task.FromResult 会返回一个已完成的 task，但是编译器并不清楚这一点，因此它需要生成一个状态机，以便在 task 没有完成时可以实现暂停和恢复。

可以把它看作编译器重写了代码并引入了局部变量：

```
public async Task TemporaryStackDemoAsync()
{
    Task<int> task = Task.FromResult(10);
    DateTime now = DateTime.UtcNow;
    int tmp1 = now.Second;
    int tmp2 = now.Hours;
    int result = tmp1 + tmp2 * await task;
}
```

然后局部变量被转换为字段。与实际的局部变量不同，编译器会复用相同类型的临时栈变量，并且只会按需创建字段。

介绍过了状态机中的所有字段类型，下面看看 `MoveNext()` 方法，不过只大致介绍概念，可作为学习起步。

6.1.3 **MoveNext()** 方法（整体介绍）

这里不会给出代码清单 6-1 反编译之后的 `MoveNext()` 方法实现，因为该方法的代码实在太长①。首先介绍该方法的执行流程，便于之后查看具体的代码，因此需要尽可能地做抽象描述。

每次 `MoveNext()` 被调用时，状态机都会向前执行一步。每次执行到 `await` 表达式时，如果被 await 的值已经完成则继续执行，否则状态机将暂停。`MoveNext()` 会在以下几种情况下时返回。

- 状态机需要暂停等待一个未完成的值。
- 执行流程到达了方法的末尾或者遇到一条 `return` 语句。
- 在 async 方法中有异常抛出并且异常没有被捕获。

注意，在最后一种情况下，`MoveNext()` 方法最终并不会抛出一个异常。但是和 async 调用相关联的 task 会变为 faulted。（5.6.5 节讨论过 async 方法处理异常，可自行回顾。）

图 6-2 是关于 `MoveNext()` 方法的总体流程图。图中并不包含异常处理的部分，因为流程图中无法表示 `try/catch` 块。到稍后学习代码的时候，就会彻底弄懂这张图了。图 6-2 中也没有显示 `SetStateMachine` 方法调用的部分，因为这张流程图已经够复杂了。

① 套用电影《好人寥寥》中的台词就是：`MoveNext` 吗？别想了，不好对付。

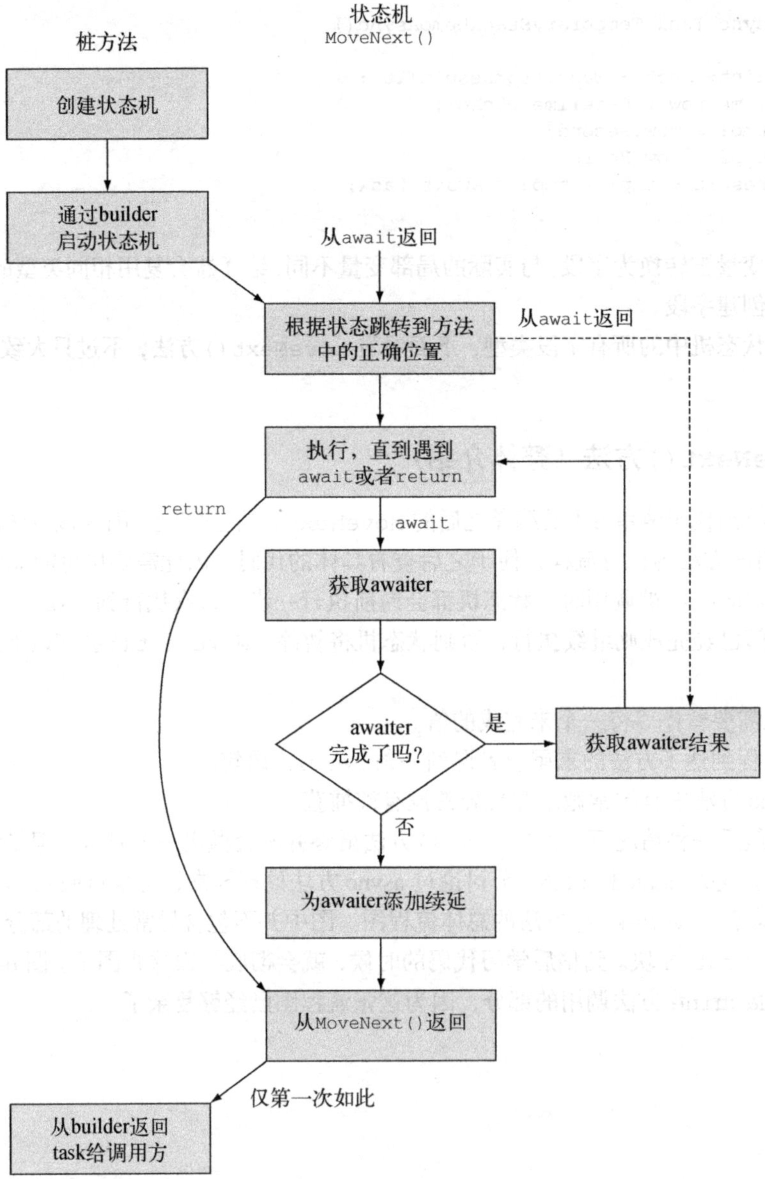

图 6-2　async 方法流程图

关于 MoveNext()方法的最后一点：它的返回类型是 void，而不是 task 类型。只有桩方法才返回 task，返回的 task 是从状态机 builder 中获取的，它需要等到 builder 的 Start()方法调用 MoveNext()开始执行第一步之后才能获取。其他调用 MoveNext()的地方都属于基础架构的一部分，用于将状态机从暂停状态恢复，那些地方都不需要关联任何 task。6.2 节会给出以上过程的完整代码，但是在此之前还有一些关于 SetStateMachine 的补充内容。

6.1.4 SetStateMachine 方法以及状态机的装箱事宜

前面展示了 SetStateMachine 的实现代码，非常简单：

```
void IAsyncStateMachine.SetStateMachine(
    IAsyncStateMachine stateMachine)
{
    this.builder.SetStateMachine(stateMachine);
}
```

发布构建中的方法实现和以上代码相同。（在调试构建中，状态机是一个类，上述实现是空的。）在功能层面，这个方法很好解释，但是细节比较复杂。当状态机开始执行第一步时，它是桩方法中的一个栈局部变量。如果状态机暂停，它会将自己装箱（到堆空间），这样等到状态机恢复之后可以找回所有信息。当它装箱之后，SetStateMachine 方法使用装箱之后的值被调用。换言之，在基础架构核心的某处，会有代码块如下：

```
void BoxAndRemember<TStateMachine>(ref TStateMachine stateMachine)
    where TStateMachine : IStateMachine
{
    IStateMachine boxed = stateMachine;
    boxed.SetStateMachine(boxed);
}
```

6

实际代码更复杂，但是以上代码基本能体现其核心本质。SetStateMachine 之后会确保 AsyncTaskMethodBuilder 具有一个状态机装箱版本的引用。这个方法必须在装箱值之上调用，也必须在装箱完成后调用，因为装箱完成之后才能获取引用。如果装箱完成后在未装箱的值上进行调用，则无法影响装箱值。（请牢记，AsyncTaskMethodBuilder 是一个值类型）。这一系列的复杂操作保证了当一个续延委托传递给 awaiter 时，续延能够在同一个装箱实例上调用 MoveNext()方法。

结果就是状态机如果不需要装箱，那么装箱完全不会发生；如果需要，那么装箱一定会发生。当装箱完成后，所有操作都在装箱值之上进行。为了确保效率，中间还会涉及很多复杂的代码。

这部分内容可能是异步机制中最为怪异和神秘的。它听起来毫无意义，但是由于装箱机制的限制不得不这么做。而为了保证状态机在暂停时能够保存所有信息，装箱操作又是必需的。

如果不能完全理解这段代码也没有关系。日后需要在较低层级调试异步代码时，可以参阅本节内容。除此之外，这样的代码没什么价值，唯有新奇。

以上就是状态机的组成部分。后面的内容大都着眼于 MoveNext()方法，探究它在不同情况下的不同执行方式。先研究最简单的情况，然后逐步提高难度。

6.2 一个简单的 MoveNext()实现

以代码清单 6-1 中的 async 方法为例。这个方法之所以简单，不在于它短（当然也有关系），而是因为它不包含任何循环、try 语句或者 using 语句。它的控制流简单，因此生成的状态机也相对简单。下面逐步进行剖析。

6.2.1 一个完整的具体示例

下面展示完整的方法。一开始不一定能看懂，但至少要花几分钟时间把它看完。有了具体的示例之后，通用的结构就更容易理解了，因为可以用作参考。以下是代码清单 6-1 的内容，也是编译器即将处理的输入内容：

```
static async Task PrintAndWait(TimeSpan delay)
{
    Console.WriteLine("Before first delay");
    await Task.Delay(delay);
    Console.WriteLine("Between delays");
    await Task.Delay(delay);
    Console.WriteLine("After second delay");
}
```

代码清单 6-3 是以上代码反编译之后的结果，不过做了些许改动以增强可读性（易读版）。

代码清单 6-3　代码清单 6-1 中 MoveNext()的反编译结果

```
void IAsyncStateMachine.MoveNext()
{
    int num = this.state;
    try
    {
        TaskAwaiter awaiter1;
        switch (num)
        {
            default:
                goto MethodStart;
            case 0:
                goto FirstAwaitContinuation;
            case 1:
                goto SecondAwaitContinuation;
        }
    MethodStart:
        Console.WriteLine("Before first delay");
        awaiter1 = Task.Delay(this.delay).GetAwaiter();
        if (awaiter1.IsCompleted)
        {
            goto GetFirstAwaitResult;
        }
        this.state = num = 0;
        this.awaiter = awaiter1;
        this.builder.AwaitUnsafeOnCompleted(ref awaiter1, ref this);
        return;
    FirstAwaitContinuation:
        awaiter1 = this.awaiter;
        this.awaiter = default(TaskAwaiter);
        this.state = num = -1;
    GetFirstAwaitResult:
        awaiter1.GetResult();
        Console.WriteLine("Between delays");
```

```
            TaskAwaiter awaiter2 = Task.Delay(this.delay).GetAwaiter();
            if (awaiter2.IsCompleted)
            {
                goto GetSecondAwaitResult;
            }
            this.state = num = 1;
            this.awaiter = awaiter2;
            this.builder.AwaitUnsafeOnCompleted(ref awaiter2, ref this);
            return;
        SecondAwaitContinuation:
            awaiter2 = this.awaiter;
            this.awaiter = default(TaskAwaiter);
            this.state = num = -1;
        GetSecondAwaitResult:
            awaiter2.GetResult();
            Console.WriteLine("After second delay");
        }
        catch (Exception exception)
        {
            this.state = -2;
            this.builder.SetException(exception);
            return;
        }
        this.state = -2;
        this.builder.SetResult();
    }
```

代码很长，其中包含了很多 goto 语句和代码标签。这种代码在纯手写的 C#中几乎很难见到。这段代码目前可能比较难理解，不过从一个具体的例子开始，之后读者可以根据需要随时参阅。下面把它进一步分解为通用的结构，然后是针对 await 表达式的特定部分。到本节结束时，代码清单 6-3 可能会变得非常丑陋，但相信读者会对其中的原理理解得更加透彻。

6.2.2 MoveNext()方法的通用结构

即将进入异步模式的第 2 层。MoveNext()方法是 async 状态机的核心，它的复杂性也昭示着编写异步代码天然的困难性。状态机越是复杂，就越应该庆幸这些工作都是由编译器而不是我们自己完成的。

说明 方便起见，接下来会引入更多术语。在 await 表达式中，被 await 的值可能已经完成或者尚未完成。如果在 await 时已经完成，那么状态机将继续执行。本书称其为“快速路径”；如果尚未完成，那么状态机会安排一个续延并暂停。本书称其为“慢速路径”。

温馨提示：MoveNext()方法会在 async 方法第一次调用时被调起，然后每次恢复时都会执行一次（如果每个 await 表达式都进入快速路径，那么 MoveNext()只会被调用一次）。该方法负责以下事务：

- 从正确的位置开始执行（无论是在原异步代码的起始位置或者中间位置）。
- 当需要暂停时，保存状态。包括局部变量和代码中的位置。
- 当需要暂停时安排一个续延。
- 从 awaiter 获得返回值。
- 通过 builder 生成异常（不是让 MoveNext()自己抛出异常）。
- 通过 builder 生成返回值或者完成方法。

有了这些背景知识，下面看看关于 MoveNext()方法结构的伪代码。稍后还将看到，在添加了额外的控制流之后，该方法的结构会变得更加复杂。

代码清单 6-4　MoveNext()方法的伪代码

```
void IAsyncStateMachine.MoveNext()
{
    try
    {
        switch (this.state)
        {
            default: goto MethodStart;
            case 0: goto Label0A;
            case 1: goto Label1A;
            case 2: goto Label2A;
        }
    MethodStart:

    Label0A:

    Label0B:


    }
    catch (Exception e)
    {
        this.state = -2;
        builder.SetException(e);
        return;
    }
    this.state = -2;
    builder.SetResult();
}
```

case 的数量与 await 表达式数量相等

第一个 await 表达式之前的代码

设置第一个 awaiter

从续延中恢复执行的代码

剩余代码，包括更多标签以及 awaiter 等

快速路径和慢速路径汇合之处

通过 builder 填充所有异常信息

通过 builder 填充方法完成的信息

其中巨大的 try/catch 块包含了原始 async 方法的所有代码。如果 try 块中有异常抛出，不论它以何种方式抛出（await 一个 faulted 的操作、调用一个抛出异常的同步方法或直接抛出异常），异常都会被捕获并且填充给 builder。只有特殊的异常（ThreadAbortException、StackOverflowException 这些）才会导致 MoveNext()以抛出异常的方式终结。

在 try/catch 块中，MoveNext()方法总是以一条 switch 语句开始，用于根据状态跳转到方法中的正确位置。如果 state 为非负值，这意味着是从一个 await 表达式之后恢复的。否则会

被视为 MoveNext()方法的第一次执行。

其他状态如何

6.1 节列出了所有可能的状态：未启动、正在执行、暂停和完成。（其中每个 await 表达式对应一个暂停状态。）为什么状态机要以相同的方式处理未启动和完成状态呢？

答案是：MoveNext()永远不能在正在执行或者完成状态下被调用。可以通过编写残缺的 awaiter 实现或者使用反射来强制这种行为；但是在正常的操作下，MoveNext()只有在状态机启动或者恢复的情况下才会被调用。甚至对于未启动和正在执行这两个状态都没有单独的状态码：它们的状态码都是–1。完成状态的状态码为–2，不过状态机从不会检查该状态码。

有一个难点需要注意：状态机中的 return 语句和原 async 代码中的 return 语句有所区别。在状态机中，当状态机为 awaiter 安排完续延暂停后，会调用 return 语句。而原代码中的 return 语句最终都会成为状态机末尾的语句，位于 try/catch 块外，这里会将方法完成（method completion）填充给 builder。

对比代码清单 6-3 和代码清单 6-4，可以看到具体示例和通用模式之间的对应关系。至此，已经通过一个简单的 async 方法解释了关于生成代码的几乎所有问题，还有 await 表达式需要讨论。

6.2.3 详探 await 表达式

思考一下，在执行一个 async 方法时，每次执行到 await 表达式都发生了什么。假设此时已经完成了操作数的运算来获取某个可等待值。

(1) 通过调用 GetAwaiter()来获取 awaiter，并将其保存到栈上。

(2) 检查 awaiter 是否已经完成。如果完成，则可以直接跳转到结果获取（第 9 步）。这是快速路径。

(3) 如果是慢速路径，通过状态字段来记录当前执行位置。

(4) 使用一个字段记录 awaiter。

(5) 使用 awaiter 来安排一个续延，保证当续延执行时，能够回到正确的状态（根据需要执行装箱操作）。

(6) 从 MoveNext()方法返回到原始调用方（如果是第一次暂停），或者返回到续延安排者中。

(7) 当续延调起时，把状态设为正在执行（–1）。

(8) 把 awaiter 从字段中复制到栈中，清理字段（帮助回收垃圾）。

(9) 从 awaiter 从获取结果，该结果位于栈上。这一过程与快速路径或慢速路径无关。即便没有结果值，也需要调用 GetResult()，以便在必要时 awaiter 可以填充错误信息。

(10)执行剩余原始代码（可以使用异步操作所返回的值）。

根据上述步骤再来看看代码清单 6-3 中和第一个 await 表达式相关的部分。

代码清单 6-5　代码清单 6-3 中有关 await 表达式的部分

```
awaiter1 = Task.Delay(this.delay).GetAwaiter();
if (awaiter1.IsCompleted)
{
    goto GetFirstAwaitResult;
}
this.state = num = 0;
this.awaiter = awaiter1;
this.builder.AwaitUnsafeOnCompleted(ref awaiter1, ref this);
return;
FirstAwaitContinuation:
    awaiter1 = this.awaiter;
    this.awaiter = default(TaskAwaiter);
    this.state = num = -1;
GetFirstAwaitResult:
    awaiter1.GetResult();
```

毫无疑问，这段代码将严格按照上述流程执行①。其中两个代码标签表示着两次跳转的位置，取决于执行路径：

- 在快速路径中，我们会跳过慢速路径的代码；
- 在慢速路径中，当续延被调起时会跳回到代码中间（这就是 switch 语句要放在方法的起始位置的原因）。

builder.AwaitUnsafeOnCompleted(ref awaiter1, ref this)调用是装箱操作的一部分，它有一个回调方法 SetStateMachine（如若必需，但是每个状态机只会发生一次），然后安排续延。在有些情况下，会调用 AwaitOnCompleted 而不是 AwaitUnsafeOnCompleted。这两种方式的差别在于执行上下文的处理方式不同，6.5 节会继续探讨。

还有没说明其中 num 局部变量的使用。它的赋值操作和 state 字段的赋值总是同时发生，但是读取时总是读取局部变量（它的初始值是从字段复制而来的，但是这是字段值唯一被读取的时候），我认为这完全是出于优化的目的。对于 num 变量的读取操作，都可以视为对 this.state 的读取。

代码清单 6-5 中 15 行代码，全都是为了完成下面这一句原始代码：

```
await Task.Delay(delay);
```

好在除了这种学习目的，几乎很少需要查看这类代码；但即便很小规模的 async 代码，也会导致编译后生成大量代码，即便使用 ValueTask<TResult>类型也无法避免。不过大多数时候这种小的代价还是值得的，因为 async/await 带来的好处更多。

以上是简单控制流下的简单案例。基于这些背景知识，下面研究一些复杂的案例。

① 如果先给出了执行步骤的列表，再给出一个不按照步骤执行的示例，反倒奇怪。

6.3 控制流如何影响 MoveNext()

前面给出的示例，都只是若干方法调用，复杂性主要来自 await 运算符。如果把平时常用的那些控制流都加进来，情况就会变得更复杂了。

下面介绍两种控制流：循环和 try/finally 语句。这两种情况无法覆盖所有可能情况，但得以一窥编译器如何处理控制流。

6.3.1 await 表达式之间的控制流很简单

在讨论复杂的内容之前，先给出一个示例。该示例新增的控制流不增加生成代码的复杂度（和同步代码相较）。示例代码清单 6-6 引入了循环控制流程，会打印 3 次 Between delays。

代码清单 6-6 在 await 表达式之间增加循环

```
static async Task PrintAndWaitWithSimpleLoop(TimeSpan delay)
{
    Console.WriteLine("Before first delay");
    await Task.Delay(delay);
    for (int i = 0; i < 3; i++)
    {
        Console.WriteLine("Between delays");
    }
    await Task.Delay(delay);
    Console.WriteLine("After second delay");
}
```


这段代码反编译之后会得到什么结果？和代码清单 6-2 很像，仅有的区别就是从：

```
GetFirstAwaitResult:
    awaiter1.GetResult();
    Console.WriteLine("Between delays");
    TaskAwaiter awaiter2 = Task.Delay(this.delay).GetAwaiter();
```

变成了：

```
GetFirstAwaitResult:
    awaiter1.GetResult();
    for (int i = 0; i < 3; i++)
    {
        Console.WriteLine("Between delays");
    }
    TaskAwaiter awaiter2 = Task.Delay(this.delay).GetAwaiter();
```

原代码所发生的变化与状态机生成代码的变化完全相同。就续延的执行方式而言，并没有增加任何额外字段和复杂度，只是新增了一个普通循环。

这个示例旨在让读者思考接下来的示例为何会引入额外的复杂性。在代码清单 6-6 中，控制流不需要从循环外部跳转到循环内部，也不需要在暂停时跳出循环。只有在循环内部使用 await 才会发生这种跳转。下面一探究竟。

6.3.2　在循环中使用 await

示例代码目前包含两个 await 表达式。首先把 await 表达式的调用缩减到一个，因为目前的代码有些复杂。接下来要进行反编译的代码如下。

代码清单 6-7　在循环中使用 await

```
static async Task AwaitInLoop(TimeSpan delay)
{
    Console.WriteLine("Before loop");
    for (int i = 0; i < 3; i++)
    {
        Console.WriteLine("Before await in loop");
        await Task.Delay(delay);
        Console.WriteLine("After await in loop");
    }
    Console.WriteLine("After loop delay");
}
```

代码中的 Console.WriteLine 调用起路标的作用，方便我们在原代码和生成代码之间进行对应。

编译器会生成怎样的代码呢？这里不会列出完整的生成代码，因为其中大部分内容和之前的示例类似（完整示例见随书代码）。桩方法以及状态机和前面给出的内容几乎完全相同，只是在状态机中增加了 i（循环变量）对应的字段。需要重点关注 MoveNext()方法。

完全可以不使用循环结构体来表示生成的代码。这样做会遇到一个问题：当状态机在 Task.Delay 从暂停恢复之后，需要跳转到原始的循环当中。但是在 C#中无法使用 goto 语句来实现，因为根据语言规则，如果 goto 语句不在某标签的作用域中，那么不允许使用 goto 跳转到该标签下。

可以在不引入额外作用域的前提下使用大量 goto 语句来实现 for 循环，这样就可以实现到循环内部的跳转了。代码清单 6-8 是 MoveNext()方法体反编译之后的结果。这里只给出了 try 块中的部分代码，因为这是当前的重点。

代码清单 6-8　将循环反编译，其结果不包含任何循环结构体

```
    switch (num)
    {
        default:
            goto MethodStart;
        case 0:
            goto AwaitContinuation;
    }
MethodStart:
    Console.WriteLine("Before loop");
    this.i = 0;                                  <-- for 循环初始化
    goto ForLoopCondition;                       <-- 直接跳转到检查循环条件
ForLoopBody:                                     <-- for 循环体
    Console.WriteLine("Before await in loop");
    TaskAwaiter awaiter = Task.Delay(this.delay).GetAwaiter();
```

```
        if (awaiter.IsCompleted)
        {
            goto GetAwaitResult;
        }
        this.state = num = 0;
        this.awaiter = awaiter;
        this.builder.AwaitUnsafeOnCompleted(ref awaiter, ref this);
        return;
    AwaitContinuation:
        awaiter = this.awaiter;
        this.awaiter = default(TaskAwaiter);
        this.state = num = -1;
    GetAwaitResult:
        awaiter.GetResult();
        Console.WriteLine("After await in loop");
        this.i++;
    ForLoopCondition:
        if (this.i < 3)
        {
            goto ForLoopBody;
        }
        Console.WriteLine("After loop delay");
```

当状态机恢复时跳转的目标位置

for 循环迭代器

检查循环条件，跳转回循环体

本不打算介绍这个示例，但其中有些内容非常有趣，值得一提。首先，C#编译器不会把 async 方法转换成对等的不使用 async/await 的 C#代码，它只会生成适当的 IL 代码。有时 C#的语言规则比 IL 更严格（比如说前文提到的合法标识符的问题）。

其次，尽管反编译器在查看 async 代码时很有用，但有时反编译器会生成非法的 C#代码。我第一次反编译代码清单 6-7 时，所得结果中有一个包含代码标签的 while 循环，循环外部有一条 goto 语句用于跳转到循环内部。有时可以对反编译器进行设置，以确保它不会生成非法的 C#代码，但这样的代码非常难以阅读，其中会包含巨量的 goto 语句。

再则，读者不太会想手写此类代码。如果使用 C# 4，那么实现方式肯定会大不相同，而且写出的代码也不及使用 C# 5 async 方法的代码美观。

在循环中使用 await 对编程人员来说颇有压力，但对于编译器而言不过是小事一桩。控制流的最后一个例子是关于 try/finally 块的，难度有所增加。

6.3.3　在 try/finally 块中使用 await 表达式

友情提示：在 try 块中使用 await 是完全合法的，但是在 C# 5 中，在 catch 块或 finally 块中使用 await 是非法的。C# 6 取消了这一限制，这里就不提供相关示例了。

说明　try/catch 块所涉可能情况繁多。本章旨在介绍 C#编译器处理 async/await 代码的机制，而不会全面展示各种转换方式。

下面只给出关于 try 块中使用 await 的例子，并且 try 块只带一个 finally 块。这是 try

块最常见的用法，因为它是 using 语句所对应的方式。请看如下 async 方法。再次强调，console 方法仅用于帮助理解状态机的工作原理。

代码清单 6-9　在 try 块中使用 await

```
static async Task AwaitInTryFinally(TimeSpan delay)
{
    Console.WriteLine("Before try block");
    await Task.Delay(delay);
    try
    {
        Console.WriteLine("Before await");
        await Task.Delay(delay);
        Console.WriteLine("After await");
    }
    finally
    {
        Console.WriteLine("In finally block");
    }
    Console.WriteLine("After finally block");
}
```

反编译后的代码如下：

```
    switch (num)
    {
        default:
            goto MethodStart;
        case 0:
            goto AwaitContinuation;
    }
MethodStart:
    ...
    try
    {
        ...
    AwaitContinuation:
        ...
    GetAwaitResult:
        ...
    }
        finally
    {
        ...
    }
    ...
```

其中省略号（...）表示省略了一些代码。不过这里有一个问题：即便是在 IL 中，也不能从 try 块外跳转到 try 块内部。这个问题有点类似于前文提到的循环问题，但是这次不是受限于 C#语言规则，而是受限于 IL 本身的规则。

为了实现 try 块的跳转，C#编译器使用了一个技巧，我将其形象地称为“蹦床”（这不是官方术语，不过该术语在其他类似的功能中有应用）：控制流首先跳转到紧挨 try 块最前面的位置，然后由 try 块中的第一块代码负责跳转到 try 块内部的指定位置。

除了“蹦床”，也需要慎重处理 finally 块。finally 块的生成代码在以下 3 种情况下会被执行：

- 执行到了 try 块的末尾；
- try 块抛出了异常；
- await 表达式需要在 try 块中暂停。

（如果 async 方法包含了一条 return 语句，那么会采取另一种方式。）如果是因为暂停了状态机需要返回到调用方，此时原 async 方法的 finally 块将不会执行。这是因为 try 块中的代码只是暂停了，之后还需要在这一位置重新恢复执行。还好这种情况很容易检测到：如果状态机仍在执行，那么 num 局部变量（和 state 字段值永远保持一致）为负值；如果状态机暂停，那么 num 为非负值。

于是得到了代码清单 6-10（当然，依然只是 MoveNext()外层的 try 块中的代码）。虽然其中省略了很多代码，不过这部分代码和前面给出的十分类似。代码清单 6-10 中 try/finally 块相关部分已加粗。

代码清单 6-10 try/finally 块中使用 await 表达式反编译结果

```
        switch (num)
        {
            default:
                goto MethodStart;
            case 0:
                goto AwaitContinuationTrampoline;   // 跳转到蹦床之前，以便跳转到正确位置
        }
    MethodStart:
        Console.WriteLine("Before try");
    AwaitContinuationTrampoline:
        try
        {
            switch (num)
            {
                default:
                    goto TryBlockStart;
                case 0:
                    goto AwaitContinuation;
            }                                        // try 块中的蹦床
        TryBlockStart:
            Console.WriteLine("Before await");
            TaskAwaiter awaiter = Task.Delay(this.delay).GetAwaiter();
            if (awaiter.IsCompleted)
            {
                goto GetAwaitResult;
            }
            this.state = num = 0;
            this.awaiter = awaiter;
            this.builder.AwaitUnsafeOnCompleted(ref awaiter, ref this);
```

```
        return;
    AwaitContinuation:                          <-- 真正的续延
        awaiter = this.awaiter;                     目标
        this.awaiter = default(TaskAwaiter);
        this.state = num = -1;
    GetAwaitResult:
        awaiter.GetResult();
        Console.WriteLine("After await");
    }
    finally
    {
        if (num < 0)
        {
            Console.WriteLine("In finally block");   暂停期间忽略
        }                                            finally 块
    }
    Console.WriteLine("After finally block");
```

这是本章最后一段反编译代码。希望这些反编译代码可以帮助读者在需要查看反编译代码时理清头绪。在查看这类代码时要保持头脑清醒，而且要记住编译器默默地为我们做了大量转换工作，远甚于本章所述。前文提过，我倾向于使用 switch 语句来实现“跳转到某位置”这样的功能，不过编译器有时会使用更简单的分支代码。保证多场景中代码的一致性对于代码的阅读体验十分重要，对于编译器来说无所谓。

截至目前，还有一点没有解释，那就是 awaiter 为什么在可以实现 ICriticalNotifyCompletion 接口的情况下选择了实现 INotifyCompletion 接口，以及这种选择对生成代码产生的影响，下面详述。

6.4　执行上下文和执行流程

5.2.2 节介绍了同步上下文，同步上下文用于守护代码执行所在的线程。同步上下文只是.NET 中众多上下文类型之一，只不过它更广为人知。上下文提供了一种维护上下文信息透明的方式。例如 SecurityContext 会追踪当前安全主体并确保代码访问安全。我们无须将所有信息显式传入，它会追踪我们的代码并完成自己的工作。其中的 ExecutionContext 用于管理其他所有上下文。

知识盲区

我本不打算编写本节内容，因为我对这部分知识掌握有限。如果读者想深入了解更多细节，建议参考其他资料。

不过最后还是决定加入这部分内容，否则不好解释像 builder 中为什么既有 AwaitOnCompleted 又有 AwaitUnsafeOnCompleted 这样的问题，或者 awaiter 为什么通常需要实现 ICriticalNotifyCompletion 接口这样的问题。

要点回顾：Task 和 Task<T>管理所有被 await 的 task 的上下文。如果处于 UI 线程并且 await 了一个 task，async 方法的续延就会在 UI 线程中执行。可以使用 Task.ConfigureAwait 来切出 UI 线程执行，这样做等于显式地表达“我清楚当前方法的其余部分无须在同一个同步上下文中执行”。执行上下文（execution context）的情况则不同，总是需要当 async 方法恢复执行时，代码能够在同一个执行上下文中（即使不在同一个线程中）运行。

对执行上下文的维护过程，称为“贯穿”（flow）。执行上下文会从 await 表达式中贯穿，这意味着所有代码都会在同一个执行上下文运行。那么如何保证执行上下文的贯穿性呢？AsyncTaskMethodBuilder 可以总是确保，TaskAwaiter 有时可以确保。

INotifyCompletion.OnCompleted 方法是一个普通的方法，谁都可以调用。但 ICriticalNotifyCompletion.UnsafeOnCompleted 方法会被[SecurityCritical]所标记。它只能由可信的代码调用，例如 framework 的 AsyncTaskMethodBuilder 类。

如果我们自行编写 awaiter 类并且关注代码运行的正确性与安全性（尤其是可信的运行环境），就需要保证 INotifyCompletion.OnCompleted 代码可以贯穿整个执行上下文（通过 ExecutionContext.Capture 和 ExecutionContext.Run）。也可以实现 ICriticalNotifyCompletion 然后不做贯穿，让异步基础架构来负责保证。这也是只有异步基础架构使用 awaiter 时的一种优化策略。这是因为如果只需要一次操作就能保证执行上下文的一致性，就不必做两次。

在编译 async 方法时，编译器会为每个 await 表达式都创建一个对 builder.AwaitOnCompleted 或者 builder.AwaitUnsafeOnCompleted 方法（依据 awaiter 是否实现了 ICriticalNotifyCompletion 接口）的调用。这些 builder 方法都是具有类型约束的泛型方法，可以保证传入的 awaiter 实现了正确的接口。

如果读者实现自定义 task 类型（除了教学目的，几乎很少有这样的需求），那么需要遵循和 AsyncTaskMethodBuilder 相同的模式：在 AwaitOnCompleted 和 AwaitUnsafeOnCompleted 中捕获执行上下文，然后就可以放心调用 ICriticalNotifyCompletion.UnSafeOnCompleted 了。介绍完编译器使用 AsyncTaskMethodBuilder 的方式后，下面看看创建自定义 task builder 都有哪些要求。

6.5 再探自定义 task 类型

代码清单 6-11 是从代码清单 5-10 截取的 builder 部分。第 5 章首次谈到了自定义 task 类型。在学习过诸多编译的状态机代码之后，再看这些方法就会感到很亲切了。可以把本节内容当作对 AsyncTaskMethodBuilder 方法的复习，因为编译器处理所有 builder 的方式都是相同的。

代码清单 6-11　一个简单的自定义 task 类型

```
public class CustomTaskBuilder<T>
{
    public static CustomTaskBuilder<T> Create();
    public void Start<TStateMachine>(ref TStateMachine stateMachine)
        where TStateMachine : IAsyncStateMachine;
```

```
    public CustomTask<T> Task { get; }

    public void AwaitOnCompleted<TAwaiter, TStateMachine>
        (ref TAwaiter awaiter, ref TStateMachine stateMachine)
        where TAwaiter : INotifyCompletion
        where TStateMachine : IAsyncStateMachine;
    public void AwaitUnsafeOnCompleted<TAwaiter, TStateMachine>
        (ref TAwaiter awaiter, ref TStateMachine stateMachine)
        where TAwaiter : INotifyCompletion
        where TStateMachine : IAsyncStateMachine;
    public void SetStateMachine(IAsyncStateMachine stateMachine);

    public void SetException(Exception exception);
    public void SetResult(T result);
}
```

上述方法都是按照调用顺序排列的。

桩方法调用 `Create` 来创建 builder 实例，用作新创建状态机的一部分。然后它调用 `Start` 让状态机执行第一步并返回 `Task` 属性的结果。

在状态机内部，每个 `await` 表达式都会创建一个对 `AwaitOnCompleted` 或 `AwaitUnsafeCompleted` 方法的调用，前面讲过这一点。我们想象一个类似于 task 的设计：第一个调用最终会调用 `IAsyncStateMachine.SetStateMachine`，然后调用 builder 的 `SetStateMachine`，这样所有装箱操作都可以保持一致。详情参见 6.1.4 节。

最后，状态机会通过调用 `SetException` 或者 `SetResult` 来指示异步操作的完成。最后的状态应该由原始的桩方法来生成。

本章是本书截至目前内容最艰深的一章。其他章没有如此详细地查看 C#编译器生成代码。对于很对开发人员来说，本章内容甚至有些多余，因为即使不学习这些实现机制，也不妨碍编写正确的 C#异步代码。不管怎样，还是希望本章可以对那些有强烈探究欲的读者有所启发。你可能永远不需要反编译生成代码，但是了解其背后机制总是会有所裨益。如果读者有一天需要查看这些代码，希望本章内容有助于理解。

异步特性作为 C# 5 的主要特性，占据了本书两章的篇幅。第 7 章的内容会简短很多，届时将介绍 C# 5 的其余两个特性。在啃完异步这块硬骨头之后，后面的内容会轻松很多。

6.6 小结

- 使用 builder 作为异步基础架构，async 方法会被转换成桩方法和状态机。
- 状态机会追踪 builder、方法参数、局部变量、awaiter 以及续延中需要恢复执行的位置。
- 编译器会创建一些代码，旨在在方法恢复时回到方法内部。
- `INotifyCompletion` 和 `ICriticalNotifyCompletion` 接口可用于控制执行上下文的贯穿。
- 自定义的 task builder 方法由编译器负责调用。

第 7 章 C# 5 附加特性

本章内容概览：

- foreach 循环中关于变量捕获的变更；
- 调用方信息 attribute。

如果 C#在设计时考虑得更周全，那么本章内容将不会存在。我希望把本章作为 C# 5 和 C# 6 这两道大餐之间的调剂，但事实上 C# 5 还有两个补充特性需要单独阐述，它们不能归入异步话题。第一个特性甚至算不上特性，它属于前期语言设计的一处缺陷修正。

7

7.1 在 foreach 循环中捕获变量

在 C# 5 之前，根据语言规范中对 foreach 循环的描述，每个 foreach 循环都只会声明一个**迭代变量**，该变量在原始代码中是只读的，但之后每次迭代都会赋一个新值。例如在 foreach 中迭代一个 List<string>的 C# 3 代码如下所示：

```
foreach (string name in names)
{
    Console.WriteLine(name);
}
```

大致等同于：

```
string name;                                       ← 声明单个迭代变量
using (var iterator = names.GetEnumerator())       ← 不可见的迭代变量
{
    while (iterator.MoveNext())
    {
        name = iterator.Current;                   ← 每次迭代将新值赋给迭代变量
        Console.WriteLine(name);                   ← 原始的 foreach 循环体
    }
}
```

说明 语言规范中还有其他许多细节描述，例如集合及其元素的类型转换等，不过这些内容均与本特性无关。另外，迭代变量的作用域与循环的作用域保持一致，可以把它想象成整段代码外层有一对大括号。

这样的设计在C# 1中是没有问题的，但是当C# 2引入匿名方法之后就出现问题了。因为自此变量可以被捕获，所以变量的生命周期发生了颠覆性的变化。匿名方法中的变量会被捕获，编译器需要在幕后完成这项工作以便更自然地使用变量。虽然 C# 2 的匿名方法大有用处，但在我印象中，直到C# 3引入 lambda 表达式和 LINQ 之后，委托这项特性才真正得到了广泛应用。

前面把 `foreach` 循环展开的例子中，只使用一个迭代变量有什么问题呢？如果该变量被某个创建委托的匿名函数所捕获，那么当委托被调用时，委托使用的都是该变量的当前值，示例如下。

代码清单 7-1 在 foreach 循环中捕获迭代变量

```
List<string> names = new List<string> { "x", "y", "z" };
var actions = new List<Action>();
foreach (string name in names)            // 迭代 names 列表
{
    actions.Add(() => Console.WriteLine(name));   // 创建委托捕获 name 变量
}
foreach (Action action in actions)        // 执行所有委托
{
    action();
}
```

按照以往的理解，读者预计打印结果会是什么呢？大部分开发人员会认为是 x, y, z，因为只有这样才符合代码意图，但事实上如果使用C# 5之前的编译器，结果会是打印3次 z，并非理想行为。

到了C# 5，语言规范修正了关于 `foreach` 循环的表述，这样每次循环都会引入新的变量，于是同样的代码在C# 5及之后就会打印结果 x, y, z 了。

请注意，这项修正只影响 `foreach` 循环。如果使用普通的 `for` 循环，那么被捕获的依然是一个变量。代码清单 7-2 除了加粗的部分，其余都和代码清单 7-1 相同。

代码清单 7-2 在 for 循环中捕获变量

```
List<string> names = new List<string> { "x", "y", "z" };
var actions = new List<Action>();
for (int i = 0; i < names.Count; i++)     // 迭代 names 列表
{
    actions.Add(() => Console.WriteLine(names[i]));   // 创建委托捕获 names 和 i 变量
}
foreach (Action action in actions)        // 执行所有委托
{
    action();
}
```

这段代码的执行结果并不是打印 3 次 z，而是抛出一个 ArgumentOutOfRangeException，因为在执行委托时，i 的值已经是 3 了。

这并不是 C#设计团队的疏忽，而是有意为之，因为 for 循环初始化器在整个循环周期内只能声明一次循环变量。for 循环的语法给人的感觉是只能有一个循环变量，而 foreach 循环的语法给人的感觉是每次迭代都需要声明一个新变量。下面介绍 C# 5 的最后一个特性：调用方信息 attribute。

7.2 调用方信息 attribute

有些特性通用性较强，比如 lambda 表达式、隐式类型局部变量、泛型等；而一些特性更具针对性，比如 LINQ 用于查询某种形式的数据，虽然它能够针对不同的数据源进行通配，但依然属于特定用途的范畴。C# 5 的最后一个特性极具针对性：该特性主要用于两个场景（一个比较明显，另一个不那么明显），除此之外应用非常有限。

7.2.1 基本行为

.NET 4.5 引入了 3 个新的 attribute：

- CallerFilePathAttribute
- CallerLineNumberAttribute
- CallerMemberNameAttribute

这 3 个 attribute 都位于 System.Runtime.CompilerServices 命名空间下。与其他 attribute 类似，在应用时可省略 Attribute 后缀。因为省略后缀是常规做法，所以后文都会采取省略用法。

这 3 个 attribute 都只能应用于方法形参，而且只有在特定类型的可选形参中才能发挥作用。其根本思想很简单：如果调用方没有提供实参，那编译器会默认使用当前文件、行数或者成员名来作为实参，而不是采用通常的默认值。如果调用方提供了实参，那么编译器不执行额外操作。

说明 在这 3 个 attribute 的使用场景中，形参一般是 int 或者 string 类型，或者是能够转换为这两者的其他类型。若有兴趣深入了解，可以参考编程规范中的相关内容，但这类需求比较鲜见。

代码清单 7-3 是上述 3 个 attribute 的综合示例，其中还有由编译器和用户分别指定实参值的情况。

代码清单 7-3 调用方成员 attribute 的基本示例

```
static void ShowInfo(
    [CallerFilePath] string file = null,
    [CallerLineNumber] int line = 0,
```

```
    [CallerMemberName] string member = null)
{
    Console.WriteLine("{0}:{1} - {2}", file, line, member);
}

static void Main()
{
    ShowInfo();
    ShowInfo("LiesAndDamnedLies.java", -10);
}
```

由编译器根据上下文提供3个实参

由编译器根据上下文提供一个成员名称

在我的计算机上，执行结果如下：

```
C:\Users\jon\Projects\CSharpInDepth\Chapter07\CallerInfoDemo.cs:20 - Main
LiesAndDamnedLies.java:-10 - Main
```

一般说来，不应该为此类实参使用虚构值，不过当需要使用同一个attribute来记录当前调用方信息时，可以显式提供实参值。

参数名通常需要与其含义相对应。attribute的默认值一般来说并不重要，但7.2.4节会探讨几个有意思的极端案例。接下来首先介绍之前说的两种常见场景，其中比较普遍的一种场景是日志。

7.2.2　日志

调用方信息的常见使用场景是记录日志文件。在该特性出现之前，当需要记录日志时，一般要构建一个调用栈（例如使用`System.Diagnostics.StackTrace`）来找出调用方信息。这些信息一般隐藏在日志框架背后，方法虽不甚优雅，但终归可用。此外，还可能造成潜在的性能问题，对于内联的JIT编译来说也是十分脆弱的。

日志框架使用新特性来更方便地记录调用方信息。即便删除了调试信息和进行代码混淆之后，依然能够将行号以成员名保留下来。虽然这项特性不能用来记录整个调用栈信息，但是我们可以通过其他方式实现这样的需求。

2017年末的一次粗略调查显示，这项功能并没有得到广泛应用[①]。ASP.NET Core中使用广泛的ILogger也尚未普遍采纳该特性。不过我们可以通过给ILogger编写扩展方法来应用这些attribute并创建合理的日志状态对象。

项目工程有时会包含自己的日志框架，它们都可以使用这些attribute。针对特定工程的日志框架并不需要关心目标框架是否包含这些attribute。

说明　缺少高效系统级的日志框架是一个棘手的问题，对于类库编程人员而言更是如此，他们需要为自己的类库提供日志功能，但因为不知道用户会引用哪个日志框架，因此不太乐意添加第三方库的引用。

---

① 据我所知，唯一直接支持该特性的日志框架是NLog，不过也取决于目标框架，有条件限制。

日志场景的应用需要考虑框架的使用这一特殊情况，接下来介绍的第 2 个场景在集成时则容易得多。

7.2.3 简化 INotifyPropertyChanged 的实现

如果读者实现过 INotifyPropertyChanged，对[CallerMemberName] attribute 应该比较熟悉。该接口通常用于厚客户端应用（与 Web 应用相对），使 UI 响应模型或者视图模型的数据变化。它位于 System.ComponentModel 命名空间下，不与任何特定的 UI 技术绑定。它常见于 Windows Forms、WPF 以及 Xamarin Forms。该接口很简单，它就是 PropertyChangedEventHandler 类型的一个事件，该类型为委托类型，该类型签名如下：

```
public delegate void PropertyChangedEventHandler(
    Object sender, PropertyChangedEventArgs e)
```

PropertyChangedEventArgs 有一个构造器：

```
public PropertyChangedEventArgs(string propertyName)
```

在 C# 5 之前，INotifyPropertyChanged 接口的典型实现如下所示。

代码清单 7-4 曾经 INotifyPropertyChanged 的实现

```
class OldPropertyNotifier : INotifyPropertyChanged
{
    public event PropertyChangedEventHandler PropertyChanged;
    private int firstValue;
    public int FirstValue
    {
        get { return firstValue; }
        set
        {
            if (value != firstValue)
            {
                firstValue = value;
                NotifyPropertyChanged("FirstValue");
            }
        }
    }

    // (相同模式的其他属性)

    private void NotifyPropertyChanged(string propertyName)
    {
        PropertyChangedEventHandler handler = PropertyChanged;
        if (handler != null)
        {
            handler(this, new PropertyChangedEventArgs(propertyName));
        }
    }
}
```

其中辅助方法用于避免在每个属性中都做重复的空值检查。可以把它改写成扩展方法，以避免重复实现。

这样的代码不仅冗长（变化前）而且不够稳健。问题就在于 FirstValue 属性的名字是通过字符串字面量指定的，如果之后重构了该名称，会很容易忘记修改这里的字符串。如果某些工具或者测试能够发现该错误，那么情况还不算糟糕。第 9 章会介绍 C# 6 引入的 nameof 运算符，它可以提升这段代码的重构友好度，不过依然无法避免在复制粘贴时出错。

有了调用方信息 attribute 之后，这段代码的主体不用改变，而我们可以通过在辅助方法中使用 CallerMemberName 来让编译器填写属性名称，修改后的代码如下所示。

代码清单 7-5　使用调用方信息来实现 INotifyPropertyChanged

```
if (value != firstValue)
{
    firstValue = value;
    NotifyPropertyChanged();
}

void NotifyPropertyChanged([CallerMemberName] string propertyName = null)
{
    
}
```

属性 setter 访问器的内部变化

和之前相同的方法体

这里只列出了代码修改的部分。现在如果属性的名称发生变化，编译器就会使用新的属性名称。尽管不是什么重大改进，但至少是进步。

与日志功能不同，MVVM 采纳了该模式。MVVM 是为视图模型和模型提供基础类的框架，例如在 Xamarin Forms 中，BindableObject 类有一个 OnPropertyChanged 方法就使用了 CallerMemberName。类似地，Caliburn Micro MVVM 框架也有一个 PropertyChangedBase 类包含一个 NotifyOfPropertyChange 方法。关于调用方信息 attribute，了解这些内容即可，不过这项特性（尤其是调用方成员名称）还有一些很小众的用法。

7.2.4　调用方信息 attribute 的小众使用场景

绝大部分情况下，编译器为调用方信息 attribute 提供的值是显而易见的；对于不显而易见的情况，也不妨了解一下。这里需要强调的是，这部分内容主要出于兴趣——研究语言设计过程中的决策取舍问题。这部分内容对日常编程影响甚小。首先介绍一项小的限制。

1. 动态调用成员

动态类型基础架构会在多个方面努力，来让代码在执行期的行为与编译时的行为保持一致，但调用方信息并不用于此目的。假设现在要调起某个成员，该成员包含一个可选形参，该可选形参使用了调用方信息 attribute。如果调用方没有提供相应实参，那么调用方信息 attribute 将失去作用。

抛开其他不谈，编译器需要为每个动态调用的成员都嵌入完整的行号信息，仅为应对可能的行号请求，这等同于为 0.1%的可能需求而增加程序集的大小，而且之后在执行期检查是否存在调用方信息请求需要做额外的分析，还可能影响缓存。C#设计团队当初如果考虑到这类场景，那么可能会采取另一种实现方案，不过他们也许认为应当把时间和精力投向其他更有价值的特性。我们需要做的就是知道并接受它的存在，不过在某些场景中还是有迂回解决方案的。

如果某个方法调用的实参是动态类型，而此时我们并不需要参数的动态行为，那么可以把它转换成合适的类型，这样就可以将把该调用变为普通方法调用，不会牵涉动态类型[①]。如果动态行为不能省略并且需要使用调用方信息 attribute，我们可以显式地调用某个辅助方法，由辅助方法通过调用方信息 attribute 来返回调用方信息。虽然这样做不甚优雅，但毕竟这样的场景很罕见。代码清单 7-6 包含了问题的展示及其迂回解决方案。

代码清单 7-6 调用方信息 attribute 和动态类型

```
static void ShowLine(string message,
    [CallerLineNumber] int line = 0)
{
    Console.WriteLine("{0}: {1}", line, message);
}

static int GetLineNumber(
    [CallerLineNumber] int line = 0)
{
    return line;
}

static void Main()
{
    dynamic message = "Some message";
    ShowLine(message);
    ShowLine((string) message);
    ShowLine(message, GetLineNumber());
}
```

即将调用的、使用行号的方法

第 2 种迂回方案的帮助方法

简单的动态调用，行号为 0

第 1 种迂回方案：使用类型转换消除动态类型

第 2 种迂回方案：使用帮助方法显式地提供行号信息

代码清单 7-6 在第一次调用时打印的行号是 0，而之后的两次调用都能打印正确的行号。这是关于保持代码简洁还是保留更多信息的一场权衡。当使用动态重载决议时（有些重载方法需要调用方信息，有些则不需要），这些折中方法就不再适用了。我认为这种局限性尚属合理。下面看一些不同寻常的名称。

2. 非“显著”成员名称

当调用方是一个方法，并且由编译器提供了调用方成员名称，那么这是一个“显著”名称，即方法的名称。不过并非所有调用方都是方法。考虑以下情形：

- 从实例构造器中调用；

① 如此一来，方法调用还能享有编译时检查，可以检查成员是否存在，还能提高执行效率。

- 从静态构造器中调用；
- 从终结器中调用；
- 从运算符中调用；
- 作为字段、事件或者属性初始化器的部分调用[1]；
- 从索引器中调用。

前 4 种情况依赖于实现方式：由编译器决定如何处理。编程规范中未说明第 5 种情况（初始化器），而最后一种（索引器）按规定要以 Item 作为名称，除非 IndexerNameAttribute 已经应用于该索引器。

对于前 4 种情况，Roslyn 编译器使用 IL 提供的名称：.ctor、.cctor、Finalize 以及像 op_Addition 这样的运算符名称。对于初始化器，则使用被初始化的字段、事件或者属性的名字。

随书代码中包含了以上所有情况的完整示例。这里没有列出代码，因为结论远比代码本身更有意义。上述情况均选择了最明显的名称，不同编译器在以上名称选择上基本一致，不过在一个方面确实存在差异：编译器填充这些调用方 attribute 信息的时机。

3. 隐式构造器调用

C# 5 的语言规范中要求，只有当函数在源码中被显式调用时才能使用调用方信息，不过被视为语法扩展的查询表达式除外。其他那些基于模式的 C#语言构建本就不适用于可选形参的方法，但构造器初始化器是绝对适用的。（12.2 节会介绍 C# 7 的分解器。）语言规范将构造器作为上述要求的例子：只有显式调用时，编译器才会为构造器提供调用方信息。代码清单 7-7 包括了一个抽象基类、使用了调用方信息的构造器以及 3 个继承类。

代码清单 7-7　构造器中的调用方信息

```
public abstract class BaseClass
{
    protected BaseClass(                                    ← 基类构造器使用调用方信息 attribute
        [CallerFilePath] string file = "Unspecified file",
        [CallerLineNumber] int line = -1,
        [CallerMemberName] string member = "Unspecified member")
    {
        Console.WriteLine("{0}:{1} - {2}", file, line, member);
    }
}

public class Derived1 : BaseClass { }          ← 无参构造器是隐式添加的

public class Derived2 : BaseClass
{
    public Derived2() { }                      ← 隐式调用 base() 的构造器
}
```

① 自动实现属性的初始化器由 C# 6 引入。更多细节，参见 8.2.2 节。目前可以对“自动实现属性”“顾名思义”。

```
public class Derived3 : BaseClass
{
    public Derived3() : base() {}
}
```

显式调用 base() 的构造器

以 Roslyn 编译器为例，只有 Derived3 能够得到正确的调用方信息，而 Derived1 和 Derived2 对于 BaseClass 构造器的调用都属于隐式调用，那么编译器将使用默认形参值，而不会为其提供文件名、行号和成员名。

虽然这符合 C# 5 的语言规范，但我认为这是一个设计缺陷，我想大部分开发人员预估以上 3 个子类会得到完全一致的结果。有趣的是，Mono 编译器（mcs）目前已经能做到这一点了。接下来就要看到底是语言规范会更新还是 Mono 编译器更新，或者这种不兼容的状况将长期持续。

4. 查询表达式的调用

前面提到，语言规范中明确强调查询表达式属于例外：即使通过隐式调用，编译器依然会提供调用方信息。虽然该特性不太常用，但随书代码中还是提供了一个完整示例。代码清单 7-8 是完整代码的简化版。

代码清单 7-8　查询表达式中的调用方信息

```
string[] source =
{
    "the", "quick", "brown", "fox",
    "jumped", "over", "the", "lazy", "dog"
};
var query = from word in source
            where word.Length > 3
            select word.ToUpperInvariant();
Console.WriteLine("Data:");
Console.WriteLine(string.Join(", ", query));
Console.WriteLine("CallerInfo:");
Console.WriteLine(string.Join(
    Environment.NewLine, query.CallerInfo));
```

查询表达式使用方法捕获调用方信息

打印数据

打印 query 的调用方信息

尽管这只是一个常规的查询表达式，我还是引入了一个新的扩展方法（与示例代码在同一个命名空间下，因此会先于 System.Linq 被查找到），其中包含调用方信息 attribute。代码运行结果显示，查询表达式成功捕获了数据和调用方信息。

```
Data:
QUICK, BROWN, JUMPED, OVER, LAZY
CallerInfo:
CallerInfoLinq.cs:91 - Main
CallerInfoLinq.cs:92 - Main
```

这一行为有什么用吗？实话说可能确实没什么用。这里旨在展示当语言设计者需要引入新特性时，需要慎重考虑很多情形。这是因为如果有开发人员需要从查询表达式中获取调用方信息，而此时编程规范对此语焉不详，就很令人头疼了。至此，还有一个成员调用的情况未讨论，它比构造器初始化器和查询表达式更为细枝末节，那就是 attribute 初始化。

5. 使用调用方信息 attribute 的 attribute

我以前倾向于把应用 attribute 看作提供额外数据的一个特性。直观而言，它并不像是需要调用什么，但毕竟 attribute 本身也是代码，在构建 attribute 对象时（一般是从某个反射调用中返回），会调用构造器和属性 setter。如果在创建 attribute 时使用调用方信息 attribute，那么调用方会是什么呢？下面一探究竟。

首先需要一个 attribute 类。这部分比较简单，见代码清单 7-9。

代码清单 7-9　捕获调用方信息的 attribute 类

```
[AttributeUsage(AttributeTargets.All)]
public class MemberDescriptionAttribute : Attribute
{
    public MemberDescriptionAttribute(
        [CallerFilePath] string file = "Unspecified file",
        [CallerLineNumber] int line = 0,
        [CallerMemberName] string member = "Unspecified member")
    {
        File = file;
        Line = line;
        Member = member;
    }

    public string File { get; }
    public int Line { get; }
    public string Member { get; }

    public override string ToString() =>
        $"{Path.GetFileName(File)}:{Line} - {Member}";
}
```

方便起见，该类使用了 C# 6 的一些特性，不过这不是重点。这里需要关注构造器参数使用了调用方信息 attribute。

当应用这个新的 MemberDescriptionAttribute 时会发生什么呢？代码清单 7-10 中把该 attribute 应用于另外一个类及其各个方法中，然后看看会发生什么。

代码清单 7-10　将 attribute 应用于类和方法中

```
using MDA = MemberDescriptionAttribute;           ◁ 简化反射代码

[MemberDescription]                               | 应用了 attribute 的类
class CallerNameInAttribute
{
    [MemberDescription]                                      | 通过各种方式对方法
    public void Method<[MemberDescription] T>(               | 应用 attribute
        [MemberDescription] int parameter) { }

    static void Main()
    {
        var typeInfo = typeof(CallerNameInAttribute).GetTypeInfo();
```

```
            var methodInfo = typeInfo.GetDeclaredMethod("Method");
            var paramInfo = methodInfo.GetParameters()[0];
            var typeParamInfo =
                methodInfo.GetGenericArguments()[0].GetTypeInfo();
            Console.WriteLine(typeInfo.GetCustomAttribute<MDA>());
            Console.WriteLine(methodInfo.GetCustomAttribute<MDA>());
            Console.WriteLine(paramInfo.GetCustomAttribute<MDA>());
            Console.WriteLine(typeParamInfo.GetCustomAttribute<MDA>());
        }
    }
```

在 `Main` 方法中使用了反射来获取所有被应用的 attribute。也可以把 `MemberDescriptionAttribute` 应用于别处，比如字段、属性、索引器等。读者可以对随书代码中提供的示例进行各种试验，探究其背后机制。在前面的例子中，编译器都完美地捕获了行号和文件路径，但它并没有把类名作为成员名，因此打印结果为：

```
CallerNameInAttribute.cs:36 - Unspecified member
CallerNameInAttribute.cs:39 - Method
CallerNameInAttribute.cs:40 - Method
CallerNameInAttribute.cs:40 - Method
```

这部分内容在 C# 5 编程规范中有所阐述，它扩展了关于 attribute 应用于函数成员（方法、属性、事件等）而不是类型中的行为。如果能够把类型的相关行为也包含进来，就更完美了。类型属于命名空间的成员，因此类型名称也可以和成员名称形成映射关系。

再次强调，这部分内容是出于章节内容的完整性而设，重点讨论了语言设计中的各种取舍。何时需要为了减少实现的工作量而接受部分局限性？何时语言设计的选择可以不得已背离用户预期？何时语言规范中可以显式地将某个决定转换为实现层面？在宏观层面讲，设计团队需要为某个极端情况付出多少时间成本？至此，还有最后一个实践层面的细节问题：在不存在 attribute 的框架中启用该特性。

7.2.5 旧版本.NET 使用调用方信息 attribute

希望现在大部分读者使用的.NET 版本是.NET 4.5+或者.NET Standard 1.0+，因为它们都包含了调用方信息 attribute，但在某些情况下，也会不得已使用新版编译器搭配旧版 framework。

此时依然可以使用调用方信息 attribute，需要做的就是让编译器识别出这些 attribute。最简单的办法就是使用 `Microsoft.Bcl` NuGet 包，该包提供了上述 attribute 以及新版 framework 的其他很多特性。

如果因为某些原因无法使用 NuGet 包，也可以自行提供这些 attribute。这些 attribute 都很简单，既不含参数，也不需要属性，从 API 文档中直接复制其声明即可，然后把它们放置在 `System.Runtime.CompilerServices` 命名空间下。在此之前，需要确认当前系统没有提供这些 attribute，否则会出现命名冲突。这个过程比较复杂（与版本有关的所有问题都很复杂），相关细节超出了本书的讨论范畴。

编写本章内容之初，我没料到关于调用方信息 attribute 有如此多的内容需要讨论。在日常工作中，我本人很少使用这项特性，但它的设计层面很值得我们深思。从一个很小的特性入手，让我们得以了解设计团队背后付出的努力。我们总认为那些宏大的特性，比如动态类型、泛型或者 `async/await` 需要花费很大精力来设计，但是这些不起眼的小特性由于要覆盖所有可能的极端情况，同样需要付出巨大的精力。各个特性不是孤立的，所以一个新特性的引入所带来的潜在风险是，未来可能难以引入或者实现某个新特性。

7.3 小结

- `foreach` 循环中捕获的迭代变量，在 C# 5 中能够发挥更大的作用。
- 可以使用调用方信息 attribute 来让编译器根据调用方所在的文件、行号和成员名来提供参数。
- 调用方信息 attribute 展示了语言设计工作中需要的细节程度。

Part 3 第三部分

C# 6

C# 6 是我最中意的发行版之一。它包含了很多特性，不过这些特性大都相互独立、易于阐述并且易于应用于现有代码中。虽然这些特性学习起来有些索然无味，但是它们能够显著增强代码可读性。如果只能用旧版本的 C#编写代码，那么我会最怀念 C# 6 的特性。

C# 6 之前的版本都着眼于引入全新的思维模式（泛型、LINQ、动态类型以及 `async/await`），C# 6 则侧重于打磨现有代码。

我将这些特性划分到了 3 章：关于属性的特性、关于字符串的特性和其他特性。虽然建议大家按照顺序阅读这 3 章，不过它们并不像 LINQ 那样具有递进的依赖关系。

由于 C# 6 的特性易于应用于现有代码中，因此建议读者在学习的同时动手实践。尘封许久的代码将会是 C# 6 的一块绝佳实验田。

第 8 章

极简属性和表达式主体成员

本章内容概览：

- 自动实现只读属性；
- 在声明时初始化自动实现的属性；
- 使用表达式主体成员消除冗余代码。

有些 C#版本会有某个核心大特性，其他所有新增特性几乎都是为它服务的，例如 C# 3 引入的 LINQ 和 C# 5 引入的异步特性。C# 6 则不存在这样的现象，但它也有自己的主题，那就是几乎所有特性的目标都是编写更简洁、更易读的代码。C# 6 的宗旨不是实现更多语言功能，而是用更少的代码实现相同的功能。

本章要介绍的特性都是关于属性这类小规模代码的。当代码量较小时，即便移除很少一部分代码，哪怕只是括号、return 语句这些，效果也是十分显著的。尽管这些特性看起来不起眼，但它们对于实际代码的影响相当大。我们首先介绍属性，随后介绍方法、索引器以及运算符。

8.1 属性简史

自 C#诞生之初，属性便存在了。尽管属性的核心功能一直保持稳定，但属性在源码中的写法随着时间的推移变得日益简洁，并且功能渐趋多样化。通过属性，我们可以区分 API 对外暴露的状态访问和修改与状态的内部实现。

例如要在二维空间中表示一个点，可以使用两个公共字段来表示点的坐标，如下所示。

代码清单 8-1　带有公共字段的 Point 类

```
public sealed class Point
{
    public double X;
    public double Y;
}
```

这种实现方式乍一看似乎没什么问题，但这个类的功能（“可以访问 X 和 Y 值”）与实现方式（“使用两个浮点类型的字段”）紧耦合了，此时实现部分就失去了自主权。只要类的状态通过字段对外暴露，下面这些操作就都无法实现了。

- 当为字段赋值时，无法校验新值（比如防止给 *X* 坐标和 *Y* 坐标赋无穷小数和非数值）。
- 当获取字段值时，无法执行计算（例如需要使用另外一种格式存储字段——虽然对于一个 `Point` 类型不太可能存在这种需求，但在某些场景中是很有可能的）。

读者或许认为等到日后需求发生变更时，完全可以把字段改成属性，但这种修改属于破坏性修改，应尽量避免。（它破坏了源码、二进制码以及反射的兼容性。不在最初使用属性，是十分冒险的。）

在 C# 1 时代，C#语言几乎不支持属性。代码清单 8-1 对应的 C# 1 的属性实现如下所示。当时需要手动声明字段，为每个属性声明 getter 方法和 setter 方法。

代码清单 8-2　C# 1 中采用属性实现 `Point` 类

```
public sealed class Point
{
    private double x, y;
    public double X { get { return x; } set { x = value; } }
    public double Y { get { return y; } set { y = value; } }
}
```

可能有人会说：很多属性最后也不过是实现对字段的简单读写，也不需要校验、计算等额外操作。如果是此类属性，那确实可以只通过字段来实现，但我们无法预知哪个属性将来有可能需要这些额外操作。即便我们能够准确预知未来，但这种写法依然让人感觉游离于两个抽象层面。于我而言，属性充当着类型所提供协议的一部分：对外宣告自己的功能。字段是实现的细节，属于黑盒的内部机制，用户在大部分情况下不需要了解这部分细节。我倾向于在绝大部分情况下把字段设置为私有。

说明　事有例外，在有些情况下对外直接暴露字段是合理行为。第 11 章介绍 C# 7 中的元组特性时会给出有趣的示例。

C# 2 中关于属性的改进仅一处：允许 getter 和 setter 搭载不同的访问修饰符，例如 public getter 和 private setter。（这不是仅有的组合，但最常见。）

C# 3 又增加了自动实现的属性，于是代码清单 8-2 就可以改写成更简单的形式，如下所示。

代码清单 8-3　使用 C# 3 实现的 `Point` 类和属性

```
public sealed class Point
{
    public double X { get; set; }
    public double Y { get; set; }
}
```

这种方式与代码清单 8-2 几乎完全等价，但它不能直接访问属性的对应字段，因为这种方式下的字段属于**难言之名**，不是合法的 C#标识符，但可以被运行时识别。

而 C# 3 只允许自动实现读写属性。这里不讨论“只读”的优缺点，但很多时候确实需要让

Point 类具有不变性。如果要让属性实现真正的只读，那么需要采用之前的手动方式来实现。

代码清单 8-4　在 C# 3 中手动实现的 Point 类的只读属性

```
public sealed class Point
{
    private readonly double x, y;                  ← 声明只读字段
    public double X { get { return x; } }          声明只读属性
    public double Y { get { return y; } }          返回字段值

    public Point(double x, double y)
    {
        this.x = x;        在构造器中
        this.y = y;        初始化字段
    }
}
```

这种限制的确很烦人。包括我在内的很多开发人员有时会采取一些小技巧来规避，就是通过 private setter 来模拟只读属性，见代码清单 8-5。

代码清单 8-5　在 C# 3 中使用 private setter 通过自动实现属性实现 Point 类的只读属性

```
public sealed class Point
{
    public double X { get; private set; }
    public double Y { get; private set; }

    public Point(double x, double y)
    {
        X = x;
        Y = y;
    }
}
```

这种方式虽然可行，但并不令人满意，因为它不能准确传达作者的意图。我们希望只能在构造器中对属性赋值，但在 Point 类内部还是可以改变属性的值。我们需要一种由字段支持的更简单的实现方式。一直到 C# 5，我们都只能在简单和精准达意之间进行取舍，顾此失彼。C# 6 终结了这一困境，终于可以实现代码既简单又精准达意。

8.2　自动实现属性的升级

C# 6 针对自动实现的属性引入了两个新特性。这两个特性都简单易懂。前面关注的主要问题是如何用属性代替公共字段，以及精准实现不可变类型所遇到的困难。下面要介绍的 C# 6 的第一个特性的用途也不难猜想，同时它还移除了一些先前的限制条件。

8.2.1　只读的自动实现属性

C# 6 允许以一种简单的方式表达由只读字段支持的真正只读属性。仅需一个空的 getter 方法，

并不需要 setter 方法，如下所示。

代码清单 8-6 Point 类使用只读自动实现属性

```
public sealed class Point
{
    public double X { get; }    声明只读自动
    public double Y { get; }    实现的属性

    public Point(double x, double y)
    {
        X = x;    在构造器中
        Y = y;    初始化属性
    }
}
```

以上代码与代码清单 8-5 的唯一区别就是属性 X 和 Y 的声明部分，这两个属性完全剔除了 setter 方法。在取消 setter 方法之后，读者可能会有疑问：在构造器中该如何初始化属性？初始化过程和代码清单 8-4 手动实现的过程完全一致：由自动实现属性所声明的字段是只读的，任何对属性赋值的语句都会被编译器转换成对字段的直接赋值，于是除构造器外，任何对属性的赋值语句都会引发编译时错误。

我个人偏好使用字段只读，这一改进对于我来说意义重大。它能够让我们仅用很少的代码就表达出理想的结果。至少从这一点上说，“懒惰”不再是代码质量的绊脚石。

C# 6 解除的另一项限制是关于初始化的。前面展示的代码要么不进行显式初始化，要么在构造器中完成初始化，那么如何像对字段那样对属性进行初始化呢？

8.2.2 自动实现属性的初始化

在 C# 6 之前，所有自动实现属性的初始化必须通过构造器来完成，我们无法在声明属性时就对其进行初始化。假设在 C# 2 中有一个 Person 类，如下所示。

代码清单 8-7 在 C# 2 中手动实现属性的 Person 类

```
public class Person
{                                                                 声明并初始化
    private List<Person> friends = new List<Person>();    <——   字段
    public List<Person> Friends    <——  读/写属性字段通过
    {                                   属性对外暴露
        get { return friends; }
        set { friends = value; }
    }
}
```

如果想使用自动实现属性，就需要把初始化的代码转移到构造器中，代码中现在还缺少显式的构造器，需要继续修改代码，见代码清单 8-8。

代码清单 8-8　C# 3 采用自动实现属性的 Person 类

```
public class Person
{
    public List<Person> Friends { get; set; }        ← 声明属性。不允许有初始化器

    public Person()
    {
        Friends = new List<Person>();                ← 在构造器中初始化属性
    }
}
```

以上代码和前面的一样冗长。C# 6 解除了这项限制，可以在声明属性时就完成初始化，请看代码清单 8-9。

代码清单 8-9　C# 6 自动实现读写属性的 Person 类

```
public class Person
{
    public List<Person> Friends { get; set; } =      | 声明并初始化读/写
        new List<Person>();                          | 自动实现的属性
}
```

当然，它也可以和只读自动实现属性搭配使用。一种常见的模式是，使用一个只读属性，然后对外暴露一个可变集合，这样调用方就可以对集合执行添加或删除元素的操作了，但是不能把另外一个集合或 null 引用赋值给该属性。只需要移除 setter 即可。

代码清单 8-10　C# 6 中 Person 类自动实现的只读属性

```
public class Person
{
    public List<Person> Friends { get; } =           | 声明并初始化只读
        new List<Person>();                          | 自动实现的属性
}
```

尽管以前该限制并不会造成太大问题，因为通常需要通过构造器参数来初始化属性，不过这一改进也确实值得称道。C# 6 解除的另一项限制，如果与只读自动实现属性连用更能发挥作用。

8.2.3　结构体中的自动实现属性

在 C# 6 之前，我一直对结构体的自动实现属性心存不满，主要有两个原因。

- 我所编写的结构体基本上是只读的，使用自动实现属性会很痛苦。
- 根据“确定赋值”原则，一个构造器的自动实现属性的赋值，只能在链式调用另一个构造器之后进行。

说明　一般而言，**确定赋值**原则指：编译器会跟踪和记录代码执行到特定位置时（无论以何种方式到达该位置），哪些变量已经被赋值。该原则主要用于约束局部变量，以保证访问某个局部变量时该变量已经被赋值。这里套用同样的原则名称，不过作用稍有不同。

代码清单 8-11 是 Point 类的结构体定义，它同时展示了以上两点问题。单是敲出这些代码就让我感觉浑身难受。

代码清单 8-11 C# 5 Point 结构体使用自动实现属性

```
public struct Point
{
    public double X { get; private set; }     public getter 和 private setter
    public double Y { get; private set; }     的属性

    public Point(double x, double y) : this()  <— 链式调用默认
    {                                              构造器
        X = x;          属性初始化
        Y = y;
    }
}
```

我不会在实际代码库中编写这样的代码。这种写法把自动实现属性所带来的优势全部埋没了。前面讨论了属性的只读特征，是什么原因导致在构造器初始化器中需要调用默认构造器呢？

答案就隐藏在结构体字段赋值规则之中。有以下 2 条规则。

- 在编译器确定结构体中所有字段都已经赋值之前，属性、方法、索引器和事件都是不可用的。
- 结构体的构造器在调用返回之前必须确保所有字段都已经赋值。

在 C# 5 中，如果不调用默认的构造器，就同时违反了这两条规则。为 X 和 Y 属性赋值也被视为对值的使用，是不被允许的。而对属性赋值也不被视为对字段赋值，因此不能从构造器返回。先调用默认构造器是一个迂回的解决办法，因为默认构造器会在当前构造器执行开始之前对所有字段赋值。这样编译器判断所有字段都已赋值，于是允许在构造器中设置属性并返回。

到了 C# 6，语言和编译器对自动实现属性和属性对应字段之间的关系有了新的解读。

- 允许在所有字段赋值之前为自动实现属性赋值。
- 为自动实现属性赋值可以视为字段的初始化。
- 只要此前自动实现属性已经赋值，那么无论其他字段是否已经完成初始化，此时都可以读取该属性。

可以把这些改进理解为：在构造器中，把自动实现属性当作字段对待。

有了以上新规则和真正的只读自动实现属性，代码清单 8-12 所示的 C# 6 结构体版本的 Point 就和代码清单 8-6 中 Point 类的写法完全相同了，当然，除了声明关键字 struct 和 sealed class。

代码清单 8-12 C# 6 中 Point 结构体的自动实现属性

```
public struct Point
{
    public double X { get; }
    public double Y { get; }

    public Point(double x, double y)
```

```
    {
        X = x;
        Y = y;
    }
}
```

这样的结果正是我们想要的，简洁又精准。

说明 读者可能会质疑 Point 声明为结构体的必要性。在本例中无法给出定论。Point 这种数据结构感觉应该是值类型，不过我通常还是用类来定义 Point。除 Noda Time 项目（大量使用结构体）外，我自己很少需要编写结构体。这个例子并不是主张多使用结构体类型，只是提醒当需要使用结构体时，C#语言能够提供更好的支持了。

前面讨论的 C# 6 特性都是让自动实现的属性更简洁，通常能够减少样板代码，但事实上并不是所有属性都是自动实现属性。消灭冗余代码的任务并不止步于此。

8.3 表达式主体成员

其实很难从 C#中找出统一的编码风格。抛开其他方面不谈，问题的领域不同，实现方案自然不同。我在实际工作中遇到过一些类型，它们包含大量简单方法和属性。这种情况就很适合使用 C# 6 提供的表达式主体成员。前面探讨了属性，下面还是以属性为例展开介绍，之后逐步扩展到其他函数成员。

8.3.1 简化只读属性的计算

有些属性的规模比较小：如果用字段来实现与类型的逻辑状态吻合，那么属性可以直接返回字段。这就是自动实现的属性发挥作用之处。而有的属性还会包含一些计算，计算过程又依赖其他字段或属性。为了说明该问题，我们扩展前面的 Point 类，添加一个新的属性 DistanceFromOrigin，其作用是按照勾股定理计算当前点与原点的距离。

说明 读者无须关心所涉数学术语的细节，只需要知道它是一个使用了 X 和 Y 的只读属性即可。

代码清单 8-13 为 Point 类添加一个 DistanceFromOrigin 属性

```
public sealed class Point
{
    public double X { get; }
    public double Y { get; }

    public Point(double x, double y)
    {
        X = x;
```

```
        Y = y;
    }

    public double DistanceFromOrigin
    {
        get { return Math.Sqrt(X * X + Y * Y); }
    }
}
```

只读属性，用于计算距离

这段代码的可读性不算太差，但确实有很多**形式代码**。这些代码的唯一作用是让编译器能够理解代码的含义。图 8-1 是属性 `DistanceFromOrigin` 的图解。“形式代码”（大括号、`return` 语句以及分号）用浅阴影标示。

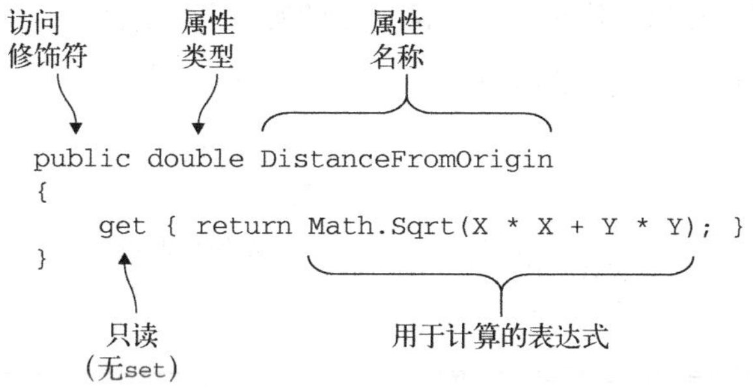

图 8-1 标注了重点的属性声明

C# 6 可将以上声明大幅简化：

```
public double DistanceFromOrigin => Math.Sqrt(X * X + Y * Y);
```

其中的=>符号用于指示表达式主体成员，在本例中它是一个只读属性。这样就移除了大括号、关键字这些，并且之前显式的只读和返回表达式的部分都隐藏了。和代码清单 8-1 相比，表达式主体保留了所有必要信息（以一种不同的方式来表示只读），省略了多余信息，堪称完美。

这不是 lambda 表达式

之前出现过=>这个语法符号。lambda 表达式是 C# 3 引入的特性，它可以简化委托和表达式树的声明。例如：

```
Func<string, int> stringLength = text => text.Length;
```

虽然表达式主体也使用=>符号，但二者不能混为一谈。前面 `DistanceFromOrigin` 属性的声明中不涉及任何委托或表达式树，它只是指引编译器去创建一个只读属性，属性根据给定表达式完成计算并返回结果。

我一般把这个符号称为“宽箭头”。

读者可能会质疑这一特性在编码中的实际作用，下面以 Noda Time 为例继续探讨。

1. 传递或者代理属性

试考虑 Noda Time 中的 3 个类型：

- `LocalDate`——某个日历中的日期，不包含时间组件；
- `LocalTime`——某天的某个时间，不包含日期组件；
- `LocalDateTime`——日期与时间的组合。

不考虑初始化这些细节，只考虑这 3 个类型所需的要素。显然，日期需要的属性包括年、月、日；时间需要的属性包括时、分、秒等。那时间与日期的组合需要什么呢？虽然将日期组件和时间组件分开会比较方便，但很多时候需要同时包含二者。`LocalDate` 组件和 `LocalTime` 组件都经了过反复优化，因此在 `LocalDateTime` 组件中最好不要做重复工作，而是在其中将日期组件和时间组件通过代理进行传递。代码清单 8-14 所示的实现十分简洁。

代码清单 8-14　Noda Time 中的属性代理

```
public struct LocalDateTime
{
    public LocalDate Date { get; }            <-- 日期组件对应的属性
    public int Year => Date.Year;             | 属性代理日期
    public int Month => Date.Month;           | 子组件
    public int Day => Date.Day;

    public LocalTime TimeOfDay { get; }       <-- 时间组件对应的属性
    public int Hour => TimeOfDay.Hour;        | 属性代理日期
    public int Minute => TimeOfDay.Minute;    | 子组件
    public int Second => TimeOfDay.Second;

                                              <-- 初始化、其他属性和成员
}
```

移除`{ get { return ... } }`语句之后，干净整洁，赏心悦目，很多属性可以如此操作。

2. 在另一个状态中执行简单逻辑

在 `LocalTime` 中有一个简单状态：当日的纳秒数。其他所有属性都根据该值来计算，例如计算纳秒中亚秒的值是一个简单的取余操作。

```
public int NanosecondOfSecond =>
    (int) (NanosecondOfDay % NodaConstants.NanosecondsPerSecond);
```

第 10 章会介绍如何继续简化这段代码，目前先感受表达式主体属性带来的简洁性即可。

重要警告

表达式主体属性有一个缺陷：在书写方式上，一个只读属性与一个公共的可读写属性只有一个符号之差。多数情况下如果不小心写错，编译器就会报错，因为这样做等于在字段初始化器中使用了其他字段或属性。对于静态属性或者返回常量的属性，编译器则不会报错。考虑下面两个声明的差别：

```
// 声明一个只读属性
public int Foo => 0;
// 声明一个公共的读/写属性
public int Foo = 0;
```

这种失误困扰过我多次。不过一旦意识到有这种出错的可能，就不难察觉了。此外，还要确保负责审查代码的同事也意识到这一点，双重保险更稳妥。

关于表达式主体属性就介绍到这里，从本节标题可知，其他成员也可以有表达式主体。

8.3.2 表达式主体方法、索引器和运算符

除了表达式主体属性，还可以编写表达式主体方法、只读索引器、运算符以及自定义转换。=>符号的使用方式是相同的：没有由大括号包围的表达式以及隐含的 return 语句。

例如在 C# 5 中某个 Point 类的 Add 方法以及向量加法运算实现如下。

代码清单 8-15 C# 5 实现的简单方法和运算符

```
public static Point Add(Point left, Vector right)
{
    return left + right;
}

public static Point operator+(Point left, Vector right)
{
    return new Point(left.X + right.X,
        left.Y + right.Y);
}
```

只代理运算符

简单构造器调用实现+操作

使用 C# 6 可以简化以上代码，二者都可以使用表达式主体成员，如代码清单 8-16 所示。

代码清单 8-16 C# 6 中表达式主体方法和运算符

```
public static Point Add(Point left, Vector right) => left + right;

public static Point operator+(Point left, Vector right) =>
    new Point(left.X + right.X, left.Y + right.Y);
```

注意到在 operator+中使用的格式了吗？把所有内容放在一行的话，代码会过长。我一般把=>符号放到声明部分的末尾，然后将主体部分缩进。读者当然可以按自己的编码习惯来操作，不过这种写法对于所有表达式主体成员都比较适用。

也可以对返回值为 void 的方法使用表达式主体。这种情况没有 return 语句需要省略，只要省略大括号即可。

说明 这一点也和 lambda 表达式一样。再次提醒，表达式主体和 lambda 表达式不能混为一谈，它们只是在某些方面有共同点而已。

例如下面这个简单的日志方法：

```
public static void Log(string text)
{
    Console.WriteLine("{0:o}: {1}", DateTime.UtcNow, text)
}
```

可以将其改写成表达式主体方法。

```
public static void Log(string text) =>
    Console.WriteLine("{0:o}: {1}", DateTime.UtcNow, text);
```

虽然此处的优势不太明显，但对于一个方法来说，能把方法声明和方法体保持在同一行，还是很不错的。第 9 章会介绍内插字符串字面量，可以将这段代码进一步简化。

下面给出关于方法、属性和索引器的最后一个示例。假设需要创建并实现自己的 IReadOnlyList<T>来提供一个基于 IList<T>的只读视图。当然，ReadOnlyCollection<T>已经实现了相同的功能，它还实现了可变接口（IList<T>和 ICollection<T>）。不过有时需要通过接口来更精确地描述集合所允许的操作。通过表达式主体成员，这样的封装实现可以变得很简短。

代码清单 8-17　通过表达式主体成员实现 IReadOnlyList<T>

```
public sealed class ReadOnlyListView<T> : IReadOnlyList<T>
{
    private readonly IList<T> list;

    public ReadOnlyListView(IList<T> list)
    {
        this.list = list;
    }

    public T this[int index] => list[index];        ◁ 索引器代理 list 索引器
    public int Count => list.Count;                 ◁ 属性代理 list 属性
    public IEnumerator<T> GetEnumerator() =>        方法代理 list 方法
        list.GetEnumerator();
    IEnumerator IEnumerable.GetEnumerator() =>      方法代理另一个 GetEnumerator 方法
        GetEnumerator();
}
```

其中涉及的唯一新特性是表达式主体索引器，该特性的语法和其他成员的相关语法很类似。

有没有什么异常或者出乎意料的地方？目前的构造器看起来还不够优雅，对吧？

8.3.3　C# 6 中表达式主体成员的限制

在列出某段冗长的代码之后，我通常会引出 C#的另一个特性来优化代码，可惜这条经验对于 C# 6 来说不再适用了。

尽管构造器只包含一条语句，但 C# 6 并没有提供表达式主体的构造器。不能使用表达式主体的成员不仅限于构造器，还包括：

- 静态构造器；
- 终结器；
- 实例构造器；
- 读/写属性或只写属性；
- 读/写索引器或只写索引器；
- 事件。

这些限制并没有对我造成太大影响，不过这种内部不一致性显然给 C#设计团队带来了压力，因此自 C# 7 起，以上成员皆可支持表达式主体。虽说这项特性并不怎么节省字符，但是如果遵循正确的格式规范，可以节省一些垂直空间，还能增强可读性，因为它可以传达“这是简单成员”的含义。这些成员所使用的语法我们已经很熟悉了。代码清单 8-1 给出了一个完整示例，旨在展示相关语法。这段代码仅用于示例，不可另作他用。其中事件处理器的部分不像其他简单类字段的事件，它是非线程安全的。

代码清单 8-18　C# 7 提供的其他表达式主体

```
public class Demo
{
    static Demo() =>
        Console.WriteLine("Static constructor called");    // 静态构造器
    ~Demo() => Console.WriteLine("Finalizer called");      // 终结器

    private string name;
    private readonly int[] values = new int[10];

    public Demo(string name) => this.name = name;          // 构造器

    private PropertyChangedEventHandler handler;
    public event PropertyChangedEventHandler PropertyChanged
    {
        add => handler += value;
        remove => handler -= value;
    }                                                      // 使用自定义访问器的事件

    public int this[int index]
    {
        get => values[index];
        set => values[index] = value;
    }                                                      // 读/写索引器

    public string Name
    {
        get => name;
        set => name = value;
    }                                                      // 读/写属性
}
```

该特性的一个好处在于：get 访问器和 set 访问器可以独立选择使用表达式主体，互不影响。假如需要索引器的 setter 访问器检查值是否为负，可以保持 getter 访问器为表达式主体形式：

8

```
    public int this[int index]
    {
        get => values[index];
        set
        {
            if (value < 0)
            {
                throw new ArgumentOutOfRangeException();
            }
            Values[index] = value;
        }
    }
```

我认为类似的需求将来会很普遍。根据我的经验，setter 访问器通常都需要校验，而 getter 访问器通常功能都比较简单。

提示　如果你的 getter 访问器中需要很多逻辑，应考虑是否需要改写为方法。这两者之间的界限有时不易确定。

表达式主体有诸多优点，它是否存在不足之处呢？在把成员都改写成表达式主体时，又该如何拿捏分寸呢？

8.3.4　表达式主体成员使用指南

根据我的个人经验，在运算符、转换、比较、等价判断和 `ToString` 方法中，表达式主体大有作为，因为相关代码通常比较简单。不过凡事不能一概而论，有些类型中可能存在大量这样的成员，它们在代码可读性上可能相差较大。

和其他小众特性不同，表达式主体成员在各代码库中应用广泛。在把 Noda Time 升级到使用 C# 6 时，我移除了代码中大概一半 `return` 语句。这一变化影响巨大，而且随着逐步升级到 C# 7，情况还会继续向好。

表达式主体成员的优势不仅体现在增强可读性上，它还会对心理层面产生影响：使用表达式主体成员，会让人有一种广泛采用函数式编程的错觉。我在此过程中甚至感觉到了一丝飘飘然，仿佛自己更聪慧了。这听上去虽然有点不可思议，但它确实契合某种心理。当然，读者可能会更冷静、更理智一些。

一个普遍存在的风险是过度使用新特性。如果代码中有类似于 `for` 循环这样的语句，是无法使用表达式主体成员的。然而很多时候，即便可以把某个常规方法改写成表达式主体成员，也不应这样做。例如以下两类成员：

- 执行条件检查的成员；
- 使用解释性变量的成员。

对于第 1 类，假设有一个 `Preconditions` 类包含一个泛型 `CheckNotNull` 方法，该方法接收引用和形参名称。如果引用为 `null`，那么根据形参名称抛出 `ArgumentNullException`，否则返回该引用值。这种设计可以在构造器中将检查语句和赋值语句有效结合起来。

这样的话，方法的执行结果既可以用作返回值，也可以用于实参。但问题在于，如果编码不够细致，会导致代码表意不清。下面的方法来自之前提到的 LocalDateTime：

```
public ZonedDateTime InZone(
    DateTimeZone zone,
    ZoneLocalMappingResolver resolver)
{
    Preconditions.CheckNotNull(zone);
    Preconditions.CheckNotNull(resolver);
    return zone.ResolveLocal(this, resolver);
}
```

这段代码简单易读：首先检查参数是否合法，然后代理给另一个方法。下面把它改写成表达式主体：

```
public ZonedDateTime InZone(
    DateTimeZone zone,
    ZoneLocalMappingResolver resolver) =>
    Preconditions.CheckNotNull(zone)
        .ResolveLocal(
            this,
            Preconditions.CheckNotNull(resolver);
```

两段代码的执行效果完全相同，但后者较不易读。根据我的个人经验，如果要改写成表达式主体，那么最多只能有一条检查语句，否则效果不佳。

对于第 2 类，解释性的变量：NanosecondOfSecond 是 LocalTime 的一个属性。LocalTime 中约一半的属性使用了表达式主体，但很大一部分属性包含两条语句，如下所示：

```
public int Minute
{
    get
    {
        int minuteOfDay = (int) NanosecondOfDay / NanosecondsPerMinute;
        return minuteOfDay % MinutesPerHour;
    }
}
```

如果把两条语句合为一条（省略 minuteOfDay），则很容易改写成表达式主体属性：

```
public int Minute =>
    ((int) NanosecondOfDay / NodaConstants.NanosecondsPerMinute) %
    NodaConstants.MinutesPerHour;
```

这段代码也实现了完全相同的功能，但第一版中的 minuteOfDay 能体现子表达式的具体含义，这样整段代码更易读。

也许将来我会得出相反的结论，但对于某些复杂的场景，一步一个脚印地编写代码，并且给每步的结果取一个有意义的名称，待半年之后再回头看这些代码，会深感欣慰。另外，在调试的时候，这种写法也便于逐条语句地推进，查看每一步执行的结果是否符合预期。

好消息是，表达式主体成员是纯语法糖，我们可以根据喜好随时把常规代码改成表达式主体，也可以把表达式主体再改回来。

8.4　小结

- 自动实现的属性可以通过只读字段实现只读属性。
- 自动实现的属性可以搭配初始化器，而属性初始化不必在构造器中完成。
- 结构体也可以有自动实现的属性，而不必对构造器进行链式调用。
- 使用表达式主体可以减少“形式代码”。
- 虽然 C# 6 中很多成员不能使用表达式主体，但 C# 7 解除了这些限制。

第 9 章 字符串特性

本章内容概览：

- 采用内插字符串字面量增强格式化代码的可读性；
- 通过 FormattableString 实现属地化和自定义格式化；
- 使用 nameof 创建利于重构的引用。

字符串的用法已众所周知。string 类型是学习.NET 数据类型时首先认识的类型之一。在.NET 的演进过程中，string 类本身没有发生太多变化，并且自 C# 1 问世以来也没有推出太多关于 string 类型的新特性。不过 C# 6 打破了这一沉默，引入了新的字符串字面量和运算符。本章会详细介绍这两个特性，不过请牢记，字符串本身并没有发生任何变化。这两个特性都只是获取字符串的新方法，仅此而已。

与第 8 章所述特性类似，字符串内插特性没有提供任何新功能，而是让我们能以更精确易读的方式编码。这种改动不可小觑，任何能便利代码读写的特性都有助于提高生产效率。

nameof 运算符属于 C# 6 提供的新功能，但它只是一个很小的特性。它的作用是，获取代码中某个现有的标识符名称，在执行期以字符串的形式提供该名称。虽然该特性不像 LINQ 或 async/await 那样具有颠覆性，但它能帮助我们规避拼写错误，以及让重构工具发挥更大价值。在介绍新知识之前，首先回顾已有知识。

9.1 .NET 中的字符串格式化回顾

读者对这部分内容想必已经了如指掌了。使用字符串是 C#开发人员的日常工作。一如既往，为了充分理解 C# 6 的字符串内插特性的工作原理，需要回顾相关背景知识。讲解新特性之前，首先介绍.NET 如何处理字符串格式化相关基础知识。

9.1.1 简单字符串格式化

我个人喜欢编写一些小的 console 应用来测试新的编程语言。这种应用程序主要用于夯实基础、增强信心，以便之后精进技艺。像下面这段代码，我已经熟悉得不能再熟悉了——询问用户名称并向其问好。

```
Console.Write("What's your name? ");
string name = Console.ReadLine();
Console.WriteLine("Hello, {0}!", name);
```

最后一行代码与本章内容直接相关。它使用了 Console.WriteLine 的一个重载方法，该方法接收一个**复合格式串**，包括**格式项**以及格式项对应的实参。本例中有一个格式项：{0}，它会被 name 变量替换。大括号中的数字代表后面实参的索引号。（0表示第1个值，1表示第2个值，以此类推。）

很多API应用了上述模式。一个典型的例子是 string 类中的 Format 方法，该方法仅负责将字符串进行合理格式化。接下来增加示例的复杂度。

9.1.2 使用格式化字符串来实现自定义格式化

解释一下：这部分内容对我本人和读者朋友都有益。印象中我访问过 MSDN 页面无数次，只为查找什么样的格式应该用在哪里，以及如何使用，我经常遗忘这类问题，因此我把相关有用信息总结于此来强化记忆，希望读者也能从中获益。

复合格式串中的每个格式项都会指定一个需要被格式化的实参的索引值，但在格式化值的时候，格式项还可以指定以下内容。

- **对齐方式**。对齐方式会指定最小字宽、左对齐或右对齐。右对齐用正值表示，左对齐用负值表示。
- **格式化串**。格式化串常用于日期/时间和数字的表示。例如按照ISO-8601标准格式化日期，可以使用 yyyy-MM-dd 作为格式化串。如果格式化金额，可以使用 C 作为格式化串。格式化串的含义取决于被格式化值的类型，因此需要查阅相关文档来选择合适的格式化串。

图9-1展示了某个价格所对应的复合格式串的各个组成部分。

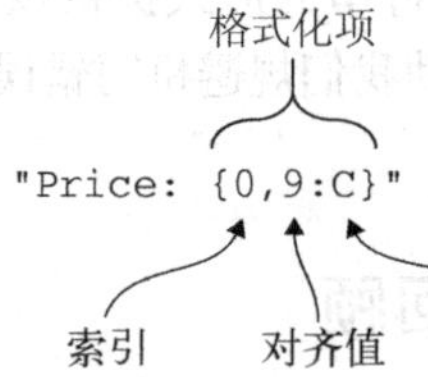

图9-1　表示价格的复合格式串的格式项

对齐方式和格式化串是互相独立的可选项。可以指定任意一个，也可以都指定或都不指定。逗号用于指示对齐方式，冒号用于指示格式化串。格式化串中也可以出现逗号，因为对齐方式只有一种。

下面拓展图9-1的例子，通过不同长度的值对比不同的对齐方式。代码清单9-1显示了价格（$95.25）、小费（$19.05）和总价（$114.30），其中标签左对齐，值右对齐。

以US英语作为默认设置的打印结果如下：

```
Price:    $95.25
Tip:      $19.05
Total:   $114.30
```

代码将对齐值设为 9 以实现右对齐（或者换个说法：左边用空格补齐）。如果账单金额很大（比如 100 万美元），对齐就不起作用了，因为它指定的是最小字宽。如果想要让代码能够右对齐任何大小的值，则需要先估计最大值。这样会增加代码的复杂度，C# 6 提供的新特性也对此无计可施。

代码清单 9-1 将价格、小费和总价对齐

```
decimal price = 95.25m;
decimal tip = price * 0.2m;                    <-- 小费为价格的 20%
Console.WriteLine("Price: {0,9:C}", price);
Console.WriteLine("Tip:   {0,9:C}", tip);
Console.WriteLine("Total: {0,9:C}", price + tip);
```

US 英语 culture 对代码清单 9-1 的结果有很大影响。如果是 UK 英语 culture，结果中的现金符号会是£；如果计算机采用法语 culture，那么小数点分隔符就会变成逗号，现金符号会变成欧元符号，而且会位于金额的末尾而不是开头。这就是做属地化工作的乐趣所在，下面就来聊聊属地化。

9.1.3 属地化

广义的**属地化**指的是那些让代码能够为全世界用户提供正确服务所做的工作。任何宣称属地化工作并不复杂的人，要么经验比我丰富，要么就是经验很少，不了解这项工作有多棘手。世界之大，无奇不有，总会有我们考虑不到的极端情况。属地化工作对于所有编程语言来说都是难题，只不过痛点不同罢了。

9

说明 这里采用**属地化**这个术语，有些人可能倾向于使用**国际化**。微软在使用这两个术语的时候对它们有所区分，不过区别很细微。这里还请专业人士见谅，这里不必纠缠术语上的细微差别，而要把重心放在主要问题上。

在.NET 中，`CultureInfo` 是属地化工作的一个重要类型。它负责某种语言（例如英语）的选择偏好，或者特定地区的语言（比如加拿大的法语），或者某个地区的语言变种（比如繁体中文）。这些偏好还包括翻译（例如一星期中各天的用词）以及指示文本排序规则和数字的格式化规则（小数点究竟采用逗号还是点号），凡此种种，不一而足。

通常在方法签名中不会直接出现 `CultureInfo`，而会使用 `IFormatProvider` 接口，`CultureInfo` 实现自该接口。大部分用于格式化的方法会有一个重载方法，其中 `IFormatProvider` 是重载方法的首个形参，其后才是需要格式化的字符串形参。考虑 `string.Format` 的两个方法签名，如下所示：

```
static string Format(IFormatProvider provider,
    string format, params object[] args)
static string Format(string format, params object[] args)
```

如果两个重载方法只有一个形参不同，那么通常会把该形参放在参数列表的末尾。但是对于上面的例子，这样做是行不通的，因为 args 是一个形参数组（使用 parms 修饰）。根据规定，当方法包含形参数组时，形参数组必须是最后一个参数。

虽然形参的类型是 IFormatProvider，但传入的实参基本上总是 CultureInfo。例如按照 US 英语 culture 来格式化我的生日：1976 年 6 月 19 日，可以写成：

```
var usEnglish = CultureInfo.GetCultureInfo("en-US");
var birthDate = new DateTime(1976, 6, 19);
string formatted = string.Format(usEnglish, "Jon was born on {0:d}", birthDate);
```

其中 d 是**短日期**格式的标准日期/时间格式，在 US 英语中对应的是月/日/年，我的生日就会格式化为 6/19/1976；在 UK 英语中，则是日/月/年，于是会格式化为 19/06/1976。请注意，二者不仅顺序不同，在 UK 英语中月份还会使用 0 补齐到两位数。

其他一些 culture 可能会使用完全不同的格式。了解这些不同 culture 下不同的格式化结果也有助于增长见识。例如可以尝试使用.NET 支持的所有 culture 打印同一日期，如代码清单 9-2 所示。

代码清单 9-2　使用所有 culture 格式化同一日期

```
var cultures = CultureInfo.GetCultures(CultureTypes.AllCultures);
var birthDate = new DateTime(1976, 6, 19);
foreach (var culture in cultures)
{
    string text = string.Format(
        culture, "{0,-15} {1,12:d}", culture.Name, birthDate);
    Console.WriteLine(text);
}
```

结果如下所示：

```
...
tg-Cyrl          19.06.1976
tg-Cyrl-TJ       19.06.1976
th                19/6/2519
th-TH             19/6/2519
ti               19/06/1976
ti-ER            19/06/1976
...
ur-PK            19/06/1976
uz               19/06/1976
uz-Arab          29/03 1355
uz-Arab-AF       29/03 1355
uz-Cyrl          19/06/1976
uz-Cyrl-UZ       19/06/1976
...
```

这个例子还展示了使用`{0,-15}`来实现 culture 名称左对齐，以及使用`{1,12:d}`实现日期右对齐。

1. 根据默认 culture 格式化

如果没有指定 format provider，或者给 `IFormatProvider` 参数传递了 `null` 值，`CultureInfo.CurrentCulture` 就会被设置为默认值。默认值取决于当前所在上下文，可以分别设置每个线程的默认值，而有些 Web 框架会在特定线程处理请求之前进行设置。

建议谨慎使用默认值：必须确保特定线程中的值没有问题。（如果要跨线程来启动并行操作，那么一定要检查代码行为。）如果不使用默认值，则需要了解终端用户所处的 culture，然后显式地提供 culture 信息。

2. 为机器提供格式化

前面所讲的格式化内容都是提供给终端用户的，但这并不是唯一可能。对于机器-机器的通信（例如某个 Web 服务进行 URL 请求的参数解析），则需要 invariant culture，可以通过访问 `CultureInfo.InvariantCulture` 静态属性获取。

假设需要通过某个 Web 服务从一个出版商处获取畅销书榜单。Web 服务使用 https://manning.com/webservices/bestsellers 这样的 URL 来获取，该请求可以提供一个 `date` 参数，以便获取特定日期的畅销书榜单①。假设请求参数使用 ISO-8601 标准（年–月–日），而需要获取 2017 年 3 月 20 日的畅销书榜单，那么对应的 URL 应该是 https://manning.com/webservices/bestsellers?date=2017-03-20。然后在应用程序中让用户选择一个日期，之后通过代码构造出 URL，代码如下所示：

```
string url = string.Format(
    CultureInfo.InvariantCulture,
    "{0}?date={1:yyyy-MM-dd}",
    webServiceBaseUrl,
    searchDate);
```

提醒一下，多数时候不需要直接为机器–机器的通信直接格式化数据，并尽量避免字符串转换。如果使用了字符串转换，往往预示着代码没有合理使用库或框架，或者存在数据设计问题（例如在数据库中用文本来保存日期，而不是本地的日期/时间类型）。话虽如此，但经常需要手动构建字符串，此时只要注意选择合适的 culture 就可以了。

前面用了很长的篇幅来回顾字符串的使用，有了这些知识储备以及这些不甚优雅的示例代码，正好适合开始学习 C# 6 的内插字符串字面量。前面展示的那些 `string.Format` 看起来太过冗长，编写代码时开发人员还需要兼顾格式串和实参这两部分内容，劳神费力。显然，代码可以更简洁一些。

① 这是一个虚构的 Web 服务。

9.2 内插字符串字面量介绍

使用 C# 6 的内插字符串字面量，能够大幅简化字符串格式化工作。虽然还是同时需要格式串和实参才能完成格式化，但使用内插字符串字面量，可以把格式信息和实参值结合在一起，这样写出的代码更易读。如果你的代码中存在大量使用 `string.Format` 进行硬编码的格式串，采用内插字符串字面量会有奇效。

字符串内插不是什么新概念，在其他编程语言中早已存在，难得的是这项特性和 C#配合得天衣无缝。为已经发展成熟的语言添加新特性是难上加难的。

在探讨内插字符串字面量之前，先看几个简单的例子。下面介绍如何通过 `FormattableString` 来实现属地化，然后详细讲解编译器如何处理内插字符串字面量，最后介绍该特性的常见使用场景及其局限性。

9.2.1 简单内插

还是以询问用户名称为例，使用 C# 6 字符串内插字面量的写法和先前版本进行对比。两段代码整体上一致，只是最后一行有别，见表 9-1。

表 9-1

C# 5 的旧式格式化	C# 6 的内插字符串字面量

`Console.Write("What's your name? ");`
`string name = Console.ReadLine();`
`Console.WriteLine("Hello, {0}!",`
`    name);`
	`Console.Write("What's your name? ");`
	`string name = Console.ReadLine();`
	`Console.WriteLine(`**`$"Hello, {name}!"`**`);`

内插字符串字面量部分已加粗。该语法以`$`符号开头，位于双引号前。编译器可以根据`$`符号判断当前字符串是内插字符串而不是普通字符串。新语法中的格式项使用`{name}`而不是`{0}`。大括号内的文本是一个表达式，该表达式运算后的结果用于字符串的格式化。这样，格式化一个字符串所需的所有信息都已齐备，因此 `WriteLine` 中的第 2 个实参也就不再需要了。

说明 这段代码不能完全反映真实情况。新版代码和初始代码的工作方式并不完全一致。初始代码是把所有实参传递给合适的 `Console.WriteLine` 重载方法，在重载方法中执行格式化操作；而新版代码的所有格式化操作都是在 `string.Format` 调用中完成的，之后才调用 `Console.WriteLine` 重载方法，该重载方法仅包含一个 `string` 形参，不过二者最终结果是一致的。

和表达式主体成员类似，这项特性看起来也不是惊天动地的变化。如果只有一个格式项，原始代码也并没有太糟糕。刚开始使用这个新特性时，可能需要花费较多时间理解新语法。我最初也对此持怀疑态度。但现在我总是不自觉地把原来的代码都改成内插语法，代码可读性显著增强。

看过简单的例子之后，来看一些稍微复杂的。和之前的流程相同，还是先了解如何格式化字符串，然后考虑属地化的问题。

9.2.2 使用内插字符串字面量格式化字符串

这部分内容没有任何新知识。如果要实现内插方式的对齐和格式串，那和之前普通的复合格式串方式保持一致即可：在对齐方式前使用逗号分隔，在格式串前面使用分号。前面复合格式串的例子使用内插方式改写后很简单，见代码清单 9-3。

代码清单 9-3 使用内插字符串字面量对齐值

```
decimal price = 95.25m;
decimal tip = price * 0.2m;                          <-- 小费为价格的 20%
Console.WriteLine($"Price: {price,9:C}");
Console.WriteLine($"Tip:   {tip,9:C}");
Console.WriteLine($"Total: {price + tip,9:C}");      9 位整数右对齐方式
```

请注意最后一行代码，内插字符串不是只包含一个实参值，它把“价格”和“小费”进行了相加。这个表达式可以是任何能够计算值的表达式（例如不能调用一个 void 方法）。如果该值实现了 IFormattable 接口，那么它的 ToString(string, IFormatProvider)方法将被调用，否则调用 System.Object.ToString()方法。

9.2.3 内插原义字符串字面量

读者之前想必见过原义字符串字面量：以@符号开头，后跟双引号。在原义字符串字面量中，反斜杠和换行符会被算作字符串的一部分。例如@"c:\Windows"中的反斜杠确实表示反斜杠，它起不到转义字符的作用。原义字符串字面量中仅有的转译字符就是两个双引号，结果就是只有其中一个双引号会被算作字符串的一部分。原义字符串字面量主要用于以下场景：

- 字符串由多行内容组成；
- 正则表达式（在正则表达式中使用反斜杠来进行转译，这个转义符和 C#编译器在普通字符串字面量中的转义符不同）；
- 硬编码的 Windows 文件名。

说明 对于多行字符串，需要特别注意字符串中最终将包含哪些字符。虽然多数情况下没有必要严格区分“回车”和“回车换行”，但二者的区别对于原义字符串字面量十分重要。

请看如下示例代码：

```
string sql = @"
  SELECT City, ZipCode
  FROM Address
  WHERE Country = 'US'";                     SQL 语句分割成多行之后易于阅读
Regex lettersDotDigits = new Regex(@"[a-z]+\.\d+");    <-- 反斜杠在正则表达式中很常见
```

```
string file = @"c:\users\skeet\Test\Test.cs"    ← Windows 上的文件路径
```

原义字符串字面量也可以采用内插语法：只需像普通字符串字面量那样，将$符号置于@符号前即可。前面多行输出的那个例子就可以用一个内插原义字符串字面量实现了，如代码清单 9-4 所示。

代码清单 9-4　使用内插原义字符串字面量对齐值

```
decimal price = 95.25m;
decimal tip = price * 0.2m;          ← 小费为价格的 20%
Console.WriteLine($@"Price: {price,9:C}
Tip:    {tip,9:C}
Total: {price + tip,9:C}");
```

我不会这样写代码，因为不如把语句拆分开更整洁。这段代码仅用于展示可行的编码方式。可以在已经大量使用原义字符串字面量的地方考虑该用法。

提示　$和@符号的顺序很重要。$@"Text"是合法的内插原义字符串字面量，而@$"Text"不是。我个人没有特别好的记忆方法，大家就按照自己的方法编写，如果编译器报错就调换顺序。

内插字符串的语法十分便捷，但目前只介绍了粗浅的用法。我想大家购买本书还是希望能全面了解新特性。

9.2.4　编译器对内插字符串字面量的处理（第 1 部分）

编译器对内插字符串字面量做的转换比较简单。它把内插字符串字面量转换成 string.Format 方法调用，并且把格式串中的表达式抽取出来，作为 string.Format 方法调用的实参放在复合格式串之后。原先表达式的位置则被替换成对应的索引值，比如第 1 个格式项变成{0}，第 2 个格式项变成{1}，以此类推。

下面举例说明，把格式化的部分从打印方法中剥离出来：

```
int x = 10;
int y = 20;
string text = $"x={x}, y={y}";
Console.WriteLine(text);
```

编译器对这段代码进行处理之后，就变成了先前代码的模式：

```
int x = 10;
int y = 20;
string text = string.Format("x={0}, y={1}", x, y);
Console.WriteLine(text);
```

转换的这部分内容很简单。如果读者想继续深入查验，可以使用像 ildasm 这样的工具来查看编译器生成的 IL 代码。

这种转换有一个副作用：与普通字符串字面量或者原义字符串字面量不同，内插字符串字面量不被视为常量表达式。尽管有些情况下编译器可以把内插字符串字面量看作常量（如果它不包含任何格式项或者所有格式项都是不含格式串或对齐的字符串常量），但这些对于语言来说都只是极端情况，顾及这些情况所伴随的复杂性要高于带来的好处。

截至目前，所有内插字符串都会转换成 `string.Format` 方法调用，但偶尔也有例外，稍后继续讨论。

9.3 使用 FormattableString 实现属地化

9.1.3 节展示了字符串格式化如何利用不同的 format provider（特别是 `CultureInfo`）来实现属地化。前面展示的内插字符串字面量都是根据当前线程的默认 culture 来处理的，因此 9.1.2 节和 9.2.2 节中价格的例子，在读者计算机上的运行结果和书中给出的可能不一致。

为了能在特定的 culture 下执行格式化，需要以下 3 点信息：

- 复合格式串，需要包括硬编码的文本、为值准备的格式项占位符；
- 值本身；
- 格式化所依据的 culture。

可以稍微改写第 1 个例子，对变量分别赋值，最后调用 `string.Format` 方法：

```
var compositeFormatString = "Jon was born on {0:d}";
var value = new DateTime(1976, 6, 19);
var culture = CultureInfo.GetCultureInfo("en-US");
var result = string.Format(culture, compositeFormatString, value);
```

对于内插字符串字面量，应该怎么做呢？内插字符串字面量包含了前面说的前两条信息（复合格式串和需要格式化的值），但还没有位置容纳 culture 信息。稍后再提供最后一条信息也是可以的，但目前看到的所有内插字符串字面量都已经完成了格式化工作，最后返回的只是一个单一字符串。

这时就该 `FormattableString` 一显身手了。它是.NET 4.6（以及.NET Core 系列的.NET Standard 1.3）引入的，位于 `System` 命名空间下。这个类的对象能够保存当前的复合格式串和值的信息，等到获取 culture 信息之后，就可以利用最后一条信息来完成最终的格式化了。编译器会在需要时识别出 `FormattableString`，并且把内插字符串字面量转换成 `FormattableString`，这样就可以把前面生日的例子改写成：

```
var dateOfBirth = new DateTime(1976, 6, 19);
FormattableString formattableString =
    $"Jon was born on {dateofBirth:d}";      // 在 FormattableString 中保存复合格式串和值
var culture = CultureInfo.GetCultureInfo("en-US");
var result = formattableString.ToString(culture);   // 在指定 culture 下格式化
```

了解了使用 FormattableString 的缘由后，下面介绍编译器是如何使用它实现属地化的。尽管属地化是 FormattableString 类型的首要功能，但它还可以用于别处，9.3.3 节将介绍。之后还会讨论针对早期.NET Framework 版本的其他实现方式。

9.3.1　编译器对内插字符串字面量的处理（第 2 部分）

与前面的流程不同，这次先讨论编译器如何处理 FormattableString，然后详细介绍它的使用方式。内插字符串字面量在编译时的类型是 string。从 string 到 FormattableString 或者到 IFormattable（FormattableString 实现的接口）不存在类型转换，但从内插字符串字面量表达式到 FormattableString 和 IFormattable 存在类型转换。

表达式到类型的转换与类型到类型的转换，其间的差别是很微妙的，之前其实做过这些转换。例如整型值 5，其类型是 int，因此如果 var x = 5，x 的类型就是 int。但 5 也可以用于初始化一个 byte 类型的值，比如 byte y = 5。这么做是完全合法的，因为语言规范中规定：对于常量整型表达式（包括整型字面量），只要在 byte 类型范围内，就存在从该表达式到 byte 的隐式类型转换。如果理解了这一点，就可以对原义字符串字面量应用同样的方式。

当编译器需要把内插字符串字面量转换成一个 FormattableString 时，它的执行步骤和转换到 string 类型几乎相同，差别在于它调用的不是 string.Format，而是 System.Runtime.CompilerServices.FormattableStringFactory 中的静态 Create 方法。这个类是和 FormattableString 同期推出的。回到之前的例子，假设有如下代码：

```
int x = 10;
int y = 20;
FormattableString formattable = $"x={x}, y={y}";
```

以上代码跟下面这段代码在编译器处理时相同（当然，需要在正确的命名空间下）：

```
int x = 10;
int y = 20;
FormattableString formattable = FormattableStringFactory.Create(
    "x={0}, y={1}", x, y);
```

FormattableString 是一个抽象类，它所包含的成员如代码清单 9-5 所示。

代码清单 9-5　FormattableString 类声明的成员

```
public abstract class FormattableString : IFormattable
{
    protected FormattableString();
    public abstract object GetArgument(int index);
    public abstract object[] GetArguments();
    public static string Invariant(FormattableString formattable);
    string IFormattable.ToString
        (string ignored, IFormatProvider formatProvider);
    public override string ToString();
    public abstract string ToString(IFormatProvider formatProvider);
    public abstract int ArgumentCount { get; }
```

```
    public abstract string Format { get; }
}
```

了解了 FormattableString 实例是何时以及如何构建的，下面看看如何应用它。

9.3.2 在特定 culture 下格式化一个 FormattableString

目前而言，对于 FormattableString，常见的用法是使用显式指定的 culture 下执行格式化，而不是使用当前线程的默认 culture。其中大部分使用的是 invariant culture。该 culture 很常用，以至于拥有自己的静态方法 Invariant。调用该静态方法等价于把 CultureInfo.InvariantCulture 传递给 ToString(IFormatProvider)方法，但把 Invariant 设定为静态方法意味着它更容易调用，9.3.1 节将论述这种设计的必然性。该方法接收 FormattableString 类型的参数，这就意味着我们可以使用内插字符串字面量作为实参，编译器会应用相应的类型转换，因此不需要进行强制类型转换或者额外的变量了。

下面举例说明。假设有一个 DateTime 类型的值，现在需要把其中的日期部分按照 ISO-8601 标准进行格式化，然后将结果作为某个“机器-机器”通信 URL 的请求参数。我们使用 invariant culture 而不是默认 culture 来避免不可预知的结果。

说明 即便我们为日期和时间指定了自定义格式串，而且该自定义格式只包含数字，最终结果还是会受到 culture 的影响。其中最大的影响是，DateTime 的值使用当前 culture 默认的日历系统表示。如果要格式化的日期是 2016 年 10 月 21 日（公历），目标 culture 是 ar-SA（沙特阿拉伯的阿拉伯语），所得年份会是 1438 年。

有 4 种方式可完成上述格式化，它们都包含在代码清单 9-6 中。这 4 种方式最终得到的结果是完全相同的，把它们放到一起是为了展示不同的语言特性是如何协同工作的。

代码清单 9-6 在 invariant culture 下格式化日期

```
DateTime date = DateTime.UtcNow;

string parameter1 = string.Format(
    CultureInfo.InvariantCulture,
    "x={0:yyyy-MM-dd}",
    date);

string parameter2 =
    ((FormattableString)$"x={date:yyyy-MM-dd}")
    .ToString(CultureInfo.InvariantCulture);

string parameter3 = FormattableString.Invariant(
    $"x={date:yyyy-MM-dd}");

string parameter4 = Invariant($"x={date:yyyy-MM-dd}");
```

使用 **string.Format** 的传统方式

转换为 **FormattableString** 并调用 **ToString(IFormatProvider)**

FormattableString.Invariant 的一般调用方式

FormattableString.Invariant 的简化调用方式

这里 parameter2 和 parameter3 的初始化差异很有意思。为了保证 parameter2 是 FormattableString 类型而不是 string 类型，需要将内插字符串字面量强制转换为该类型。当然，也可以另外声明一个 FormattableString 类型的局部变量，但采用这种写法的话，代码会比较冗长。与之相对的是 parameter3 的初始化过程，它调用了 Invariant 方法，该方法接收一个 FormattableString 类型的参数。编译器可以据此推断出这里应该将内插字符串字面量隐式转换为 FormattableString 类型，因为只有这样才能保证方法调用是合法的。

parameter4 中利用了一个还未介绍的特性：通过 using static 指令对外提供某个类型下的静态方法。读者可以先行翻阅到 10.1.1 节了解该特性的细节，也可以暂不理会，相信这里的代码是没问题的。这里只需要使用 using static System.FormattableString 即可。

在非 invariant culture 下完成格式化

如果要在其他 culture 下完成 FormattableString 的格式化，则需要调用 ToString 的某个重载方法。大部分情况下，直接调用 ToString(IFormatProvider)方法即可。请看下面这个简短的示例，它在 US 英语 culture 下通过“通用日期/时间+短时间”标准格式串（"g"）格式化当前日期和时间。

```
FormattableString fs = $"The current date and time is: {DateTime.Now:g}";
string formatted = fs.ToString(CultureInfo.GetCultureInfo("en-US"));
```

有时需要把 FormattableString 用作参数，以完成最后的格式化步骤，这时需要记得 FormattableString 实现的接口是 IFormattable，因此任何接收 IFormattable 参数的方法都可以接收FormattableString类型的参数。FormattableString实现中的IFormattable.ToString(string, IFormatProvider)会忽略该 string 参数，因为它已经获得了所需的全部信息：它使用 IFormatProvider 参数来调用 ToString(IFormatProvider)方法。

了解了如何在内插字符串字面量中使用 culture，但 FormattableString 的其他成员有何作用呢？下面看一个例子。

9.3.3　FormattableString 的其他用途

我认为除了 9.3.2 节展示的 culture，FormattableString 的用途并不广泛，但该类型还有一些功能值得了解。接下来的这个例子从其自身的角度来讲优雅且直观，不过并不推荐这种用法，因为这段代码不仅缺少校验功能以及其他一些特性，而且对于那些不打算通读本书的读者（还有静态代码分析工具）来说也是误导。读者领会其主要思想即可。

多数开发人员能够意识到 SQL 注入攻击的风险，很多人也知道通用的解决方案是使用参数化 SQL。代码清单 9-7 是一个反面案例。如果用户输入的值中包含撇号'，他就能对你的数据库执行很多操作。假设有一个数据库，其中的用户 ID 可以有 tag。接下来根据用户 ID 和 tag 筛选出其中的 Description 信息。

代码清单 9-7 重要的问题说 3 遍！这段代码不能用！这段代码不能用！这段代码不能用！

```
var tag = Console.ReadLine();                                    ◁ 从用户处读取的
using (var conn = new SqlConnection(connectionString))             任意数据
{
    conn.Open();
    string sql =                                                   连带用户输入一起
        $@"SELECT Description FROM Entries                         动态构建 SQL
           WHERE Tag='{tag}' AND UserId={userId}";
    using (var command = new SqlCommand(sql, conn))
    {
        using (var reader = command.ExecuteReader())             ◁ 执行不受信的 SQL
        {                                                          语句
            ...                                ◁ 使用获取的
        }                                        数据
    }
}
```

我见到的 C#中 SQL 注入风险多是因为使用了字符串拼接而不是字符串格式化，但二者没有本质区别。它们都是把代码（SQL）和数据（用户输入的值）进行混用，这种混用正是风险来源。

这里假设读者已经知道如何使用参数化 SQL 并且可以正确调用 `command.Parameters.Add(...)`规避 SQL 注入风险；使用参数化 SQL 实现了代码和数据的分离，警报解除。然而调整之后安全的代码却不如代码清单 9-7 那么美观了，怎样才能安全与美观兼备呢？如何才能在编写 SQL 语句时既保证参数安全，又能清晰表达意图呢？使用 `FormattableString` 就能实现。

下面还是以非安全版本的代码作为雏形进行改造。代码清单 9-8 是代码清单 9-7 改进之后近乎安全的版本。

代码清单 9-8 使用 `FormattableString` 实现安全的 SQL 参数化

```
var tag = Console.ReadLine();                                    ◁ 从用户处读取的
using (var conn = new SqlConnection(connectionString))             任意数据
{
    conn.Open();
    using (var command = conn.NewSqlCommand(                       使用内插字符串字面量
        $@"SELECT Description FROM Entries                         构建 SQL Command
           WHERE Tag={tag:NVarChar}
           AND UserId={userId:Int}"))
    {
        using (var reader = command.ExecuteReader())             ◁ 安全地执行 SQL
        {                                                          语句
            // 使用数据                      ◁ 使用结果
        }
    }
}
```

除了 `SqlCommand` 部分，两个版本其余代码完全相同。原先是先通过内插方式把值嵌入 SQL 语句中，然后把字符串传给 `SqlCommand` 构造器，而改进之后是调用了一个新方法 `NewSqlCommand`。这是一个稍后将要编写的扩展方法。不难猜出，该方法的第 2 个参数不是 `string`，而是 `FormattableString`。内插字符串字面量在`{tag}`附近没有了单引号，而且还指定了每个参数的数据库类型作为格式串。这种写法并不常见，那么其作用究竟是什么？

首先猜想一下编译器会做哪些工作。它把内插字符串字面量拆分成两部分：一个复合格式串和格式项对应的实参。编译器构建出来的复合格式串形如：

```
SELECT Description FROM Entries
WHERE Tag={0:NVarChar} AND UserId={1:Int}
```

我们希望最后的结果形如：

```
SELECT Description FROM Entries
WHERE Tag=@p0 AND UserId=@p1
```

很容易做到：只需把复合格式串格式化，将计算结果为@p0 和@p1 的实参传入即可。如果这些实参实现了 IFormattable 接口，调用 string.Format 方法时会把 NVarChar 和 Int 格式串也传入，这样就可以正确地设定了 SqlParameter 的类型了。我们可以自动生成那些名字，而且那些值都直接来自 FormattableString。

让 IFormattable.ToString 的实现具有副作用这种做法确实不太寻常，但我们可以仅把该格式捕获的类型用于这一个方法调用中，把它与其他代码安全地进行隔离，完整的实现如下所示。

代码清单 9-9　实现安全的 SQL 格式化

```
public static class SqlFormattableString
{
    public static SqlCommand NewSqlCommand(
        this SqlConnection conn,FormattableString formattableString)
    {
        SqlParameter[] sqlParameters = formattableString.GetArguments()
            .Select((value, position) =>
                new SqlParameter(Invariant($"@p{position}"), value))
            .ToArray();
        object[] formatArguments = sqlParameters
            .Select(p => new FormatCapturingParameter(p))
            .ToArray();
        string sql = string.Format(formattableString.Format,
            formatArguments);
        var command = new SqlCommand(sql, conn);
        command.Parameters.AddRange(sqlParameters);
        return command;
    }

    private class FormatCapturingParameter : IFormattable
    {
        private readonly SqlParameter parameter;

        internal FormatCapturingParameter(SqlParameter parameter)
        {
            this.parameter = parameter;
        }
```

```
        public string ToString(string format, IFormatProvider formatProvider)
        {
            if (!string.IsNullOrEmpty(format))
            {
                parameter.SqlDbType = (SqlDbType) Enum.Parse(
                    typeof(SqlDbType), format, true);
            }
            return parameter.ParameterName;
        }
    }
}
```

其中唯一的公共部分就是 SqlFormattableString 静态类的 NewSqlCommand 方法，其余部分都属于被隐藏的实现细节。对于格式串中的每个占位符，我们创建了一个 SqlParameter 和一个对应的 FormatCapturingParameter。后者用于把 SQL 中的参数名格式化为@p0、@p1 这些。提供给 ToString 方法的值被赋到了 SqlParameter 中。如果用户在格式串中进行了指定，也会相应地设置参数的类型。

开发人员需要考虑：是否要在产品代码中如此设计。我想要实现一些额外的特性（比如在格式串中包含大小信息。在格式项中不能使用对齐方式，因为 string.Format 会自行处理），而它肯定可以被正确地产品化，但这么做是否小题大做了呢？我们还得跟项目的每个新开发人员解释："代码看起来有 SQL 注入风险，但实际上并没有。"

抛开这个具体的例子不谈，在利用编译器提供的数据抽象和从内插字符串字面量中分离文本时，可能会面临同样的选择困境。遇到这类问题时，总是需要思考：这么做确实给项目带来了好处？还是仅仅因为看起来比较高级？

如果目标 framework 是.NET 4.6，那么毋庸置疑，但如果必须用一个旧版本的 framework 呢？采用 C# 6 编译器，并不意味着必须使用新版本的 framework。还好 C#编译器并未限制该特性于特定 framework 版本，它只需要能够获取正确的类型即可。

9

9.3.4 在旧版本.NET 中使用 FormattableString

与扩展方法 attribute 和调用方信息 attribute 类似，C#编译器并不限定哪个程序集应当包含它依赖的 FormattableString 和 FormattableStringFactory 类型。编译器在意的是命名空间，以及 FormattableStringFactory 是否包含合适的静态 Create 方法，仅此而已。如果必须使用某个旧版本的 framework 但又想利用 FormattableString，可以自行实现该类型。

在展示代码之前，必须强调，应当将其视作最后的办法。一旦目标 framework 可以升级到 NET 4.6 之后的版本，就应当立即删除这些自行创建的类型，以免编译器发出警告。应当总是避免出现类似的命名冲突。根据我的经验，在不同程序集中出现相同类型可能会导致难以诊断的问题。

下面看看具体的实现代码，其实很简单。代码清单 9-10 囊括了两个所需的类型。这段代码中省略了逻辑校验，简单起见，把 FormattableString 设置为具体类型，并把类型设置为 internal，不过编译器并不关心这些。之所以要把类型设置为 internal，旨在避免其他程序集添加对此实现的依赖。并不确定这样做能否刚好满足特定需求，不过读者在把该类型设为public之前请务必慎重考虑。

代码清单 9-10　从零开始实现 FormattableString

```
using System.Globalization;

namespace System.Runtime.CompilerServices
{
    internal static class FormattableStringFactory
    {
        internal static FormattableString Create(
            string format, params object[] arguments) =>
            new FormattableString(format, arguments);
    }
}

namespace System
{
    internal class FormattableString : IFormattable
    {
        public string Format { get; }
        private readonly object[] arguments;

        internal FormattableString(string format, object[] arguments)
        {
            Format = format;
            this.arguments = arguments;
        }

        public object GetArgument(int index) => arguments[index];
        public object[] GetArguments() => arguments;
        public int ArgumentCount => arguments.Length;
        public static string Invariant(FormattableString formattable) =>
            formattable?.ToString(CultureInfo.InvariantCulture);
        public string ToString(IFormatProvider formatProvider) =>
            string.Format(formatProvider, Format, arguments);
        public string ToString(
            string ignored, IFormatProvider formatProvider) =>
            ToString(formatProvider);
    }
}
```

关于以上代码的具体细节，不做过多解释，因为每个成员都十分简单。唯一可能需要解释的就是在 Invariant 方法中调用 formattable?.ToString(CultureInfo.InvariantCulture)。?.被称为**空值条件运算符**，10.3节会详述。至此，了解了内插字符串字面量的全部功能，那么应当如何使用它呢？

9.4　使用指南和使用限制

与表达式主体成员类似，可以放心地对内插字符串字面量进行试验。可以根据个人或者团队的实际情况调整代码。如果将来想把代码改回原样，改动也很简单。除非在 API 中使用

FormattableString，否则只是内插字符串字面量的话，它只是不起眼的实现细节而已。当然，也并不是说可以毫无顾忌地随处使用内插字符串字面量。下面介绍内插字符串字面量的适用场景、不适用场景，以及哪些场景完全不能使用。

9.4.1 适合开发人员和机器，但可能不适合最终用户

好消息是，几乎所有使用硬编码复合格式串或者纯字符串拼接之处，都可以使用内插字符串。多数情况下，改进后的代码更易读。

这里需要注意“硬编码”。内插字符串字面量不属于动态类型。复合格式串存在于源码之中，由编译器通过格式项对其进行整合。在预先知道文本内容和目标字符串格式时这是可以接受的，不过不够灵活。

我们按照用途分类字符串。就这部分内容来说，主要考虑以下 3 种字符串消费者：

- 字符串供其他代码进行解析；
- 字符串用于给其他开发人员提供信息；
- 字符串用于给最终用户提供信息。

下面依次分析以上 3 种情况下内插字符串字面量的适用性。

1. 机器可读的字符串

很多代码需要读取一些外部字符串，例如机器可读的日志格式、URL 请求参数以及诸如 XML、JSON 或 YAML 这些基于文本的数据格式。这些字符串有着各自的固定格式，在格式化时都要使用 invariant culture。这类情况下，当需要自己完成格式化时，特别适合使用 FormattableString。提醒一下，通常应当直接利用某些现成 API 所提供的格式化功能来创建机器可读的字符串。

请牢记，以上这些字符串可能会嵌套一些供人阅读的字符串。对于日志文件，其中每行的内容可能需要以特定方式格式化以便可以逐条区分，但其中的消息部分可能是供其他开发人员查阅的。这时就需要理清楚代码各部分嵌套的级别。

2. 为其他开发人员提供消息

在大型代码库中，有很多字符串字面量是供其他开发人员（公司同事或者调用 API 的外部开发人员）查看的。主要有以下几类。

- 工具类字符串，例如 console 应用中的帮助消息。
- 诊断或进度类消息，这类消息需要写入日志或者输出到终端。
- 异常消息。

根据我的经验，这些字符串一般是英文文本。虽然包括微软在内的一些公司会把错误消息做属地化处理，但大部分公司不会“自找麻烦”。属地化工作无论从内容转译还是从调用代码上讲，代价都极其高昂。如果我们知道用户至少阅读英文没有障碍，尤其是他们可能需要把这些消息分享到类似于 Stack Overflow 这样的英文网站，对字符串做属地化处理就多此一举了。

是否要深入到检查每个值是否都在确定的 culture 下完成了格式化，是另一个层面的问题。虽然这么做有助于保持内部一致性，但估计很多开发人员像我一样并不会在这方面花费太多精力。对于日期，建议尽量使用没有歧义的统一格式。ISO 格式的 yyyy-MM-dd 就清晰易懂，不会有到底月份在先还是日期在先的争议（dd/MM/yyyy 还是 MM/dd/yyyy）。前面也提到，culture 会影响日期中具体的数字结果，因为世界不同地区使用不同的日历系统。因此，需要慎重考虑是否采用 invariant culture 强制使用公历。例如对于某个非法参数，抛出异常的代码如下：

```
throw new ArgumentException(Invariant(
    $"Start date {start:yyyy-MM-dd} should not be earlier than year 2000."))
```

如果预先知道阅读这段消息的开发人员处于同一个非英语 culture，就完全有理由根据他们所在的 culture 来重写这段消息。

3. 为最终用户提供消息

最后，几乎所有应用程序都需要向最终用户展示某些文本内容。对于开发人员来说，我们需要知晓每个用户所需要的文本形式，以便正确地向其展示文本。有时能够确定所有用户都可以接受某个固定 culture，一般的公司内部应用程序，或者服务于同一地区其他公司的应用程序都是类似的需求。这时可能需要使用某个本地 culture 而不是英语 culture，而且起码可以保证不同用户看到的信息是相同的。

上述这些情况都适用内插字符串字面量。我个人特别喜欢把它用于异常消息中，这样能够精准编码，还能为需要查阅大量日志来寻找报错来源的开发人员提供有用的信息。

然而，如果最终用户处于不同的 culture，内插字符串字面量就很难发挥作用了，而且如果不做属地化处理，还会有损产品质量。这种情况下，格式串应当配置到资源文件，而不是出现在代码中，这样也基本杜绝了使用内插字符串字面量的可能。当然也会有例外，比如在某个 HTML 标签中添加一小段信息。此时依然可以使用内插字符串字面量，只不过作用甚微。

对于资源文件，内插字符串字面量完全不适用，下面再看看该特性完全不适用的几个场景。

9.4.2　关于内插字符串字面量的硬性限制

每个特性都有局限性，内插字符串字面量自然也不例外。有时可以通过某些折中办法来解决，下面介绍这些折中方法，建议读者尽量不要一开始就采用这些方法。

1. 无法实现动态格式化

前面讲过，大部分组成内插字符串字面量的复合格式串不能更改。有一个感觉上应该可以动态表示但实际不上能的例子是独立格式串。以前面的一段代码为例：

```
Console.WriteLine($"Price: {price,9:C}");
```

其中对齐值是 9，是因为我知道即将格式化的字符串在 9 个字符范围之内。可是假如需要格式化的值大小不确定怎么办？那么最好能让 9 的这部分变成动态值，但并没有简单的实现办法。最可行的方式是使用内插字符串字面量作为 `string.Format` 的输入值，或者使用等价的 `Console.`

WriteLine 重载方法，如下所示：

```
int alignment = GetAlignmentFromValues(allTheValues);
Console.WriteLine($"Price: {{0,{alignment}:C}}", price);
```

首尾的两个大括号变成了双大括号，是因为使用了字符串格式化的转义机制，因为我们需要内插字符串字面量的结果是类似于"Price: {0,9}"这样的字符串，这样才能把 price 变量填充到格式项中完成格式化，然而我并不想编写和阅读这样的代码。

2. 没有表达式的重复计算

编译器对内插字符串字面量进行转换，转换后的代码会立即执行格式项中的表达式运算，然后使用结果构建 string 或者 FormattableString。这些表达式的运算不能被延迟，也不能重复执行。代码清单 9-11 看起来可能涉及延迟执行，但最终两次打印的结果是同一个值。

代码清单 9-11 FormattableString 也会立即对表达式进行运算

```
string value = "Before";
FormattableString formattable = $"Current value: {value}";
Console.WriteLine(formattable);      // 打印结果："Current value: Before"

value = "After";
Console.WriteLine(formattable);      // 打印结果依然是："Current value: Before"
```

也可以大胆尝试一个折中办法。如果让表达式包含一个 lambda 表达式，它就可以捕获 value 变量了，这样在每次格式化时会重新执行表达式运算。虽然 lambda 表达式本身会被立即转换成委托，但委托会负责捕获 value 变量（而不是当前值），然后在每次格式化 FormattableString 时强制委托执行表达式运算。这绝对不是什么好方法，不过随书代码中还是提供了相关示例。书中不展示这部分代码，以免破坏整体的和谐。

9

3. 不要出现纯冒号

在内插字符串字面量中，绝大多数表达式的使用不受限制；但是如果表达式中出现条件运算符?:，则会造成 C#语法混淆，进而影响编译器的工作。其中的冒号:会被当作表达式和格式串之间的分隔符处理，然后导致编译报错。例如以下代码非法：

```
Console.WriteLine($"Adult? {age >= 18 ? "Yes" : "No"}");
```

不过，可以通过在表达式两端添加小括号来解决这个问题：

```
Console.WriteLine($"Adult? {(age >= 18 ? "Yes" : "No")}");
```

不过这一限制很少会造成太大问题，我自己通常会控制好表达式的长度，我一般会先把其中的 yes/no 抽取到单独的 string 变量中。这样正好引出了接下来要讨论的话题：何时才能自由选择是否使用内插字符串字面量。

9.4.3　何时可以用但不应该用

对于滥用内插字符串字面量的行为，虽然编译器不会发出警告，但你的同事可能会心生怨念。不能随意使用该特性主要有以下两个原因。

1. 推迟那些可能用不到的字符串的格式化操作

有时需要将格式串作为参数进行传递，格式化后的实参在方法中可能会用到，也可能用不到。假设有一个做条件校验的方法，我们希望把校验条件作为参数传入，此外还需要传入一个格式串作为异常信息的实参，于是得到以下代码：

```
Preconditions.CheckArgument(
    start.Year < 2000,
    Invariant($"Start date {start:yyyy-MM-dd} should not be earlier than year
    ➥ 2000."));
```

除此以外，也可以采用一个日志框架，在运行时根据日志级别来记录日志。例如可以采用以下代码来记录服务器收到请求的字节数：

```
Logger.Debug("Received request with {0} bytes", request.Length);
```

我们可能会忍不住把以上代码改写成使用内插字符串字面量：

```
Logger.Debug($"Received request with {request.Length} bytes");
```

这么改写其实很不好。后一种写法实际上在方法调用之前就已经完成了格式化工作，而不论方法内部是否使用了格式化之后的结果。虽然字符串格式化对性能的影响不大，但还是应当避免无用的操作。

读者可能会问，这里能否用 FormattableString 呢？如果前面的校验方法或者日志方法可以接收 FormattableString 类型的参数，那么可以将格式化操作推后，并且可以统一设置 culture。不过即使这样，依然会导致每次创建新的对象，还会造成不必要的开销。

2. 通过格式化增强可读性

不使用内插字符串字面量的第 2 个原因是，它会使代码可读性变差。短表达式绝对有助于增强可读性，但当表达式变长之后，则需要花费更多时间来区分其中的代码和文本。我认为其中最烦人的是小括号。表达式中如果包含一些方法或者构造器调用，就会让人眼花缭乱。如果文本中也包含小括号，可读性就更差了。

下面是 Noda Time 中的一段真实代码。虽然这段代码只是测试代码，而不是生产代码，但代码可读性依然不能打折扣。

```
private static string FormatMemberDebugName(MemberInfo m) =>
    string.Format("{0}.{1}({2})",
        m.DeclaringType.Name,
        m.Name,
        string.Join(", ", GetParameters(m).Select(p => p.ParameterType)));
```

这种写法不算太差。想象一下把 3 个实参都放到字符串中是什么样子：一个长度超过 100 的字符串字面量，每个参数不能像上面这样垂直排布，最终十分影响阅读体验。

最后给出一个极端例子，还记得首章那个例子吗？

```
Console.Write("What's your name? ");
string name = Console.ReadLine();
Console.WriteLine("Hello, {0}!", name);
```

我们可以通过表达式把以上语句都填充到一个内插字符串字面量中。读者可能会有疑问，内插字符串字面量只能包含表达式，而以上是 3 条语句，这该如何实现呢？答案是利用 lambda 表达式，我们需要把 lambda 表达式转换成特定的委托类型，然后调用该委托来获得结果，这种写法可行但不优雅。有一个优化的办法，如下所示把原义内插字符串字面量的内容拆分成独立语句，除此之外这种写法乏善可陈。

```
Console.WriteLine($@"Hello {((Func<string>)(() =>
{
    Console.Write("What's your name? ");
    return Console.ReadLine();
}))()}!");
```

强烈建议运行以上代码，以验证其可行性，然后就把它抛之脑后吧。下面介绍 C# 6 的另一个与字符串相关的特性。

9.5 使用 nameof 访问标识符

nameof 运算符本身并不复杂：它接收一个表达式，该表达式可以是一个成员或者一个局部变量，得到的结果是一个编译时的常量字符串，字符串内容是该成员或变量的名字，就这么简单。凡是涉及对类、属性或方法的名称进行硬编码时，最好用上 nameof 运算符。这样写出的代码不管是现在还是将来更改时，都会更稳健。

9.5.1 nameof 的第一个例子

nameof 运算符在语法上接近 typeof 运算符，区别是 nameof 运算符括号中的标识符不要求必须是某个类型。代码清单 9-12 列出了若干成员。

代码清单 9-12 打印类、方法、字段和参数的名称

```
using System;

class SimpleNameof
{
    private string field;

    static void Main(string[] args)
    {
        Console.WriteLine(nameof(SimpleNameof));
```

```
            Console.WriteLine(nameof(Main));
            Console.WriteLine(nameof(args));
            Console.WriteLine(nameof(field));
        }
    }
```

结果正如我们所料：

```
SimpleNameof
Main
args
field
```

目前一切都还好，可是为什么不采用字符串字面量呢？实现的效果相同，而且代码更简短。为什么推荐使用 nameof 呢？一言以蔽之：程序稳健性。我们很难察觉字符串字面量中不慎出现的拼写错误；但如果在 nameof 中不小心拼错了名称，就会编译报错。

说明　如果拼错的名称刚好与另一个成员的名称相同，那么编译器也无能为力了。如果两个成员名称仅大小写不同，比如 filename 和 fileName，这种命名方式很容易造成编译器无法识别而出错，因此最好避免。无论是编译器还是人眼，都很难区分这样的命名。

编译器不仅可以发现拼写错误，还能识别 nameof 所操作的成员或者变量。如果把这些成员或变量重命名了，nameof 中的操作数也会随之改变。

请看代码清单 9-13，其中 oldName 总共出现了 3 次：形参声明、nameof 操作数以及表达式。

代码清单 9-13　一个简单的方法：在方法中使用两次参数

```
static void RenameDemo(string oldName)
{
    Console.WriteLine($"{nameof(oldName)} = {oldName}");
}
```

在 Visual Studio 中，如果把鼠标指针放置在 oldName 出现的任何一个位置上并且按下 F2 键来执行重命名操作，那么 3 个 oldName 将同时被重命名，如图 9-2 所示。

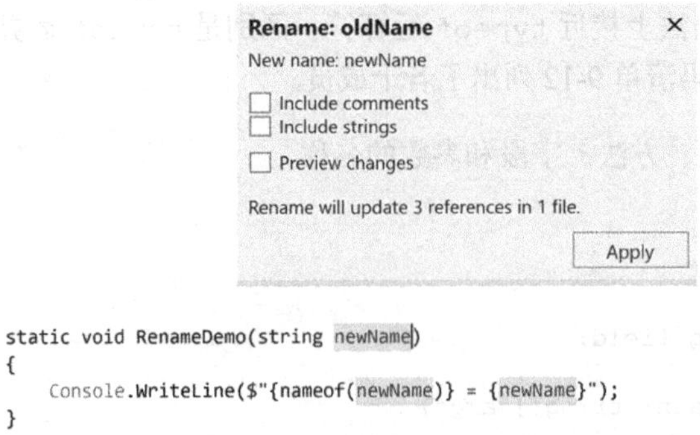

图 9-2　在 Visual Studio 中对标识符进行重命名

对于方法、类型等名称，上述操作也都适用。nameof 运算符对重构友好，硬编码的字符串字面量则不然。那么应该何时使用 nameof 运算符呢？

9.5.2 nameof 的一般用法

首先声明，nameof 运算符的使用场景并不仅限于以下示例，只是这些例子比较常见。其中大部分发生在 C# 6 之前，要么是硬编码的名字，要么是通过表达式树来构建一个重构友好但复杂的解决方案。

1. 参数校验

第 8 章展示的 Noda Time 中的 Preconditions.CheckNotNull 方法，其实并不是代码库中真实的代码。真实的代码还包含了检查参数名称为 null 的情况，从而提高了方法的实用价值。请看下面的 InZone 方法：

```
public ZonedDateTime InZone(
    DateTimeZone zone,
    ZoneLocalMappingResolver resolver)
{
    Preconditions.CheckNotNull(zone, nameof(zone));
    Preconditions.CheckNotNull(resolver, nameof(resolver));
    return zone.ResolveLocal(this, resolver);
}
```

其他条件校验的方法也与之类似，这也是到目前为止我遇到的 nameof 的最常见用法。强烈建议读者在自己的公共方法中做参数校验。有了 nameof 之后，可以实现更稳健的校验，并获得更丰富的提示信息。

9

2. 对计算得出的属性设置属性变化通知

7.2 节讲过，使用 CallerMemberNameAttribute，当属性改变时，在 INotifyProperty-Changed 实现中触发事件变得更容易了。如果一个属性值的变化会影响另一个属性值呢？假设有一个 Rectangle 类，该类中有 Height 和 Width 两个可读写属性，以及一个只读的 Area 属性，我们可以为 Area 属性添加事件触发，还能安全地提供属性名称，见代码清单 9-14。

代码清单 9-14　使用 nameof 来触发属性变更通知

```
public class Rectangle : INotifyPropertyChanged
{
    public event PropertyChangedEventHandler PropertyChanged;

    private double width;
    private double height;

    public double Width
    {
        get { return width; }
        set
```

```
        {
            if (width == value)      ← value 没有发生变化时不触发事件
            {
                return;
            }
            width = value;
            RaisePropertyChanged();      ← 为 Width 属性触发事件
            RaisePropertyChanged(nameof(Area));      ← 为 Area 属性触发事件
        }
    }

    public double Height { ... }      ← 和 Width 属性一样的实现

    public double Area => Width * Height;      ← 计算属性

    private void RaisePropertyChanged(      ← 和 7.2 节一样的属性变更通知
        [CallerMemberName] string propertyName = null) { ... }
}
```

如果使用 C# 5 来实现以上代码，大部分内容基本保持不变，除了加粗的那行，可能会变成 `RaisePropertyChanged("Area")`或者 `RaisePropertyChanged(() => Area)`。第 2 种方式对于 `RaisePropertyChanged` 来说复杂且低效，因为它仅仅为了检查名称就需要构建一棵表达式树，而采用 `nameof` 的方式则简单了许多。

3. attribute

有时 attribute 可以指代其他成员，用于指示成员之间的关系。如果需要指代一个类型，那么可以使用 `typeof` 运算符，但对于其他成员就不起作用了。举一个具体的例子：NUnit 可以使用 `TestCaseSource` attribute 将测试数据参数化，这些数据可以来自字段、属性。有了 `nameof` 运算符，就可以用它来安全地指代所需成员了。代码清单 9-15 也是从 Noda Time 中截取的，其作用是测试所有从 Time Zone Database（不是由 IANA 维护的 TZDB）加载的时区在开始和结束时间的行为。

代码清单 9-15 使用 `nameof` 运算符来指定测试用例

```
static readonly IEnumerable<DateTimeZone> AllZones =      ← 用于获取 TZDB 时区的所有字段
    DateTimeZoneProviders.Tzdb.GetAllZones();

[Test]
[TestCaseSource(nameof(AllZones))]      ← 使用 nameof 指代字段
public void AllZonesStartAndEnd(DateTimeZone zone)      ← 测试方法依次调用每个时区
{
    ...      ← 省略了测试方法的主体代码
}
```

它的作用并不仅限于测试，它对于任何表达成员关系的 attribute 都适用。我们可以把前面 `RaisePropertyChanged` 方法进一步优化，这样属性之间的关系就可以通过 attribute 表示，无须额外的代码了。

```
[DerivedProperty(nameof(Area))
public double Width { ... }
```

触发事件的方法可以维护一个缓存的数据结构，当有通知到来说 Width 属性发生变化时，它应当为 Area 也触发一个变更通知。

类似地，在对象关系映射技术（比如 Entity Framework）中，一个类中经常有两个属性：一个外键，一个主键表示的实体，示例如下：

```
public class Employee
{
    [ForeignKey(nameof(Employer))]
    public Guid EmployerId { get; set; }
    public Company Employer { get; set; }
}
```

其他很多 attribute 自然也可以采用上述方式。了解了 nameof 运算符的用处后，在你现有的代码库中也许会发现一些能够从中受益的地方，尤其是那些在编译时就已经确定，但需要使用反射才能获取的名称。出于本章内容的完整性，下面介绍一些细节。

9.5.3 使用 nameof 的技巧与陷阱

这部分所涉细节只是针对某些特殊情况，读者可能永远不会遇到。总体而言，nameof 很简单，但有些行为可能让人出乎意料。

1. 指向其他类型的成员

很多时候需要在一个类型中指代另一个类型的成员。回到前面 TestCaseSource 的 attribute，除了指定名称，还可以指定该名称对应的类型。如果某个信息源会被多个测试引用，最好把它放在某个公共位置。获取类型名称也可以使用 nameof 来实现：

```
[TestCaseSource(typeof(Cultures), nameof(Cultures.AllCultures))]
```

以上代码等价于如下代码，只不过它缺少了 nameof 带来的便利性。

```
[TestCaseSource(typeof(Cultures), "AllCultures")]
```

也可以通过类型的某个变量来获取其成员名称，不过仅限于实例成员。也可以使用类型名来获取静态成员和实例成员的名称。代码清单 9-16 列举了所有合法方式。

代码清单 9-16 获取其他类型成员名的所有合法方式

```
class OtherClass
{
    public static int StaticMember => 3;
    public int InstanceMember => 3;
}

class QualifiedNameof
{
```

9

```
    static void Main()
    {
        OtherClass instance = null;
        Console.WriteLine(nameof(instance.InstanceMember));
        Console.WriteLine(nameof(OtherClass.StaticMember));
        Console.WriteLine(nameof(OtherClass.InstanceMember));
    }
}
```

我个人习惯尽可能都使用类型名，因为如果使用变量来获取，就会让人感觉与变量值有关，但实际上变量只用于在编译时判断类型，与变量的值无关。如果是匿名类型，因为不存在类型名，所以只能使用变量。

此外，使用 nameof 时，成员必须是可访问的。如果以上代码中的 StaticMember 或者 InstanceMember 是私有的，那么获取名称的这部分代码将不能通过编译。

2. 泛型

读者可能会想知道：要获取一个泛型类型或方法的名称会怎么样？会得到什么结果？不论是已绑定的还是未绑定的类型，都可以通过 typeof 运算符获取。typeof(List<string>)和 typeof(List<>)都是合法的，并且会得到不同的结果。

使用 nameof 时，必须指定类型实参，但结果中不会包含该类型实参，也不会体现类型形参的个数：nameof(Action<string>)和 nameof(Action<string, string>)的结果都只是 Action。虽然这样的设计可能比较烦人，但它确实可以避免结果名称中处理表示数组、匿名类型、嵌套泛型的麻烦。

调用 nameof 时必须指定类型实参这样的限制将来可能会被取消，这样就能和 typeof 保持一致，也就无须每次都指定一个对结果没有影响的类型。不过要让执行结果包含类型实参的个数或者类型实参本身的话，就属于破坏性更改了，不太可能发生。一般推荐使用 typeof 来获取 Type 信息。

也可以在 nameof 运算符中使用类型形参，不过与 typeof(T)不同，它返回的是类型形参本身，而不是执行期的类型实参，示例如下：

```
static string Method<T>() => nameof(T);        // 总是返回 T
```

无论以哪种方式调用，Method<Guid>()或是 Method<Button>()，它都只返回 T。

3. 使用别名

使用 using 指令来指定类型或者命名空间别名，通常对于执行期没有任何影响。别名只是用于指代相同类型或命名空间的不同方法而已，但它并不适用于 nameof 运算符。例如代码清单 9-17 的执行结果是 GuidAlias，而不是 Guid。

代码清单 9-17　在 nameof 运算符中使用别名

```
using System;

using GuidAlias = System.Guid;
```

```
class Test
{
    static void Main()
    {
        Console.WriteLine(nameof(GuidAlias));
    }
}
```

4. 预定义别名、数组和可空值类型

nameof 运算符不能和预定义的别名（比如 int、char、long 等）搭配使用，不能和可空值类型（带?后缀的类型）搭配，也不能和数组类型搭配，因此以下调用均非法：

```
nameof(float)         <-- System.Single 的预定义别名
nameof(Guid?)         <-- Nullable<Guid> 的简写
nameof(String[])      <-- 数组
```

虽然这些限制有些不便，但是存在一些折中的办法。例如对于预定义别名，可以使用它的 CLR 类型名；而对于可空值类型，可以使用 Nullable<T>来代替：

```
nameof(Single)
nameof(Nullable<Guid>)
```

前面介绍泛型时讲过，对 Nullable<T>使用 nameof，得到的结果永远是 Nullable。

5. 名称，简单名称，唯一名称

在某种程度上，nameof 运算符算是 infoof 运算符的近亲，infoof 是一个神秘的运算符，只有在 C#语言设计的内部讨论会上才能有幸见到它的踪影。如果 C#设计团队能够驾驭 infoof，我们就可以通过它获取 MethodInfo、EventInfo 以及 PropertyInfo 等信息了。然而 infoof 十分复杂，它的很多技巧在 nameof 这个简化版的运算符上并不适用。无法获取重载方法名称呢？没有关系，重载方法获取的名称都是相同的。不能分辨同名称的属性和类型？也没有关系，因为既然它们的名字相同，也就无所谓用哪一个了。虽然 infoof 的功能比 nameof 强大很多，但 nameof 更简单易用，足以应对大多数情况。

关于 nameof 的返回值，还有一点需要注意：是返回简单名称还是"末尾名称"？在某些不太规范的术语表述中，如果在一个已经引用了 System 命名空间的类中，使用 nameof(Guid) 还是 nameof(System.Guid)是没有区别的，结果都是 Guid。

6. 命名空间

我没有列出 nameof 可调用的所有成员，因为除了终结器和构造器，其他成员都支持；但一般说到成员，我们想到的都是类型或者类型中的成员，很少会想到命名空间。实际上，命名空间也属于成员：命名空间是其他命名空间的成员。

9

但是因为 nameof 只返回简单名称，所以该运算符对于命名空间来说作用并不大。例如 nameof(System.Collections.Generic)，我们期望得到的结果是 System.Collections.Generic，但实际结果只是 Generic。我还从未遇到过此类应用场景，在编译时获取命名空间的名称几乎没什么价值。

9.6 小结

- 使用内插字符串字面量，可以以更简单的方式格式化字符串。
- 在内插字符串字面量中依然可以使用格式串来提供更多格式信息，但格式串必须是编译时的已知量。
- 内插原义字符串字面量具备内插字符串字面量和原义字符串字面量双重特性。
- FormattableString 类型可以在格式化操作之前提供全部的格式化信息。
- FormattableString 可以在.NET 4.6 和.NET Standard 1.3 以外的环境中使用，需要提供自己实现的 FormattableString 类型。
- nameof 运算符提供了在 C#代码中以重构友好、类型安全的方式获取名称的特性。

第 10 章 简洁代码的特性“盛宴”

本章内容概览：

- 如何简化引用静态成员的代码；
- 如何更精准地引入扩展方法；
- 如何在集合初始化器中使用扩展方法；
- 如何在对象初始化器中使用索引器；
- 如何大幅缩减显式空值检查代码；
- 如何有针对性地捕获异常。

本章囊括了大量新特性，但并没有一个贯穿始终的主题，而旨在以更简练的方式编码。这些特性很难归类到前面的章节，因此它们自成一章，不过这丝毫不影响它们的价值。

10.1 using static 指令

要讲的第一个特性提供了一种引用类型静态成员和扩展方法的更简单方式。

10.1.1 引入静态成员

关于该特性的一个典型例子是 System.Math。System.Math 是一个静态类，并且只有静态成员。下面编写一个将极坐标（角度加距离）转换为直角坐标（大家熟悉的(x, y)模型）的方法，因为直角坐标系更符合大众的直观感受。图 10-1 展示了如何用直角坐标和极坐标来表示一个点。如果读者对相关数学内容不熟悉也没有关系，代码示例仅用于展示多个静态成员。

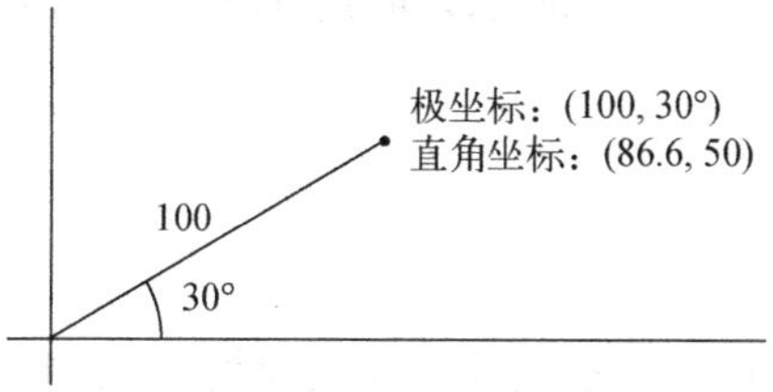

图 10-1　极坐标和直角坐标的例子

假设已经有了一个 Point 类型来表示直角坐标系。转换方法是一个简单的三角变换。

- 将角从角度转换成弧度，方法是乘以π/180。常量π由 Math.PI 提供。
- 使用 Math.Cos 和 Math.Sin 方法来根据矢量大小计算 x 和 y，并相乘。

代码清单 10-1 是完整的实现代码，其中调用 System.Math 的部分加粗了。方便起见，省略了类声明的部分。该方法可以是 CoordinateConverter 类的一部分，也可以是 Point 类的某个工厂方法。

代码清单 10-1　使用 C# 5 实现极坐标到直角坐标的转换

```
using System;
...
static Point PolarToCartesian(double degrees, double magnitude)
{
    double radians = degrees * Math.PI / 180;     ← 将角度转换为弧度
    return new Point(
        Math.Cos(radians) * magnitude,            使用三角函数
        Math.Sin(radians) * magnitude);           完成转换
}
```

这段代码的可读性还不算太差，不过随着数学相关代码的增多，各种 Math.的调用就会充斥代码库了。

C# 6 引入了 using static 指令，可简化以上代码。代码清单 10-2 等价于代码清单 10-1，区别在于引用了 System.Math 的所有静态成员。

代码清单 10-2　使用 C# 6 实现极坐标到直角坐标的转换

```
using static System.Math;
...
static Point PolarToCartesian(double degrees, double magnitude)
{
    double radians = degrees * PI / 180;     ← 将角度转换为弧度
    return new Point(
        Cos(radians) * magnitude,            使用三角函数
        Sin(radians) * magnitude);           完成转换
}
```

如你所见，using static 指令很简单：

```
using static type-name-or-alias;
```

有了该指令之后，以下几种成员就都可以通过名称直接引用了，无须每次使用都带类型名。

- 静态字段和属性。
- 静态方法。
- 枚举值。
- 嵌套类型。

能够直接使用枚举值，对于 switch 语句和需要对枚举值进行组合的场景都很有用。表 10-1 展示了使用反射来获取某个类型的全部字段的例子，比较了 C# 6 和 C# 5，其中加粗的代码可以

通过 using static 指令消除。

表 10-1

<table>
<tr><th>C# 5 代码</th><th>C# 6 使用 using static 指令</th></tr>
<tr><td><pre>using System.Reflection;
...
var fields = type.GetFields(
    BindingFlags.Instance |
    BindingFlags.Static |
    BindingFlags.Public |
    BindingFlags.NonPublic)</pre></td><td><pre>using static System.Reflection.BindingFlags;
...
var fields = type.GetFields(
    Instance | Static | Public | NonPublic);</pre></td></tr>
</table>

类似地，对于利用 switch 语句响应特定 HTTP 状态的代码，也可以避免在所有 case 标签中重复调用枚举类型，见表 10-2。

表 10-2

<table>
<tr><th>C# 5 代码</th><th>C# 6 使用 using static 指令</th></tr>
<tr><td><pre>using System.Net;

...
switch (response.StatusCode)
{
    case HttpStatusCode.OK:
        ...
    case HttpStatusCode.TemporaryRedirect:
    case HttpStatusCode.Redirect:
    case HttpStatusCode.RedirectMethod:
        ...
    case HttpStatusCode.NotFound:
        ...
    default:
        ...
}</pre></td><td><pre>using static
    System.Net.HttpStatusCode;
...
switch (response.StatusCode)
{
    case OK:
        ...
    case TemporaryRedirect:
    case Redirect:
    case RedirectMethod:
        ...
    case NotFound:
        ...
    default:
        ...
}</pre></td></tr>
</table>

手动编写代码中一般很少出现嵌套类型，不过在生成的代码中嵌套类型很常见。在使用嵌套类型时，使用 C# 6 直接引用嵌套类型，可以大幅度缩减代码量。下面这段代码是我在做 Google Protocol Buffers 序列化库时，生成的一些用于表示在原始.proto 文件中嵌套消息的嵌套类型。其中内嵌的 C#类型设计为两层嵌套来避免命名冲突。假设有原始的.proto 文件以及对应的 message 如下：

```
message Outer {
  message Inner {
      string text = 1;
  }

  Inner inner = 1;
}
```

生成的代码结构如下，当然，还有其他很多成员此处没有列出。

```
public class Outer
{
    public static class Types
    {
        public class Inner
        {
            public string Text { get; set; }
        }
    }

    public Types.Inner Inner { get; set; }
}
```

C# 5 中引用 Inner 必须通过 Outer.Types.Inner，这种写法很不美观；如果使用 C# 6，就会简单很多，只需一个 using static 即可：

```
using static Outer.Types;
...
Outer outer = new Outer { Inner = new Inner { Text = "Some text here" } };
```

通过 using static 引入的成员，在进行成员查找时，它们的优先级要低于其他同名成员。假设引入了 System.Math，而此时类中还声明了一个 Sin 方法，那么 Sin()调用的将是自己声明的 Sin 方法，而不是 Math 中的方法。

引入的类型不是必须为静态

using static 中虽然有 static，但它并不要求引入的类型必须是静态的。虽然前面的例子中引用的类型都是静态的，但如果是普通类型也完全没有问题，这样就可以不指定类型名而访问其静态成员了：

```
using static System.String;
...
string[] elements = { "a", "b" };
Console.WriteLine(Join(" ", elements));    <—— 使用 String.Join 的简单名称
```

String.Join 实现的效果不如前面的例子明显，但依然可用，而且嵌套的类型也因此可以使用简单名来访问了。然而有一类静态成员，它使用 using static 并不直截了当，它就是扩展方法。

10.1.2　using static 与扩展方法

C# 3 有一点我不喜欢——扩展方法的查找方式。使用 using 指令会同时引入命名空间和扩展方法，无法只引入一个而不引入另一个。C# 6 针对这一问题做了改进，但其中有些方面只能以破坏向后兼容为代价进行修复。

C# 6 中扩展方法和 using static 指令之间的关系很微妙。

- 使用 using static 指令引入的某个类型的扩展方法，不会导致对应命名空间下的其他扩展方法被引入。
- 通过类型引入扩展方法，不能按照一般的静态方法调用（比如 Math.Sin），而是像实例方法一样调用。

下面以.NET 中常用的扩展方法 LINQ 为例来展示第 1 点。System.Linq.Queryable 类中包含了针对 IQueryable<T>类型的扩展方法（接收表达式树作为参数）。System.Linq.Enumerable 类中包含了针对 IEnumerable<T>类型的扩展方法（接收委托作为参数）。因为 IQueryable<T>通过普通的 using 指令引入 System.Linq 实现了继承 IEnumerable<T>，所以可以直接在 IQueryable<T>类型上调用接收委托的扩展方法，不过这并不是我们需要的。代码清单 10-3 展示了使用 using static 指令引入 System.Linq.Queryable，就可以实现不引入 System.Linq.Enumerable 的扩展方法。

代码清单 10-3　有选择性地引入扩展方法

```
using static System.Linq.Queryable;
...
var query = new[] { "a", "bc", "d" }.AsQueryable();        <-- 创建一个 IQueryable<string>

Expression<Func<string, bool>> expr =
    x => x.Length > 1;                                       创建一个委托和
Func<string, bool> del = x => x.Length > 1;                  表达式树

var valid = query.Where(expr);                               <-- 合法：使用 Queryable.Where
var invalid = query.Where(del);     <-- 非法：查找范围内不存在接受委托为参数的 Where 方法
```

有一点需要注意：如果不小心使用普通 using 指令引入了 System.Linq，例如让 query 成为显式类型，就会在无形中把最后一行变成合法代码。

函数库的作者在编写库时需要认真考量该变动所带来的影响。如果需要引入某些扩展方法，而且需要允许用户有选择地引入，最好使用一个独立的命名空间。使用 C# 6 则没有这一烦恼：可以自由选择引入哪些扩展方法，无须额外命名空间支持。例如在 Noda Time 2.0 中，我引入了一个 NodaTime.Extensions 的命名空间，在该命名空间下存在很多类型的扩展方法。有些用户只需要其中部分扩展方法，因此我只需把这些方法声明分散到了不同的类中，在每个类中都只针对一个类型来扩展方法。有时也需要把扩展方法按行进行划分。无论如何，重点是需要慎重考虑当前可选项。

至于第 2 点，也可以用 LINQ 来展示。代码清单 10-4 对字符串序列调用 Enumerable.Count 方法：分别以扩展方法的方式调用和以普通静态方法的方式调用。

代码清单 10-4　采用两种方式调用 Enumerable.Count

```
using System.Collections.Generic;
using static System.Linq.Enumerable;
```

```
...
IEnumerable<string> strings = new[] { "a", "b", "c" };

int valid = strings.Count();
int invalid = Count(strings);
```

合法：像调用实例方法一样调用 Count 方法

非法：扩展方法与普通静态方法引入方式不同

C#语言倡导把扩展方法和其他静态方法区别看待。重申一下，这一点对于库开发者来说会有影响：将现有的静态方法改造成扩展方法（在第一个参数前添加 this 修饰符），以前是非破坏性的改动；对于 C# 6 而言，就属于破坏性改动了。在改成扩展方法之后，使用 using static 指令引入方法的调用方的代码不能通过编译。

说明　在进行方法查找时，通过 static 引入的扩展方法比通过命名空间引入的扩展方法优先级低。对于一个非普通方法调用来说，如果有多个从命名空间或类引入的扩展方法同时满足调用，则仍按正常的重载决议执行。

对象初始化器和集合初始化器也被大规模地引入 C#中，成了 LINQ 特性的一部分，在 C# 6 中它们的功能也增强了。

10.2　对象初始化器和集合初始化器特性增强

前情提要：C# 3 引入了对象初始化器和集合初始化器。对象初始化器用于在新创建的对象中设置属性（或者字段）；集合初始化器用于在新创建的集合中添加元素（通过对应类型的 Add 方法）。下面这段代码展示了使用文本和背景色初始化 Windows Forms 的 Button 的小例子，其中还包括使用 3 个值来初始化一个 List<int>的方式。

```
Button button = new Button { Text = "Go", BackColor = Color.Red };
List<int> numbers = new List<int> { 5, 10, 20 };
```

C# 6 增强了以上两个特性，提升了二者的灵活性。强化后的初始化器支持更多成员：对象初始化器增加了对索引器的支持，集合初始化器增加了对扩展方法的支持。虽然这两个特性不如 C# 6 的其他特性应用广泛，但依然是不错的提升。

10.2.1　对象初始化器中的索引器

在 C# 6 之前，对象初始化器只能调用属性 setter 或者直接为字段赋值。C# 6 开始支持在对象初始化器中调用索引器进行赋值，语法和在普通代码中使用[index] = value 相同。

下面使用 StringBuilder 作为示例。这个用法很罕见，不过稍后会讲到相关最佳实践。这段代码使用字符串 This text needs truncating 来初始化一个 StringBuilder，通过 Length 限制 builder 的长度，并且把最后一个字符修改为使用 Unicode 表示的省略号（...）。

在终端打印时，得到的结果是 `This text...`。在 C# 6 之前，是无法在构造器中修改最后一个字符的，因此必须采用如下方式实现：

```
string text = "This text needs truncating";
StringBuilder builder = new StringBuilder(text)
{
    Length = 10                                    设置 Length 属性来切分 builder
};
builder[9] = '\u2026';                             将最后一个字符修改为...
Console.OutputEncoding = Encoding.UTF8;            确保 Console 支持 Unicode 编码
Console.WriteLine(builder);                        打印 builder 的内容
```

虽然本例中的初始化器规模很小（只有一个属性），我会考虑再使用一条语句来设置 `Length` 属性。使用 C# 6，即可在一个表达式中完成所有初始化工作，因为对象初始化器支持索引器了，见代码清单 10-5。

代码清单 10-5 在 `StringBuilder` 的对象初始化器中使用索引器

```
string text = "This text needs truncating";
StringBuilder builder = new StringBuilder(text)
{
    Length = 10,                                   设置 Length 属性来切分 builder
    [9] = '\u2026'                                 将最后一个字符修改为...
};
Console.OutputEncoding = Encoding.UTF8;            确保 Console 支持 Unicode 编码
Console.WriteLine(builder);                        打印 builder 的内容
```

其中特意使用了 `StringBuilder`，因为这样可以明确区分这是一个**对象**初始化器，而不是**集合**初始化器。

读者可能认为使用 `Dictionary<,>`这样的类型举例会更好，但这样做有一个潜在的风险。当代码编写无误时，代码运行自然也无误，但还是建议尽可能使用集合初始化器。为什么呢？看下面两个字典的初始化示例：一个使用对象初始化器搭配索引器，一个使用集合初始化器。

代码清单 10-6 初始化字典的两种方式

```
var collectionInitializer = new Dictionary<string, int>     C# 3 的普通集合初始化器
{
    { "A", 20 },
    { "B", 30 },
    { "B", 40 }
};

var objectInitializer = new Dictionary<string, int>         C# 6 使用索引器的对象初始化器
{
    ["A"] = 20,
    ["B"] = 30,
    ["B"] = 40
};
```

这两种方式可能看起来是等价的，而且对象初始化器看起来更优雅。不过这是以没有重复键值为前提的。通过字典索引器进行赋值，它会在键值重复时覆盖当前值，而 `Add` 方法会在遇到重复键值时抛出异常。

代码清单 10-6 中"B"键值出现了两次。这是一个很容易犯的错误，一般写好一行代码，然后复制粘贴，最后修改其中的键值，但很容易遗忘修改键值这一步。虽然这两种方式都不会导致编译错误，但至少集合初始化器在执行期会将错误暴露出来。如果有针对这段代码的单元测试，即便不显式检查字典中的内容，也能迅速发现其中的 bug。

可否诉诸 Roslyn

显然，如果能在编译时发现 bug 就更好了。编写某种分析器来识别对象初始化器和集合初始化器中的这个问题应该是可行的。对于使用索引器的对象初始化器，很少有人会故意指定若干个相同的索引值，为这种情况提示警告信息会比较合理。

目前似乎没有这样的分析器，希望尽快面世吧。在认识到潜在的风险后，就可以在字典中使用索引器了。

何时应该使用对象初始化器搭配索引器而不是集合初始化器呢？有以下几种情况。

- 当前类型没有实现 `IEnumerable` 接口或者没有适合的 `Add` 方法，导致集合初始化器不能使用时。（不过还是可以自行实现 `Add` 扩展方法，稍后介绍。）例如 `ConcurrentDictionary<,>`就没有 `Add` 方法，但它有索引器。尽管它有 `TryAdd` 和 `AddOrUpdate` 方法，但它们都不能被集合初始化器使用。而且在使用对象初始化器时，也无须关心当前字典并发更新的问题，因为此时它只被初始化线程独占。
- 当前类型的索引器和 `Add` 方法对于重复键值的处理方式一致。字典类型处理重复键值遵循的原则是“若使用 `Add` 则抛出异常，若使用索引器则覆盖”，但并不意味着所有类型都遵循同一原则。
- 确实需要替换现有元素而不是添加新元素。例如可能需要使用现有字典来新建一个字典，然后替换特定键值。

此外，还有一些界限比较模糊的情况，这时就需要在可读性和可靠性之间进行权衡了。代码清单 10-7 展示了一个 `SchemalessEntity`，其中包含两个普通属性，可以赋值任意的 key/value。稍后会介绍初始化实例的几种可选方式。

代码清单 10-7　一个包含 key 属性的 `SchemalessEntity`

```
public sealed class SchemalessEntity
    : IEnumerable<KeyValuePair<string, object>>
{
    private readonly IDictionary<string, object> properties =
        new Dictionary<string, object>();

    public string Key { get; set; }
    public string ParentKey { get; set; }
```

```
    public object this[string propertyKey]
    {
        get { return properties[propertyKey]; }
        set { properties[propertyKey] = value; }
    }

    public void Add(string propertyKey, object value)
    {
        properties.Add(propertyKey, value);
    }

    public IEnumerator<KeyValuePair<string, object>> GetEnumerator() =>
        properties.GetEnumerator();

    IEnumerator IEnumerable.GetEnumerator() => GetEnumerator();
}
```

考虑初始化实体的两种方式，初始化时需要指定一个 parent key、一个新 key 和两个属性（字符串表示的 `name` 和 `location`）。我们可以使用集合初始化器完成，但之后需要为其他属性赋值；或者在一个对象初始化器中一起完成，不过这种方式存在拼写错误的风险。代码清单 10-8 展示了两种方式。

代码清单 10-8 初始化 SchemalessEntity 的两种方式

```
SchemalessEntity parent = new SchemalessEntity { Key = "parent-key" };
SchemalessEntity child1 = new SchemalessEntity          <-- 使用集合初始化器初始化 data 属性
{
    { "name", "Jon Skeet" },
    { "location", "Reading, UK" }
};
child1.Key = "child-key";                    | 单独指定 Key
child1.ParentKey = parent.Key;               | 属性

SchemalessEntity child2 = new SchemalessEntity
{
    Key = "child-key",           | 在对象初始化器中
    ParentKey = parent.Key,      | 指定 Key 属性
    ["name"] = "Jon Skeet",                      | 使用索引器指定
    ["location"] = "Reading, UK"                 | data 属性
};
```

哪种方式更胜一筹呢？在我看来第 2 种更简洁。我通常还会把 `name` 和 `location` 这两个键设置为常量字符串，以降低键值意外重复的风险。

如果我们对该类型具有控制权，那么可以通过添加额外的成员来使用集合初始化器。例如可以添加 `Properties` 属性来直接对外暴露字典或者通过添加视图暴露，这样就可以使用对象初始化器来对 `Key` 和 `ParentKey` 赋值，同时内嵌一个集合初始化器来初始化 `Properties` 了。还可以增加一个构造器，该构造器接收 `Key` 和 `ParentKey` 两个参数，这样就可以显式地调用构造器来对这两个属性赋值，然后通过集合初始化器对 `name` 和 `location` 属性赋值。

前面的内容感觉就像在对象初始化器和集合初始化器之间做选择，需要考虑很多细节，其实最终的选择完全取决于个人，没有哪本书能够给出针对每种情况的最佳选择。我们需要做的就是对每种方式的优缺点都了然于胸，然后根据情况自行决定。

10.2.2 在集合初始化器中使用扩展方法

C# 6 中关于对象初始化器和集合初始化器的另一个改进是在集合初始化器中可以使用哪些方法。特定类型的集合初始化器中的方法此前必须满足以下两个条件。

- 该类型必须实现了 IEnumerable 接口。我觉得这个限制条件相当烦人。为了能让某个类型使用集合初始化器，必须单独为它实现 IEnumerable 接口。不过只能接受现实，因为 C# 6 并没有修改这项限制。
- 集合初始化器中的所有元素都必须具备合适的 Add 方法。任何没有大括号包围的元素，都被视为调用单参数的 Add 方法。如果需要调用多参数的 Add 方法，则需要用大括号包围这些参数。

有时这种要求会让人感觉很受限，因为很多时候我们只是想简单地创建一个集合，由该集合来为元素提供合适的 Add 方法。前面说的两个必要条件，第 1 个条件在 C# 6 中没有变动，但第 2 个条件中"合适"的含义发生了一些变化，增加了扩展方法。这一改动在一定程度上可以简化转换过程。请看下面这个集合初始化器：

```
List<string> strings = new List<string>
{
    10,
    "hello",
    { 20, 3 }
};
```

这段代码等价于：

```
List<string> strings = new List<string>();
strings.Add(10);
strings.Add("hello");
strings.Add(20, 3);
```

其中每个方法调用的含义都会通过一般的重载决议执行。如果重载决议失败，那么整个集合初始化器将不能通过编译。对于普通的 List<T>来说，以上代码是无法通过编译的；但如果给它添加一个扩展方法，就可以通过编译了：

```
public static class StringListExtensions
{
    public static void Add(
    this List<string> list, int value, int count = 1)
    {
        list.AddRange(Enumerable.Repeat(value.ToString(), count));
    }
}
```

有了这一特性，第一个和最后一个 Add 方法将调用扩展方法。最后得到的 list 将包含 5 个元素（"10", "hello", "20", "20", "20"），因为最后一个 Add 调用添加了 3 个元素。这样的扩展方法其实并不常见，不过它可用于展示以下要点。

- 扩展方法可以用于集合初始化器，这也是这部分内容的全部重点所在。
- 代码中的扩展方法不是泛型的扩展方法，它只能用于 List<string>类型，因此该方法对于 List<T>并不适用。（当然，此处也可以添加泛型扩展方法，只要能推断类型实参就行。）
- 扩展方法中可以使用可选形参。前面的第 1 个 Add 调用实际上会被编译成 Add(10, 1)，因为第 2 个形参的默认值是 1。

了解了该特性的功能后，下面详细介绍其用途。

1. 创建其他通用的 Add 方法

通过 Protocol Buffers 这个工作项目，我发现了一个有用的技巧：使用可以接收集合作为参数的 Add 方法。这有点类似于 AddRange，但优点是可以在集合初始化器中使用。当需要在对象初始化器中初始化某些只读属性时，这一策略尤其有效。

假设有一个 Person 类，包含了一个只读的 Contacts 属性。我们把从另一个 contacts 列表读取的数据都添加到 Contacts 属性。在 Protocol Buffers 中，Contacts 属性可能是 RepeatedField<Person>类型，并且 RepeatedField<T>有适合的 Add 方法，这样就可以使用集合初始化器了：

```
Person jon = new Person
{
    Name = "Jon",
    Contacts = { allContacts.Where(c => c.Town == "Reading") }
};
```

可能需要一些时间适应这种新写法。一旦适应之后，就能充分发挥其优势了，比以前使用 jon.Contacts.AddRange(...)这样的方式高明多了。但如果使用的不是 Protocol Buffers，而且 Contacts 只是以 List<Person>的形式对外暴露呢？即使这样，使用 C# 6 也可从容应对：可以为 List<T>创建一个扩展方法来实现 Add 方法的重载，重载方法接收 IEnumerable<T>类型的参数，然后在内部调用 AddRange 方法，见代码清单 10-9。

代码清单 10-9 通过扩展方法暴露显式接口实现

```
static class ListExtensions
{
    public static void Add<T>(this List<T> list, IEnumerable<T> collection)
    {
        list.AddRange(collection);
    }
}
```

有了以上扩展方法，即便是 List<T>类型的，前面的代码也能正常执行。如果想进一步扩展，还可以直接给 IList<T>添加扩展方法。不过需要自行编写循环来添加元素，因为 IList<T>中没有 AddRange 方法。

2. 创建专有的 Add 方法

还是假设有一个 Person 类，其中包含一个 Name 属性。在某个代码块中需要频繁访问 Dictionary<string, Person>对象——使用 name 作为 Person 对象的索引。如果能够只通过调用 dictionary.Add(person)来添加元素会很方便，但问题是 Dictionary<string, Person>作为一个类型并不知道我们是通过 name 进行索引的，有什么解决办法吗？

可以创建一个继承自 Dictionary<string, Person>的类，然后添加一个 Add(Person)方法。但在我看来这种方式并不理想，因为这并不是一种将字典行为专有化的方法，而只是一种便捷的使用方法。

也可以创建一个更通用的类，这个类实现 IDictionary<TKey, TValue>接口，并且接收一个委托，该委托通过组合完成 TValue 和 TKey 之间的映射。这种方式虽然更好，但是对于这样一个简单的需求来说工作量过大了。最后，我们还是选择为这个特定场景创建一个扩展方法，见代码清单 10-10。

代码清单 10-10　为字典添加一个特定类型实参的 Add 方法

```
static class PersonDictionaryExtensions
{
    public static void Add(
        this Dictionary<string, Person> dictionary, Person person)
    {
        dictionary.Add(person.Name, person);
    }
}
```

在 C# 6 之前，这其实并不是一个好的选择，但是随着 using static 特性的引入以及集合初始化器支持扩展方法，这种方式就具有明显优势了，可以在不重复任何名称的情况下初始化字典。

```
var dictionary = new Dictionary<string, Person>
{
    { new Person { Name = "Jon" } },
    { new Person { Name = "Holly" } }
};
```

以上方式的关键在于：我们是在为 Dictionary<,>类型实参的特定组合进行 API 专有化，但没有改变所创建对象的类型。而且其他代码无须关心这部分定制功能，因为这只是表层的修改，其存在只是为了便捷，而没有成为对象的内在行为。

说明　这种解决方案也存在一定弊端：无法阻止在初始化时使用 Name 之外的属性。一如既往，建议大家认真权衡方案的优缺点，不要盲从他人的建议。

3. 将被显式接口实现所隐藏的现有方法重新对外暴露

10.2.1 节使用 ConcurrentDictionary<,>展示了何时使用索引器而不是集合初始化器的例子。在没有额外工作的情况下，是不能使用集合初始化器的，因为没有对外提供的 Add 方法，但 ConcurrentDictionary<,>类型确实存在一个 Add 方法，但它使用了显式接口实现。通常情况下，访问采用显式接口实现的成员，需要把对象转换成相应的接口类型，但它不能用于集合初始化器中。我们可以通过提供一个扩展方法来实现，见代码清单 10-11。

代码清单 10-11　通过扩展方法来提供显式的接口实现

```
public static class DictionaryExtensions
{
    public static void Add<TKey, TValue>(
        this IDictionary<TKey, TValue> dictionary,
        TKey key, TValue value)
    {
        dictionary.Add(key, value);
    }
}
```

乍一看这么做似乎毫无意义。它不过是一个扩展方法调用了另一个同名方法而已。但是这样确实有效地解决了显式接口实现的问题，永久地对外暴露了 Add 方法，而且可以用于集合初始化器中。

```
var dictionary = new ConcurrentDictionary<string, int>
{
    { "x", 10 },
    { "y", 20 }
};
```

当然，应当谨慎使用这种方式。如果某个方法被显式接口实现所隐藏，那么通常意味着不希望有人无意中调用该方法。这也体现了 using static 选择性引入扩展方法的好处：创建一个具有多个静态类的命名空间，每个静态类中配置不同的扩展方法，然后只在需要之处引入特定静态类即可。然而即便这样，还是会把 Add 方法暴露给同一类中的其他代码。还是那句话，如何选择，需要自己衡量。

10

代码清单 10-11 中的扩展方法还是太宽泛了，它把所有字典类型都扩展了。我们可以把目标锁定于 ConcurrentDictionary<,>，以此避免意外调用其他字典类型的显式实现的 Add 方法。

10.2.3　测试代码与产品代码

前面讲了太多警告性质的内容。对于这些特性，少有界限清晰、能够明确使用场景的。不过其中大部分问题只针对有限范围内的代码所产生的影响。

根据我的经验，对象初始化器和集合初始化器通常用在两处：

- 初始化完成后再也不会被修改的集合静态初始化器；
- 测试代码。

对于测试代码，我们依然需要考虑对外暴露范围和方法执行的正确性，但不必过分关注。如果给测试程序集添加 Add 扩展方法不方便也没有关系，因为它完全不会影响产品代码。类似地，如果在测试代码中的集合初始化器中使用索引器时不小心设置了重复键值，测试很可能会失败，影响甚微。

关于代码质量，测试代码和产品代码确实有着不同的要求。虽然测试代码也需要尽可能保持高质量，但对于保持代码质量和选择权宜之计之间的取舍，测试代码和产品代码（尤其是公共API）大不相同。

扩展方法作为LINQ特性的重要组成部分，让我们能以更流畅的方式来组合不同的操作。很多时候不再使用多条语句，而是在一条语句中对多个方法进行链式调用。这也正是LINQ查询语句目前的模式，而这一模式在如LINQ to XML此类的API中成为正统的编码规范。这一方式也会导致一个问题：一旦遇到 null 值，整个调用都将崩溃。而在C# 6中可以安全地终止链上的某个操作，而不是以抛出异常的方式崩溃。

10.3　空值条件运算符

关于可空性的问题，前文已经讲过了。在和可空性打交道时，往往会伴随着复杂的对象模型，拥有多层属性。C#语言设计团队在增强可空性的易用性方面不懈探索。目前这项工作仍在继续，而C# 6已经在这个方向上迈出了坚实的一步。在C# 6中处理可空性的代码可以变得更简短，节省很多重复性的表达式调用。

10.3.1　简单、安全地解引用

假设有一个 Customer 类型，包含 Profile 属性，Profile 属性又包含一个 DefaultShippingAddress 属性，而它又包含一个 Town 属性。接下来我们需要找出一个customer集合中所有默认邮寄地址中town名称中包含Reading的customer。如果不考虑可空性，可以按照以下方式实现：

```
var readingCustomers = allCustomers
    .Where(c => c.Profile.DefaultShippingAddress.Town == "Reading");
```

如果每个customer都有profile，每个profile又有default shipping address，而每个address都有town属性，这么写没有问题；但如果以上属性中任何一个为 null 会怎么样呢？可能我们只是想剔除属性为 null 的客户，但最终只得到了一个 NullReferenceException。在C# 6以前，为了保证这段代码正常运行，需要做非常复杂的改动：通过&&运算符来检查每个属性是否为 null。

```
var readingCustomers = allCustomers
    .Where(c => c.Profile != null &&
                c.Profile.DefaultShippingAddress != null &&
                c.Profile.DefaultShippingAddress.Town == "Reading");
```

其中包含很多重复的代码，而且如果需要在末尾调用方法就更糟糕了，因为==符号已经替我们处理了 null 值（至少对于引用类型来说如此。10.3.3 节会探讨一些例外情况）。那么 C# 6 是如何改进的呢？它引入了**空值条件运算符**?.。使用该运算符，在遇到 null 值时整个表达式会终止，而不是抛出异常。一个空值安全的新版应该如下：

```
var readingCustomers = allCustomers
    .Where(c => c.Profile?.DefaultShippingAddress?.Town == "Reading");
```

除了添加了空值条件运算符，这段代码和第一个版本几乎完全相同。如果 c.Profile 或者 c.Profile.DefaultShippingAddress 为 null，整个==左边的表达式就为 null。读者可能会问，为什么只使用了两次该运算符，而这段代码中有 4 处可能为 null。

- c
- c.Profile
- c.Profile.DefaultShippingAddress
- c.Profile.DefaultShippingAddress.Town

这里假定 allCustomers 中的所有元素都为非空引用。如果把这部分的可空性也考虑进来，就需要使用 c?.Profile 了，表达式中的==号可以处理 null 值，因此表达式末尾无须添加?运算符。

10.3.2 关于空值条件运算符的更多细节

前面这个例子只展示了空值条件运算符在属性中的使用方式，而其适用场景远不止于此，它可以用于方法、字段以及索引器中。其基本工作原理是：每遇到一个空值条件运算符，编译器都会为?.前面的值插入一条空值检查语句。如果值为 null，那么整个表达式的运算终止，并返回 null 值；如果值不为 null，则表达式继续向右对属性、方法、字段或者索引进行运算，而不需要对左边做重复运算。如果整个表达式是非可空值类型，一旦其中出现了空值条件运算符，整个表达式的类型就会变成对应的可空值类型。

这里的整个表达式（即遇到 null 值时表达式计算停止的那部分）基本上等同于属性、字段、索引器和方法访问的序列。其他运算符（如比较运算符）会中断整个序列。下面看一下 10.3.1 节中 Where 方法的条件。我们的 lambda 表达式如下：

```
c => c.Profile?.DefaultShippingAddress?.Town == "Reading"
```

编译器会把以上代码当作如下代码来处理：

```
string result;
var tmp1 = c.Profile;
if (tmp1 == null)
      {
    result = null;
      }
else
{
```

```
        var tmp2 = tmp1.DefaultShippingAddress;
        if (tmp2 == null)
        {
            result = null;
        }
        else
        {
            result = tmp2.Town;
        }
    }
    return result == "Reading";
```

请注意上面每个属性访问（加粗的代码）都只出现了一次。前面展示在 C# 6 之前进行空值检查的代码中，可能需要运算 c.Profile 三次，运算 c.Profile.DefaultShippingAddress 两次。如果这些运算所依赖的数据有可能被其他线程修改，这就麻烦了：即便通过了前两个空值检查，最终还是会得到一个 NullReferenceException。有了 C# 6 之后，代码变得更安全、更高效，因为所有表达式都只需要运算一次。

10.3.3　处理布尔值比较

目前我们还是在末尾处使用==号来执行比较操作。即便表达式中出现 null 值，比较操作依旧需要执行。假设我们需要使用 Equals 方法来进行比较：

```
c => c.Profile?.DefaultShippingAddress?.Town?.Equals("Reading")
```

然而这种方式不能通过编译。我们添加了第 3 个空值条件运算符，这样当 shipping address 的 Town 属性为 null 时，不会调用 Equals 方法；但如此一来整个 lambda 表达式的结果是 Nullable<bool>类型，而不是 bool 类型，也与 Where 方法不匹配了。

在使用空值条件运算符时，这个问题相当常见。在条件判断中使用空值条件运算符时，需要考虑以下 3 种可能的执行情况：

- 表达式中的每一部分都运算过了，结果是 true；
- 表达式中的每一部分都运算过了，结果是 false；
- 表达式因为 null 值而中断，结果是 null。

通常需要把上述三种可能缩减为两种，即把最后一种情况映射到 true 或者 false。一般有两种实现方式：与某个 bool 类型的常量做比较，或者使用空合并运算符??。

可空布尔值比较操作的语言设计选择

在 C# 2 时期，bool?与非可空值的比较操作给 C#设计团队带来了麻烦。这是因为当 x 是 bool?类型的变量时，表达式 x == true 和 x != false 都合法但含义不同。（如果 x 为 null，那么 x == true 的结果是 false，x != false 的结果是 true。）

针对这种行为应该如何设计呢？通常不管选择哪种都无法尽如人意。我们需要做的就是认识到它的存在，并尽可能编写表意清晰的代码，来方便所有人阅读和理解代码。

简化一下前面的例子，假设有一个变量 name，其类型为 string，但也可能为 null。我们需要一条 if 语句，其判断条件是 name 调用 Equals 方法，看结果是否等于 x。这是展示条件判断的简单方式：有条件地访问一个布尔型的属性。表 10-3 给出了一些选项：如果 name 为 null，是否应当执行 if 中的代码。

表 10-3　使用空值条件运算符执行布尔值比较的选择

如果 **name** 为 **null**，则不执行	如果 **name** 为 **null**，则执行
`if (name?.Equals("X") ?? false)`	`if (name?.Equals("X") ?? true)`
`if (name?.Equals("X") == true)`	`if (name?.Equals("X") != false)`

我倾向于选择空合并运算符，因为可以把它理解为"尝试执行比较操作，如果操作没有执行完，就采用??后的值"。当表达式 name?.Equals("X")的类型是 Nullable<bool>之后，一切就都简单了。只是在空值条件运算符出现之后，更容易遇到这样的情形。

10.3.4　索引器与空值条件运算符

前面说过，空值条件运算符同样适用于索引器、字段、属性以及方法，语法也都相同；但是对于索引器来说，问号要放在方括号之前。它适用于数组，也适用于用户自定义的索引器，并且其返回值也是可空值类型，示例如下：

```
int[] array = null;
int? firstElement = array?[0];
```

关于索引器中空值条件运算符的工作方式，并没有太多需要解释的。空值条件运算符在索引器上的应用价值不如在属性和方法，不过聊胜于无，起码可以保持特性的内部一致性。

10.3.5　使用空值条件运算符提升编程效率

前面讲到在处理可能为 null 的属性时，空值条件运算符很有用，不过它的作用不止于此。下面列举两个用途以抛砖引玉，读者可自行发掘该特性的更多用途。

1. 安全便捷的事件触发

事件触发模式甚至是多线程的事件触发已存在多年。例如触发一个 EventHandler 类型的 Click 事件，代码如下所示：

```
EventHandler handler = Click;
if (handler != null)
{
    handler(this, EventArgs.Empty);
}
```

其中有两点需要重点注意。

- 我们可能调用的不是 Click(this, EventArgs.Empty)，因为 Click 可能为 null（当处理器没有订阅者时）。

- 这里把 Click 字段赋值给了一个局部变量，因此在做过空值检查后，即便 Click 被其他线程修改，依然不会导致空引用。虽然这样做调用的事件处理器不是最新的，但依然属于可以接受的竞态条件。

到目前为止，代码除了有些冗长，没有其他问题。然后使用空值条件运算符，虽然此时 handler(...)这样的方式不能使用，但可以通过 Invoke 方法完成调用：

```
Click?.Invoke(this, EventArgs.Empty);
```

如果此时调用方（例如 OnClick 方法）仅此一行代码，则它就是单一表达式主体，可以改写成表达式主体方法。从安全性上讲二者无甚差别，但是第 2 种写法更简洁。

2. 最大程度地利用返回 null 的 API

第 9 章讨论日志时讲过，内插字符串字面量无助于提升日志记录的性能，但是它可以和空值条件运算符搭配使用。假设有一个如下所示的日志 API。

代码清单 10-12 能够妥善处理 null 值的日志 API 框架

```
public interface ILogger                      <-- 由像 GetLog 这样的方法
{                                                 返回的接口
    IActiveLogger Debug { get; }
    IActiveLogger Info { get; }               如果未开启日志，
    IActiveLogger Warning { get; }            则属性返回 null
    IActiveLogger Error { get; }
}

public interface IActiveLogger                <-- 代表已开启
{                                                 日志的接口
    void Log(string message);
}
```

这只是一个大概的演示，完整的日志 API 内容肯定比这多得多。使用空值条件运算符，我们可以把根据日志级别获取当前可用 logger 和执行日志记录这两步结合在一起，编写出的代码既简洁高效，又清晰易懂：

```
logger.Debug?.Log($"Received request for URL {request.Url}");
```

如果 debug logging 当前处于 disable 状态，就不会执行后面的内插字符串字面量，也无须创建额外的对象；如果 debug logging 处于 enable 状态，内插字符串字面量就会执行计算，然后正常传递给 Log 方法。看到 C#语言不断演进，令人深感欣慰。

当然，这种方式需要日志 API 内部实现的支持。如果所使用的日志 API 不支持这种写法，也可以通过扩展方法来实现。

很多反射相关的 API 会适时返回 null 值，LINQ 的 FirstOrDefault（以及其他类似方法）可以良好地支持空值条件运算符。类似地，LINQ to XML 有很多方法在无法返回请求数据时会返回 null 值。假设有一个 XML 元素，它有一个可选的<author>元素，该元素可能有 name 属性，也可能没有，那么以下两种方式都可以轻松获取 author name。

```
string authorName = book.Element("author")?.Attribute("name")?.Value;
string authorName = (string) book.Element("author")?.Attribute("name");
```

第 1 条语句两次使用了空值条件运算符：一次是获取元素 attribute 时，一次是访问该 attribute 的值。第 2 条语句利用了 LINQ to XML 中早已支持的可空值处理方式：利用显式类型转换。

10.3.6 空值条件运算符的局限性

空值条件运算符还有一些不太讨喜的方面，其中一个可能会令人吃惊：空值条件运算符表达式的结果是一个值，而不是变量。该限制导致我们不能把空值条件运算符用在赋值号（=）的左边，例如以下几种写法均非法：

```
person?.Name = "";
stats?.RequestCount++;
array?[index] = 10;
```

这时就需要用之前的 `if` 语句做判断了。不过根据我的经验，这几乎不算什么问题。

对于避免 `NullReferenceException` 来说，空值条件运算符作用非凡，不过有时需要处理异常，而不是避免它们。异常过滤器特性是自 C#诞生以来关于 `catch` 块结构的第一个特性。

10.4 异常过滤器

本章的最后一个特性有些尴尬：该特性是 C#跟随 Visual Basic 步伐的一项举措。Visual Basic 从诞生之初就具备异常过滤器特性，但直到 C# 6，该特性才被引入 C#中。该特性可能应用较少，不过通过它，我们可以深入了解 CLR 的内部原理。异常过滤器的基本原理是：可以根据过滤器返回 `true` 还是 `false` 来决定是否捕获异常。如果返回 `true`，那么捕获异常；如果返回 `false`，`catch` 块将忽略该异常。

10

假设我们正在执行一个 Web 操作，并且已知连接的服务器有时会断线。如果连接失败，我们需要执行一些异常处理操作；但是对于其他失败，都需要照常抛出异常。在 C# 6 之前，我们只能先捕获异常，然后判断异常的类型，抛出不属于连接异常的那些。

```
try
{
    ...                 <-- 尝试 Web 操作
}
catch (WebException e)
{
    if (e.Status != WebExceptionStatus.ConnectFailure)   如果不是连接失
    {                                                    败，则重新抛出
        throw;                                           异常
    }
    ...          <-- 处理连接失败
}
```

而使用异常过滤器的话，即可实现不去捕获那些不需要处理的异常，直接从 `catch` 块中过

滤这类异常即可：

```
try
{
    ...                              ◁── 尝试 Web 操作
}
catch (WebException e)
    when (e.Status == WebExceptionStatus.ConnectFailure)   ◁── 仅捕获连接失败的异常
{
    ...                              ◁── 处理连接异常
}
```

除了上述特定场景，异常过滤器还可以应用于另外两个普遍的场景：重试和日志。在重试循环中，只有需要对当前操作进行重试（满足特定条件并且没有超出重试次数），才应该捕获异常；在日志场景中，完全不需要捕获异常，而是将异常记入日志。在展示更多具体用例之前，首先介绍该特性的语法和行为。

10.4.1 异常过滤器的语法和语义

第一个完整示例见代码清单 10-13：它遍历一个 messages 集合，对于集合中每个元素都抛出一次异常。我们添加一个异常过滤器，这样只有当 message 中包含 `catch` 这个词时，才捕获异常。代码中异常过滤器的部分已加粗。

代码清单 10-13 抛出三个异常并捕获其中两个

```
string[] messages =
{
    "You can catch this",
    "You can catch this too",
    "This won't be caught"
};
foreach (string message in messages)          ◁── 在 try/catch 语句外循环获取每条 message
{
    try
    {
        throw new Exception(message);         ◁── 每次使用不同的 message 抛出异常
    }
    catch (Exception e)
        when (e.Message.Contains("catch"))    ◁── 只有当 message 中包含 catch 时才捕获异常
    {
        Console.WriteLine($"Caught '{e.Message}'");   ◁── 打印捕获的异常信息
    }
}
```

执行结果是被捕获的两个异常：

```
Caught 'You can catch this'
Caught 'You can catch this too'
```

未被捕获异常的输出结果是：`This won't be caught`。（这是一个大概的结果，精确的输出结果取决于执行代码的方式。）

从语法上讲，异常过滤器的内容就这么多：上下文关键字 when 之后跟一对小括号，括号中是表达式。表达式可以使用 catch 块中声明的异常变量，且执行结果必须是布尔类型，不过异常过滤器的语义要更复杂。

1. 双通路异常模型

CLR 处理异常的方式为：在异常被逐级向上抛出时，CLR 不断释放调用栈，直至捕获异常，而其背后的机制可能更惊人。该过程比使用双通路模型更为复杂[①]。该模型采用以下几个步骤。

- 异常抛出，**第 1 条通路**开始。
- CLR 自上而下检查栈空间，寻找可以处理当前异常的 catch 块。（我们把这一步简称为**处理 catch 块**，不过这并不是官方术语。）
- 只有具备兼容异常类型的 catch 块才会被考虑。
- 如果该 catch 块中有异常过滤器，那么先执行异常过滤器。如果过滤器返回 false，则 catch 块不处理异常。
- 不包含异常过滤器的 catch 块等价于包含异常过滤器返回 true 的 catch 块。
- 处理 catch 块确定了之后，**第 2 条通路**开始。
- CLR 把从异常抛出的位置开始到 catch 块确定了的位置的调用栈释放。
- 在释放栈的过程中，所有 finally 块将被执行。（不包括处理 catch 块所对应的 finally 块。）
- 处理 catch 块执行。
- 如果处理 catch 块有对应的 finally 块，那么该部分代码也会被执行。

代码清单 10-14 展示了该过程。它包含 3 个方法：Bottom、Middle 和 Top。其中 Bottom 调用 Middle，而 Middle 会调用 Top，这样就形成了一个自描述的调用栈。然后 Main 方法会通过调用 Bottom 来开始整个调用链。这段代码看起来比较长，但并没有什么实质性的复杂逻辑，大可放心。另外，异常过滤器的代码已加粗。LogAndReturn 方法是为追踪调用而设，异常过滤器会使用该方法来记录特定方法，然后返回特定值来显示是否应当捕获该异常。

10

代码清单 10-14　异常过滤器的三层结构展示

```
static bool LogAndReturn(string message, bool result)
{
    Console.WriteLine(message);
    return result;
}

static void Top()
{
    try
    {
        throw new Exception();
```

异常过滤器调用的辅助方法

① 我并不清楚异常处理模型的起源，我怀疑它是根据 Windows Structured Exception Handling（SEH）机制直接映射而来，不过这一话题属于 CLR 更深层次的内容，这里无意继续探究。

```
    }
    finally
    {
        Console.WriteLine("Top finally");      在第 2 条通路中执行
    }                                          的 finally 块
}

static void Middle()
{
    try
    {
        Top();
    }
    catch (Exception e)
        when (LogAndReturn("Middle filter", false))   <-- 永远不会进行捕获的异常过滤器
    {
        Console.WriteLine("Caught in middle");   <-- 永远不会打印，因为过滤器返回 false
    }
    finally
    {
        Console.WriteLine("Middle finally");   在第 2 条通路中执行
    }                                          的 finally 块
}

static void Bottom()
{
    try
    {
        Middle();
    }
    catch (IOException e)
        when (LogAndReturn("Never called", true))   <-- 永远不会被调用的过滤器，因为异常的类型不对
    {
    }
    catch (Exception e)
        when (LogAndReturn("Bottom filter", true))   <-- 每次都会进行捕获的过滤器
    {
        Console.WriteLine("Caught in Bottom");   <-- 该行会被打印，因为异常被捕获
    }
}

static void Main()
{
    Bottom();
}
```

有了前面的过程描述和代码中的各种注释，读者可以自行推断出执行结果。接下来核对一下执行结果，以确保没有任何存疑之处，首先是打印结果：

```
Middle filter
Bottom filter
Top finally
Middle finally
Caught in Bottom
```

图 10-2 展示了执行过程。其中左侧是调用栈（省略 Main 方法），中间是对于当前事件的描述，右侧是该步骤的输出结果。

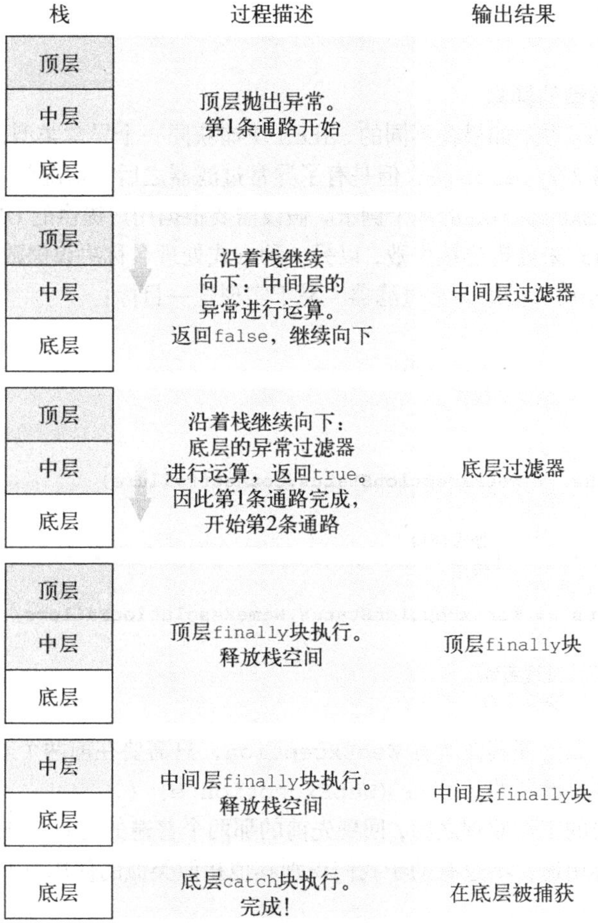

图 10-2　代码清单 10-14 的执行流程

双通路模型的安全影响

finally 块执行的时序会影响 using 和 lock 语句，这一点对于 try/finally 或者 using 中的内容有重要影响，因为代码的执行环境可能包含恶意代码。如果有非受信代码调用我们的方法，而我们的方法可以抛出异常，调用方就可以在 finally 块执行之前通过异常过滤器来执行代码了。

以上内容表明：对安全敏感的代码不要出现在 finally 块中。例如在 try 块中进入一个较高权限的状态，然后 finally 块中的代码回到一个较低权限的状态，此时其他代码就可能在仍处于较高权限时被执行。不过很少需要考虑此类安全问题，因为代码多数时候是在比较友好的环境中运行的，但是我们必须意识到存在这样的风险。若想提升安全度，可以添加一个带有异常过滤器的空 catch 块，该过滤器负责移除相关权限并返回 false（这样异常就不会被捕获了），不过我一般不会这么做。

2. 多次捕获同一类型的异常

以前对于同一个 try 块，如果在不同的 catch 块捕获同一个异常类型，会引发编译器报错，因为永远不会执行到第 2 个 catch 块；但是有了异常过滤器之后，情况就不同了。

稍微扩展之前 WebException 的那个例子。假设需要根据用户提供的 URL 来获取网页内容，我们可能需要以一种方式来处理连接失败，以另一种方式处理名称决议失败，然后让其余异常上浮到更高层级的 catch 块。借助异常过滤器，易于实现这一目标：

```
try
{
    ...                         <-- 尝试 Web 操作
}
catch (WebException e)
    when (e.Status == WebExceptionStatus.ConnectFailure)
{
    ...                         <-- 处理连接失败
}
catch (WebException e)
    when (e.Status == WebExceptionStatus.NameResolutionFailure)
{
    ...                  <-- 处理名称决议失败
}
```

如果需要在当前层级处理其他所有 WebException，只需要在前两个专有 catch 块之后再添加一个通用的、不含过滤器的 catch (WebException e) {...}。

了解了异常过滤器的工作原理之后，回到先前的那两个普遍的场景。虽然这两个使用场景并没有囊括过滤器的全部用途，不过有助于我们识别其他相似类似的使用场景，首先讨论重试。

10.4.2　重试操作

随着云计算技术的普及，我们应当更加注意那些可能会失败的操作，并且认真思考这些操作失败对代码有何影响。对于远程操作，例如 Web 服务调用和数据库操作，有时只是一些暂时性的失败，我们需要对这些操作进行重试。

把握好重试准则

虽然执行重试操作很有用，但仍需要意识到，代码中的每一层都有可能尝试重试失败的操作。如果有多个抽象层可以优雅且透明地重试某个暂时性的失败，那么最后可能会导致某个实际的失败被严重拖后记录日志。简而言之，这个模式并不是自洽的。

当能够控制程序的整个执行栈时，我们应当认真思考哪里应当执行重试操作。如果我们只负责程序的一部分工作，就要考虑把重试操作设置是可配置的，这样那些掌控整个执行栈的开发人员就可以决定我们的这一层是否应当执行重试操作。

产品级的重试处理更为复杂，可能需要复杂的启发机制来决定何时触发重试以及重试操作应当持续多久，并且要设计一种重试间隔时长的随机化机制，以避免不同的客户同时发起重试。代码清单 10-15 展示了一个高度简化的版本[①]，以便我们聚焦于异常过滤器。

代码需要知道：

- 需要执行什么操作；
- 尝试操作的重复次数。

在这种情况下，只有需要重试操作时才使用异常过滤器来捕获异常。代码很直截了当。

代码清单 10-15　一个简单的重试循环

```
static T Retry<T>(Func<T> operation, int attempts)
{
    while (true)
    {
        try
        {
            attempts--;
            return operation();
        }
        catch (Exception e) when (attempts > 0)
        {
            Console.WriteLine($"Failed: {e}");
            Console.WriteLine($"Attempts left: {attempts}");
            Thread.Sleep(5000);
        }
    }
}
```

虽然极不推荐 while(true)这种写法，但在本例中它比较合理。我们可以编写一个基于 retryCount 作为条件的循环，不过异常过滤器已经提供了该功能，因此这么做具有误导性。此外，循环必须是可结束的，因此如果方法末尾没有 return 或者 throw 这样的语句，是不能通过编译的。

然后就可以通过调用上述方法完成重试了：

```
Func<DateTime> temporamentalCall = () =>
{
    DateTime utcNow = DateTime.UtcNow;
    if (utcNow.Second < 20)
    {
        throw new Exception("I don't like the start of a minute");
    }
```

① 我认为所有重试机制都应当使用过滤器来检查哪些失败可以重试，以及决定重试调用之间的间隔时长。

```
    return utcNow;
};

var result = Retry(temporamentalCall, 3);
Console.WriteLine(result);
```

一般说来，这段代码会立刻返回结果。有时如果在某一分钟的前 10 秒左右执行，这段代码会失败几次之后才成功。有时如果刚好在某一分钟的开始时执行，这段代码会失败几次，捕捉并记录异常，等到第 3 次失败的时候，异常就不会被捕获了。

10.4.3　记录日志的“副作用”

第 2 个例子是关于如何实时地将异常记录到日志中。我使用日志的例子展示 C# 6 的很多特性，这不过是巧合而已。C#设计团队应该不会让 C# 6 的目标只着眼于日志，它们只是刚好在类似的情况下很适用而已。

关于记录异常日志的方式和时机的话题，存在广泛争议，本书不做讨论。这里假定无论异常是否会被捕获（可能发生二次记录），都需要在日志中记录异常。

使用日志过滤器可以在不影响执行流程的情况下记录日志。实现方法很简单：在异常过滤器中调用记录日志的方法，然后返回 false 来表明不需要捕获当前异常。代码清单 10-16 中的 Main 方法就采用了这种方式：可以在引发错误码之前将包含时间戳的异常记录到日志中。

代码清单 10-16　在过滤器中记录日志

```
static void Main()
{
    try
    {
        UnreliableMethod();
    }
    catch (Exception e) when (Log(e))
    {
    }
}

static void UnreliableMethod()
{
    throw new Exception("Bang!");
}

static bool Log(Exception e)
{
    Console.WriteLine($"{DateTime.UtcNow}: {e.GetType()} {e.Message}");
    return false;
}
```

这段代码在很大程度上只是代码清单 10-14 的一个变体，那个例子通过日志来探究双通路异常系统的语义；而在本例中，不会在过滤器中捕获异常，整个 try/catch 和过滤器都只是为了记录日志这个“副作用”而已。

10.4.4 单个、有针对性的日志过滤器

除了那些通用的例子，特定的业务逻辑有时会要求捕获某些异常，而继续向上抛出另外一些异常。这种做法有什么用吗？我们总是捕获通用的 Exception 多呢？还是捕获 IOException 或 SqlException 之类的特定异常多呢？考虑以下代码：

```
catch (IOException e)
{
    ...
}
```

可以把这段代码视为：

```
catch (Exception tmp) when (tmp is IOException)
{
    IOException e = (IOException) tmp;
    ...
}
```

C# 6 的异常过滤器就是以上代码的一个通用版本。很多时候无法通过异常的类型来获取相关信息。以 SqlException 为例，它有一个 Number 属性，该属性对应一个异常原因。我们经常需要根据不同的 SQL 失败原因来采取不同的处理措施。出于 API 的缘故，从 WebException 中得到相关的 HTTP 状态码会有点困难，但对 404（Not Found）错误和 500（Internal Error）错误区别处理也很必要。

有一点需要注意：强烈呼吁不要根据异常信息来进行过滤（代码清单 10-13 那种实验性目的除外）。异常信息在不同的发行版本中是不确定的，可能会根据执行环境的不同进行属地化。根据异常信息来对异常进行区别处理不可取。

10.4.5 为何不直接抛出异常

10

读者可能会有疑问，如此大费周章地过滤异常，目的是什么？毕竟完全可以直接抛出异常。使用异常过滤器的代码如下所示：

```
catch (Exception e) when (condition)
{
    ...
}
```

和直接抛出异常看起来并无太大区别：

```
catch (Exception e)
{
    if (!condition)
    {
        throw;
    }
    ...
}
```

这点改进足以成为一个新的语言特性吗？结论还有待商榷。

以上两段代码其实存在差异：前面讲过，condition 的运算时机是随着上层调用栈的 finally 块而变化的。此外，虽然 throw 语句可以保留大部分原始调用栈，但仍然存在某些细微的差别，尤其是异常捕获和重新抛出位置的栈结构。这就造成了诊断问题时的难易之分。

我认为异常过滤器的出现不会对开发者的日常工作产生太大影响。不同于表达式主体成员和内插字符串字面量这些特性，异常过滤器并不是一个让人难以割舍的特性，但也聊胜于无。

纵观本章介绍的所有特性，using static 和空值条件运算符毫无疑问是我最常用的特性。这两个特性应用十分广泛，很多时候能够显著增强代码可读性。（尤其当代码中需要处理很多预定义常量时，using static 对于保证可读性能起到关键作用。）

空值条件运算符、对象初始化器和集合初始化器的改进，使得仅用一条表达式即可实现复杂的操作。它们增强了 C# 3 引入的对象初始化器和集合初始化器：表达式可以用于字段初始化中；方法实参无须单独计算，提升了便捷度。

10.5　小结

- 使用 using static 指令，可以实现不用每次指定类型名称，就能指代静态类型成员（一般是常量或者方法）。
- using static 会把指定类型中的所有扩展方法也一并引入，这样就无须再通过命名空间引入扩展方法了。
- 引入扩展方法规则发生了变化，这意味着把普通静态方法变成扩展方法不再是向后兼容的改动。
- 集合初始化器在初始化集合时，可以调用类型预定义的 Add 方法，也可以调用 Add 扩展方法。
- 对象初始化器可以使用索引器，不过需要在索引器和集合初始化器之间做好权衡。
- 在链式操作调用中，如果某个链中的元素可能为 null，那么使用空值条件运算符?.可以极大地简化操作。
- 异常过滤器提供了对异常的更多控制，既可以根据异常类型，也可以根据异常数据来确定是否需要捕获异常。

Part 4 第四部分

C# 7 及其后续版本

C# 7 是自 C# 1 以来第一个包含多个小版本的发行版[①]，它共有 4 个版本：

- C# 7.0 在 2017 年 3 月同 Visual Studio 2017 15.0 一起发布；
- C# 7.1 在 2017 年 8 月同 Visual Studio 2017 15.3 一起发布；
- C# 7.2 在 2017 年 12 月同 Visual Studio 2017 15.5 一起发布；
- C# 7.3 在 2018 年 5 月同 Visual Studio 2017 15.7 一起发布。

这些小版本大都只是在之前 C# 7.*x* 发行版特性基础上进行了扩展，而没有引入全新的特性，不过第 13 章要介绍的引用类型相关特性在 C# 7.2 中得到了大幅扩展。

据我所知，目前还没有发布 C# 7.4 的计划， 但也不能完全排除这种可能性。这种多个版本迭代式发布看起来还不错，C# 8 也许会采用类似的发布机制。

本书对于 C# 7 的讨论会多于 C# 6，因为 C# 7 的特性更为复杂。无论从编译器的处理方式还是从 CLR 的使用方式上讲，元组与其他类型都有着显著的区别。局部方法这个特性引人注目，因为其实现方式可以和 lambda 表达式相比较。模式匹配易于理解，但是如何充分发挥其价值，仍需要仔细琢磨。引用类型相关特性天生具有复杂性，虽然听起来挺简单的（特指 `in` 参数）。

很多开发人员认为 C# 6 的特性在日常开发中很有用处，而 C# 7 的一些特性根本用不上。比如我在代码中很少使用元组，因为我开发所面向的平台并不支持元组。另外，我也不常使用引用类型相关特性，因为在我的编程环境中这项特性施展不开。不过这些都不影响它们成为优秀的新特性，只能说这些特性的应用还不是很广泛。C# 7 的其他特性，比如模式匹配、`throw` 表达式以及数字字面量的改进则会让所有开发人员受益，不过在影响力上可能不如那些针对性更强一些的特性。

上述内容旨在帮读者建立一种预期。一如往常，当学习一个新特性时，要思考自己在代码中会如何应用它。当然，不必强迫自己运用新特性，在简短的代码中用不到大部分语言特性。即便目前用不到某项特性也没有关系，只需要知道其存在即可，将来需要时它会派上用场的。

---

① Visual Studio 2002 引入了 C# 1.0，Visual Studio 2003 引入了 C# 1.2。不清楚为什么中间略过了 1.1 版本，而且这两个发行版之间的区别也不明了。

另外预告一下第 15 章的内容，第 15 章将展望 C#语言的未来。这一章主要介绍那些在 C# 8 预览版中已经可用的特性，不过最终发行版不一定包含所有这些特性，也可能会有本书未谈及的某些新特性。希望读者关注新版本的发布和 C#团队的博客更新。对于 C#开发人员而言，不论是现今所拥有的，还是更加美好的未来，都是那么激动人心。

第 11 章

使用元组进行组合

本章内容概览：

- 使用元组来组合数据；
- 元组语法——字面量和类型；
- 元组转换；
- CLR 中如何表示元组；
- 元组的替代方法以及使用指南。

在 C# 3 时代，LINQ 的出现改变了处理数据集合的方式。其中之一是能够针对每个元素的处理提供操作：如何转换元素形式，如何从结果中筛选特定元素，或者如何根据每个元素的某个方面进行排序。尽管如此，对于非集合的数据，LINQ 却没能提供很多新工具。

匿名类型虽然提供了一种组合数据的方式，但使用限制太大，只能用于特定代码块中。我们无法声明一个返回匿名类型的方法，因为无法命名返回类型。

C# 7 引入了元组，使用元组可以组合数据，也可以把组合好的类型拆分成单独的部分。也许有读者觉得 C#已经通过 System.Tuple 实现了对元组的支持，这不完全对。虽然元组已经存在于 framework 中，但是并没有得到语言层面的支持。更令人迷惑的是，C# 7 没有把这些元组作为有语言支持的元组，而是使用了一个新的 System.ValueTuple 类型集合，11.4 节会介绍。11.5.1 节还会把它和 System.Tuple 进行比较。

11.1 元组介绍

使用元组，可以将多个独立的值组合成一个值。元组只是简单地将这些值组合起来，并不负责为互相关联的数据进行任何封装。同时 C# 7 引入了新语法，方便了操作元组。

假设有若干整型数，我们需要一次就找出其中的最大值和最小值。直观而言，似乎应该把这部分实现放到一个方法中，但是该方法的返回值应该是什么类型呢？我们可以返回最小值，然后通过 out 参数返回最大值，或者直接使用两个 out 参数。不过这两种方式都太过笨拙了。当然，也可以创建一个单独的类型作为返回类型，不过有点小题大做了。或者，可以返回一个 Tuple<int, int>类型，该类型是由.NET 4 引入的，但是使用该类型又无法分辨最大值和最小值（而且需要为仅仅两个值创建一个对象）。我们可以使用 C# 7 的元组类型，如下所示声明该方法：

```
static (int min, int max) MinMax(IEnumerable<int> source)
```

之后就可以以如下方式调用了：

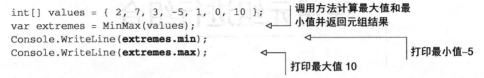

```
int[] values = { 2, 7, 3, -5, 1, 0, 10 };
var extremes = MinMax(values);
Console.WriteLine(extremes.min);
Console.WriteLine(extremes.max);
```

调用方法计算最大值和最小值并返回元组结果

打印最小值–5

打印最大值 10

稍后会给出 MinMax 方法的若干个实现，不过这个例子已经充分体现了该特性的设计初衷，后续会铺展该特性的全部细节。虽然元组特性听起来比较简单，但实际需要学习的内容很多，并且这几方面都是互相关联的，也就不好按照某种逻辑顺序来阐述。在阅读本章时，如果读者产生了“这又是什么？”的想法，建议暂且收起疑惑，坚持读完本章。本章内容虽多，但都不算艰深，论述着重全面。希望经过本章的学习，读者的所有疑惑都可以迎刃而解①。

11.2　元组字面量和元组类型

可以把元组看作 CLR 引入的一些新类型，然后提供了相应的语法糖，使得新类型更易用。易用包括两个层面：声明和构建。下面首先从 C#语言层面抽丝剥茧，暂不考虑 C#到 CLR 之间的映射关系，然后回过头解释编译器幕后所完成的工作。

11.2.1　语法

C# 7 引入了两点新语法：**元组字面量和元组类型**。二者看上去比较接近：都是用小括号包围、由逗号分隔的两个以上元素组成。在元组字面量中，每个元素都有一个值和一个可选名称；而在元组类型中，每个元素都有一个类型和可选名称。图 11-1 是元组字面量的示例，图 11-2 是元组类型的示例。每幅图中都包含一个具名元素和一个不具名元素。

图11-1　包含元素值为5和"text"的元组字面量，第2个元素的名称为title

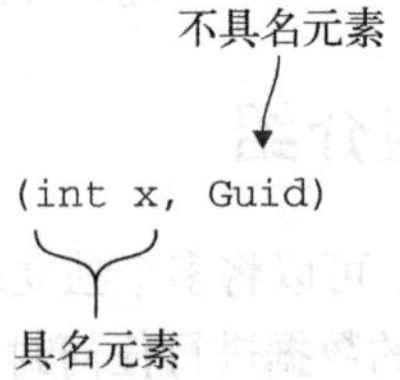

图11-2　包含元素类型为int和Guid的元组类型，第1个类型的名称为x

① 如果仍有疑问，可从 Author Online 论坛或者 Stack Overflow 上获取更多信息。

在实际编码中，一般所有元素都有名称，或者所有元素都没有名称。例如元组类型(int, int)或者(int x, int y, int z)，元组字面量为(x: 1, y: 2)或者(1, 2, 3)，不过这并不是强制性的要求。对于元素命名，需要注意以下两项限制。

- 不论是在元组字面量还是元组类型中，都不能出现重名元素，比如(x: 1, x: 2)这样的字面量，既不被允许也没有任何意义。
- 在元组中，如果需要给元素取名为 ItemN 这种形式（其中 N 是一个整数），只有在 N 和元素的位置（从 1 开始）完全吻合的情况下才行，因此(Item1: 0, Item2: 0)是合法命名，但是(Item2: 0, Item1: 0)是非法命名，稍后解释原因。

元组类型用于指定一个类型，其用途和其他类型相同：声明变量、方法返回类型等。元组字面量则用于指定一个表达式值：只是把单个值组合成一个元组值。

元组中的元素值可以是除指针外的任何值。方便起见，本章大部分示例使用常量值（主要是整型和字符串），不过在元组中经常会使用变量作为元素值。类似地，元组中元素类型也可以是非指针的任何类型：数组、类型形参甚至其他元组类型。

了解了元组基本语法之后，就能理解 MinMax 方法的返回类型(int min, int max)了。

- 这是一个具有两个元素的元组。
- 第 1 个是名为 min 的 int 元素。
- 第 2 个是名为 max 的 int 元素。

掌握了元组字面量的写法，就可以完成 MinMax 方法的实现了，见代码清单 11-1。

代码清单 11-1 使用元组来表示最大值和最小值

```
static (int min, int max) MinMax(                    <-- 返回值是有具名
    IEnumerable<int> source)                              元素的数组
{
    using (var iterator = source.GetEnumerator())
    {
        if (!iterator.MoveNext())                     <-- 防止空序列
        {
            throw new InvalidOperationException(
                "Cannot find min/max of an empty sequence");
        }
        int min = iterator.Current;                   使用普通 int 类型变量
        int max = iterator.Current;                   来保存 min/max
        while (iterator.MoveNext())
        {
            min = Math.Min(min, iterator.Current);    使用新的 min/max
            max = Math.Max(max, iterator.Current);    为变量赋值
        }
        return (min, max);                            <-- 使用 min/max
    }                                                     创建元组
}
```

在代码清单 11-1 中，唯一涉及该新特性是返回类型，前面解释过了，return 语句使用了元组字面量：

```
return (min, max);
```

截至目前，还没有探讨元组字面量的类型。前面只讲过它们是用于创建元组值的，不过这里先卖个关子。我们现在所使用的元组字面量都不包含元素名称，至少在 C# 7.0 中是没有的，其中 min 和 max 是方法中声明的局部变量，它们用于元组字面量的元素值。

元组元素名称要匹配恰当的变量名

以上代码中变量名称和方法返回类型中元素的名称是相同的，这是巧合吗？在编译器看来绝对是巧合。就算我们把返回类型声明为(waffle: int, iceCream: int)，编译器也都无所谓。

但是对于代码阅读者来说，这就不能是巧合了：因为名字相同意味着元组元素和变量的含义相同。如果我们发现名称明显不一致，就要检查代码中是否有 bug 或者考虑重新命名。

现在定义术语：元组字面量或者元组类型中元素的个数称为元组的度，例如(int, long)的度是 2，("a", "b", "c")的度是 3。元素的类型与元组的度无关。

说明　度其实并不算是新术语，之前讨论泛型时介绍过度的概念，泛型的度指的是类型形参的个数。List<T>的度是 1，而 Dictionary<TKey, TValue>的度是 2。

关于“元组元素名称要匹配恰当的变量名”，C# 7.1 的一项改进体现了这一点。

11.2.2　元组字面量推断元素名称（C# 7.1）

在 C# 7.0 中，需要在代码中显式给出元组元素名称，但是这种要求经常导致代码冗余：元组字面量中指定的名称，需要和提供值的属性或者局部变量名匹配，其中一种简单形式如下：

```
var result = (min: min, max: max);
```

元素名称推断机制不仅适用于简单的变量，也适用于属性。我们经常会使用属性来初始化元组，这在 LINQ 使用投射机制时尤为普遍。

在 C# 7.1 中，元组元素的值如果来自变量或者属性，那么可以推断出元素名称，推断过程和匿名类型名称推断完全一致。为了展示该特性的用途，考虑 3 种编写 LINQ to Objects 的查询方法，该查询会把两个集合进行连接，以此获取名称、职位名称以及员工部门。首先是 LINQ 使用匿名类型的传统写法：

```
from emp in employees
join dept in departments on emp.DepartmentId equals dept.Id
select new { emp.Name, emp.Title, DepartmentName = dept.Name };
```

然后使用元组加显式元素名称的方式：

```
from emp in employees
join dept in departments on emp.DepartmentId equals dept.Id
select (name: emp.Name, title: emp.Title, departmentName: dept.Name);
```

最后是通过 C# 7.1 的名称推断：

```
from emp in employees
join dept in departments on emp.DepartmentId equals dept.Id
select (emp.Name, emp.Title, DepartmentName: dept.Name);
```

这项特性实现了以更简洁的代码来创建包含有效名称元组的目标。

虽然这里只是通过 LINQ 来展示，但该特性可以用于任何元组字面量中。例如给定一个元素的列表，我们可以根据 count、min 和 max 来创建元组，其中可以对 count 使用名称推断。

```
List<int> list = new List<int> { 5, 1, -6, 2 };
var tuple = (list.Count, Min: list.Min(), Max: list.Max());
Console.WriteLine(tuple.Count);
Console.WriteLine(tuple.Min);
Console.WriteLine(tuple.Max);
```

请注意，对于 Min 和 Max，还是需要自行指定名称，因为这两个值是从方法调用中获取的。无论是元组元素还是匿名类型属性，都无法通过方法调用来推断名称。

还有一个问题，如果两个推断名称重名，那么两个推断都会被放弃。如果推断名称和显式名称发生冲突，那么优先选择显式名称，剩下的一个元素保持无名称。了解了如何指定元组类型和元组字面量，那么它们有什么用呢？

11.2.3 元组用作变量的容器

接下来的这句话可能会让人感到震惊：元组类型是公共的、具有读写权限的值类型。我始终坚持不使用可变值类型，并坚持把字段设为私有；但凡事难免例外，比如元组。

大部分类型不仅仅是纯数据：数据都有相应的含义。有时还有对数据的校验，有时不同数据间彼此会有关联。通常都是因为数据有其内在含义，对数据的操作才有意义。

然而元组恰恰相反。元组的作用就像数据的一个简单容器。如果有两个变量，那么这两个变量可以独立变化。二者并没有内在关联，也不存在任何附带联系。元组的机制也是完全相同的，区别就是可以把这些独立的变量打包，当作一个值。这对于只能返回一个值的方法来说尤其重要。

图 11-3 比较了二者。左边是三个独立声明的变量，右边是把其中两个变量放进一个元组（椭圆形中的部分）。在右边的代码中，name 和 score 组成一个元组，赋值给了 player 变量。完全可以把二者当作独立变量（例如打印 player.score），也可以把二者当作一个整体（例如把新值赋给 player 变量）。

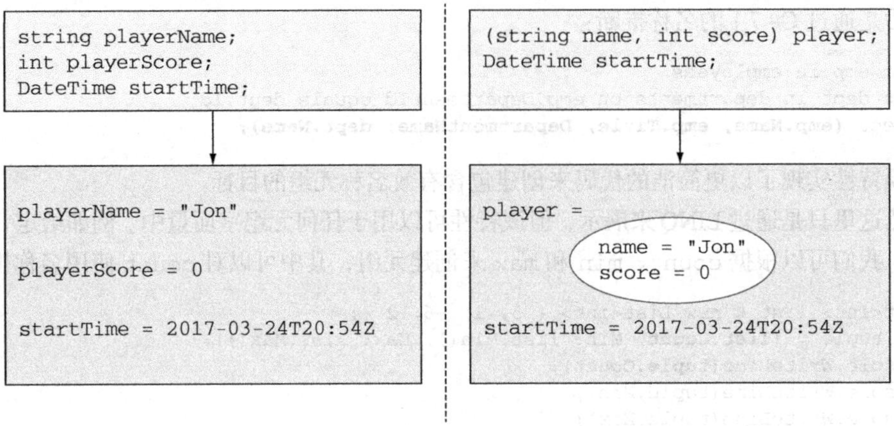

图 11-3　左边三个独立变量，右边两个变量，其中一个是元组

一旦接受了元组是变量的容器这个概念，很多事情就更合理了，但这些变量又是什么呢？前面讲到如果元组元素有名称，那么可以通过名称访问相应的元素。如果元素没有名称，又该如何访问呢？

1. 通过名称和位置来访问元素

还记得前面关于元素名称有一项限制吧？就是关于形如 `ItemN` 这样的命名方式，其中 `N` 是一个整型数。那是因为任何元组中的变量都可以通过其位置进行访问，也可以通过名称进行访问。变量还是那个变量，只是有不同的访问方式而已，示例如下。

代码清单 11-2　通过元素名称和位置实现元素的读/写访问

```
var tuple = (x: 5, 10);
Console.WriteLine(tuple.x);
Console.WriteLine(tuple.Item1);
Console.WriteLine(tuple.Item2);

tuple.x = 100;
Console.WriteLine(tuple.Item1);
```

- 使用名称和位置获取并打印第 1 个元素
- 第 2 个元素不具名，因此只能通过位置访问
- 通过名称修改第 1 个元素
- 通过名称打印第 1 个元素（100）

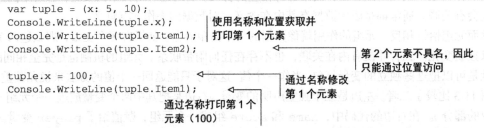

现在应该明白为什么 `(Item1: 10, 20)` 这种写法合法，而 `(Item2: 10, 20)` 非法了吧。第 1 种写法相当于命名冗余，而第 2 种写法会造成 `Item2` 出现二义性：指的到底是第 1 个元素（根据名称）还是第 2 个元素（根据位置）。有人可能会说 `(Item5: 10, 20)` 应该可以了吧，因为这个元组里只有两个元素，它不可能指代位置，只能是名称。对于这种情况，只能说从技术层面讲没有造成二义性，但依然具有迷惑性，因此这种写法也是被禁止的。

既然元组在创建完成后还能修改它的值，那么可以改写 `MinMax` 方法。我们使用一个元组局部变量来保存当前值，取代之前两个独立变量 `min` 和 `max`，见代码清单 11-3。

代码清单 11-3 在 MinMax 方法中使用元组来取代两个局部变量

```
static (int min, int max) MinMax(IEnumerable<int> source)
{
    using (var iterator = source.GetEnumerator())
    {
        if (!iterator.MoveNext())
        {
            throw new InvalidOperationException(
                "Cannot find min/max of an empty sequence");
        }
        var result = (min: iterator.Current,          使用第 1 个值同时作为 min 和
                      max: iterator.Current);         max 的初始值并构建元组
        while (iterator.MoveNext())
        {
            result.min = Math.Min(result.min, iterator.Current);   单独修改元组的各个字段
            result.max = Math.Max(result.max, iterator.Current);
        }
        return result;     直接返回元组
    }
}
```

实际上代码清单 11-3 和代码清单 11-1 在工作方式上非常接近，区别只是把两个局部变量整合到了一起：原先是 source、iterator、min 和 max，现在是 source、iterator 和 result，result 中包含了 min 和 max。这两种方式的内存使用和性能相同，只有编码方式不同。这种新写法比原来的更好吗？见仁见智。这只是局部的选择行为，纯粹属于实现上的细节。

2. 把元素当作单个值

鉴于我们正在逐步重新实现之前的方法，接下来考虑方法的另一种实现方式。下面的代码把一个新值赋给 result.min，把另一个新值赋给 result.max：

```
result.min = Math.Min(result.min, iterator.Current);
result.max = Math.Max(result.max, iterator.Current);
```

如果直接给 result 赋值，就可以把以上代码缩减成一条语句，如代码清单 11-4 所示。

11

代码清单 11-4 在 MinMax 中重新给元组赋值

```
static (int min, int max) MinMax(IEnumerable<int> source)
{
    using (var iterator = source.GetEnumerator())
    {
        if (!iterator.MoveNext())
        {
            throw new InvalidOperationException(
                "Cannot find min/max of an empty sequence");
        }
        var result = (min: iterator.Current, max: iterator.Current);
        while (iterator.MoveNext())
        {
            result = (Math.Min(result.min, iterator.Current),     将新值赋给整个结果
                      Math.Max(result.max, iterator.Current));
```

```
            }
            return result;
        }
    }
```

同样，这两种方式并没有太大差别，因为代码清单 11-3 中元组元素是单独更新的，它们指代上一次循环的结果。其实用 IEnumerable<int>类型的斐波那契数列①为例的话会更有说服力。C#已经通过赋予迭代器 yield 的功能帮助我们完成这一功能了。代码清单 11-5 展示了一个十分有说服力的 C# 6 的实现。

代码清单 11-5 不使用元组实现斐波那契数列

```
static IEnumerable<int> Fibonacci()
{
    int current = 0;
    int next = 1;
    while (true)
    {
        yield return current;
        int nextNext = current + next;
        current = next;
        next = nextNext;
    }
}
```

在迭代过程中，都会追踪元素当前值和下一个值。每一次迭代，都会把当前值和下一次的值，更新为下一次和下下次值，因此就需要一个临时变量。不能简单地把下一个值依次直接赋给 current 和 next 变量，因为第 1 次赋值会导致第 2 次赋值信息丢失。

如果使用元组，就可以在一条赋值语句中给两个元素赋值。虽然在 IL 中还是存在临时变量，但是起码从源码层面讲，代码变得更优雅美观了。

代码清单 11-6 使用元组实现斐波那契数列

```
static IEnumerable<int> Fibonacci()
{
    var pair = (current: 0, next: 1);
    while (true)
    {
        yield return pair.current;
        pair = (pair.next, pair.current + pair.next);
    }
}
```

既然讲到这里，有必要介绍如何把这个方法一般化，以便生成任意序列。我们把斐波那契数列的相关代码抽取出来，变成一个方法调用。代码清单 11-7 包含了一个一般化的 GenerateSequence 方法，可以根据其实参生成各种序列。

① 前两个元素分别是 0 和 1，后面每个元素都等于它前面两个元素之和。

代码清单 11-7 将斐波那契数列的生成过程进行分离

```
static IEnumerable<TResult>
    GenerateSequence<TState, TResult>(
        TState seed,
        Func<TState, TState> generator,
        Func<TState, TResult> resultSelector)
{
    var state = seed;
    while (true)
    {
        yield return resultSelector(state);
        state = generator(state);
    }
}
```

方法用于根据前一个状态生成任意序列

```
# 应用示例
var fibonacci = GenerateSequence(
    (current: 0, next: 1),
    pair => (pair.next, pair.current + pair.next),
    pair => pair.current);
```

使用序列生成器生成斐波那契数列

当然，使用匿名或者具名的类型也可以实现以上代码，不过就没有这样优雅了。拥有其他编程语言开发经验的读者可能不会对这段代码感到诧异，C# 7 并没有带来全新的范式，但是能够用 C#写出如此美观的代码，还是很令人欣喜的。

介绍了元组的使用方式之后，下面继续深入。接下来主要考虑类型转换，还会讨论元素名称在不同场景下重要性的差异。

11.3 元组类型及其转换

前面一直尽量避免讨论元组字面量的类型。在这个问题没有澄清的情况下，用了很多代码来直观展示元组的用法。下面要践行本书“深入解析”的宗旨了，首先回顾讲过的使用 `var` 和元组字面量的所有声明。

11.3.1 元组字面量的类型

有些元组字面量具有类型，有些则不具有。其规则比较简单：当元组中所有元素都具有类型时，元组才具有类型。C#中一直存在没有类型的表达式。lambda 表达式、方法组以及 `null` 字面量都是没有类型的表达式。和这些没有类型的表达式一样，我们不能把无类型的元组赋值给隐式类型局部变量。例如下面这个例子是合法的，因为 10 和 20 都是具有类型的表达式：

```
var valid = (10, 20);
```

但下面这个就非法，因为 `null` 字面量是没有类型的：

```
var invalid = (10, null);
```

与 null 字面量类似，无类型的元组字面量也可以转换成一个类型。一旦元组有了类型，那么所有元素名都要成为该类型的一部分。

在表 11-1 中，两边的表达式是等价的。

表 11-1

`var tuple = (x: 10, 20);`	`(int x, int) tuple = (x: 10, 20);`
`var array = new[] {("a", 10)};`	`(string, int)[] array = {("a", 10)};`

`string[] input = {"a", "b" };`
`var query = input`
`    .Select(x => (x, x.Length));`
	`string[] input = {"a", "b" };`
	`IEnumerable<(string, int)> query =`
	`  input.Select<string, (string, int)>`
	`  (x => (x, x.Length));`

第一个例子展示了元组字面量的元素名称是如何变成元组类型的一部分的。后一个例子展示了在复杂情况下类型推断是如何工作的：input 的类型会让 lambda 表达式中 x 的类型固定到 string 上，然后 x.Length 也就顺理成章地完成了类型绑定。这样元组字面量中元素的类型就是 string 和 int，于是可以推断出 lambda 表达式的返回类型为(string, int)。代码清单 11-7 中有过类似的推断，就是生成斐波那契数列的那个方法。不过那时并不关注类型。

具有类型的元组字面量应该没什么问题，但没有类型的元组字面量怎么办？如何把没有名称的元组字面量转换成有名称的元组类型？要解答这个问题，需要从更广义的角度看待元组转换。

考虑两种转换方式：从元组字面量到元组类型的转换，以及元组类型之间的转换。第 8 章讲过类似的转换差异：可以从内插字符串字面量表达式转换到 FormattableString，但是不能从 string 类型转换到 FormattableString。同样的规则也适用于元组。首先介绍第一种转换。

lambda 表达式的参数可能看起来像元组

只具有单个参数的 lambda 表达式不会引起迷惑，但如果是两个参数，看起来就很像元组了。看一个有用的例子：LINQ 中 Select 的某个重载方法，它提供了元素索引和值的映射关系。通常会有为其他操作提供索引的需求，因此把索引和值放到一个元组中是很合理的，于是就有如下所示的代码：

```
static IEnumerable<(T value, int index)> WithIndex<T>
    (this IEnumerable<T> source) =>
    source.Select((value, index) => (value, index));
```

注意看其中 lambda 表达式的部分：

```
(value, index) => (value, index)
```

(value, index)第 1 次出现的位置并不是元组字面量，而是 lambda 表达式参数序列。第 2 次出现的位置才是元组字面量，是 lambda 表达式的返回值。

这么写并没什么错误，这里只是提个醒。

11.3.2 从元组字面量到元组类型的转换

与 C#的其他部分类似，存在从元组字面量的显式类型转换和隐式类型转换。其中显式类型转换的用途不广，后面会谈到。一旦了解了隐式类型转换的原理，显式类型转换就没什么太大用处了。

1. 隐式类型转换

当同时满足以下两个条件时，元组字面量可以隐式转换为元组类型：

- 字面量与类型的度相同；
- 每个元组元素都可以隐式转换为对应的元素。

第 1 点比较简单，如果`(5, 5)`能够转换为`(int, int, int)`就很奇怪了。最后一个值完全无法转换。第 2 点略微复杂，下面举例说明，首先请看如下转换：

```
(byte, object) tuple = (5, "text");
```

根据上面的规则描述，我们需要根据源元组中的每个元素`(5, "text")`来检查其对应元素`(byte, object)`是否存在隐式类型转换。如果每个元素都符合，那么整个转换也是有效的：

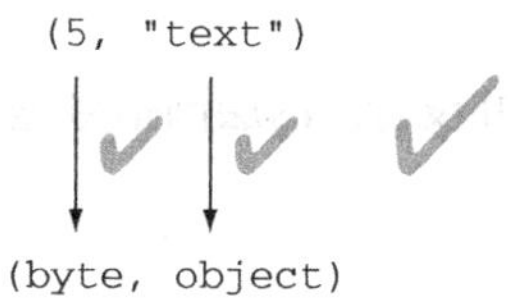

虽然 `int` 到 `byte` 不存在隐式类型转换，但是存在整型常量 5 到 `byte` 的隐式类型转换（因为 5 处于 `byte` 类型的表示范围之内）。从字符串字面量到 `object` 也存在隐式类型转换。由于所有转换都合法，因此整个转换自然合法。再看一个例子：

```
(byte, string) tuple = (300, "text");
```

再对每个元组应用隐式类型转换：

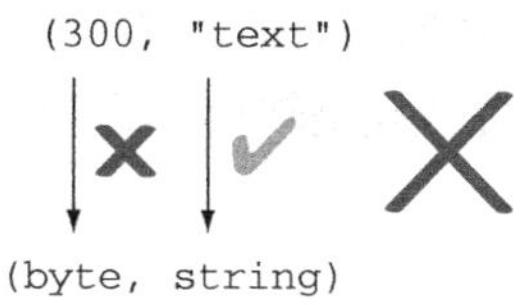

这里试图把整型常量 300 转换成 `byte` 类型。由于 300 超出了 `byte` 的有效范围，因此不存在相应的隐式类型转换。虽然可以用显式类型转换把 300 转换成 `byte`，但是这里不起作用，因为这里是在完成整个元组字面量的转换。字符串字面量到 `string` 存在隐式类型转换，但由于第一个转换不成立，因此整个转换也是无效的。如果编译这段代码，将得到一个指向元组字面量中 300 的编译错误：

```
error CS0029: Cannot implicitly convert type 'int' to 'byte'
```

这条报错信息容易引起误解。根据它的提示信息，前面那个例子也应该是非法的。实际上编译器不是把 int 转换为 byte，而是把 300 转换为 byte。

2. 显式类型转换

元组字面量的显式类型转换遵循和隐式类型转换相同的规则，但需要对每个元素都添加显式类型转换。满足以上条件后，就可以把元组字面量转换成元组类型了，然后按照正常的方式来转换。

提示 C#中的所有隐式类型转换其实都算是显式类型转换，这听起来有些让人迷惑。可以把它理解成“不论是显式的还是隐式的，总有适用于各元素的转换”。

回到之前的(300, "text")转换，它存在到(byte, string)的显式类型转换，但是执行该表达式的转换需要一个非检查的上下文，因为编译器知道 300 这个值超出了 byte 的表示范围。一个更实际的例子是使用别处的一个 int 变量：

```
int x = 300;
var tuple = ((byte, string)) (x, "text");
```

其中类型转换部分((byte, string))的圆括号看似冗余了，实际上并没有。内层圆括号是元组类型所需的，外层圆括号才是转换所需要的，如图 11-4 所示。

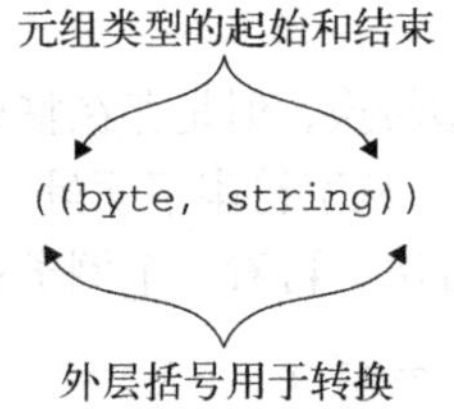

图 11-4 显式元组转换括号图解

在我看来，这种写法虽不优雅，但起码它的功能完成了。一个更为通用和简单的解决办法是，为元组字面量中每个元素表达式添加显式类型转换。这样做不仅可以完成类型转换，还能保证字面量的类型推断符合要求。例如前面的例子可以改写为：

```
int x = 300;
var tuple = ((byte) x, "text");
```

两种写法其实是等价的，即使写成对整个元组字面量进行转换，最后编译器仍会把它变成针对每个元素表达式的转换，但是第 2 种写法明显更易读，表意更清晰：从 int 到 byte 需要显式类型转换，而 string 可以保持隐式类型转换。如果要把几个值都转换成元组类型（不使用类型推断），采用独立转换的方式可以明确表达出哪些转换需要显式类型转换，并且可以避免整体转换可能造成数据丢失。

3. 元组字面量转换中元素名称的作用

读者可能已经注意到了，本节并没有提到元素名称。元素名称在元组字面量转换中几乎不起任何作用。更重要的是，不具名的元素表达式可以转换成具名元素表达式。其实第一个 MinMax 方法实现中做过这种转换，只是当时没有提出来。当时的方法声明是：

```
static (int min, int max) MinMax(IEnumerable<int> source)
```

方法返回时：

```
return (min, max);
```

这就是把一个不具名[1]的元组字面量转换成(int min, int max)。这种写法显然是可行的，还很方便。不过在元组字面量转换过程中，元素名称并不是完全没用。当元组字面量中显式给出某个元素名称时，如果在目标元组类型中没有对应的元素名称或者元素名称不匹配，那么编译器会发出警告，示例如下：

```
(int a, int b, int c, int, int) tuple =
    (a: 10, wrong: 20, 30, pointless: 40, 50);
```

这段代码包含了元素名称的所有可能的组合（与代码中的顺序一致）：

(1) 元组字面量和目标元组类型给出相同元素名称；

(2) 元组字面量和目标元组类型都给出了元素名称，但名称不同；

(3) 目标元组类型给出了元素名称，但元组字面量未给出元素名称；

(4) 目标元组类型未给出元素名称，但元组字面量给出了元素名称；

(5) 元组字面量和目标元组类型均未给出元素名称。

显然，第 2 个和第 4 个会导致编译发出警告，编译结果如下所示：

```
warning CS8123: The tuple element name 'wrong' is ignored because a different
    name is specified by the target type '(int a, int b, int c, int, int)'.
warning CS8123: The tuple element name 'pointless' is ignored because a
    different name is specified by the target type '(int a, int b, int c,
    int, int)'
```

第 2 条警告信息不是很有帮助，因为目标类型根本没有给出名称。希望大家可以根据警告信息找出问题所在。

这种方式有什么用吗？当然有用。它不仅适用于在一条语句中声明变量和构建值，也适用于二者分离的情况。假设代码清单 11-1 中的 MinMax 方法很长，难以重构，那么应该返回(min, max)还是(max, min)呢？当然，在这个例子中，方法名称实际上已经表明返回类型的顺序了；但在顺序不明确的情况下，就需要为 return 语句添加元素名称，这样可以起到校验的效果。下面这种写法就不会发出编译警告：

```
return (min: min, max: max);
```

---

① 至少在 C# 7.0 中如此。11.2.2 节讲过，在 C# 7.1 中，可以推断出名称。

11

但如果调换元素次序，则两个元素都会收到编译警告：

```
return (max: max, min: min);        ←—— Warning CS8123 出现两次
```

请注意，这种行为只对显式给出的名称有效。就算采用 C# 7.1，可以通过`(max, min)`字面量来推断元素名称，如果要把它转换成`(int min, int max)`元组类型，编译器也不会发出编译警告。

我倾向于通过明确的代码结构来尽可能避免这种额外的校验工作。不过需要的时候，比如在对方法做精简重构时，有这样一项特性还是会带来一些便利。

11.3.3 元组类型之间的转换

熟悉了元组字面量转换之后，对于元组类型转换，不管是隐式的还是显式的，都变得简单了，因为它们的转换方式相近。现在无须考虑表达式的问题，只需考虑类型即可。两个元组类型存在隐式类型转换的条件是：两个元组类型的度相同，且对应元素都存在隐式类型转换。两个元组类型存在显式类型转换的条件是：两个元组类型的度相同，且对应元素都存在显式类型转换。下面以`(int, string)`为例展示几个合法的转换：

```
var t1 = (300, "text");
(long, string) t2 = t1;
(byte, string) t3 = t1;
(byte, string) t4 = ((byte, string)) t1;
(object, object) t5 = t1;
(string, string) t6 = ((string, string)) t1;
```

推断 t1 的类型为 (int, string)

从 (int, string) 到 (long, string) 的合法隐式转换

非法：不存在从 int 到 byte 的隐式转换

从 (int, string) 到 (byte, string) 的合法显式转换

从 (int, string) 到 (object, object) 的合法隐式转换

非法：从 int 到 string 不存在类型转换

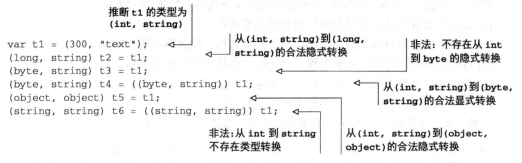

以上代码的第 4 行，从`(int, string)`到`(byte, string)`的显式类型转换，其结果`t4.Item1`的值为 44，因为把`int`类型的 300 显式转换为`byte`类型，结果就是 44。

与元组字面量转换不同，元组类型转换时，如果元素名称不匹配，是不会收到编译警告的。借用前面元组度为 5 的例子：只需把元组字面量保存到一个变量中，之后就可以执行类型–类型的转换，而不是字面量–类型的转换了。

```
var source = (a: 10, wrong: 20, 30, pointless: 40, 50);
(int a, int b, int c, int, int) tuple = source;
```

这段代码编译时就完全不会触发警告信息，不过元组类型转换有一个方面是字面量转换不具备的，那就是元组类型转换不仅是隐式转换，而且是一致性转换。

1. 元组类型一致性转换

C#从诞生之日起就有一致性转换的概念，不过随着时间的推移，这个概念也在不断扩展。在 C# 7 之前，一致性转换的规则如下。

- 同类型之间的转换是一致性转换。
- object 类型和 dynamic 类型之间存在一致性转换。
- 如果两个数组的元素类型之间存在一致性转换，那么这两个数组之间存在一致性转换，例如 object[]和 dynamic[]之间存在一致性转换。
- 如果泛型的类型实参之间存在对应的一致性转换，那么泛型构建后类型也存在一致性转换，例如 List<object>和 List<dynamic>之间存在一致性转换。

元组的出现使得一致性转换家族再添一员：两个度相同的元组类型，当每对元素类型都存在一致性转换时，这两个元组类型间存在一致性转换（不考虑元素名称）。换言之，以下几个类型存在一致性转换（双向一致性转换，因为一致性转换必须是对称的）：

- (int x, object y)
- (int a, dynamic d)
- (int, object)

因为一致性转换适用于构建后类型，同时元组元素类型可以是构建后类型，因此以下两个类型间存在一致性转换：

- Dictionary<string, (int, List<object>)>
- Dictionary<string, (int index, List<dynamic>values)>

支持构建后类型对于元组的一致性转换来说很重要。如果(int, int)和(int x, int y)之间能进行转换，但 IEnumerable<(int, int)>和 IEnumerable<(int x, int y)之间不行，或者反过来的话，就很烦人了。

一致性转换对于重载方法来说同样重要。重载方法不能仅通过返回类型不同来区分，也不能仅通过可以做一致性转换的参数类型来区分。例如在同一个类中不能同时编写以下两个方法：

```
public void Method((int, int) tuple) {}
public void Method((int x, int y) tuple) {}
```

否则会得到如下编译错误：

```
error CS0111: Type 'Program' already defines a member called 'Method' with
     the same parameter types
```

从 C#语言的角度讲，这两个参数类型并不严格一致。不过，如果把这里的报错信息细化精准到一致性转换上，就会让人难以理解了。

如果感觉一致性转换的官方定义难以理解，这里有一种简单的方式：如果在执行期两个类型无法区分，它们就属于一致性类型，11.4 节会详述。

2. 缺少泛型协变

学习了一致性转换之后，读者可能希望能够在接口和委托类型中应用元组类型和泛型型变，可惜事与愿违，泛型型变只能用于引用类型，而元组类型是值类型，比如下面这段代码感觉是可行的：

```
IEnumerable<(string, string)> stringPairs = new (string, string)[10];
IEnumerable<(object, object)> objectPairs = stringPairs;
```

实则不然。虽然在实践中这种需求不常见，但还是希望读者不要因此而失望。

11.3.4　类型转换的应用

了解了元组类型转换的用法之后，就要考虑这些转换的使用场景。这一点主要取决于如何使用元组。如果是在某个方法中使用元组，或者某个私有方法返回元组，然后由同类型下的其他方法来使用，几乎很少会涉及类型转换问题。我们只需要一开始就选择正确的类型，可能只需要在构建初始值时在某个元组字面量内部做转换。

如果是 internal 或者公共方法接收或者返回元组，就有可能需要转换元组类型了，因为我们将失去对于元组元素类型的掌控。元组类型的使用范围越广，在具体使用场景中就越不可能保持最初的类型。

11.3.5　继承时的元素名称检查

元素名称在进行类型转换时并不重要，但是在涉及继承时编译器对名称有要求。如果某个子类或者接口实现类的成员中出现元组，那么元组中的元素名称必须和原始元组名称完全一致。原始元组元素具名时，要保持名称一致；如果不具名，继承类或者实现类中的元组元素也必须不具名。实现类中的元素类型必须和原始定义中的元素类型保持一致性可转换。

考虑如下 `ISample` 接口及其若干实现方法 `ISample.Method`（当然，这些方法都应该存在于独立的类中）：

```
interface ISample
{
    void Method((int x, string) tuple);
}

public void Method((string x, object) tuple) {}
public void Method((int, string) tuple) {}
public void Method((int x, string extra) tuple) {}
public void Method((int wrong, string) tuple) {}
public void Method((int x, string, int) tuple) {}
public void Method((int x, string) tuple) {}
```

错误的类型元素

第 1 个元素缺少名称

第 2 个元素具有名称。它不在原始的定义当中

第 1 个元素名称错误

类型个数有误

合法

这个例子只展示了接口实现的要求，但同样的要求对于覆盖基类的方法也适用。另外，这个例子虽然只展示了参数的用法，但该要求也适用于返回值，因此需要注意：对于接口成员或者 `virtual/abstract` 类成员中元组元素类型名称的增加、删除和修改都属于破坏性更改。在对公共 API 做此类修改时一定要慎重考虑！

说明　有时这个要求会出现不一致性：在实现接口或者覆盖方法时，编译器并不会考虑类的作者可能会修改方法参数名称，如果调用方修改了代码中指向的是接口还是实现，那么这种可以指定实参名称的能力会造成问题。我认为如果C#语言设计团队重新设计，可能会禁止该操作。

C# 7.3 为元组又增添了一项语言特性：使用==运算符和!=运算符比较元组。

11.3.6　等价运算符与不等价运算符（C# 7.3）

11.4.5 节会介绍，CLR 对于元组值的表示自始就通过 Equals 方法支持等价操作，但是并没有重载==运算符和!=运算符。不过从 C# 7.3 开始，编译器就为存在一致性转换的元组类型提供了元组==和!=的实现。（抛开一致性转换的其他方面不谈，这意味着元素名称不重要。）

编译器将==运算符扩展到元素级别的==操作。它会对每一对元素值执行==操作（!=运算符同理）。代码示例如下。

代码清单 11-8　等价运算符与不等价运算符

```
var t1 = (x: "x", y: "y", z: 1);
var t2 = ("x", "y", 1);

Console.WriteLine(t1 == t2);                      // 等价运算符
Console.WriteLine(t1.Item1 == t2.Item1 &&         // 编译器生成的等价代码
                  t1.Item2 == t2.Item2 &&
                  t1.Item3 == t2.Item3);

Console.WriteLine(t1 != t2);                      // 不等价运算符
Console.WriteLine(t1.Item1 != t2.Item1 ||         // 编译器生成的等价代码
                  t1.Item2 != t2.Item2 ||
                  t1.Item3 != t2.Item3);
```

代码清单 11-8 展示了两个元组（一个具名，一个不具名），分别使用等价运算符与不等价运算符进行比较。每个比较操作后面还展示了编译器为该操作生成的代码。需要重点关注的是：生成的代码使用元素类型本身所提供的重载方法。CLR 也可以不使用反射来提供相同的功能，不过交由编译器处理会更合适。

前面深入讲解了元组使用规则。像在类型推断中如何填充元素名称这样的细节，语言规范中解释得很清楚。本书对某些技术细节的讨论自有所限。尽管所讲内容足以应付日常工作的使用，但是深入发掘 CLR 对元组的支持，看看编译器如何把这些规则应用于 IL 当中，有助于我们更好地理解和应用元组这项特性。

关于元组，已经探讨得很细致了。希望读者可以趁热打铁，动手做一些关于元组特性的实战练习，因为接下来要讲解元组的实现原理了。

11.4 CLR 中的元组

从理论上说，C#语言和.NET 并不存在绑定关系，但我见过的每个实现都在尽量与.NET Framework 接近，即便是提前编译过并且在非桌面终端设备上运行。C#语言规范对最终环境有明确规定，包括哪些类型可用。在编写本书时，C# 7 的编程规范还没有问世，当其推出时，其中所要求的使用元组的类型都是本节所讲授的内容。

在实现匿名类型时，编译器需要为该程序集中每个单独的属性名序列都创建一个新类型，元组特性则不然。编译器不需要为元组创建额外的类型，而会从 framework 中取用一个新的类型集合，下面详细阐述。

11.4.1 引入 System.ValueTuple<...>

C# 7 的元组类型是通过 System.ValueTuple 类型家族实现的。这些类型位于 System.ValueTuple.dll 程序集，该程序集属于.NET Standard 2.0 的一部分，以前的发行版本中不存在。如果目标版本是某些较早的 framework，则需要通过 NuGet 包添加对 System.ValueTuple 的依赖。

ValueTuple 结构体共有 9 个定义，其泛型度从 0~8 分别为：

- System.ValueTuple（非泛型）
- System.ValueTuple<T1>
- System.ValueTuple<T1, T2>
- System.ValueTuple<T1, T2, T3>
- System.ValueTuple<T1, T2, T3, T4>
- System.ValueTuple<T1, T2, T3, T4, T5>
- System.ValueTuple<T1, T2, T3, T4, T5, T6>
- System.ValueTuple<T1, T2, T3, T4, T5, T6, T7>
- System.ValueTuple<T1, T2, T3, T4, T5, T6, T7, TRest>

暂时忽略前两个以及最后一个结构体，留待 11.4.7 节和 11.4.8 节讨论。目前只讨论泛型度在 2~7 的定义（这几个比较常用）。

ValueTuple<...>类型和前面元组类型十分相似：它是具有公共字段的值类型。其字段名称为 Item1、Item2、……、Item7。度为 8 的元组最后一个字段名为 Rest。

在使用 C#元组类型时，它都会被映射为某个 ValueTuple<...>类型。当 C#元组类型不包含任何元素名称时，该映射过程很直接，例如(int, string, byte)被映射为 ValueTuple<int, string, byte>。那么 C#元组类型中的可选元素名称如何映射呢？泛型类型只有在类型形参时才是泛型。我们无法为两个构建类型赋予不同的字段名，编译器如何处理这种情况呢？

11.4.2 处理元素名称

实际上，为了能够把 C#元组类型映射到 CLR ValueTuple<...>类型，编译器会忽略元素名称。虽然从 C#语言的角度看，(int, int)和(int x, int y)是不同的类型，但它们都会被映射到 ValueTuple<int, int>类型。之后编译器会把所有使用元素名称之处都映射到 ItemN 这样的名称上。图 11-5 展示了 C#元组字面量如何转换成 C#代码，转换后的类型只供 CLR 使用。

```
var  tuple = (x: 10, y: 20);
Console.WriteLine(tuple.x);
Console.WriteLine(tuple.y);
```

编译器转换

```
var tuple = new ValueTuple<int, int>(10, 20);
Console.WriteLine(tuple.Item1);
Console.WriteLine(tuple.Item2);
```

图 11-5 编译器把元素类型替换成 ValueTuple

请注意图 11-5 的下半部分，元组元素的名称都消失了。这种局部变量仅在编译时有效；而在执行期，只有 PDB 文件会跟踪这些名称用于调试。那么在方法之外使用的那些元素名称又会如何处理呢？

1. 元数据中的元素名称

回想本章多次使用的 MinMax 方法。假设将其设为公共方法，用作 LINQ to Objects 的补充方法。如前所述，CLR 的方法返回类型无法填充原先的元素名称。这样一来，如果不能保留元素名称，可读性就会变差。好在编译器可以处理这种情况——使用 attribute，CLR 不直接支持的其他特性（比如 out 形参和默认形参值等）已存在这种用法。

就本例来说，编译器会使用一个名为 TupleElementNamesAttribute 的 attribute（很多类似的 attribute 位于 System.Runtime.CompilerServices 命名空间下），来把元素名称编入程序集中。例如在 C# 6 中，可以如下所示编写一个公共的 MinMax 方法声明：

```
[return: TupleElementNames(new[] {"min", "max"})]
public static ValueTuple<int, int> MinMax(IEnumerable<int> numbers)
```


不过 C# 7 不支持这样的代码，编译器会报错，提示应当直接使用元组语法。我们可以使用 C# 6 编译器来编译，得到的程序集可用于 C# 7，这样返回的元组元素名称就可以访问了。

如果存在嵌套元组类型，这种方式会变得更复杂，不过我们几乎不需要自己直接翻译这些 attribute，而只需要知道存在这种情况，并且知道元素名称如何与局部变量之外的部分交换信息。即便是私有成员，C#编译器也会生成这些 attribute，哪怕最终可能用不到。如果将所有成员（无论以何修饰符修饰）都按照同等方式处理，在设计上会相对简单。

2. 执行期不存在元素名称

元组类型在执行期没有元素名称。如果对某个元组值调用 GetType()，将得到一个 ValueTuple<...>类型，包含对应的各个元素类型，但源码所有的元素名称都将消失。如果我们调试并且步进代码，仍能看到元素名称，那是因为调试器使用了额外的信息获取了原始的元素名称，而 CLR 无法直接知晓这些信息。

说明 Java 开发人员可能比较熟悉这种机制。它类似于 Java 中处理泛型的类型信息，这些类型信息也不会在执行期出现。在 Java 中，没有 ArrayList<Integer>对象和 ArrayList<String>对象，都称 ArrayList 对象。实践表明，这是 Java 语言的痛点。好在元组的元素名称并不像泛型类型实参那样重要，希望该机制不要演变出 Java 类型信息那样的问题。

元素名称只存在于 C#语言，而不存在于 CLR，那么类型转换呢？

11.4.3 元组类型转换的实现

ValueTuple 家族中的类型并不提供任何 CLR 层面的转换机制，因为 C#语言所提供的类型转换无法通过类型信息来表示。C#编译器会根据需要创建一个新值，然后对每个元素单独进行转换。示例如下：一个隐式类型转换（使用从 int 到 long 的隐式类型转换）和一个显式类型转换（使用从 int 到 byte 的显式类型转换）。

```
(int, string) t1 = (300, "text");
(long, string) t2 = t1;
(byte, string) t3 = ((byte, string)) t1;
```

编译器会生成如下代码：

```
var t1 = new ValueTuple<int, string>(300, "text");
var t2 = new ValueTuple<long, string>(t1.Item1, t1.Item2);
var t3 = new ValueTuple<byte, string>((byte) t1.Item1, t1.Item2));
```

这个例子只展示了元组类型之间的转换，元组字面量到元组类型之间的转换机制与之完全一致：任何元素表达式到目标元素类型的转换都只会成为 ValueTuple<...>构造器的一部分。

关于编译器如何处理元组语法的内容已经介绍完毕，不过 ValueTuple<...>类型还提供了很多易用的功能。由于该类型的通用度较高，因此功能相对有限。该类型的 ToString()方法的输出可读性很强，还有多个用于元组比较的选项，下面来看看。

11.4.4 元组的字符串表示

元组的字符串表示看上去与 C#源码中的元组字面量类似：由小括号包围、由逗号分隔的一组值。元组的字符串表示并不提供任何优化的控制选项：如果使用(DateTime, DateTime)元组来表示某个时间间隔，无法传入一个格式串来指示日期格式化。ToString()方法实际上对每个非 null 元素调用 ToString()方法，对于 null 元素则返回空串。

再次提醒：在执行期元组元素的名称是不可见的，因此 ToString()方法的调用结果中不会出现元素名称。该特点使得元组的 ToString()方法没有匿名类型的相同方法用途广泛，不过如果需要打印同一类型的多个元组值，也不会希望结果中出现元素名称，下面举例说明：

```
var tuple = (x: (string) null, y: "text", z: 10);   <-- 将null转换成string类型，这样可以推断元组类型
Console.WriteLine(tuple.ToString());                <-- 向终端打印元组值
```

这段代码的输出结果如下：

```
(, text, 10)
```

其中显式调用 ToString() 旨在排除其他因素的干扰。如果直接使用 Console.WriteLine(tuple)，结果相同。

元组字符串表示对于诊断目的来说大有用处，不过最好不要将其直接呈献给终端用户，否则需要指定格式信息，并且预先处理好 null 值。

11.4.5 一般等价比较和排序比较

ValueTuple<...>类型都实现了 IEquatable<T>和 IComparable<T>接口，其中 T 与元组元素类型保持一致。例如 ValueTuple<T1, T2>实现了 IEquatable<ValueTuple<T1, T2>>和 IComparable<ValueTuple<T1, T2>>两个接口。

每个类型还实现了非泛型的 IComparable 接口，并且重写了 object.Equals(object)方法：如果实参类型与调用 Equals(object)的实例类型不同，那么 Equals(object)将返回 false，并且 CompareTo(object)会抛出 ArgumentException，每个方法都委托了各自的 IEquatable<T>或者 IComparable<T>。

等价比较操作对每个元素都调用其默认的等价比较器。类似地，元素散列值也使用了默认的等价比较器，然后这些散列值结合成一个元组的整体散列值。排序比较也是按元素进行的：排在前面的元素在比较中权重大于排在后面的元素，例如(1, 5)小于(3, 2)。

有了这些比较操作，在 LINQ 中使用元组就更简单了。假设有一个(int, int)类型的集合，用于表示(x, y)坐标值。我们可以使用熟悉的 LINQ 操作来查找不重合的点，然后将它们排序，代码如下。

代码清单 11-9 查找非重合点集并排序

```
var points = new[]
{
    (1, 2), (10, 3), (-1, 5), (2, 1),
    (10, 3), (2, 1), (1, 1)
};
var distinctPoints = points.Distinct();
Console.WriteLine($"{distinctPoints.Count()} distinct points");
Console.WriteLine("Points in order:");
foreach (var point in distinctPoints.OrderBy(p => p))
{
    Console.WriteLine(point);
}
```

调用 Distinct()方法意味着在输出结果中(2, 1)只会出现一次。等价比较以元素为单位，这意味着(2, 1)与(1, 2)不等价。

由于元组中第一个元素的排序权重最高，因此这些点将按照 *x* 坐标进行排序：如果参与比较的点的 *x* 坐标相同，将按照 *y* 坐标进行排序，结果如下所示：

```
5 distinct points
Points in order:
(-1, 5)
(1, 1)
(1, 2)
(2, 1)
(10, 3)
```

普通的比较操作无法对每个特定元素进行比较。我们可以为元组类型创建自己的 IEqualityComparer<T>或者 IComparer<T>实现，不过这时需要考虑可否创建一个特定类型，而不是用元组来表示。有时使用结构化比较操作可能更简单。

11.4.6 结构化等价比较和排序比较

除了普通的 IEquatable 接口和 IComparable 接口，每个 ValueTuple 结构体还显式地实现了 IStructuralEquatable 接口和 IStructuralComparable 接口。这两个接口源自.NET 4.0，数组和不可变类的 Tuple 家族都实现了二者。我本人还从未用过这两个接口，但这并不意味着它们的可用性低。它们镜像了等价和排序操作，但这两个方法都可以利用比较器完成每个元素的比较：

```
public interface IStructuralEquatable
{
    bool Equals(Object, IEqualityComparer);
    int GetHashCode(IEqualityComparer);
}

public interface IStructuralComparable
{
    int CompareTo(Object, IComparer);
}
```

这两个接口背后的设计思想是：让组合型对象可以通过给定的比较器来完成比较或排序操作。ValueTuple 所实现的普通泛型比较属于静态类型安全的比较，但不够灵活；结构化比较器更灵活，但在类型安全上有所不足。代码清单 11-10 通过 string 类型展示了使用不区分大小写的比较器完成结构化比较操作。

代码清单 11-10 使用不区分大小的比较器进行结构化比较

```
static void Main()
{
    var Ab = ("A", "b");
    var aB = ("a", "B");
    var aa = ("a", "a");
    var ba = ("b", "a");
```

变量名称用于反映值的内容

```
    Compare(Ab, aB);
    Compare(aB, aa);      执行比较操作
    Compare(aB, ba);
}

static void Compare<T>(T x, T y)
    where T : IStructuralEquatable, IStructuralComparable
{
    var comparison = x.CompareTo(
        y, StringComparer.OrdinalIgnoreCase);    不区分大小写的排
    var equal = x.Equals(                        序和等价比较
        y, StringComparer.OrdinalIgnoreCase);

    Console.WriteLine(
        $"{x} and {y} - comparison: {comparison}; equal: {equal}");
}
```

执行结果显示：比较确实是成对进行的，并且比较时不区分大小写。

```
(A, b) and (a, B) - comparison: 0; equal: True
(a, B) and (a, a) - comparison: 1; equal: False
(a, B) and (b, a) - comparison: -1; equal: False
```

这种比较方式的好处在于：比较器只负责对单个元素执行比较操作，然后由元组自身的实现将每个比较操作代理给比较器。这个过程有点像 LINQ：针对个体元素表达的操作，但最后将它作用于整个集合。

如果需要操作的元组中的元素都是同一类型，这种比较没有问题。如果需要对包含不同元素类型的元组做结构化比较，例如(string, int, double)这样的元组值，就需要确保比较器可以正确处理字符串、整型和双精度浮点数的比较，不过每次比较只需要比较两个同类型的值。而 ValueTuple 的实现依然只允许具有相同类型实参的元组进行比较。如果对(string, int)和(int, string)执行比较操作，那么在实际比较之前，立即会有异常抛出。此类比较器不在本书的探讨范围内。如果读者需要在产品代码中实现这样一个比较器，建议以 CompoundEquality-Comparer 为基础开始构建。

对于度在 2~7 的 ValueTuple<...>类型就介绍到这里。11.4.1 节说过还要讨论另外 3 个类型，首先介绍 ValueTuple<T1>和 ValueTuple<T1, T2, T3, T4, T5, T6, T7, TRest>这两个类型，它们的行为更接近我们的预期。

11.4.7 独素元组和巨型元组

C#团队内部把只有一个元素的元组(ValueTuple<T1>)称为**独素元组**（womple）。这种元组不能通过自身的元组语法来创建，但是可以作为其他元组的一部分而存在。前面讲过，泛型 ValueTuple 结构体最多支持 8 个类型形参。如果要创建多于 8 个元素的数组，编译器该如何处理呢？编译器首先会使用度为 8 的 ValueTuple<...>作为模板，将前 7 个元素和字面量值进行

对应，然后把最后一个元组作为嵌套的元组类型用于表示剩余元素。对于一个度为 8 的 int 类型元素的元组，其相关类型如下：

```
ValueTuple<int, int, int, int, int, int, int, ValueTuple<int>>
```

以上代码中加粗的部分就是独素元组。度为 8 的 ValueTuple<...>就是为此而设计的，最后一个实参 TRest 被限制为值类型，而且 11.4.1 节开头也说过，不存在 Item8 这个字段，代之为 Rest 字段。

对于度为 8 的 ValueTuple<...>来说，用最后一个元素表示更多元素而非最后单个元素以避免歧义是很重要的，例如以下元组类型：

```
ValueTuple<A, B, C, D, E, F, G, ValueTuple<H, I>>
```

它可以是 C#语法类型的度为 9 的(A, B, C, D, E, F, G ,H, I)，或者是度为 8 的(A, B, C, D, E, F, G, (H, I))，最后一个是一个元组类型。

开发人员无须操心这些，因为 C#编译器会替我们处理所有 ItemX 的名称，并且与元素个数无关，与使用元组语法还是显式使用 ValueTuple 也无关，例如以下长元组：

```
var tuple = (1, 2, 3, 4, 5, 6, 7, 8, 9, 10, 11, 12, 13, 14, 15, 16);
Console.WriteLine(tuple.Item16);
```

这段代码是完全合法的，但编译器会把 tuple.Item16 表达式转换为 tuple.Rest.Rest.Item2。如果需要使用真实的字段名称，也完全没有问题，不过不建议这么做。

11.4.8　非泛型 ValueTuple 结构体

如果独素元组听起来比较奇怪，那么**无素元组**（nuple，非泛型、无元素的元组）似乎更没有意义了。读者可能觉得非泛型的 ValueTuple 应该是静态类，就像非泛型的 Nullable 类一样，但它依然是结构体，类似于其他元组，只不过没有任何数据。该结构体实现了本节提到的所有接口，任何无素元组和其他无素元组都是等价的（在等价比较或者排序比较中）。显然，无素元组之间没有任何区别。

该类型还包含用于创建 ValueTuple<...>的静态方法，在元组字面量不可用时，这些静态方法能够派上用场。例如使用 C# 6 或者其他没有内建元组支持的语言中使用元组，并且需要对元素类型进行类型推断，那么这些静态方法将是主力方法。（请牢记，当调用构造器时，总是需要指定所有类型实参，这一点比较烦琐。）例如要在 C# 6 中使用类型推断来构建(int, int)元组，代码如下所示：

```
var tuple = ValueTuple.Create(5, 10);
```

C#设计团队表示无素元组将来可能会在模式匹配和分解特性中占有一席之地，但目前只用作占位符。

11.4.9 扩展方法

System.TupleExtensions 静态类和 System.ValueTuple 类型由同一个程序集提供。该静态类包含了 System.Tuple 和 System.ValueTuple 类型的一些扩展方法。这些扩展方法分为 3 类：

- ❑ Deconstruct 负责 Tuple 类型的扩展；
- ❑ ToValueTuple 负责 Tuple 类型的扩展；
- ❑ ToTuple 负责 ValueTuple 类型的扩展。

每种扩展方法都会根据前面提到的泛型度进行 21 次重载，以便处理 8 及其以上度的情况。第 12 章会介绍 Deconstruct 方法。ToValueTuple 和 ToTuple 方法符合我们的直观预期：它们负责.NET 4.0 不可变的引用类型元组和新的可变值类型元组之间的转换。这两个方法主要用于处理遗留代码中使用 Tuple 的情况。

以上就是我能想到的关于 CLR 元组实现的所有有价值的类型了，下面了解其他一些特性。当需要使用元组时，元组特性只是众多工具之一，而且并不适用于所有场景。

11.5 元组的替代品

希望读者不要觉得是在老生常谈，用于处理变量集合的所有工具都还是可用的，C# 7 的元组类型并不适合所有场景。下面讨论其他方式的优缺点。

11.5.1 System.Tuple<...>

.NET 4 中的 System.Tuple<...>类型是不可变的引用类型，但类型中的元素类型可以是可变类型。我们可以把它看作一种浅不可变，就像 readonly 字段。

这个特性的最大缺点是缺少语言集成。这种旧式的元组类型的创建过程比较复杂，指定类型时语法也比较冗长，没有提供 11.3 节所讲的类型转换方法。更重要的是，它只能够采用 ItemX 这样的命名方式。尽管 C# 7 元组的元素名称只在编译时有效，但依然极大地提升了自身的易用性。

此外，引用类型的元组感觉更像成熟的对象而非值的简单集合体，该类型的优缺点随着不同的场景而有所不同。通常情况下其易用性偏低，但是对于大型 Tuple<...>对象之间的引用复制，效率比 ValueTuple<...>高，因为后者需要把所有元素值都复制一遍；就线程安全来讲二者也有区别：引用复制是原子操作，而元组值复制不是。

11.5.2 匿名类型

匿名类型是作为 LINQ 的一部分被引入的，根据我的经验，匿名类型也主要用于 LINQ 中。虽然从理论上说可以在普通方法中使用匿名类型，但我从未在产品代码中见过这种用法。

C# 7 的元组类型具备匿名类型的大部分优点：具名元素、自然等价以及清晰的字符串表示。

匿名类型的主要问题是它们是匿名的，不能用作方法返回值，也不能在保证类型安全的前提下用于属性。（基本上需要使用 `object` 或者 `dynamic`。虽然类型信息在执行期存在，但编译器无法知晓。）而 C# 7 的元组不存在该问题。前面讲过，元组完全可以用于返回类型。

在我看来，匿名类型较元组有以下 4 项优势。

- 在 C# 7.0 中，投射初始化器可以提供一个标识符，其中包含名称和值，这种方式比元组简单，例如对比 `new {p.Name, p.Age}`和`(name: p.Name, age: p.Age)`。C# 7.1 解决了这一问题：可以推断元组元素的名称，因而其表示方式更简洁：`(p.Name, p.Age)`。
- 在匿名类型的字符串表示中包含元素名称，这有利于问题诊断。
- 匿名类型可以用于各种 LINQ 提供器（比如数据库提供器），而元组字面量不能用于表达式树，这是元组的一处重大不足。
- 匿名类型在某些情况下效率更高，因为在传递过程中使用的是引用值。不过多数情况下，并无明显优势。使用元组无须创建对象，也就减少了垃圾回收器的压力，这也反过来成了元组的一项优势。

建议在 LINQ to Objects 中广泛使用元组，在 C# 7.1 中可以推断元素名称时更应如此。

11.5.3　命名类型

元组只是变量的简单集合，不提供封装，不预设变量的任何含义。有时这就是理想的特性，但是切勿滥用。考虑`(double, double)`元组，它可以用作：

- 二维笛卡儿坐标(*x*, *y*)；
- 二维极坐标(半径, 角度)；
- 一维线段（两个端点）；
- 其他一些数字。

如果使用类来建模，以上每个用例的操作都可能不同。我们无须担心数据填充错误或者将极坐标和笛卡儿坐标混用。

如果只需要临时的值组合，或者目前处于原型设计阶段，还不确定需要什么数据类型，那么元组是很好的选择；但如果要在代码的多处使用同一个组合数据形态，采用具名的类型会更好。

说明　如果 Roslyn 代码分析器可以自动完成以上操作，使用元组元素名称来探测不同的使用情况，会很方便，不过目前似乎没有类似的工具。

有了元组的各种替代工具之后，下面给出元组的使用建议。

11.6　元组的使用建议

首先需要知道，C#对元组的支持是在 C# 7 中新增的。本章关于元组的使用建议都基于对元组的研究，而不是探讨如何大规模使用；探究有助于思考，但对指导实际使用帮助不大。例如此前我对于何时使用新特性的预判就出现过失误，因此读者对于本节内容应保持适当谨慎质疑的态度，并勤加思考。

11.6.1 非公共 API 以及易变的代码

在元组特性被 C#社区广泛采用并摸索出最佳实践之前，我会避免在公共 API 中使用元组，以及那些可能被其他程序集继承的受保护成员。如果我们可以掌控（以及修改）所有相关代码，可以尝试一下；但是不要仅仅因为贪图方便，而让公共方法返回元组类型，最后还是得重新封装返回类型。虽然具名类型在设计和实现上更耗时，但便于调用方使用。多数情况下，元组对实现者来说比较简单，而对调用方不甚友好。

我目前的做法更保守：只把元组用作某个类型内部的实现细节。虽然我觉得把元组作为某个私有方法的返回值没什么问题，但仍会在产品代码中避免内部方法返回元组。一般说来，决策所影响的范围越小，之后就越容易调整想法，也不会花费太多精力。

11.6.2 局部变量

元组的设计初衷是让方法可以一次返回多个值，从而避免使用 `out` 参数，或者提供一个特定的返回类型，但这并不意味着元组的使用价值仅限于此。

在某个方法内部需要对变量进行自然分组并不鲜见。通常可以通过看这些变量是否具有相同的前缀来判断。例如代码清单 11-11 中的方法，该方法可能用于在某个游戏中展示特定日期的最高分玩家。虽然 LINQ to Objects 有 `Max` 方法可以返回最大值，但不会返回与该最大值相关联的原始序列元素。

说明 也可以采用替代方法 `OrderByDescending(...).FirstOrDefault()`，但这就等于为查找单一值而将整个序列排序。MoreLinq 包中的 `MaxBy` 方法可以弥补此不足。另一种可以维护两个变量的解决方法是使用一个 `highestGame` 变量，然后使用其 `Score` 属性来完成比较。但在更复杂的情况下，这种解决方案也许不可行。

11

代码清单 11-11 展示某天的最高分玩家

```
public void DisplayHighScoreForDate(LocalDate date)
{
    var filteredGames = allGames.Where(game => game.Date == date);
    string highestPlayer = null;
    int highestScore = -1;
    foreach (var game in filteredGames)
    {
        if (game.Score > highestScore)
        {
            highestPlayer = game.PlayerName;
            highestScore = game.Score;
```

```
        }
    }
    Console.WriteLine(highestPlayer == null
        ? "No games played"
        : $"Highest score was {highestScore} by {highestPlayer}");
}
```

算上参数共有 4 个局部变量：

- date
- filteredGames
- highestPlayer
- highestScore

最后两个变量紧密关联：二者同时初始化，同时发生变化。此时可以考虑使用一个元组变量，代码如下所示。

代码清单 11-12　使用元组局部变量进行重构

```
public void DisplayHighScoreForDate(LocalDate date)
{
    var filteredGames = allGames.Where(game => game.Date == date);
    (string player, int score) highest = (null, -1);
    foreach (var game in filteredGames)
    {
        if (game.Score > highest.score)
        {
            highest = (game.PlayerName, game.Score);
        }
    }
    Console.WriteLine(highest.player == null
        ? "No games played"
        : $"Highest score was {highest.score} by {highest.player}");
}
```

代码变动部分已加粗。这种写法好于之前的吗？从逻辑层面讲，当我们把元组看作变量的集合，这两段代码是完全相同的。对我来说，第 2 种写法稍简洁一些，因为它从顶层设计上减少了方法所考虑的概念数量。不过书页所能容纳的代码示例毕竟规模有限，实际给读者带来的差异感受微乎其微；但对于难以拆分的大型方法来说，使用元组局部变量会大不相同。这一考量对于字段也适用。

11.6.3　字段

与局部变量类似，有时字段也有聚集效应。下面是 Noda Time 项目中 PrecalculatedDateTimeZone 方法的代码：

```
private readonly ZoneInterval[] periods;
private readonly IZoneIntervalMapWithMinMax tailZone;
private readonly Instant tailZoneStart;
private readonly ZoneInterval firstTailZoneInterval;
```

无须解释这些字段含义，后面 3 个字段显然都和 tail zone 有关，因此可以考虑把它们简化为两个字段，其中一个采用元组：

```
private readonly ZoneInterval[] periods;
private readonly
    (IZoneIntervalMapWithMinMax intervalMap,
     Instant start,
     ZoneInterval firstInterval) tailZone;
```

之后的代码就可以按照tailZone.start、tailZone.intervalMap这样的方式来编写了。请注意，tailZone 被声明为 readonly，那么除了构造器，任何对于单个元素的赋值都是非法操作，另有以下限制和须知。

- 在构造器中元组元素依然可以独立赋值，但如果没有全部完成赋值，也不会有警告信息。如果在原始代码中忘记给 tailZoneStart 赋值，就会收到一条警告信息；如果忘了给 tailZone.start 赋值，便不会有同样的警告信息。
- 元组字段，要么全部是只读的，要么全部都不。如果有若干相关字段，其中一些是只读的，而另外一些不是，那么只能抛弃只读属性，或者干脆不用元组。对于这种情况，我会选择不使用元组。
- 如果某些字段属于自动实现属性的字段，那么只能自行编写完整的属性来使用元组。同上面一样，我还是会选择不用元组。

最后还有关于元组的一个不太显著的方面——和动态类型交互的问题。

11.6.4 元组和动态类型不太搭调

我自己不常使用 dynamic，因为我认为动态类型和元组无法实现良好的交互。关于元组访问，需要注意两个问题。

1. 动态绑定器并不知道元组名称

基本上元素名称属于编译时考虑的内容，而动态类型绑定发生在执行期，可以想见会发生什么，示例如下：

```
dynamic tuple = (x: 10, y: 20);
Console.WriteLine(tuple.x);
```

乍一看可能会觉得这段代码没什么问题，应该能打印出 10，但它会抛出一个异常：

```
Unhandled Exception: Microsoft.CSharp.RuntimeBinder.RuntimeBinderException:
    'System.ValueTuple<int,int>' does not contain a definition for 'x'
```

如果想让这段代码正常运行，需要大量额外工作才能让动态绑定器保留元素名称信息，估计将来这也不会改进。现在只能将其改写成 tuple.Item1，这种写法对于前 7 个元素都是适用的。

2. （现阶段）动态绑定器无法知道 7 以上的元素序号

11.5.4 节讲过编译器可以处理超过 7 个元素的元组。编译器使用度为 8 的 ValueTuple <...>，其最后一个元素是另一个元组，该元组通过 Rest 字段访问，而不是通过 Item8。编译器除了完成类型本身的转换，还需要完成元素序号访问的转换，比如在 IL 代码中把 tuple.Item9 转换成 tuple.Rest.Item2。

在编写本书时，动态绑定器依然无法识别此类访问，因此那些采用编译时绑定可以正常运行的代码，换成动态绑定之后就会抛出异常。读者可以测试和尝试以下代码：

```
var tuple = (1, 2, 3, 4, 5, 6, 7, 8, 9);
Console.WriteLine(tuple.Item9);           ◁— 没有问题，指向 tuple.Rest.Item2
dynamic d = tuple;
Console.WriteLine(d.Item9);               ◁— 在执行期会失败
```

与上一个问题不同，可以把动态绑定器改造得更智能来解决这个问题，但是执行期的行为取决于应用最终使用的是哪个动态绑定器版本。通常需要把编译器版本与程序集、framework 版本分离开来。如果非要限制动态绑定器的版本，恐怕是要把这潭水搅浑了。

11.7　小结

- 元组的作用：不提供封装的元素的简单集合。
- C# 7 中的元组具有独特的语言规则和 CLR 表示。
- 元组是值类型，其字段是公共且可变的。
- C#元组支持灵活的元素名称。
- CLR ValueTuple<...>结构体的元素名称为 Item1、Item2、……。
- C#支持元组字面量和元组类型之间的转换。

第 12 章

分解与模式匹配

本章内容概览：

- 如何将元组分解成多个变量；
- 如何分解非元组类型；
- 如何在 C# 7 中应用模式匹配；
- 如何使用 C# 7 引入的 3 类模式匹配。

第 11 章介绍了元组组合数据的能力。使用元组，无须创建新的类型，只需一个变量即可表示若干变量的集合。使用元组时，需要从中逐个取出变量，例如打印一个整数序列中的最小值和最大值。

上述用法当然没有问题，而且很多情况下这就是我们需要的功能，但有时需要把一个值的组合拆分成多个独立变量，该操作称为**分解**。值的组合可能是元组，也可能是其他类型（比如 `KeyValuePair`）。C# 7 支持通过简单的语法来实现在一条语句中声明或者初始化多个变量。

分解没有条件限制，就像一系列赋值语句一样。模式匹配也与之类似，但是模式匹配发生在更为动态的上下文中。输入值需要与模式进行匹配，方能执行后续代码。C# 7 为一些上下文引入了模式匹配及多种模式，在将来的版本中可能引入更多。接下来使用第 11 章构建的元组来研究分解特性。

12.1 分解元组

C# 7 提供两种分解方式：一种是分解元组，另一种是分解其他变量。这两种方式语法和主要特性相同。与其空讲理论，不如先以元组为例讲解，之后针对只适用于元组的操作都会单独提示。12.2 节会讲到，其他类型也采用了同样的思路。代码清单 12-1 展示了分解的多个特性，后续会详细探讨它们。

代码清单 12-1　元组分解概览

```
var tuple = (10, "text");        // 创建一个元组类型 (int, string)

var (a, b) = tuple;              // 隐式地将元组分解到两个新变量 a 和 b
```

```
(int c, string d) = tuple;          <-- 显式地将元组分解到两个新变量 c 和 d

int e;
string f;                           分解到现有变量
(e, f) = tuple;

Console.WriteLine($"a: {a}; b: {b}");
Console.WriteLine($"c: {c}; d: {d}");     证明分解成功了
Console.WriteLine($"e: {e}; f: {f}");
```

即便读者之前不了解元组或分解概念，也大致能够猜出以上代码的执行结果。

```
a: 10; b: text
c: 10; d: text
e: 10; f: text
```

这段代码只做了一件事：以更简单的代码、全新的方式声明并初始化了 6 个变量——a、b、c、d、e、f。这不是在贬低该特性的作用，但其中确实没有什么细节值得探讨。不管如何使用，这一操作所完成的就只是从元组中复制值，而且元组中的元素值和变量之间并无关联，双方的任何变动都不会影响对方。

元组声明语法和分解语法

语言规范视分解操作和元组的其他特性密切相关。即便分解对象不是元组，也是通过元组表达式描述分解操作的（12.2 节会讲到）。无须太过操心这一点，不过需要注意该特性可能引起混淆。考虑以下代码：

```
(int c, string d) = tuple;
(int c, string d) x = tuple;
```

第 1 条语句通过分解声明了 c 和 d 两个变量，而第 2 条语句声明了元组类型(int c, string d)的变量 x。虽然这一相似性并不能算是设计失误，但就像表达式主体成员和 lambda 表达式那样，需要花一些时间适应。

首先详细分析以上代码的前两部分，它们实现了在一条语句中声明和初始化变量。

12.1.1　分解成新变量

在分解特性出现之前，一直可以在一条语句中声明多个变量，只不过这些变量的类型必须相同。为了保证代码的可读性，我通常一条语句只声明一个变量；但是若能在一条语句中声明和初始化多个变量，并且初始化值都来自同一个数据源，那么代码可以变得十分简洁。如果数据源是某个函数调用，还可以利用该特性来避免多次函数调用。

为了展示上述内容，代码中的变量都应当是显式类型的（和形参列表或元组类型相同）。下面创建一个方法（返回元组值）调用，将返回值分解成 3 个新变量。

代码清单 12-2 调用一个方法，然后将返回值分解成 3 个变量

```
static (int x, int y, string text) MethodReturningTuple() => (1, 2, "t");

static void Main()
{
    (int a, int b, string name) = MethodReturningTuple();
    Console.WriteLine($"a: {a}; b: {b}; name: {name}");
}
```

再来看看不使用分解所实现的相同代码，以此凸显分解特性的优势。编译器会把以上代码转换成：

```
static void Main()
{
    var tmp = MethodReturningTuple();
    int a = tmp.x;
    int b = tmp.y;
    string name = tmp.text;

    Console.WriteLine($"a: {a}; b: {b}; name: {name}");
}
```

后面这段代码中的 3 个变量声明尚可接受，但是额外的 tmp 变量碍眼。见名知意，tmp 变量只是一个临时变量，它唯一的作用就是记录方法调用的结果，然后通过它来初始化真正需要的 3 个变量 a、b 和 name。虽然 tmp 变量的作用域很小，但它的生命周期和作用域与其他变量相同，这样感觉很混乱。此外，在分解时，也可以将隐式类型和显式类型进行混用，见图 12-1。

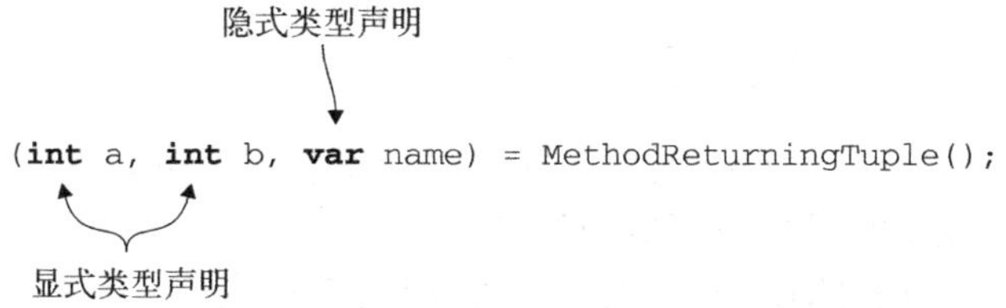

图 12-1 在分解操作中混用显式类型和隐式类型

需要新变量类型和元组元素类型不同时，这一行为特别有用，见图 12-2。

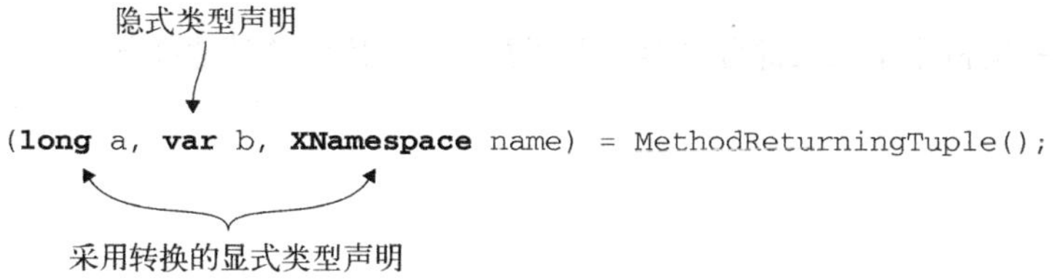

图 12-2 包含隐式转换的分解操作

如果需要对所有变量都采用隐式类型声明，C# 7 还提供了一种简化的声明方式：把 var 置于变量名列表之前即可。

```
var (a, b, name) = MethodReturningTuple();
```

这种方式和把 var 写在每个变量前面相同，也和显式指定推断后类型的方式相同。与普通的隐式类型声明一样，使用 var 关键字并没有让该变量成为动态类型，只是让编译器自行做类型推断而已。

虽然在小括号内可以把隐式类型声明和显式类型声明混用，但是不能把 var 放在括号外，同时又在括号内显式指定某个变量的类型。

```
var (a, long b, name) = MethodReturningTuple();    // 非法，将两种方式混用了
```

一个特殊的标识符：丢弃符_

C# 7 为引入局部变量提供了 3 个特性：

- 分解（本节以及 12.2 节内容）；
- 模式（12.3 节和 12.7 节内容）；
- out 变量（14.2 节内容）。

在以上 3 种情况下，使用单下划线（_）为变量命名都会给该变量赋予特殊的含义："我不关心变量结果，也根本不需要这个变量，直接丢弃它"。如果_用作变量名，则不会为当前作用域引入任何新变量。我们可以使用任意个丢弃符来表示不需要的变量。

在分解操作中应用丢弃符的示例如下：

```
var tuple = (1, 2, 3, 4);     // 4 个元素的元组
var (x, y, _, _) = tuple;     // 分解元组，只保留前两个元素
Console.WriteLine(_);         // Error CS0103：元素名称_不存在
```

假如当前作用域已经存在一个名为_的变量（通过正常变量声明），我们依然可以在分解操作中使用丢弃符，现有_变量的值不会受到任何影响。

从前面的概览示例代码可知，分解操作中也可以不用声明变量。分解操作只负责一系列赋值操作。

12.1.2　通过分解操作为已有变量或者属性赋值

前面介绍了概览例子中的大部分内容，下面看看这段代码的其他部分：

```
var tuple = (10, "text");
int e;
string f;
(e, f) = tuple;
```

在这部分代码中，编译器并没有把分解操作看作一系列变量声明和初始化的表达式，而只将其当作赋值操作序列，同样具有可以避免临时变量的优势。代码清单 12-3 沿用了之前的 MethodReturningTuple()方法。

代码清单 12-3 使用分解为现有变量赋值

```
static (int x, int y, string text) MethodReturningTuple() => (1, 2, "t");

static void Main()
{
    int a = 20;
    int b = 30;
    string name = "before";
    Console.WriteLine($"a: {a}; b: {b}; name: {name}");    // 声明、初始化并使用3个变量

    (a, b, name) = MethodReturningTuple();    // 使用分解为3个变量同时赋值

    Console.WriteLine($"a: {a}; b: {b}; name: {name}");    // 打印新的变量值
}
```

没什么问题，但该特性的功能不止于此。任何合法的单条赋值语句都可以用于分解操作中。这些赋值操作包括：字段、属性或者索引器（数组或者其他对象）。

声明还是赋值，不能混用

利用分解操作，可以声明并初始化变量，或者执行一系列赋值，但是不能将二者混用。例如以下代码非法：

```
int x;
(x, int y) = (1, 2);
```

但赋值操作可以针对不同目标进行混用：现有的局部变量、字段以及属性等。

除了一般的赋值操作，还可以给丢弃变量赋值，这样如果当前作用域内没有名为_的变量，则会丢弃该值；如果存在，则会正常给_变量赋值。

在分解中使用_：赋值还是丢弃

乍一看这个问题比较令人困惑：当存在名为_的变量时，分解操作表现为赋值，当不存在时则表现为丢弃。可以通过两种方式避免这种困境。第1种：查看分解操作的其他变量是否存在新变量的引入，如果存在，则表示丢弃；如果不存在，则表示赋值。

第2种方式简单直接：不要把_用作局部变量的名称。

实际上，几乎所有赋值分解的目标无外乎局部变量、字段或 this 的属性。实际上还有一个小技巧，能让 C# 7 的表达式主体构造器更强大。很多构造器是根据其参数来为字段或者属性赋值的，如果先把这些参数值收集到某个元组中，然后把元组作为构造器参数，就可以在构造器中仅用一条语句就完成所有赋值操作了。

代码清单 12-4　通过元组字面量和分解操作完成构造器赋值的简单示例

```
public sealed class Point
{
    public double X { get; }
    public double Y { get; }

    public Point(double x, double y) => (X, Y) = (x, y);
}
```

这段代码简洁得令人心旷神怡，构造器参数到属性之间的映射关系也清晰明了，而且编译器还能识别模式，从而可以避免构建 `ValueTuple<double, double>`。然而这段代码依然需要添加对 `System.ValueTuple.dll` 库的依赖，我只好暂先弃之不用了。如果将来工程中其他地方需要使用元组或者引用了包含 `System.ValueTuple` 库的其他 framework，才会重新考虑这种写法。

这是 C#的编程范式吗

如前所述，这一技巧优缺点并存。这只是纯粹的构造器实现细节问题，并不影响类主体的其他部分。如果现在采用这种写法，之后想改回去，改动也会很小。目前还很难说将来是否会成为编程范式，不过希望如此。如果元组字面量不仅仅作为参数值，就需要更加小心了：即使添加一个小小的预设条件，赋值顺序就会失常。

就执行顺序而言，赋值分解与声明分解相比，也有一个额外的缺陷。赋值分解的执行分为 3 个阶段：

(1) 赋值目标进行运算；

(2) 赋值操作右半部分进行运算；

(3) 完成赋值。

这 3 个阶段是严格按照上述顺序执行的。在每个阶段内，运算都是从左到右依次进行的。这个顺序一般不会造成什么问题，但依然存在极端案例。

提示　如果读者在理解手头代码时需要忧虑本所提到的赋值顺序问题，这是不好的信号。如果读者能够理解手头代码，建议立刻将其重构。分解操作在表达式中会产生副作用，而且副作用还会被放大，因为每个阶段都存在多个表达式计算。

对于这个话题不必讨论太多，一个简单的例子就足以说明将来可能会遇到的问题。下面所举的例子肯定不是最糟糕的状况，现实往往更光怪陆离。代码清单 12-5 把一个 `(StringBuilder, int)` 元组分解到 `StringBuilder` 变量中，然后 `Length` 属性和该变量相关联。

代码清单 12-5 在计算顺序有影响的情况下执行分解操作

```
StringBuilder builder = new StringBuilder("12345");
StringBuilder original = builder;          ◁ 出于诊断目的保存原始 builder 的引用

(builder, builder.Length) =                 执行分解的
    (new StringBuilder("67890"), 3);        赋值操作

Console.WriteLine(original);                打印新、旧 builder
Console.WriteLine(builder);                 的内容
```

中间一行代码是本例的关键所在,其中关键的问题又在于:哪个 StringBuilder 的 Length 属性被赋值了? 是 builder 的原始变量,还是在分解操作中重新被赋值的 builder 变量? 如前所述,赋值目标表达式会最先进行计算,该步骤先于赋值操作。

代码清单 12-6 分解操作中表达式计算过程慢放

```
StringBuilder builder = new StringBuilder("12345");
StringBuilder original = builder;
                                                  计算赋值的
StringBuilder targetForLength = builder;     ◁    目标

(StringBuilder, int) tuple =                计算元组
    (new StringBuilder("67890"), 3);        字面量

builder = tuple.Item1;
targetForLength.Length = tuple.Item2;       为目标赋值

Console.WriteLine(original);
Console.WriteLine(builder);
```

当分解目标仅仅是一个局部变量时,不存在额外的运算过程,可以直接赋值,但是给某个变量的属性赋值会引发对该变量值的计算,该计算过程属于第一阶段。因此还需要一个 targetForLength 变量。

在使用元组字面量构建完成目标元组后,再将不同的元素赋值给目标变量。当给 Length 属性赋值时,赋值目标是 targetForLength 而不是 builder。被赋值的是原始 StringBuilder 的 Length 属性,其值为 12345,而不是新的 StringBuilder 的 67890,因此代码清单 12-5 和代码清单 12-6 的执行结果分别为:

```
123
67890
```

下面讨论关于构建元组的最后一个话题,不算太复杂,然后探讨非元组类型的分解。

12.1.3 元组字面量分解的细节

11.3.1 节讲过,不是所有元组字面量都具有类型。例如 (null, x => x * 2) 就没有类型,因为它的两个元素表达式都不具有类型;但是它可以转换成 (string, Func<int, int>),因

为每个表达式都可以转换成对应的后者类型。

好在元组分解操作也有完全相同的“对应元素赋值兼容”机制，声明分解和赋值分解都适用，示例如下：

```
(string text, Func<int, int> func) =
    (null, x => x * 2);
(text, func) = ("text", x => x * 3);
```

分解并声明 text 和 func

分解并为 text 和 func 赋值

需要进行隐式类型转换的分解操作也可以按照同样的方式执行。还是举常用的那个例子“把 int 常量转换成不溢出的 byte 类型”，以下代码合法：

```
(byte x, byte y) = (5, 10);
```

与很多优良的语言特性类似，该特性也属于行为和预期一致，但是语言本身需要认真设计，并且对外公开所支持的功能。掌握了元组分解操作，非元组的分解操作就容易理解了。

12.2　非元组类型的分解操作

非元组类型的分解，使用的是一种类似于 async/await 和 foreach、基于模式[①]的方式。正如任何具有合适的 GetAwaiter 方法或者扩展方法的类型都可以使用 await 一样，任何具有合适的 Deconstruct 方法或扩展方法的类型，都可以使用与元组相同的语法完成分解。首先看看普通实例方法的分解操作。

12.2.1　实例分解方法

简单起见，沿用前文的 Point 类作为示例，并添加如下 Deconstruct 方法实现：

```
public void Deconstruct(out double x, out double y)
{
    x = X;
    y = Y;
}
```

代码清单 12-7 可以把任何 Point 对象分解成两个浮点型变量。

代码清单 12-7　把 Point 对象分解成两个变量

```
var point = new Point(1.5, 20);
var (x, y) = point;
Console.WriteLine($"x = {x}");
Console.WriteLine($"y = {y}");
```

创建一个 Point 实例

将 point 分解成两个 double 类型的变量

打印变量值

Deconstruct 方法负责把分解之后的结果填充到 out 参数，在本例中是把某个 Point 对象

① 该模式和 12.3 节中的模式完全不同，很遗憾出现术语冲突。

分解到两个 double 类型值。从名称不难看出，Deconstruct 方法是一个类似于构造方法的逆方法。

且慢！之前用过一个小技巧：可以通过元组在构造器中仅用一条语句完成参数到属性的赋值，这里能否采用同样的策略呢？当然可以，我个人还很倾向于这种方式。下面给出 Point 类型的构造器和分解器的实现代码，二者的相似性也不难看出：

```
public Point(double x, double y) => (X, Y) = (x, y);
public void Deconstruct(out double x, out double y) => (x, y) = (X, Y);
```

习惯了这种写法之后，就会发现构造器与分解器的同构性所带来的和谐之美是难以言表的。

分解操作所用的 Deconstruct 实例方法需要满足以下几条简单规则。

- 分解方法对于执行分解操作的代码必须是可访问的。（如果所有代码都位于同一个程序集中，那么可以使用 internal 来修饰 Deconstruct 方法。）
- 该方法的返回值必须是 void。
- 参数个数不少于 2（因为不可能分解一个值）。
- 该方法必须是非泛型方法。

读者可能会有疑问：为什么 Deconstruct 方法使用 out 参数，而不是一个返回元组的无参方法呢？答案是：这种设计可以适应多组值的分解。当存在多组值需要分解时，就需要多个重载方法来实现，但重载方法无法仅通过返回值来区分。这么说可能有些抽象，下面举例说明。还是以 DateTime 为例，如果要给 DateTime 添加 Deconstruct 方法，同时无法直接修改 DateTime 类的，也就不能创建实例方法，此时就需要引入扩展分解方法了。

12.2.2 扩展分解方法与重载

引文部分简单介绍过，编译器会查找任何符合相关模式的 Deconstruct 方法，其中也包括扩展方法。读者应该能够猜想出扩展分解方法的写法，示例如下。

代码清单 12-8 使用扩展方法分解 DateTime

```
static void Deconstruct(
    this DateTime dateTime,
    out int year, out int month, out int day) =>
    (year, month, day) =
    (dateTime.Year, dateTime.Month, dateTime.Day);

static void Main()
{
    DateTime now = DateTime.UtcNow;
    var (year, month, day) = now;
    Console.WriteLine(
        $"{year:0000}-{month:00}-{day:00}");
}
```

注释：
- 分解 DateTime 的扩展方法
- 将当前日期分解成年/月/日
- 使用 3 个变量打印日期

在本例中，定义的扩展方法刚好和调用代码在同一个静态类中，它只是一个私有扩展方法。通常大部分扩展方法应该是公共的或者 internal 的。

如果需要把 DateTime 分解成比日期更详细的结果，该怎么做呢？此时就需要重载方法了。可以实现两个具有不同参数列表的方法，然后由编译器根据调用参数的个数来决定调用哪个方法。下面添加另一个扩展方法，来把 DateTime 分解成日期和时间，然后用这两个方法完成不同的分解操作。

代码清单 12-9　使用 Deconstruct 重载

```
static void Deconstruct(
    this DateTime dateTime,
    out int year, out int month, out int day) =>          将日期分解成
    (year, month, day) =                                   年/月/日
    (dateTime.Year, dateTime.Month, dateTime.Day);

static void Deconstruct(
    this DateTime dateTime,
    out int year, out int month, out int day,
    out int hour, out int minute, out int second) =>       将日期分解成
    (year, month, day, hour, minute, second) =             年/月/日/时/分/秒
    (dateTime.Year, dateTime.Month, dateTime.Day,
    dateTime.Hour, dateTime.Minute, dateTime.Second);

static void Main()
{
    DateTime birthday = new DateTime(1976, 6, 19);
    DateTime now = DateTime.UtcNow;
                                                                  使用 6 个参数的
    var (year, month, day, hour, minute, second) = now;   <--    分解器
    (year, month, day) = birthday;           <--  使用 3 个参数的
}                                                 分解器
```

对于那些已经具备 Deconstruct 实例方法的类型，也可以为其添加 Deconstruct 扩展方法。当分解该类型时，如果实例方法不适用，就会调用合适的扩展方法，这和一般的方法调用流程相同。

Deconstruct 扩展方法的使用规则，自然和实例方法保持一致：

- 需要对于调用代码可见；
- 除了第一个参数（扩展方法的目标类型），其他参数必须是 out 参数；
- out 参数的个数不少于 2；
- 方法可以是泛型，但只有扩展方法的调用目标（第一个参数）才能参与类型推断。

上述规则中，关于何时方法可以是泛型，何时不能是泛型，值得深入探究，因为背后的原理有助于我们理解为何需要根据参数个数来重载 Deconstruct 方法。关键在于编译器是如何看待和处理 Deconstruct 方法的。

12.2.3　编译器对于 Deconstruct 调用的处理

在代码能够正常执行的情况下，一般不需要特别关心编译器是如何决定应该调用哪个 Deconstruct 方法的；但是如果代码未能正确执行，就需要从编译器的角度认真审视了。

Deconstruct 方法的执行时序关系和前面讨论的元组分解时序关系一致，因此接下来重点关注方法调用本身。请看下面这个“具体”示例，当编译器面对这样一个分解操作时，需要执行哪些步骤呢？

```
(int x, string y) = target;
```

之所以要给“具体”一词加引号，是因为 target 的类型尚不明确。这里故意隐藏了 target 的类型，我们只需要知道它不是一个元组类型即可。编译器会把以上代码扩展为：

```
target.Deconstruct(out var tmpX, out var tmpY);
int x = tmpX;
string y = tmpY;
```

之后编译器按照常规方法的调用规则来查找合适的方法。out var 这样的用法之前未讲，不过不用担心，14.2 节会详细探讨。现在只需要知道它是一个隐式声明的类型，根据 out 参数来推断类型。

这里的重点是：源码中声明的两个变量类型其实并没有用于 Deconstruct 方法调用，即这两个变量并没有参与类型推断。这一事实解释了如下 3 个问题。

- Deconstruct 实例方法不能是泛型方法，因为泛型方法无法为类型推断提供有效信息。
- Deconstruct 扩展方法可以是泛型方法，因为编译器可能根据 target 这个类型实参做出类型推断，而且 target 也是类型推断的唯一信息来源。
- 在 Deconstruct 方法进行重载时，out 参数的个数是决定性因素，而非参数类型。如果再添加一个和已有方法 out 参数个数相同的重载方法，编译器会因为无法决定应该调用哪个方法而终止编译。

这部分内容就到此为止，不涉足需求范围之外的内容。如果读者遇到难以理解的问题，可以尝试将代码进行转换，可能会有拨云见日的效果。

以上便是分解操作需要掌握的全部内容。后面主要讨论模式匹配的话题。虽然从理论上讲模式匹配和分解特性不存在任何关联，但是二者在以新方式处理现有数据方面是相近的。

12.3 模式匹配简介

和其他很多特性类似，模式匹配这个概念虽然对于 C#语言而言是新特性，但是在其他语言中并不新鲜，尤其函数式语言经常使用模式。C# 7 引入的各种模式，既兼容已有语法，又能满足很多同类的使用场景。

模式的基本思想是：检查某个值的特定方面，然后根据检查结果执行其他操作。听起来很像 if 语句，但模式可以为条件提供更多上下文信息，或者为后续操作提供上下文信息。诚然，该特性并不能实现全新的功能，但能让我们在编码中更清晰地表达意图。

话不多说，例子先行。温馨提示：接下来的示例可能看起来比较奇怪，我们只是通过它获得一些初步的认识。假设有一个抽象类 Shape，在该类中定义了一个抽象属性 Area，然后有 3 个类 Rectangle、Circle 和 Triangle 继承自该抽象类。对于这个例子，暂时不需要定义每个形状的面积，而需要定义每个形状的周长。我们可能无法通过修改 Shape 来添加 Perimeter 属性（甚至不能掌控这部分源码的任何内容），但是我们知道每个类型周长的计算方式。在 C# 7 之前，Perimeter 方法如下所示。

代码清单 12-10　不采用模式特性计算周长

```
static double Perimeter(Shape shape)
{
    if (shape == null)
        throw new ArgumentNullException(nameof(shape));
    Rectangle rect = shape as Rectangle;
    if (rect != null)
        return 2 * (rect.Height + rect.Width);
    Circle circle = shape as Circle;
    if (circle != null)
        return 2 * PI * circle.Radius;
    Triangle triangle = shape as Triangle;
    if (triangle != null)
        return triangle.SideA + triangle.SideB + triangle.SideC;
    throw new ArgumentException(
        $"Shape type {shape.GetType()} perimeter unknown", nameof(shape));
}
```

说明　上面这段代码缺少大括号，某些读者可能会感到不适。我通常会为所有循环、if 语句都添加大括号，但是这段代码以及后续代码主要用于展示模式特性，补齐大括号势必喧宾夺主。

这段代码不美观，繁复且冗余。其中关于“检查当前形状是否为特定形状，然后调用该类型的属性”这一模式出现了 3 次之多。重要的是，虽然方法中有 3 条 if 语句，但是每个 if 最后都会执行 return 语句，因此每次只能执行其中一个 if 分支。代码清单 12-11 是采用 C# 7 模式匹配加 switch 语句实现同样的功能。

代码清单 12-11　使用模式特性计算周长

```
static double Perimeter(Shape shape)
{
    switch (shape)
    {
        case null:                                           // 处理null值
            throw new ArgumentNullException(nameof(shape));
        case Rectangle rect:                                 // 处理每个已知类型
            return 2 * (rect.Height + rect.Width);
        case Circle circle:
            return 2 * PI * circle.Radius;
        case Triangle tri:
            return tri.SideA + tri.SideB + tri.SideC;
        default:                                             // 对于未知类型抛出异常
            throw new ArgumentException(...);
    }
}
```

在 C# 7 之前的版本中，switch 语句中的 case 标签只能是常量值，而这里的 switch 语句似乎打破了这一限制。在这段代码中，我们时而关心值是否匹配（null case 的部分），时而关心值的类型是否匹配（rectangle、circle 和 triangle case 的部分）。在进行类型匹配时，还会引入一个新变量，之后可以通过该变量来计算周长。

C#中的模式特性有两个话题需要探讨：

- 模式特性的语法；
- 模式特性应用的上下文。

刚开始可能会感觉这两部分都是全新的内容，似乎不应将二者区分看待；但 C# 7.0 引入的几个模式仅仅是个开端：C#设计团队精心设计了语法，以便日后可以容纳更多新模式。一旦了解了 C#语言在哪些位置为未来的新模式预留了空间，将来学习新模式就容易多了。这是一个类似于“鸡生蛋蛋生鸡”的问题：很难在讨论一个特性的同时不涉及另一个特性的内容，但首先还是介绍 C# 7.0 中所有可用的新模式。

12.4 C# 7.0 可用的模式

C# 7.0 引入了 3 种模式：常量模式、类型模式和 var 模式。接下来通过 is 运算符分别展示 3 种模式。is 运算符是模式特性使用上下文的一种。

每种模式都尝试匹配一个输入。输入可以是任何非指针类型的表达式。简单起见，后文在描述模式时，都会使用 input 来指代模式的输入。input 看似变量，但并不一定是变量。

12.4.1 常量模式

顾名思义，**常量模式**由编译时常量表达式组成，之后使用 input 来进行等价检查。如果 input 和常量表达式都是整型表达式，那么会使用==来进行比较；如果是其他类型，则使用静态方法 object.Equals 进行比较。需要重点关注这里的静态方法，因为它保证了 null 值检查时的安全。代码清单 12-12 的实际意义不大，但能展示很多有趣之处。

代码清单 12-12 简单常量匹配

```
static void Match(object input)
{
    if (input is "hello")
        Console.WriteLine("Input is string hello");
    else if (input is 5L)
        Console.WriteLine("Input is long 5");
    else if (input is 10)
        Console.WriteLine("Input is int 10");
    else
        Console.WriteLine("Input didn't match hello, long 5 or int 10");
}
static void Main()
{
    Match("hello");
```

```
    Match(5L);
    Match(7);
    Match(10);
    Match(10L);
}
```

代码的结果如下所示，其中大部分很好理解，只有倒数第 2 行可能比较费解：

```
Input is string hello
Input is long 5
Input didn't match hello, long 5 or int 10
Input is int 10
Input didn't match hello, long 5 or int 10
```

如果整型比较是通过==运算符完成的，那么为何最后一次调用 Match(10L)不匹配呢？这是因为编译时的 input 并不是 int 类型，而是 object 类型，所以编译器生成的等价调用是 object.Equals(x, 10)。当x是装箱后的Int64而不是装箱后的Int32时，该方法返回false。这正是最后一次调用 Match 背后所发生的事情。使用==进行比较的例子如下：

```
long x = 10L;
if (x is 10)
{
    Console.WriteLine("x is 10");
}
```

is 表达式的这种用法很少会用到。is 表达式多用于 switch 语句中。可能会有一些整型常量值（类似于预匹配的 switch 语句）以及一些其他模式。相较而言，类型模式显然更有用。

12.4.2　类型模式

类型模式由一个类型和一个标识符组成，有点像变量声明。与 is 运算符类似，如果 input 是该类型的值，那么匹配成功。使用类型模式的一个好处是，匹配到后会引入一个新的**模式变量**，该变量的类型为匹配成功的类型，变量值会被初始化为 input 的值。如果 input 的值为 null，那么它将匹配不到任何类型。根据 12.1.1 节所述，下划线标识符_可用于变量名称，此时它表示抛弃变量，不会引入新变量。代码清单 12-13 是代码清单 12-10 的变形版，但没有采用 switch 语句。

代码清单 12-13　使用类型匹配代替 as/if

```
static double Perimeter(Shape shape)
{
    if (shape == null)
        throw new ArgumentNullException(nameof(shape));
    if (shape is Rectangle rect)
        return 2 * (rect.Height + rect.Width);
    if (shape is Circle circle)
        return 2 * PI * circle.Radius;
    if (shape is Triangle triangle)
        return triangle.SideA + triangle.SideB + triangle.SideC;
```

```
        throw new ArgumentException(
            $"Shape type {shape.GetType()} perimeter unknown", nameof(shape));
    }
```

对于本例，我当然倾向于使用 switch 语句，但是如果只需要替换一个 as/if，这么做就有点大材小用了。类型模式主要用于替代 as/if 组合或者在 if 语句中使用 is 然后转换类型的情况。如果需要检查的对象是非可空值类型，那么应采用后一种方式。

在类型模式中，所指定的类型不能是可空值类型，但可以是类型形参，而且这个类型形参在执行期可以是可空值类型。在这种情况下，只有值非空时才能成功匹配。在代码清单 12-14 中，类型模式中使用了一个类型形参，并使用 int?作为方法调用的类型实参，不过 value is int? t 这样的表达式无法通过编译。

代码清单 12-14　在类型模式中可空值类型的行为

```
static void Main()
{
    CheckType<int?>(null);
    CheckType<int?>(5);
    CheckType<int?>("text");
    CheckType<string>(null);
    CheckType<string>(5);
    CheckType<string>("text");
}

static void CheckType<T>(object value)
{
    if (value is T t)
    {
        Console.WriteLine($"Yes! {t} is a {typeof(T)}");
    }
    else
    {
        Console.WriteLine($"No! {value ?? "null"} is not a {typeof(T)}");
    }
}
```

输出结果如下：

```
No! null is not a System.Nullable`1[System.Int32]
Yes! 5 is a System.Nullable`1[System.Int32]
No! text is not a System.Nullable`1[System.Int32]
No! null is not a System.String
No! 5 is not a System.String
Yes! text is a System.String
```

下面讨论 C# 7.0 中关于类型模式的问题（C# 7.1 解决了该问题）。如果你的项目使用的是 C# 7.1 或者更高版本，可能根本不会发现这个问题。之所以解释这个问题，旨在避免某些读者从 C# 7.1 的工程复制代码到 C# 7.0 时遇到麻烦。

在 C# 7.0 中，如下所示的类型模式：

```
x is SomeType y
```

需要确保 x 的编译时类型可以转换为 SomeType。这个要求听起来完全合理，不过一旦涉及泛型就会遇到麻烦。代码清单 12-15 包含了一个泛型方法，该方法通过类型模式来展示形状的一些细节信息。

代码清单 12-15　使用类型模式的泛型方法

```
static void DisplayShapes<T>(List<T> shapes) where T : Shape
{
    foreach (T shape in shapes)
    {
        switch (shape)
        {
            case Circle c:
                Console.WriteLine($"Circle radius {c.Radius}");
                break;
            case Rectangle r:
                Console.WriteLine($"Rectangle {r.Width} x {r.Height}");
                break;
            case Triangle t:
                Console.WriteLine(
                    $"Triangle sides {t.SideA}, {t.SideB}, {t.SideC}");
                break;
        }
    }
}
```

变量类型是一个类型形参 T

对该变量使用 switch

转换为具体的形状类型

这段代码在 C# 7.0 中是不能通过编译的，因为下面这段代码也无法通过编译。

```
if (shape is Circle)
{
    Circle c = (Circle) shape;
}
```

其中 is 运算符的使用是合法的，但是类型转换是非法的。类型形参无法直接转换类型的问题，是困扰了 C#很久的一颗眼中钉。一般会采用 object 作为中间过渡来解决：

```
if (shape is Circle)
{
    Circle c = (Circle) (object) shape;
}
```

这种解决方式在处理一般类型转换时已经够笨拙了，搭配优雅的模式特性之后，就更显得丑不堪言了。

在代码清单 12-15 中，一种解决办法是接收一个 IEnumerable<Shape>参数（利用 List<Circle>到 IEnumerable<Shape>之间存在的泛型协变），另一种解决办法是不使用泛型 T，直接用 Shape 代替。如果换成其他情况，恐怕就没这么简单了。在 C# 7.1 中，类型模式下任何类型都可以使用 as 运算符，这样代码清单 12-15 就可以通过编译了。

在 C# 7.0 引入的这 3 种模式中，我认为类型模式更常用。下面介绍最后一种模式，该模式听起来根本就不像模式。

12.4.3 var 模式

var 模式看起来与类型模式类似，区别是把 var 作为类型，因此其基本语法就是 var 后面跟一个标识符：

```
someExpression is var x
```

与类型模式类似，var 模式也会引入一个新变量；但与类型模式不同的是，它并不检查任何内容。var 模式总能匹配成功，然后得到一个新变量，该变量和 input 的类型相同，值也和 input 相同，而且即便 input 是 null 引用，var 模式仍能成功匹配。

前面在 if 语句中通过 is 运算符和模式匹配的方式，对于 var 模式来说就变得毫无意义了，因为 var 模式总能成功匹配。var 模式的最大用处是和 switch+哨兵语句（12.6.1 节将介绍）搭配使用。var 模式偶尔在 switch 搭配更复杂的表达式并且不需要给变量赋值的情况下有使用价值。

代码清单 12-16 和代码清单 12-11 类似，也实现了一个 Perimeter 方法。这个例子有意避免使用哨兵语句特性。如果其中的 shape 参数的值为 null，就会随机创建一个形状。我们使用 var 模式，当无法计算当前形状的周长时，会报告这一形状，因为这一次不会遇到 null 引用，因此常量模式中的 null 值在这里也不需要了。

代码清单 12-16　当遇到错误时，使用 var 模式引入一个变量

```
static double Perimeter(Shape shape)
{
    switch (shape ?? CreateRandomShape())
    {
        case Rectangle rect:
            return 2 * (rect.Height + rect.Width);
        case Circle circle:
            return 2 * PI * circle.Radius;
        case Triangle triangle:
            return triangle.SideA + triangle.SideB + triangle.SideC;
        case var actualShape:
            throw new InvalidOperationException(
                $"Shape type {actualShape.GetType()} perimeter unknown");
    }
}
```

这个例子还有一种写法：在 switch 语句前引入 actualShape 变量，针对 actualShape 进行 switch，之后正常使用 default case。

以上就是 C# 7.0 引入的所有模式了。前面介绍了每种模式的语法以及相应的使用场景（在 switch 语句中搭配 is 运算符），但是关于每种场景还有一些内容需要深入讨论。

12.5　模式匹配与 is 运算符的搭配使用

is 运算符可以用作任何普通表达式的一部分，其中绝大部分是和 if 语句联用，但 if 语句并不是其唯一搭档。在 C# 7 之前，is 运算符的右半部分必须是某个类型；到了 C# 7，它还可以是模式。虽然常量模式和 var 模式也可以使用 is 运算符，但实际上类型模式是其最常见的搭档。

var 模式和类型模式都会引入新变量。在 C# 7.3 之前，这两个模式都有一个限制条件：新变量不能用于字段、属性、构造器初始化器或者查询表达式。例如以下代码非法：

```
static int length = GetObject() is string text ? text.Length : -1;
```

虽然我并没有觉得这项限制会造成什么问题，但 C# 7.3 还是将其取消了。

这种引入新的局部变量的模式，会引发一个显而易见的问题：新引入的变量，其作用域多大呢？这个问题曾在 C#语言团队和社区中引起了大量争论，但最终的结果是：该变量的作用域局限在闭合块中。

话题之所以会出现激烈争论，通常都源于其优缺点并存。代码清单 12-10 中的 as/if 模式，有一点我一直不太喜欢：这种方式最后都会在作用域内引入一堆变量，但是除了用作类型匹配条件，其实并不需要这些变量。然而，这依然是使用类型模式的一个现状。不过严格说来，二者的问题并不一致：当模式没有匹配时，变量在分支中并不会确定赋值。

对比以下代码：

```
string text = input as string;
if (text != null)
{
    Console.WriteLine(text);
}
```

这段代码执行完成之后，text 变量依然在作用域中，并且是确定赋值的。与其基本等价的类型模式的代码如下：

```
if (input is string text)
{
    Console.WriteLine(text);
}
```

这段代码执行完成之后，text 变量也在作用域中，但并不是确定赋值的。虽然它污染了当前声明空间，但我们可以变废为宝，用它来获取其他值，例如：

```
if (input is string text)
{
    Console.WriteLine("Input was already a string; using that");
}
else if (input is StringBuilder builder)
{
    Console.WriteLine("Input was a StringBuilder; using that");
    text = builder.ToString();
}
```

```
else
{
    Console.WriteLine(
        $"Unable to use value of type ${input.GetType()}. Enter text:");
    text = Console.ReadLine();
}
Console.WriteLine($"Final result: {text}");
```

因为代码的后半部分还需要用到 text 变量，所以确实需要 text 变量依然存活于当前作用域内。text 变量最终会从两种赋值条件中选择一种，虽然中间部分的 builder 变量之后不会被用到，但它依然存活。这里无法做到尽善尽美。

关于“确定赋值”这个概念，还需从技术层面加以描述：在 is 表达式通过模式引入了一个模式变量后，该变量（使用语言规范中的术语）“在 true 表达式之后，确定会被赋值”。如果需要 if 条件语句完成类型检查之外的一些功能，这一点非常重要。假如还要检查该值是否是一个比较大的整型数，那么可以编写如下代码：

```
if (input is int x && x > 100)
{
    Console.WriteLine($"Input was a large integer: {x}");
}
```

之所以能够在&&运算符之后使用 x 变量，是因为只有在第 1 个操作数运算为 true 后，才会对第 2 个操作数进行运算。同样，在 if 块内也可以使用 x 变量，因为只有在&&两个操作数都运算为 true 后，才会执行 if 语句内的代码。如果需要同时处理 int 和 long 两种值怎么办呢？可以检查这些值，但是无法确定哪个条件会被匹配成功：

```
if ((input is int x && x > 100) || (input is long y && y > 100))
{
    Console.WriteLine($"Input was a large integer of some kind");
}
```

这段代码中的 x 和 y 都在当前作用域中，不管在 if 块内还是外，即使 y 的声明看上去不会被执行，但是这两个变量只有在检查其大小的那一小块语句中，才算是“确定赋值”的。

虽然前面的内容从逻辑上讲没什么问题，但是对于初学者来说可能有些复杂。这部分内容可归纳为以下两点。

- 在 is 表达式中声明的模式变量，其作用域为整个闭合块。
- 如果某处使用模式变量的代码发生了编译错误，则说明在此处编译器还无法确定该变量是否已经被赋值。

本章最后重点探讨如何在 switch 语句中使用模式。

12.6　在 switch 语句中使用模式

语言规范通常不是根据算法来编写的，而是根据各种使用场景。下面是几个与算法无关的实际场景。

- **税费与福利**——纳税额可能取决于收入和其他因素。
- **旅行票务**——可能会有团票折扣，儿童、成人和老年人有单独的票价。
- **外卖订单**——当订单满足一定条件可能会有折扣。

以前有两种方式来针对特定输入进行检查，然后决定应用哪种场景：switch 语句和 if 语句，其中 switch 语句必须使用简单的常量。如今还是只有这两种方式，刚刚讲了 if 语句的使用，下面介绍更为强大的 switch 语句。

说明　基于模式的 switch 语句和以前只能使用常量值的 switch 语句的差异较大。如果读者没接触过其他语言的类似功能，也许要花些时间适应。

和模式搭配使用的 switch 语句与一组 if/else 语句大致等价，但是采用 switch 语句，会让我们看待和思考代码的方式更接近"这类输入应当对应这类输出"，而不是以步骤的方式思考。

所有 switch 语句都可以看作基于模式

本章多次提及基于常量的 switch 语句和基于模式的 switch 语句，仿佛二者是不同的。常量模式也属于模式，每条 switch 语句都可以看作基于模式的 switch 语句，二者的行为模式也完全一致。不过二者在执行顺序和新变量引入上存在差异，稍后介绍。

我认为，至少目前，可以把这两者看作恰好应用了同一语法的不同构建。读者可能认为应该将二者同等看待。无论以哪种方式看待都可以，都不影响对代码行为的判断。

12.3 节展示过基于模式的 switch 语句，当时使用了一个常量模式来匹配 null 值，使用了类型模式来匹配其他形状。为了方便在 case 标签中添加模式，还需要引入新语法。

12.6.1　哨兵语句

每个 case 标签都可以有一条哨兵语句，该语句由一个表达式组成：

```
case pattern when expression:
```

该表达式最终要计算出一个布尔值[①]，和 if 语句中的条件一样。case 标签下的语句，只有在该表达式计算为 true 时才会执行。该表达式也可以使用模式，这样会引入更多模式变量。

下面看一个具体的例子，这个例子也会证实开头关于语言规范的论断。考虑如下斐波那契数列的定义：

- fib(0) = 0

---

① 也可以是一个能隐式转换为布尔类型的值，或者该值的类型提供了 true 运算符。这里的要求和 if 语句中的条件保持一致。

- fib(1) = 1
- fib(n) = fib(n-2) + fib(n-1)，当 n > 1 时

第 11 章讲过如何使用元组来生成斐波那契数列。现在以函数的眼光来看待斐波那契数列，前面的定义就可以转换成代码清单 12-17：一条使用了模式和哨兵语句的简单 switch 语句。

代码清单 12-17　使用模式递归实现斐波那契数列

```
static int Fib(int n)
{
    switch (n)
    {
        case 0: return 0;
        case 1: return 1;
        case var _ when n > 1: return Fib(n - 2) + Fib(n - 1);
        default: throw new ArgumentOutOfRangeException(
            nameof(n), "Input must be non-negative");
    }
}
```

常量模式处理前两种情况

var 模式和哨兵语句处理递归情况

如果以上模式均不匹配，则抛出异常

当然，在实际工作中我不会采用这种方案，因为它的执行效率极低，但它生动地展示了语言规范是如何直接转换成代码的。

在这个例子中，因为哨兵语句用不到模式变量，所以我们把该变量设为丢弃变量，用下划线（_）表示。在很多情况下，如果模式引入了新变量，新变量通常需要在哨兵语句或者 case 体代码中使用。

在使用哨兵语句时，同一模式出现多次是常事，因为当第一次模式匹配后，哨兵语句有可能会返回 false。下面这段代码是 Noda Time 项目中一个用于构建文档的工具：

```
private string GetUid(TypeReference type, bool useTypeArgumentNames)
{
    switch (type)
    {
        case ByReferenceType brt:
            return $"{GetUid(brt.ElementType, useTypeArgumentNames)}@";
        case GenericParameter gp when useTypeArgumentNames:
            return gp.Name;
        case GenericParameter gp when gp.DeclaringType != null:
            return $"`{gp.Position}";
        case GenericParameter gp when gp.DeclaringMethod != null:
            return $"``{gp.Position}";
        case GenericParameter gp:
            throw new InvalidOperationException(
                "Unhandled generic parameter");
        case GenericInstanceType git:
            return "(This part of the real code is long and irrelevant)";
        default:
            return type.FullName.Replace('/', '.');
    }
}
```

这里一共使用了 4 个模式来处理泛型参数，处理的依据是 useTypeArgumentNames 方法参数以及方法/类型是否引入了泛型类型形参。其中负责抛出异常的 case 差不多等同于泛型形参的 default case，它表示代码进入了考虑范围之外的区域。请注意，代码中不同的 case 使用同一个模式变量名（gp）。这就引出了另外一个重要的问题：在 case 标签中引入的模式变量的作用域是多大？

12.6.2　case 标签中的模式变量的作用域

如果在 case 体中直接定义局部变量，那么该变量的作用域是整条 switch 语句，包括其他 case 体在内。这个规律现在依然成立（我的个人看法），但并不包括在 case 标签中声明的变量。这些变量的作用域仅限于当前 case 体，由模式引入的模式变量、在哨兵语句中声明的模式变量以及 out 变量（参见 14.2 节）皆是如此。

这基本上正是我们所需要的，在多个 case 中处理近似情况需要采用同一模式的变量时尤其有用（参考前一个 Noda Time 工具的代码）。但此时会有一个问题：基于模式的 switch 语句应当和普通 switch 语句一样，允许多个 case 标签共享同一个 case 体。在这种情况下，case 标签中声明的变量就不能重名（因为它们处于一个声明空间下）。然而 case 体中所有的模式变量都不是确定赋值的，因为编译器无法确定会匹配到哪个标签。这类模式变量主要用于哨兵语句中，而不是 case 体中。

假设此时需要为一个 object 类型的输入进行模式匹配，object 是处于特定范围内的数值类型，并且该范围会因具体类型的不同而有所区别。我们可以使用类型模式来匹配每种数值类型，并搭配相应的哨兵语句。代码清单 12-18 列举了 int 和 long 两种情况，读者也可以自行扩展。

代码清单 12-18　使用模式，多个 case 标签共享一个 case 体

```
static void CheckBounds(object input)
{
    switch (input)
    {
        case int x when x > 1000:
        case long y when y > 10000L:
            Console.WriteLine("Value is too large");
            break;
        case int x when x < -1000:
        case long y when y < -10000L:
            Console.WriteLine("Value is too low");
            break;
        default:
            Console.WriteLine("Value is in range");
            break;
    }
}
```

在哨兵语句中，模式变量是确定赋值的，因为只有对应的模式匹配成功才会执行到哨兵语句。虽然在 case 体中模式变量依然存在，但它们并不是确定赋值的。虽然可以在 case 体中给这些模式变量赋新值，但没有太多用处。

过去基于常量的 switch 语句和现在基于模式的 switch 语句还有一处重大差异：现在 case 语句的顺序会影响执行结果，以前则不会。

12.6.3 基于模式的 switch 语句的运算顺序

绝大部分情况下，基于常量的 switch 语句中的 case 标签可以任意排列，而不会影响代码的执行行为①。因为每个 case 标签都只匹配一个常量值，任何一条 switch 语句中 case 标签中的常量值都不会重复，因为任何一个输入值最终都只能匹配至多一个 case 标签。但是对于模式来说，情况就不同了。

基于模式的 switch 语句的逻辑运算顺序可以概括为：

- 每个 case 标签都按照源码的顺序进行运算；
- 只有当所有 case 标签都经过运算后，default 标签的代码才会被执行，与 default 标签在 switch 语句中的位置无关。

提示 虽然无论 default 标签在何处，只有在其他 case 标签都不能匹配的情况下，其内部代码才会被执行，但其他代码阅读者可能不知道这一点。（实际上，很可能等自己回头阅读代码时也会忘记这一点。）如果总是把 default 标签放在 switch 语句的末尾，代码的行为逻辑会更清晰明了。

有时这种方式不会造成什么问题。以之前斐波那契数列的方法为例：输入值总共分为 0、1 和大于 1 这 3 种情况，因此顺序可以自由调换；但在 Noda Time 工具代码中存在 4 种情况，必须认真检查顺序：

```
case GenericParameter gp when useTypeArgumentNames:
    return gp.Name;
case GenericParameter gp when gp.DeclaringType != null:
    return $"`{gp.Position}";
case GenericParameter gp when gp.DeclaringMethod != null:
    return $"``{gp.Position}";
case GenericParameter gp:
    throw new InvalidOperationException(...);
```

在这段代码中，只要 useTypeArgumentNames 的值为 true，就需要使用泛型参数（第 1 个 case），与其他 case 无关。第 2 个和第 3 个 case 是互斥的（我们自己知道而编译器不知道），因此这两个的顺序无关紧要。最后一个 case 则必须要放到最后，因为需要当输入值是 GenericParameter 并且其他 case 都不匹配时才抛出异常。

---

① 唯一的例外是：某个 case 体中使用的变量是前面某个 case 体声明的。基本上不推荐这种做法，之所以它会造成问题，是因为此类变量共享作用域。

这里编译器发挥了作用：最后一个 case 没有哨兵语句，因此如果类型模式匹配成功，那么该 case 将总会执行，编译器会发现这一点。如果把这个 case 放在其他具有相同模式的 case 标签前，编译器就会知道这个 case 会屏蔽其他 case，从而引发编译错误。

多个 case 体的执行只有一种方式，而且和使用频率很低的 goto 语句相关。这一点也适用于 switch 语句，但是 goto 语句只能使用常量值，而且 case 标签只能与没有哨兵语句的值关联。例如不能 goto 一个类型模式，也不能 goto 一个依赖哨兵语句结果为 true 的条件值。在实际编码中，几乎没人在 switch 语句中使用 goto 语句，因此这一限制并不造成问题。

这里有意强调逻辑上的运算顺序。虽然 C#编译器可以把所有 switch 语句转换成一系列 if/else 语句，但还有更高效的做法。假如存在同一个类型的多个类型模式（匹配不同的哨兵语句），那么可以对该模式只运算一次，然后依次检查各条哨兵语句。类似地，对于那些没有哨兵的常量值（与先前 C#版本一样，依然需要非重复值），编译器可以在做完隐式类型检查之后调用 IL switch 指令。具体编译器会采取哪种优化策略，不在本书的讨论范围之内。如果读者刚好在查看某条 switch 语句的 IL 代码，发现它与源码看起来很不同，可能这就是原因了。

12.7 对模式特性使用的思考

下面探究上述特性的最佳用法。分解和模式匹配这两个特性还在不断演进，将来甚至可能组合成一个新特性：分解模式。其他一些相关潜在特性，例如编写根据模式 switch 来返回结果的表达式主体方法等，都会影响这些特性的使用场景。第 15 章将讨论 C# 8 的一些潜在的类似特性。

模式匹配只是实现层面的问题，即便过度使用也无伤大雅。如果觉得模式特性没有显著增强可读性，完全可以切换回以前的编码风格。对于分解特性，也大致与之类似。不过，如果在 API 中添加了很多公共的 Deconstruct 方法，移除这些方法就会是破坏性的改动了。

除此以外，建议类型最好不要一开始就设计为可分解，就像大部分类型不会天然地实现 IComparable<T>接口一样。只有当类型组件的顺序明确且清晰的情况下才为其添加 Deconstruct 方法，例如坐标、RGB 值以及其他一些天然具有层级关系的数据（比如日期/时间等），但大部分和业务相关的实体不太可能是这类数据。例如线上销售的某件商品，其诸多属性不太会有明显的顺序关系。

12.7.1 发现分解的时机

分解特性最容易应用于元组数据中。如果某个方法调用的结果是一个元组值，而且对返回值的顺序没有要求，那么可以考虑分解返回值。例如使用第 11 章中的 MinMax 方法。我往往会分解这类返回值，而不是保存在元组当中。

```
int[] values = { 2, 7, 3, -5, 1, 0, 10 };
var (min, max) = MinMax(values);
Console.WriteLine(min);
Console.WriteLine(max);
```

非元组类型的分解操作的应用场景会少一些，但如果需要处理空间点坐标、颜色、日期/时间这类值，尽早分解这些值会更好，不然之后每次都得通过属性来访问。当然，在 C# 7 分解特性出现之前，也能够分解值。但是通过分解操作，声明局部变量可以更简单，这也是分解特性的一项自身优势。

12.7.2 发现模式匹配的使用时机

以下两个场景可考虑使用模式匹配：

- 使用 is 运算符或者 as 运算符，并且用特定类型值作为条件的位置；
- 大量使用 if/else-if/else-if/else，并且使用同一个值作为条件的位置，可以使用 swtich 语句来代替。

如果发现 var ... when 模式多次出现（换言之，唯一条件出现在哨兵语句中），就需要思考这是否是真正的模式匹配。我曾遇到过类似的情景，而且在选择使用模式匹配时犯过错。在我看来，就算是略微过度使用模式匹配，也是可以接受的，因为它可以将“匹配某个条件然后执行某个操作”的意图表达得更清晰明确，好于若干个 if/else。

以上两个特性都是在实现细节层面对已有代码做的变形。它们并不会改变我们思考问题和组织逻辑的方式，不过有些更为宏观的变化其实更难发现（例如单个类型的 API 内部重构，或是某个程序集公共 API 的内部重构）。有时这个变化可能是移除一处继承，例如一套运算逻辑，原先作为类型实现的一部分，之后可能优化成为单独的运算逻辑与类型进行分离，例如 12.3 节中计算各种形状周长的代码。也可以把类似的方法应用于很多业务场景中，这也是 C#中类型组合的方式日渐受欢迎的一个原因。

以上是一些粗略的个人见解，希望大家多多练习和思考，在编码的同时思考这些特性可用于何处，并在试用新特性之后思考该特性的优缺点。

12.8 小结

- 利用分解特性，可以拆分出多个值到独立变量中。分解操作的语法对于元组类型和非元组类型是一致的。
- 非元组类型可以通过带有 out 参数的 Deconstruct 方法进行分解。Deconstruct 方法可以是实例方法，也可以是扩展方法。
- 使用 var 前置的分解操作，可以声明多个变量，前提是编译器可以推断出这些变量的类型。
- 模式匹配可以检查某个值的类型和内容，部分模式还可以声明新变量。
- 模式匹配可以和 is 运算符搭配使用，或者用于 switch 语句中。
- switch 语句中的模式可以添加额外的哨兵语句，哨兵语句由 when 上下文关键字引入。
- 当 switch 语句中包含模式时，case 标签的顺序可能会影响代码行为。

第 13 章 引用传递提升执行效率

本章内容概览：

- 使用 ref 关键字为变量起别名；
- 使用 ref 通过引用返回变量；
- 使用 in 参数提升实参传递效率；
- 使用只读 ref return、只读 ref 局部变量和只读结构体声明来防止数据修改；
- 使用 in 或者 ref 的扩展方法；
- 类 ref 结构体和 Span<T>。

C# 7.0 刚推出的时候，其中两个新特性着实令人惊异：ref 局部变量和 ref return。我怀疑到底会有多少开发人员用到这两项特性，因为它们像是针对大数据类型设计的，而这种场景很少见。我当时预计只有准实时的服务和游戏才会用到它们。

C# 7.2 还引入了和 ref 有关的一些特性：in 参数、只读 ref 局部变量和只读 ref return、只读结构体以及类 ref 结构体。虽说它们只是对 C# 7.0 特性的一些补充，但似乎为了少数用户而把语言变得更复杂了。

现在我终于明白了，即便很多工程中没有多少基于 ref 的代码，但由于这些特性的存在，开发人员实际上还是受益了，因为有高性能 framework 工具可用。在本书编写之时，还很难笃定地说这些特性将带来革命性的变化，但我认为其影响会很深远。

性能提升通常会导致代码可读性变差，即将介绍的很多特性便是如此。建议在明确强调性能的场景中应用这些特性，这样可读性的牺牲才是值得的。不过可以尽情使用那些已经应用了新特性的 framework，它们能显著减少对象内存分配，减轻内存和垃圾回收器的工作，同时保持代码的可读性。

之所以讲这些，是考虑到读者可能会有类似的体会。在阅读本章时，读者完全有理由不采用这些新特性，可直接跳转至章尾，了解新特性带给 framework 的相关益处。本章最后讨论类 ref 结构体和 Span<T>类型。关于 span 话题，有很多内容可讲，但远远超出了本书可容纳的体量。我认为 span 和一些相关类型将来会成为日常开发工具。

本章还会讨论一个仅在 C# 7 版本中出现的定点特性。与其他定点特性类似，如果使用 C# 7 编译器，那么只有在将工程设置到特定语言版本之后，才能使用该项特性。对于 ref 相关特性，建议设置好之后全面应用，或者一处都不用。只使用 C# 7.0 的特性一定是远远不够的。下面首先回顾早期 C#版本中 `ref` 关键字的用法。

13.1 回顾：ref 知多少

要理解 C# 7 的 `ref` 特性，需要认真回顾 C# 6 以前版本中 `ref` 参数的工作原理，首先是变量和值之间的区别。

对于变量这个概念的理解因人而异。可以把变量想象成一张纸，如图 13-1 所示。这张纸上共有 3 项信息：

- 变量的名称；
- 编译时类型；
- 当前值。

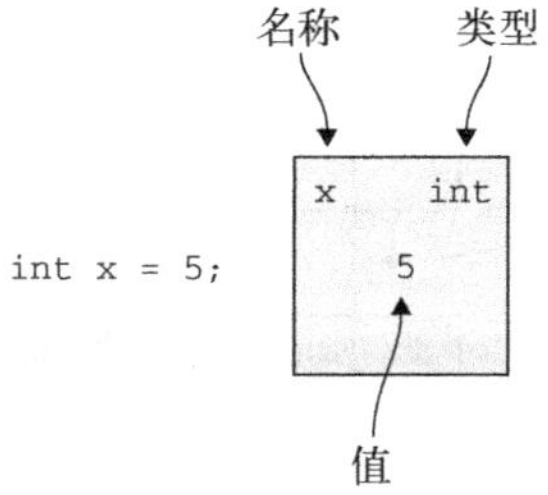

图 13-1　把变量想象成一张纸

给变量赋新值，就相当于擦掉当前值然后写上一个新值。当变量类型是引用类型时，纸上所写的值就不再是对象本身，而是对象的引用。对象的引用，就是通过地址找到对象，就像通过街道地址找到某个建筑一样。如果两张纸上写着相同的地址，那么这两个地址指向同一个建筑；两个引用值相同的变量，指向的是同一个对象。

提示　`ref` 关键字和对象引用是不同的概念。虽然二者有相似性，但需要加以区分。通过值传递对象引用和通过引用传递变量是不同的。下面过使用**对象引用**而不是**引用**来重点区分这两个概念。

当把某个变量值复制给另外一个变量时，只是这个值本身发生了复制。这两张纸依然是独立的两张纸，之后任何一个变量的值改变都不会影响另外一个变量，见图 13-2。

13

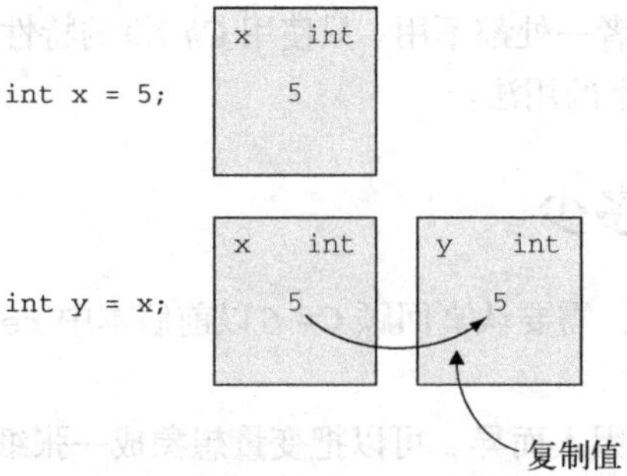

图 13-2　把值赋给一个新变量

这种方式的值复制，和调用方法时对值参数的操作是相同的：方法实参的值被复制到了另一张新纸上——形参中，如图 13-3 所示。实参可以是变量，也可以是任何适当类型的表达式。

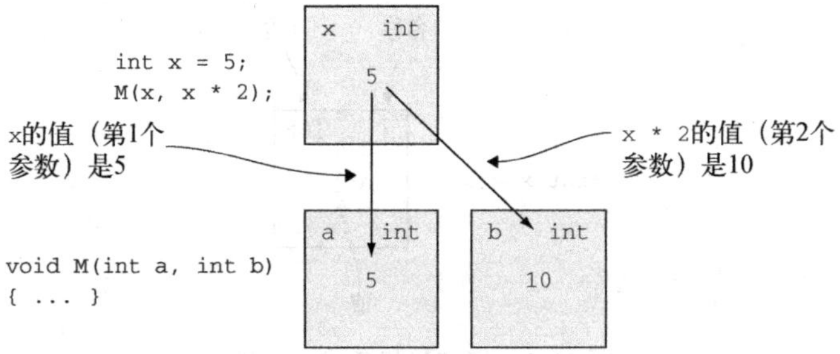

图 13-3　使用值参数调用方法：方法形参是新变量，其初始值是实参的值

但 `ref` 参数的行为与此不同，见图 13-4。使用 `ref` 参数，不会创建一张新纸，而是由调用方提供一张现有的、包含初始值的纸。可以将其看作一张纸上写着两个名字：一个是调用方使用的该变量的标识，另一个是形参名称。

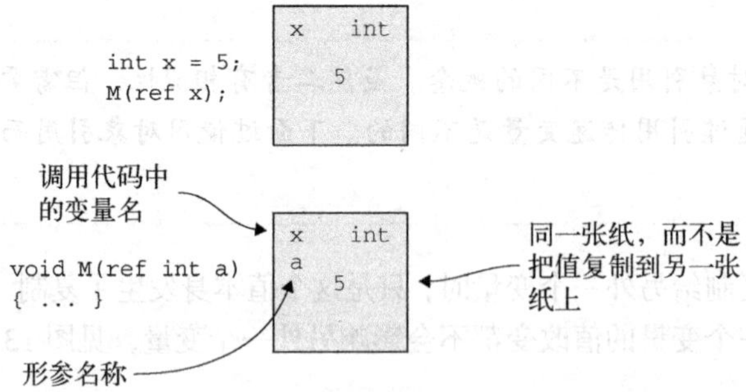

图 13-4　`ref` 参数使用同一张纸，而不是创建一张新纸并复制值

如果在方法中修改了 `ref` 参数的值，即修改了纸上的现有值。当方法返回时，修改的结果就会反应给调用方，因为修改的是同一张纸上的值。

说明 看待形参和变量的方式有多种。某些作者提出了不同的理解方式：把 ref 参数看作完全独立的变量，它有一个自动的中间层，任何关于 ref 参数的访问都会先访问中间层。这种解释更接近 IL 的工作原理，但对我来说帮助不大。

此外，并不是每个 ref 参数都会使用不同的纸。下面这个例子有些极端，但有助于我们理解 ref 参数，以及接下来要讲的 ref 局部变量。

代码清单 13-1 多个 ref 参数使用同一个变量

```
static void Main()
{
    int x = 5;
    IncrementAndDouble(ref x, ref x);
    Console.WriteLine(x);
}

static void IncrementAndDouble(ref int p1, ref int p2)
{
    p1++;
    p2 *= 2;
}
```

这段代码的执行结果是 12，x、p1、p2 表示的是同一张纸。这张纸上的初始值是 5，p1++ 把它变成 6，然后 p2 *= 2 把 6 翻倍变成 12。图 13-5 展示了上述过程。

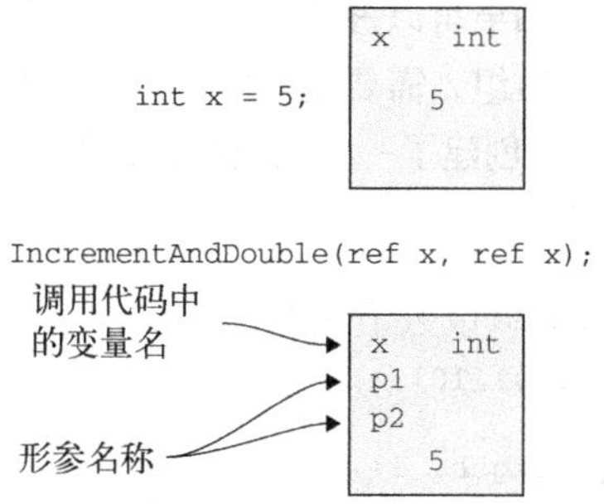

图 13-5 两个 ref 参数指向同一张纸

一种常见的做法是把它们看作**别名**：变量 x、p1 和 p2 都是同一个存储位置的别名，它们只是通往同一块内存的不同方式而已。

上述内容可能略显陈旧、烦琐，但这是在为接下来 C# 7 真正的新特性做知识铺垫。以纸张作为思维模型来理解变量，便于学习新特性。

13

13.2　ref 局部变量和 ref return

C# 7 中 ref 的很多相关特性是相互关联的。如果逐个介绍，很难体现出这些特性的优势。在描述这些特性时，给出的代码示例也会比一般例子看起来更刻意，旨在一次只展示一个特性点。下面介绍 C# 7.0 引入的两个特性，二者在 C# 7.2 中有所增强。首先介绍 ref 局部变量。

13.2.1　ref 局部变量

沿用前文中的模型：ref 参数可以让两个方法中的变量共享同一张纸，即调用方和被调用方参数所使用的是同一张纸。ref 局部变量则进一步扩展了上述特性：可以声明一个新的局部变量，该局部变量和一个已有变量共享同一张纸。

代码清单 13-2 给出了简单的例子，其中两个变量分别自增 1，然后打印结果。请注意，在变量声明和变量初始化时都需要使用 ref 关键字。

代码清单 13-2　通过两个变量自增两次

```
int x = 10;
ref int y = ref x;
x++;
y++;
Console.WriteLine(x);
```

执行结果是 12，就像 x 自增了两次。

任何具有合适类型的表达式，如果可以被看作变量，就可用于初始化 ref 局部变量，例如数组元组。假设有一个可变的大型数组，需要批量修改元素，那么使用 ref 局部变量可以避免不必要的复制操作。代码清单 13-3 创建了一个元组数组，然后针对每个数组元素都修改其中的元组元素。该过程不涉及任何复制。

代码清单 13-3　使用 ref 局部变量修改数组元素

```
var array = new (int x, int y)[10];

for (int i = 0; i < array.Length; i++)
{
    array[i] = (i, i);                         // 使用(0, 0), (1, 1)...初始化数组
}

for (int i = 0; i < array.Length; i++)
{
    ref var element = ref array[i];            // 对于数组中的每个元素，x 自增，y 乘以 2
    element.x++;
    element.y *= 2;
}
```

在 ref 局部变量出现之前，修改数组有两种方式。一种是使用多个数组访问表达式：

```
for (int i = 0; i < array.Length; i++)
{
```

```
        array[i].x++;
        array[i].y *= 2;
    }
```

另一种是先把数组中的每个元组复制出来，修改完成后再复制回去：

```
for (int i = 0; i < array.Length; i++)
{
    var tuple = array[i];
    tuple.x++;
    tuple.y *= 2;
    array[i] = tuple;
}
```

这两种方式都不太好。使用 ref 局部变量，即可在循环体内部把数组元素用作普通变量。

ref 局部变量也可以用于字段。静态字段的行为可预知，实例字段的行为则不一定。代码清单 13-4 创建了一个 ref 局部变量，该变量通过变量 obj 成了某个字段的别名，然后把 obj 的值改成指向另一个实例。

代码清单 13-4　使用 ref 局部变量为一个对象的字段取别名

```
class RefLocalField
{
    private int value;

    static void Main()
    {
        var obj = new RefLocalField();              // 创建 RefLocalField 的实例
        ref int tmp = ref obj.value;                // 声明一个 ref 局部变量，指向第 1 个对象的字段
        tmp = 10;                                   // 为 ref 局部变量赋新值
        Console.WriteLine(obj.value);               // 显示 obj 字段的值被修改了

        obj = new RefLocalField();                  // obj 变量重新指向 RefLocalField 的新实例
        Console.WriteLine(tmp);                     // 显示 tmp 依然指向第 1 个实例的字段
        Console.WriteLine(obj.value);               // 显示第 2 个实例的字段值是 0
    }
}
```

执行结果如下：

```
10
10
0
```

中间这行结果可能出人意料，它显示使用 tmp 并非每次都等价于使用 obj.value。tmp 只是在初始化时充当 obj.value 的别名。图 13-6 是 Main 方法结束时变量和对象的一个快照。

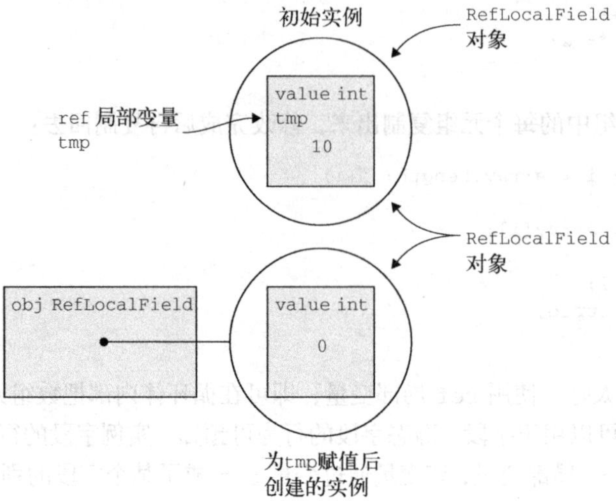

图 13-6　在代码清单 13-4 末尾，tmp 变量指向第一个实例创建后的字段，而 obj 指向另外一个实例

最终结果是，tmp 变量将阻止第一个实例被垃圾回收，直到 tmp 不再被当前方法使用。类似地，对数组元素使用 ref 局部变量也会阻止该数组被垃圾回收。

说明　使用 ref 变量指向对象字段或者数组元素，会让垃圾回收器的工作变得更加复杂。垃圾回收器需要辨别该变量对应的对象，然后保留该对象。一般的对象引用比较简单，因为它们能直接判断出所引用的对象。对于对象而言，每增加一个指向其字段的 ref 变量，垃圾回收器所维护的数据结构就会增加一个**内部指针**。如果同时出现很多这种变量，代价就会随之高涨。好在 ref 变量只会出现在栈内存中，不大可能造成性能问题。

使用 ref 局部变量时有一些限制条件，其中大部分比较明显，没有太大影响，但还是有必要了解一下，免得浪费时间想迂回办法。

1. 初始化：只在声明时初始化一次（在 C# 7.3 之前）

ref 局部变量必须在声明时完成初始化，例如以下代码非法：

```
int x = 10;
ref int invalid;
invalid = ref int x;
```

同样，也不能把某个 ref 局部变量变成其他变量的别名（以前面的模型为例：不能把当前纸上的名字擦掉，然后把名字写在另一张纸上）。当然，同一个变量可以多次声明。例如在代码清单 13-3 中，可以在循环中声明元素变量：

```
for (int i = 0; i < array.Length; i++)
{
    ref var element = ref array[i];
    ...
}
```

每一次循环迭代中，element 都会成为不同数组元素的别名，因为每次迭代都是一个新变量。

用于初始化 ref 局部变量的变量也必须是已经赋值的。读者可能认为变量应当共享“确定赋值”的状态，但 C#语言设计团队并不想把“确定赋值”的规则变得更复杂，因此只需要确保 ref 局部变量总是确定赋值的即可，例如：

```
int x;
ref int y = ref x;           <-- 非法，因为 x 并不
x = 10;                          是确定赋值的
Console.WriteLine(y);
```

虽然这段代码在所有变量都确定赋值后才去读取变量的内容，但依然是非法的。

C# 7.3 取消了重新赋值这项限制，但是 ref 局部变量必须在声明时赋值的限制仍然存在，例如：

```
int x = 10;
int y = 20;
ref int r = ref x;
r++;                        只在 C# 7.3 中
r = ref y;             <--  合法
r++;                                          打印：x=11; y=21
Console.WriteLine($"x={x}; y={y}");      <--
```

使用该特性当慎之又慎。如果需要在某个方法中使用同一个 ref 变量来指代不同的变量，重构一下方法会更好，使之更简单。

2. 没有 ref 字段，也没有超出方法调用范围的 ref 局部变量

虽然 ref 局部变量可以使用字段来进行初始化，但是不能把字段声明为 ref 字段。这也是为了防止用于初始化 ref 变量的变量的生命周期比 ref 变量短。假设创建了一个对象，该对象的某个字段是当前方法局部变量的别名，那么如果方法返回了，这个字段该怎么处理呢？

在以下 3 个场景中同样需要关注局部变量的声明周期问题：

- 迭代器块中不能有 ref 局部变量；
- async 方法不能有 ref 局部变量；
- ref 局部变量不能被匿名方法或者局部方法捕获。（第 14 章将讨论局部方法的概念。）

以上几种情况都是局部变量生命周期长于原始方法调用的情况。虽然有时可以让编译器来做判断，但是语言规则还是选择简单优先。（一个简单的例子：一个局部方法只会被定义它的方法调用，而不会用于方法组转换中。）

3. 只读变量不能有引用

C# 7.0 中的 ref 局部变量都必须是可写的：可以在这张纸上写新的值。如果用一张不可写的

纸来初始化某个 ref 局部变量，就会导致问题。考虑以下违反 readonly 修饰符的代码：

```
class MixedVariables
{
    private int writableField;
    private readonly int readonlyField;

    public void TryIncrementBoth()
    {
        ref int x = ref writableField;     ← 为一个可写字段取别名
        ref int y = ref readonlyField;     ← 为一个只读字段取别名

        x++;        | 对两个变量分别做自增
        y++;
    }
}
```

如果以上代码可行，那么这些年建立起来的关于只读字段的所有基础都将崩塌。幸好编译器会像阻止任何对 readonlyField 变量的直接修改一样，阻止上面的赋值操作。如果这段代码位于 MixedVariables 类的构造器中，就是合法的了，因为在构造器中可以向 readonlyField 直接写入。简而言之，创建一个变量的 ref 局部变量的前提是：该变量在其他情况下可以正常写入。该规则与 C# 1.0 中的 ref 参数相同。

如果只想利用 ref 局部变量共享方面的特性而不需要写入，这项限制会比较棘手。不过 C# 7.2 针对这一问题提供了一个解决方案（参见 13.2.4 节）。

4. 类型：只允许一致性转换

ref 局部变量的类型，必须和用于初始化它的变量的类型一致，或者这两个类型之间必须存在一致性转换，任何其他类型的转换都不行，包括引用转换这种其他场景中允许的转换。代码清单 13-5 展示了一个 ref 局部变量声明，使用了基于元组的一致性转换。

说明　关于一致性转换，参见 11.3.3 节。

代码清单 13-5　ref 局部变量声明中的一致性转换

```
(int x, int y) tuple1 = (10, 20);
ref (int a, int b) tuple2 = ref tuple1;
tuple2.a = 30;
Console.WriteLine(tuple1.x);
```

这段代码的执行结果是 30，因为 tuple1 和 tuple2 共享同一个内存位置。tuple1.x 和 tuple2.a 是等价的，tuple1.y 和 tuple2.b 也是等价的。

前面讲了局部变量、字段和数组元素都可以用于初始化 ref 局部变量。在 C# 7 中，有一种新的表达式可以归类到变量：方法通过 ref 返回的变量。

13.2.2 ref return

套用前面的思维模型来理解 ref return 会比较容易：方法除了可以返回值，还可以返回一张纸。需要在返回类型和返回语句前添加 ref 关键字，调用方也需要声明一个 ref 局部变量来接收返回值。这意味着需要在代码中显式呈现 ref 关键字，才能明确表达意图。代码清单 13-6 展示了 ref return 的一个简单用途。RefReturn 方法将传入的值返回。

代码清单 13-6 ref return 的简单示例

```
static void Main()
{
    int x = 10;
    ref int y = ref RefReturn(ref x);
    y++;
    Console.WriteLine(x);
}

static ref int RefReturn(ref int p)
{
    return ref p;
}
```

结果是 11，因为 x 和 y 在同一张纸上。因此上述方法等价于：

```
ref int y = ref x;
```

本可以把这个方法写成表达式主体方法，但这里还是保留方法原貌，旨在清晰展示返回部分。

目前看还算简单，但后面还有很多细节需要讨论：编译器必须确保方法在结束之后，它所返回的纸依然存在，因此这张纸不能是在方法内部创建的。

用实现层面的术语表述就是，方法不能返回在栈内存上创建的位置，因为当栈内存弹出后，这个内存位置就不再有效了。在描述 C#语言的工作原理时，Eric Lippert 喜欢把栈看作实现细节（参考"The Stack Is An Implementation Detail, Part One"）。这个例子所体现的就是一个实现细节在语言当中的渗透。这项限制和不能有 ref 字段的限制的原因相同，知晓其一，便能把相同的逻辑应用于另外一个。

这里不会给出可以/不可以使用 ref return 语句的变量类型的完整列表，仅给出一些常见的例子。

1. 可以

- ref 或者 out 参数。
- 引用类型的字段。
- 结构体的字段（当结构体变量是 ref 或者 out 参数时）。
- 数组元素。

2. 不可以

- 在方法内部声明的局部变量（包括值类型的参数）。

- 在方法中声明的结构体的字段。

除了上述规则，在 async 方法和迭代器块中也完全不允许使用 ref return。与指针类型相似，不能将 ref 修饰符用于类型实参（但 ref 可以用于接口和委托声明中），例如以下代码完全合法：

```
delegate ref int RefFuncInt32();
```

但 Func<ref int>是非法的。

ref return 并非必须和 ref 局部变量搭配使用。如果只需要对返回结果执行简单操作，直接操作即可。代码清单 13-7 是代码清单 13-6 的变形，没有使用 ref 局部变量。

代码清单 13-7　把 ref return 的结果直接进行自增

```
static void Main()
{
    int x = 10;
    RefReturn(ref x)++;          // 直接对返回值做自增
    Console.WriteLine(x);
}

static ref int RefReturn(ref int p)
{
    return ref p;
}
```

再次强调，这段代码和直接将 x 自增是等价的，因此结果是 11。除了可以直接修改结果变量，还可以将其用作另一个方法调用的实参，例如调用 RefReturn 方法自身（两次）作为参数：

```
RefReturn(ref RefReturn(ref RefReturn(ref x)))++;
```

ref return 也可以用于索引器。常见用法是通过引用方式返回数组元素，见代码清单 13-8。

代码清单 13-8　ref return 索引器对外暴露数组元素

```
class ArrayHolder
{
    private readonly int[] array = new int[10];
    public ref int this[int index] => ref array[index];   // 索引器通过引用返回一个元素
}

static void Main()
{
    ArrayHolder holder = new ArrayHolder();
    ref int x = ref holder[0];          // 定义两个 ref 局部变量
    ref int y = ref holder[0];          // 指向同一个数组元素

    x = 20;                             // 通过 x 修改数组元素值
    Console.WriteLine(y);               // 通过 y 检查元素修改结果
}
```

C# 7.0 的所有新特性已介绍完毕，而之后的定点版本扩展了 ref 相关特性。其中第一个特性让我在编写本章初稿时感觉十分不快：缺少条件运算符?:的支持。

13.2.3 条件运算符?:和 ref 值（C# 7.2）

条件运算符?:从 C# 1.0 开始就出现了，其用法和其他语言中的类似：

```
condition ? expression1 : expression2
```

该运算符首先计算第 1 个操作数（条件），然后计算第 2 个或第 3 个操作数，并将结果作为整个表达式的最终结果。该运算符支持 ref 值似乎是自然而然的，根据条件选择其中一个变量。

在 C# 7.0 中条件运算符并不支持 ref，直到 C# 7.2 才开始支持。条件运算符可以在第 2 个和第 3 个操作数中使用 ref 值，条件操作的结果整个也必须是使用 ref 修饰的变量。示例见代码清单 13-9，其中的 CountEvenAndOdd 方法会计算某个序列中奇数和偶数的个数，然后以元组形式返回结果。

代码清单 13-9 计算序列中奇数和偶数的个数

```
static (int even, int odd) CountEvenAndOdd(IEnumerable<int> values)
{
    var result = (even: 0, odd: 0);
    foreach (var value in values)
    {
        ref int counter = ref (value & 1) == 0 ?      // 选择合适的
            ref result.even : ref result.odd;         // 变量做自增
        counter++;                                    // 自增操作
    }
    return result;
}
```

这里采用元组作为返回值实属偶然，不过展示了可变元组的好处。这一修正让 C#语言的逻辑更统一了。条件运算符的结果可以用作 ref 实参，可以赋值给 ref 局部变量，也可以用于 ref return。所有衔接都很顺畅。接下来介绍 C# 7.2 的新特性，它们解决了 13.2.1 节关于 ref 局部变量的一个限制问题：如何获取一个只读变量的引用？

13.2.4 ref readonly（C# 7.2）

前面提到的可以取别名的变量都是可写变量。在 C#7.0 中，仅此一种可能；但是在以下两个独立的场景中，只允许 ref 可写变量就显得有些捉襟见肘了。

- 可能需要给某个只读字段取别名，避免复制以提升效率。
- 可能需要只允许通过 ref 变量进行只读访问。

C# 7.2 引入 ref readonly 解决了上述需求。ref 局部变量和 ref return 都可以使用 readonly 进行修饰，得到的结果自然是只读的，就像只读字段一样。不能为只读变量赋新值，如果它是结构体类型，则不能修改任何字段或者调用属性的 setter 方法。

提示　虽然使用 ref readonly 可以避免复制，但有时该特性会起到反作用，13.4 节会探讨。在此之前，请勿在产品代码中使用 ref readonly。

使用该修饰符的两处需要协作：如果调用一个带有 ref readonly 返回的方法或者索引器，并且需要将结果保存到一个局部变量中，那么这个局部变量必须由 ref readonly 修饰。代码清单 13-10 展示了这两者如何配合使用。

代码清单 13-10　ref readonly return 和 ref readonly 局部变量

```
static readonly int field = DateTime.UtcNow.Second;     ◁— 使用一个任意值
                                                            初始化只读字段
static ref readonly int GetFieldAlias() => ref field;   ◁— 返回字段的
                                                            只读别名
static void Main()
{
    ref readonly int local = ref GetFieldAlias();       ◁— 调用方法来初始化
    Console.WriteLine(local);                               只读 ref 局部变量
}
```

这种方式也适用于索引器。这种方式可以让不可变集合直接对外暴露其数据，而无须复制，也不存在内存被篡改的风险。需要注意，可以使用 ref readonly 返回的变量本身并不一定是只读的，这样就可以为某个数组提供只读视图了。这一点很像 ReadonlyCollection，但前者在读取时无须复制。代码清单 13-11 是该思路的一个简单实现。

代码清单 13-11　一个数组的只读视图，该数组允许自由复制

```
class ReadOnlyArrayView<T>
{
    private readonly T[] values;

    public ReadOnlyArrayView(T[] values) =>     | 复制数组引用，但不需要
        this.values = values;                   | 复制数组内容

    public ref readonly T this[int index] =>    | 返回数组元素的
        ref values[index];                      | 一个只读别名
}
...
static void Main()
{
    var array = new int[] { 10, 20, 30 };
    var view = new ReadOnlyArrayView<int>(array);

    ref readonly int element = ref view[0];
    Console.WriteLine(element);                 | 数组元素的修改对
    array[0] = 100;                             | 局部变量可见
    Console.WriteLine(element);
}
```

这个例子在性能提升上表现平平，因为 int 类型本身属于轻量级；但是如果处理的是大型结构体，采用这种方式就可以避免额外的堆内存分配和垃圾回收，从而显著提升性能。

实现细节

在IL代码中，ref readonly 方法是以普通 ref 返回的方法实现的（返回类型是 ref 类型），但是应用了 System.Runtime.InteropServices 中的 [InAttribute] 特性。该 attribute 由 IL 中的 modreq 修饰：如果编译器不能识别 InAttribute，那么它应当拒绝任何对该方法的调用。设想 C# 7.0 编译器（能够识别 ref return，但不能识别 ref readonly return）试图从另一个程序集中调用一个 ref readonly return 的方法，那么它可能会允许该方法的返回值存储在一个可写的 ref 局部变量中，之后修改这个值，这样就违背了 ref readonly return 的设计意图。

除非编译器可以识别 InAttribute，否则无法声明 ref readonly return 的方法。该限制很少会成为制约因素，因为从.NET 1.1 和.NET Standard 1.1 开始，桌面 framework 中就包含该特性了。假如该 attribute 不可用，那么可以在合适的命名空间中自行声明该 attribute，这样编译器就可以正常应用它了。

如前所述，readonly 修饰符既可以用于局部变量，也可以用于返回值，那么可以用于参数吗？如果有一个 ref readonly 局部变量，需要传递给一个方法，同时不希望发生数据复制，有什么方法吗？读者可能会认为参数也需要使用 readonly 修饰符，但实际略有不同，稍后探讨。

13.3 in 参数（C# 7.2）

C# 7.2 为方法参数引入了新修饰符 in。该修饰符的使用方式与 ref、out 相同，但目的不同。一个带有 in 修饰符的参数，可以通过引用传递从而避免复制，同时可以保证参数值不被修改。在方法内部，in 参数的行为类似于 ref readonly 局部变量。该变量依然是由调用方传入的一个内存地址，因此要保证方法不会修改该值，否则修改结果会影响调用方，这样就违背了 in 参数的意义。

in 参数与 ref 和 out 参数之间存在一个巨大的差异：调用方无须为调用实参添加 in 修饰符。如果调用时没有指定 in 修饰符，而实参是某个变量，那么编译器将按引用传递该实参，但必要时会创建一个隐藏的局部变量保存参数的副本，并传递该变量的引用。如果调用方显式指定了 in 修饰符，那么只有实参可以直接按引用传递时调用才合法。代码清单 13-12 列出了所有可能的情况。

代码清单 13-12　in 参数的合法传递实参与非法传递实参

```
static void PrintDateTime(in DateTime value)     ◁ 使用 in 参数声明方法
{
    string text = value.ToString(
        "yyyy-MM-dd'T'HH:mm:ss",
        CultureInfo.InvariantCulture);
    Console.WriteLine(text);
}

static void Main()
{
```

13

```
    DateTime start = DateTime.UtcNow;
    PrintDateTime(start);
    PrintDateTime(in start);
    PrintDateTime(start.AddMinutes(1));
    PrintDateTime(in start.AddMinutes(1));
}
```

变量隐式地通过引用传递

变量显式地通过引用传递（由于 in 修饰符）

复制结果给隐藏的局部变量（通过引用方式）

编译错误：实参不能引用传递

在生成的 IL 代码中，形参等同于使用`[IsReadOnlyAttribute]`修饰的 `ref` 参数。位于 `System.Runtime.CompilerServices` 命名空间下的`[IsReadOnlyAttribute]`比 `InAttribute` 引入得晚，存在于.NET 4.7.1 中，但.NET Standard 2.0 中不存在。如果要为此而添加依赖或者自行声明该 attribute，就会比较烦琐。因此，如果没有其他 attribute 可用，编译器会自动在程序集中生成该 attribute。

该 attribute 在 IL 中没有 `modreq` 修饰符。任何不能解析 `IsReadOnlyAttribute` 的编译器都将它视为常规 `ref` 参数（CLR 也不需要知道该 attribute）。更高版本的编译器编译出来的调用代码会突然编译失败，因为它们现在要求 `in` 修饰符而不是 `ref` 修饰符了，这就引出了一个更为庞大的关于向后兼容的问题。

13.3.1　兼容性考量

`in` 修饰符被设计成调用时可选，这造成了一个有趣的向后兼容问题。将一个方法形参从值参数（默认的不带修饰符的参数）修改为 `in` 参数，这样的改动总属于**源码**兼容（无须修改调用代码便可以通过编译），但不属于**二进制**兼容（任何已编译完成的程序集调用该方法时会在执行期失败）。具体含义视具体使用场景而定。假设现在要将一个已经发布的程序集中的方法形参改为 `in` 参数。

- 如果发生改动的方法在调用时在我们的控制范围之外（例如通过 NuGet 发布的库），这就属于破坏性改动，应该按照一般破坏性改动的应对方式对待。
- 如果调用方在调用方法前可以重新编译代码（即便不能改动调用代码），对于调用方来说也不是破坏性改动。
- 如果该方法只用于程序集内部[①]，则无须关心二进制兼容问题，因为所有调用代码都将重新编译。

还有一种比较少见的情况：对于一个带有 `ref` 参数（只为避免复制）的方法（不在方法中修改参数值），将 `ref` 改成 `in` 总是二进制兼容的，但源码不兼容。这一点和把值参数改成 `in` 参数刚好相反。

以上内容都有一个共同的前提：使用 `in` 参数不破坏方法本身的语义，但这个前提并不总是成立的，原因如下。

---

① 如果程序集使用了 `InternalsVisibleTo`，那么情况有所不同，这些细节差异超出了本书的讨论范畴。

13.3.2 in 参数惊人的不可变性：外部修改

到目前为止，各种迹象似乎表明，只要不在方法中修改参数，就可以安全地把它设为 in 参数。然而事实并非如此，这种想法不可取。编译器会防止方法内部修改参数值，但无法阻止其他代码修改。必须记住，in 参数只是某个内存地址的别名，其他代码可以修改它。先看一个简单的例子。

代码清单 13-13 in 参数和值参数在副作用上的差异

```
static void InParameter(in int p, Action action)
{
    Console.WriteLine("Start of InParameter method");
    Console.WriteLine($"p = {p}");
    action();
    Console.WriteLine($"p = {p}");
}

static void ValueParameter(int p, Action action)
{
    Console.WriteLine("Start of ValueParameter method");
    Console.WriteLine($"p = {p}");
    action();
    Console.WriteLine($"p = {p}");
}

static void Main()
{
    int x = 10;
    InParameter(x, () => x++);

    int y = 10;
    ValueParameter(y, () => y++);
}
```

前两个方法除了参数属性和打印信息不同，其他内容都相同。在 Main 方法中，调用两个方法的方式也相同，把一个初始值为 10 的变量作为实参进行传递，然后由 action 来为该变量执行自增操作。下面的执行结果展示了两个方法在语义上的差别：

```
Start of InParameter method
p = 10
p = 11
Start of ValueParameter method
p = 10
p = 10
```


可见 InParameter 方法能够体现出参数由于 action()调用而发生的变化，而 ValueParameter 不能。这并不意外，因为 in 参数的目的就是共享同一个内存位置，而值参数只是执行一次值复制。

问题在于，在这个特定的简单例子中，问题显而易见，但实际情况并不总是如此。假如 in 参数刚好是同一个类型中某个字段的别名，这时对该字段的任何修改，无论是直接在方法中修改，还是由方法调用的其他代码来修改，都会反映到参数中，那么对于调用代码或方法本身，都不是显而易见的。如果牵涉多线程，就更难预测代码行为了。

虽然有些“危言耸听”，但意在强调这是一个很实际的问题。我们已经习惯了使用 ref 修饰形参和实参来强调此类行为的可能[①]。此外，ref 修饰符给人的感觉是，使用它就要关注参数的变化是否可见，in 修饰符则强调参数的不可变性。13.3.4 节还会给出关于 in 参数的使用指导，目前只需要知道 in 参数可能会发生意外的更改即可。

13.3.3　使用 in 参数进行方法重载

至此，还有一个问题未讨论：如果有两个方法同名且参数类型相同，其中一个的参数使用了 in 修饰符，而另一个没有，会发生什么？

请记住，CLR 只知道这是一个 ref 参数。因此无法通过只改变 ref、out 以及 in 修饰符来重载方法。对于 CLR 来说它们是相同的，但我们可以通过添加 in 修饰符来重载一个普通值参数的方法：

```
void Method(int x) { ... }
void Method(in int x) { ... }
```

在进行重载决议时，对于没有使用 in 参数的调用，普通值参数方法优先级更高：

```
int x = 5;
Method(5);
Method(x);
Method(in x);
```

调用第 1 个方法

调用第 1 个方法

由于 in 修饰符的存在，会调用第 2 个方法

有了这些规则，为现有值参数的方法添加 in 参数的重载方法时，不用太过担心兼容性问题。

13.3.4　in 参数的使用指导

提示：我还不曾在实际代码中使用过 in 参数，以下指导意见都是基于推测的。

需要注意的第一点是：in 参数的设计初衷是提升效率。一条普遍性原则是，在对代码做有效、反复的性能评估，并且设定好性能目标之前，不要为了提升性能而贸然更改代码。如果更改不够慎重，就会以提升性能之名把代码复杂化，结果发现即便某几个方法的性能大幅提升了，这几个方法却不在应用的关键路径上。具体的性能目标和正在编写代码的类型相关（游戏、Web 应用、库、物联网应用等），并且需要慎之又慎。我推荐将 BenchmarkDotNet 项目作为小型性能评测工具。

in 参数的优势在于能有效避免数据复制。如果只是使用引用类型或者小型结构体，可能根本不会有什么性能提升。从逻辑上讲，哪怕内存地址中的值不发生复制，内存地址本身也需要传递给方法。因为 JIT 编译和优化机制对于我们来说是个黑盒，所以这里不做深究。不经测试的性能提升都是空谈，因为性能问题牵扯的因素太多了，任何推理都可能只是有限的理性推测。不过随着结构体规模的不断增大，使用 in 参数的优势也会逐渐提升。

---

① 我喜欢把它想象成被称为“鬼魅般的超距作用”的量子纠缠现象。

我对于 in 参数的主要担心是，它会使代码变得难以理解。如 13.3.2 节所述，即便方法中并没有修改参数的值，但是两次对同一个参数值的读取得到了不同的结果。这样不仅不利于正确编写代码，而且可能会编写出似是而非的代码。

不过，有一种方式可以做到既利用 in 参数的优势，又能够避免上述问题：减少或者移除任何可能修改参数值的代码。假设有一个公共 API，该 API 通过一系列深层嵌套的私有方法调用实现，那么对于该 API 本身应当使用值参数，而对那些私有方法使用 in 参数。代码清单 13-14 虽然实际价值不大，却是一个很好的示例。

代码清单 13-14　安全地使用 in 参数

```
public static double PublicMethod(          | 使用值参数的
    LargeStruct first,                      | 公共方法
    LargeStruct second)
{
    double firstResult = PrivateMethod(in first);
    double secondResult = PrivateMethod(in second);
    return firstResult + secondResult;
}

private static double PrivateMethod(        | 使用 in 参数的
    in LargeStruct input)                   | 私有方法
{
    double scale = GetScale(in input);
    return (input.X + input.Y + input.Z) * scale;
}
                                                           另一个使用 in
private static double GetScale(in LargeStruct input) =>  <- 参数的方法
    input.Weight * input.Score;
```

采用这种方式可以防止参数被意外修改，因为所有方法都是私有的，我们可以检查所有调用方，确定它们不会传递那些在方法执行时可能被修改的参数。在 PublicMethod 方法调用时，每个结构体只会被复制一次，但这些复制品之后在私有方法调用时都是别名。这样就把自己的代码和其他线程中调用方的任何修改，或者其他方法的副作用隔离开来了。有时可能需要允许修改参数，但是需要写好文档并且谨慎控制。

也可以把相同的逻辑应用于内部调用，但是需要更多限制，因为会有更多代码能够调用当前方法。我个人习惯在调用时和方法声明时，都给参数加上 in 修饰符，这样在阅读代码时能准确理解代码意图。

上述内容可总结为以下建议。

- 只有确定性能提升可观时，才使用 in 参数，例如使用大型结构体时。
- 在公共 API 中尽量避免使用 in 参数，除非即便参数值发生变化，方法也能正确执行。
- 可以考虑通过公共方法作为防止参数被修改的外部屏障，然后在内部私有方法中使用 in 参数来减少复制。
- 对于采用 in 参数的方法，在调用时考虑显式给出 in 修饰符（除非有意利用编译器来通过引用传递隐藏的局部变量）。

使用 Roslyn 分析器应该很容易检查这些指导性策略。目前还没有这样一款分析器，但将来很有可能出现在 NuGet 包管理器中。

说明　如果读者发现这样一款分析器，请告知我，我会在本书的网站上备注。

以上所说的性能提升都需要考量减少的复制量，这听起来并不很直白。下面详细介绍编译器会在何时静默完成复制工作，以及如何避免复制。

13.4　将结构体声明为只读（C# 7.2）

in 参数的主要作用是减少对结构体的复制从而提升性能。听起来很不错，但是关于 C#，还有一个隐蔽的阻碍，需要格外小心。本节首先明确问题，然后介绍 C# 7.2 是如何解决它的。

13.4.1　背景：只读变量的隐式复制

长期以来，C#都对结构体进行隐式复制。虽然语言规范中写明了这一点，但如果不是在 Noda Time 项目中忘记给一个字段添加只读属性而导致性能异常提升，我大概完全不会注意到这一点。

看一个简单的例子。首先声明一个有 3 个只读属性的结构体 YearMonthDay，3 个属性分别为 Year、Month 和 Day。这里不采用内建的 DateTime 类型，到后面自然就知道原因了。代码清单 13-15 是关于 YearMonthDay 的，相当简单。（这段代码仅用作展示，因此并没有任何校验逻辑。）

代码清单 13-15　一个简单的 year/month/day 结构体

```
public struct YearMonthDay
{
    public int Year { get; }
    public int Month { get; }
    public int Day { get; }

    public YearMonthDay(int year, int month, int day) =>
        (Year, Month, Day) = (year, month, day);
}
```

然后创建一个包含两个 YearMonthDay 字段的类：一个只读，另一个可读写。之后会访问这两个字段的 Year 属性。

代码清单 13-16　通过只读或读写字段访问属性

```
class ImplicitFieldCopy
{
    private readonly YearMonthDay readOnlyField =
        new YearMonthDay(2018, 3, 1);
    private YearMonthDay readWriteField =
        new YearMonthDay(2018, 3, 1);
```

```
    public void CheckYear()
    {
        int readOnlyFieldYear = readOnlyField.Year;
        int readWriteFieldYear = readWriteField.Year;
    }
}
```

这两个属性访问操作所生成的 IL 代码虽然只是略有差别，但意义重大。下面是只读字段的 IL 代码，简单起见，略去了相应的命名空间：

```
ldfld valuetype YearMonthDay ImplicitFieldCopy::readOnlyField
stloc.0
ldloca.s V_0
call instance int32 YearMonthDay::get_Year()
```

这段代码首先载入字段的值，然后将其复制到栈内存中，之后才调用了 `get_Year()`成员，这个正是 `Year` 属性的 getter 方法。与之相对的读写字段的 IL 代码如下：

```
ldflda valuetype YearMonthDay ImplicitFieldCopy::readWriteField
call instance int32 YearMonthDay::get_Year()
```

其中使用了 `ldflda` 指令来将字段的地址加载到栈内存，而 `ldfld` 指令是把值加载到栈内存中。当然，这只是 IL 代码，还不是计算机最终执行的指令。有时 JIT 编译器可以优化这部分，但是就 Noda Time 项目来说，当把字段声明为读写属性时（通过一个 attribute 来解释为什么不是只读），性能提升显著。

编译器之所以复制字段，就是为了防止只读字段在属性（或者方法）中被修改。只读字段的本意就是禁止修改其值。如果 `readOnlyField.SomeMethod()`可以修改该字段就不正常了。按照 C#的语言设计，任何属性 setter 都会修改数据，因此禁止 setter 访问器操作只读字段。可即便是 getter 访问器，也可能会修改字段值，所以为字段备份是安全之举。

隐式复制只影响值类型

需要注意：对于只读字段，如果它是引用类型，那么在方法内可以修改该引用类型所指向的对象。例如有一个只读的 `StringBuilder` 字段，对该 `StringBuilder` 依然可以执行 append 操作。该字段的值是引用，只要引用本身不被改变即可。

这部分着重讨论类似于 `decimal` 或者 `DateTime` 这样的值类型，至于字段属于类还是结构体，无关紧要。

13

在 C# 7.2 之前，只有字段可以设为只读，现在又增加了 `ref readonly` 局部变量以及 `in` 参数。下面编写一个方法，该方法根据其值参数来打印年月日信息。

```
private void PrintYearMonthDay(YearMonthDay input) =>
    Console.WriteLine($"{input.Year} {input.Month} {input.Day}");
```

这段代码的 IL 代码使用了栈内存中已有的地址。每个属性访问都很简单：

```
ldarga.s input
call instance int32 Chapter13.YearMonthDay::get_Year()
```

它不创建任何额外的复制。它假定如果属性修改了值，那么 input 变量的值也可以修改，因为它是一个读写属性的变量。但是如果给参数添加 in 修饰符，情况就不同了：

```
private void PrintYearMonthDay(in YearMonthDay input) =>
    Console.WriteLine($"{input.Year} {input.Month} {input.Day}");
```

这样 IL 代码中的每个属性访问就变成了：

```
ldarg.1
ldobj Chapter13.YearMonthDay
stloc.0
ldloca.s V_0
call instance int32 YearMonthDay::get_Year()
```

ldobj 指令从参数地址中把值复制到了栈内存中。我们本想使用 in 参数来避免调用方的第一次复制操作，结果方法内部增加了 3 次复制操作，对于 ref readonly 局部变量也是一样，事与愿违。读者可能已经猜到了，C# 7.2 给出了一个解决方案：使用只读结构体。

13.4.2　结构体的只读修饰符

回顾一下前面的重点，C#编译器之所以要复制只读值类型的变量，是为了防止代码篡改该变量的值。如果结构体可以保证变量的值不会被修改会怎么样呢？毕竟大部分结构体是不可变结构体。在 C# 7.2 中，可以在声明结构体时添加 readonly 修饰符来实现这一目标。

下面使用 readonly 结构体来改写前面年月日的代码。这段代码已经满足了相关语义要求，只需直接添加 readonly 修饰符即可：

```
public readonly struct YearMonthDay
{
    public int Year { get; }
    public int Month { get; }
    public int Day { get; }

    public YearMonthDay(int year, int month, int day) =>
        (Year, Month, Day) = (year, month, day);
}
```

无须修改使用结构体的代码，只需在声明结构体时做一点小小的改动，PrintYearMonthDay(in YearMonthDay input)生成的 IL 代码就变得高效了。每个属性访问的代码如下：

```
ldarg.1
call instance int32 YearMonthDay::get_Year()
```

终于实现了不复制整个结构体这一目标。

在本书附带的源码中，这段代码位于一个单独的结构体声明 `ReadOnlyYearMonthDay` 中。源码之所以把只读结构体的声明单独拿出来，旨在对比前后两个声明。读者编写代码时可以直接在现有结构体中添加 `readonly`，这样做不会造成任何源码和二进制码的兼容问题。如果反过来，就可能是破坏性修改：比如移除现有的 `readonly` 修饰符并修改现有的某个成员值，那么之前编译的代码（把结构体按照只读处理）将修改只读变量，这可糟了。

只有当目标结构体本身是只读的时，才能为其添加 `readonly` 修饰符，因此必须满足以下条件。

- 每个实例字段和自动实现的实例属性必须是只读的。静态字段和属性可以不做要求。
- 只能在构造器中为 `this` 赋值。用语言规范中的术语来说：`this` 在构造器中按照 `out` 参数来处理，在普通结构体成员中按照 `ref` 参数来处理，在只读结构体成员中按照 `in` 参数来处理。

如果当前结构体想按照只读处理，那么为它添加 `readonly` 修饰符就可以让编译器帮忙检查是否存在修改结构体的代码。用户自定义的结构体大都可以正常应用该特性。不过依然存在一个潜在问题，该问题影响了 Noda Time 项目，也可能影响读者的某些代码。

13.4.3 XML 序列化是隐式读写属性

目前 Noda Time 中的大部分结构体实现自 `IXmlSerializable` 接口，然而 XML 序列化的定义对于编写只读结构体很不友好。Noda Time 中的实现一般形式如下：

```
void IXmlSerializable.ReadXml(XmlReader reader)
{
    var pattern = /* some suitable text parsing pattern for the type */;
    var text = /* extract text from the XmlReader */;
    this = pattern.Parse(text).Value;
}
```

能发现其中的问题吗？最后一行代码是把结果赋值给 `this`，这样就不能把结构体声明为 `readonly` 了，实为困扰。目前对此只有 3 个选择。

- 放任不管，但这样的话 `in` 参数和 `ref readonly` 局部变量的效率会降低。
- 在 Noda Time 的下一个主版本中移除 XML 序列化。
- 在 `ReadXml` 中使用非安全的代码破坏 `readonly` 规则。使用 `System.Runtime.CompilerServices` 包可以简化这一过程。

以上选项都不太完美，也没有什么办法可以同时解决上述 3 个问题。目前我选择接受实现 `IXmlSerializable` 接口的结构体天生不能使用只读属性。当然，在实现结构体时还可能遇到其他接口，也像 `IXmlSerializable` 一样不支持只读，但 `IXmlSerializable` 肯定更常见。

好在大部分读者不会遇到这个问题。我认为只要可以把结构体声明为只读，就尽量这么做。但请记住，这项改动不可逆。只有在能够保证将来即使移除 `readonly` 修饰符也能重新编译调用代码的情况下，才可以为现有结构体添加 `readonly` 修饰符。下面要介绍的特性为 C#语言的一致性添上了最后一块砖：为结构体的扩展方法添加和实例方法相同的功能。

13.5 使用 ref 参数或者 in 参数的扩展方法（C# 7.2）

在 C# 7.2 之前，任何扩展方法的第一个参数都必须是值参数。C# 7.2 取消了这项限制，于是 ref 相关语义应用得更彻底了。

13.5.1 在扩展方法中使用 ref/in 参数来规避复制

假设有一个大型结构体，我们想避免复制它。另外，有一个方法根据该结构体的几个属性值计算一个三维向量坐标。如果该结构体自带这样的方法（或者属性），自然可以规避复制过程；若是该结构体声明为只读，毫无疑问可以规避复制。若想实现结构体作者未曾考虑过的复杂操作，该怎么办呢？代码清单 13-17 提供了一个只读的 Vector3D 结构体，该结构体只有 3 个属性 X、Y、Z。

代码清单 13-17 Vector3D 结构体的小例子

```
public readonly struct Vector3D
{
    public double X { get; }
    public double Y { get; }
    public double Z { get; }

    public Vector3D(double x, double y, double z)
    {
        X = x;
        Y = y;
        Z = z;
    }
}
```

可以自己编写一个接收 in 结构体参数的方法，这样做虽然能够避免复制，但调用时略显奇怪，最后写出的调用代码可能如下所示：

```
double magnitude = VectorUtilities.Magnitude(vector);
```

这种写法不太优雅。如果使用扩展方法，则每次调用时都要复制该结构体：

```
public static double Magnitude(this Vector3D vector)
```

在可读性和性能之间进行取舍令人苦恼。C# 7.2 提出了一种合理的改进方式：编写扩展方法时，第一个参数前可以添加 ref 或者 in 修饰符。修饰符可以位于 this 前，也可以位于 this 后。如果只需要计算出一个新值，那么可以使用 in 修饰符；如果需要修改原始内存位置上的值，又不想创建并复制一个新值，可以选用 ref 修饰符。代码清单 13-18 中包含了对于 Vector3D 的两种扩展方法。

代码清单 13-18 使用 ref 和 in 修饰符的扩展方法

```
public static double Magnitude(this in Vector3D vec) =>
    Math.Sqrt(vec.X * vec.X + vec.Y * vec.Y + vec.Z * vec.Z);

public static void OffsetBy(this ref Vector3D orig, in Vector3D off) =>
    orig = new Vector3D(orig.X + off.X, orig.Y + off.Y, orig.Z + off.Z);
```

我通常不会给参数取这种简短的名称，但是由于书页排版的原因不得不将参数名简化。OffsetBy 方法的第 2 个参数也添加了 in 修饰符，因为我们想尽量避免复制操作。

扩展方法易于使用。唯一需要注意的是，和普通 ref 参数不同，在调用扩展方法时不需要指定 ref 修饰符。代码清单 13-19 调用了前面的两个扩展方法来创建两个向量，使用第 2 个向量为第 1 个向量增加偏移量，然后打印结果向量及其大小。

代码清单 13-19 调用 ref 参数和 in 参数的扩展方法

```
var vector = new Vector3D(1.5, 2.0, 3.0);
var offset = new Vector3D(5.0, 2.5, -1.0);

vector.OffsetBy(offset);

Console.WriteLine($"({vector.X}, {vector.Y}, {vector.Z})");
Console.WriteLine(vector.Magnitude());
```

执行结果如下：

```
(6.5, 4.5, 2)
8.15475321515004
```

调用 OffsetBy 方法修改 vector 变量的目的达成。

说明 OffsetBy 方法似乎让不可变的 Vector3D 结构体可变了。该特性只是初出茅庐，还有许多地方需要提升。就目前而言，我个人更愿意编写 in 参数的扩展方法。

带有 in 参数的扩展方法，可以在读写属性的变量上调用（例如 vector.Magnitude()），而带有 ref 参数的扩展方法无法在只读变量上调用。如果为 vector 创建一个只读别名，则无法调用 OffsetBy 方法：

```
ref readonly var alias = ref vector;
alias.OffsetBy(offset);              <-- 非法：将只读变量用作 ref 变量
```

与普通扩展方法不同，ref 和 in 参数的扩展方法的目标类型（第一个参数的类型）是存在限制的。

13.5.2 ref 和 in 扩展方法的使用限制

普通的扩展方法可以针对任何类型进行扩展。扩展方法使用的类型可以是普通类型，也可以是有类型约束或者无类型约束的类型形参：

```
static void Method(this string target)
static void Method(this IDisposable target)
static void Method<T>(this T target)
static void Method<T>(this T target) where T : IComparable<T>
static void Method<T>(this T target) where T : struct
```

而 ref 和 in 扩展方法只能扩展值类型。在 in 扩展方法中，该值类型也不能是类型形参。以下声明合法：

```
static void Method(this ref int target)
static void Method<T>(this ref T target) where T : struct
static void Method<T>(this ref T target) where T : struct, IComparable<T>
static void Method<T>(this ref int target, T other)
static void Method(this in int target)
static void Method(this in Guid target)
static void Method<T>(this in Guid target, T other)
```

而以下声明非法：

```
static void Method(this ref string target)          ← 引用类型 target 用于 ref 参数
static void Method<T>(this ref T target)            类型形参 target 用于 ref 参数，
    where T : IComparable<T>                        但是缺少 struct 类型约束
static void Method<T>(this in string target)        ← 引用类型 target 用于 in 参数
static void Method<T>(this in T target)             类型形参 target
    where T : struct                                用于 in 参数
```

需要注意 in 和 ref 的区别：ref 参数可以是类型形参，只要它具备一个 struct 的类型约束；in 扩展方法可以是泛型的（参见合法示例的最后一个），但被扩展的类型不能是类型形参。目前还没有类型约束能够规定 T 是一个 readonly struct。在将来的 C#版本中这一点可能会发生变化。

扩展类型必须是值类型，这主要有以下两个原因。

- 该特性就是用于避免复制值所导致的性能消耗的，而引用类型不存在这样的性能消耗。
- 如果 ref 参数是引用类型，那么它可能是 null 引用。这样就违背了目前 C#开发人员和工具的一条假定：x.Method()（x 如果是一个引用类型变量）的调用中，x 不能为 null。

ref 和 in 扩展方法的应用不会特别广泛，但是它们的出现确实增强了 C#语言的内在一致性。

本章内容概览中提到的特性和目前介绍的特性有些出入，回顾如下。

- ref 局部变量。
- ref return。
- ref 局部变量和 ref return 的只读版。
- in 参数：ref 参数的只读版。
- 只读结构体，让 in 参数以及只读 ref 局部变量和 ref return 可以避免复制。
- ref 和 in 参数的扩展方法。

如果从 ref 参数出发，思考应该如何扩展这个概念，就可能得出一个类似的特性清单。接下来介绍类 ref 结构体的相关内容，虽然该特性和前面介绍的特性有一定相关性，但像是全新的类型。

13.6 类 ref 结构体（C# 7.2）

C# 7.2 引入了类 ref 结构体的概念：只存在于栈内存上的结构体。与自定义 task 类型相似，很可能我们永远不需要自行声明类 ref 结构体，不过我认为未来几年基于最新的 framework 的 C# 代码会大量使用 framework 提供的内建类 ref 结构体。

首先介绍类 ref 结构体的基本规则，然后介绍其使用方式以及 framework 的支持方式。这里介绍的使用规则都是简化后的，具体规则参见语言规范。尽管很少有开发人员需要知道编译器是如何保证类 ref 结构体在栈内存上的安全的，但是应该了解该特性的主要实现目标：

类 ref 结构体的值必须永远保存在栈内存中。

首先创建一个类 ref 结构体，其声明方式只比声明普通结构体多了一个 ref 修饰符：

```
public ref struct RefLikeStruct
{
                         ← 和普通结构体一样
}                          的成员
```

13.6.1 类 ref 结构体的规则

先不介绍 RefLikeStruct 的用途，而是列出它不能用来做什么，并给出相应解释。

- 对于任何不是类 ref 结构体的类型，RefLikeStruct 不能用作其字段。即便是普通的结构体，也可以通过装箱或者成为某个类字段的方式最终存储在堆内存中。即使在其他类 ref 结构体中，RefLikeStruct 也只能用作实例字段的类型，不能是静态字段的类型。
- 不能对 RefLikeStruct 执行装箱操作。装箱旨在在堆内存中创建一个对象，这绝对不是我们想要的结果。
- 不能把 RefLikeStruct 用作类型实参（不管是显式方式还是类型推断方式），任何泛型方法或者类型都不可以，也不能用作某个泛型类 ref 结构体的类型实参。泛型代码可以以多种方式将泛型实参存放于堆内存中，例如创建 List<T>。
- 不可以创建 RefLikeStruct[]，类似的数组类型也不能用作 typeof 运算符的操作数。
- RefLikeStruct 类型的局部变量不能用于编译器可能需要在某个生成类型中进行堆内存中捕获的情况，包括如下几类。
  - async 方法。这个要求不是那么严格，变量可以在两个 await 表达式之间声明和使用，只要该变量不被跨 await 表达式使用（例如在 await 之前声明，在其之后使用）。async 方法的参数不能是类 ref 结构体类型。
  - 迭代器块，它的规则大致是“只能在两个 yield 表达式之间使用 RefLikeStruct”。迭代器块的形参不能是类 ref 结构体。
  - 任何被局部方法、LINQ 查询表达式、匿名方法或者 lambda 表达式捕获的局部变量，都不可以是类 ref 结构体。

此外，关于类 ref 类型的 ref 局部变量，还有很多复杂的使用规则[①]，建议遵从编译器的指示。如果代码因为类 ref 结构体而编译失败，那么很有可能是代码试图获取已经不存在于栈内存中的数据。有了这些将值锁定在栈内存的规则之后，下面介绍类 ref 结构体的衍生类型 Span<T>。

13.6.2　Span<T>和栈内存分配

在.NET 世界中，访问一块区域的内存有多种方法，常用的有数组，有时也可以使用 ArraySegment<T>和指针。直接使用数组有一个巨大的缺陷：数组不单是一块大内存，它掌握着自己的全部内存。这听起来似乎没什么不妥，但是如下所示的方法签名会有问题：

```
int ReadData(byte[] buffer, int offset, int length)
```

这种 buffer、offset 和 length 的参数组合广泛存在于.NET 中，其实是不良代码的迹象，昭示着这里缺少合理的抽象。Span<T>正是为解决这一问题而生的。

说明　使用 Span<T>时，有时只需添加对 NuGet 包 System.Memory 的引用即可，有时还需要 framework 的支持。本节给出的代码都是基于.NET Core 2.1 构建的。其中一部分也可以在更早的 framework 版本中构建。

Span<T>是类 ref 结构体，具有读写属性，可以像数组那样通过索引访问内存，但它并不拥有这块内存。span 总是从别处创建而来（可能是指针、数组甚至是从栈内存直接创建）。使用 Span<T>时，无须关注所分配内存的位置。另外，span 也可以进行切分：可以在无须复制的情况下，切分出一块 span 作为另一个 span 的子分区。在新版 framework 中，JIT 编译器可以识别 Span<T>并将其高度优化。

Span<T>的名称看起来与类 ref 结构体的本质不太相关，但它有两大优势。

- span 可以指向一个生命周期严格受控的内存，因为 span 不可能离开栈内存。负责分配内存的代码可以把 span 传递给其他代码，然后放心地释放内存，因为不会有残余的 span 指向未释放的内存。
- span 中的数据可以实现自定义一次性初始化，不需要任何复制，也不存在之后数据被其他代码篡改的风险。

下面编写一个创建随机字符串的例子，这个例子可以展示上述两大优势。虽然 Guid.NewGuid 也可以用于创建随机字符串，但有时需要使用不同的字符集和长度来创建一些定制化程度更高的随机字符串。代码清单 13-20 是传统的实现方式。

---

① 解释：这些规则不易理解。虽然我能理解这些规则的大致目标，但这些复杂的规则多是为消除隐患而设置，逐条剖析不太现实。

代码清单 13-20 使用 char[]生成一个随机字符串

```
static string Generate(string alphabet, Random random, int length)
{
    char[] chars = new char[length];
    for (int i = 0; i < length; i++)
    {
        chars[i] = alphabet[random.Next(alphabet.Length)];
    }
    return new string(chars);
}
```

该方法的调用代码如下：

```
string alphabet = "abcdefghijklmnopqrstuvwxyz";
Random random = new Random();
Console.WriteLine(Generate(alphabet, random, 10));
```

代码清单 13-20 需要两块堆内存的分配：一块给 char 数组，一块给字符串。在创建字符串时，这段数据会从一处复制到另一处。如果可以使用非安全代码，并且知道所创建的字符串不会太大，还可以使用 stackalloc 对代码做一些小的改进，见代码清单 13-21。

代码清单 13-21 使用 stackalloc 和指针来实现生成随机字符串

```
unsafe static string Generate(string alphabet, Random random, int length)
{
    char* chars = stackalloc char[length];
    for (int i = 0; i < length; i++)
    {
        chars[i] = alphabet[random.Next(alphabet.Length)];
    }
    return new string(chars);
}
```

这段代码只有一次堆内存分配：为字符串分配内存。之前的临时缓冲区使用了栈内存分配，但是需要在方法前添加 unsafe 修饰符，因为这里使用了指针。非安全的代码令人不适，虽然我自己确信这段代码没有问题，但是我不想使用指针实现太多更复杂的功能，而且这段代码仍存在从栈内存到字符串的数据复制。

好在 Span<T>支持 stackalloc，而不需要 unsafe 修饰符，见代码清单 13-22。之所以 Span<T>不需要 unsafe 修饰符，是因为类 ref 结构体可以保证一切安全。

代码清单 13-22 使用 stackalloc 和 Span<char>创建随机字符串

```
static string Generate(string alphabet, Random random, int length)
{
    Span<char> chars = stackalloc char[length];
    for (int i = 0; i < length; i++)
    {
        chars[i] = alphabet[random.Next(alphabet.Length)];
    }
    return new string(chars);
}
```

不过光有这些还不够。代码中依然存在一处多余的复制操作。使用 `System.String` 的一个工厂方法可以解决这一问题，如下所示：

```
public static string Create<TState>(
    int length, TState state, SpanAction<char, TState> action)
```

该方法用到了 `SpanAction<T, TArg>`，这是下面方法签名的一个新委托：

```
delegate void SpanAction<T, in TArg>(Span<T> span, TArg arg);
```

这两个签名乍看有些奇怪，接下来对其进行详细剖析，看看 `Create` 的实现。它完成了以下几个步骤：

(1) 根据要求的长度分配一个字符串；

(2) 创建一个指向该字符串的 span；

(3) 调用 `action` 委托，向委托传递 span 和方法的状态；

(4) 返回字符串。

首先需要注意：该委托可以向字符串进行写入。这一点似乎和字符串的不可变性相违背，但这里由 `Create` 方法主宰，因此可以向字符串写入任何内容，就像创建并初始化新字符串一样。当字符串返回时，其内容就确定下来了。我们也不能保留传递给委托的 `Span<char>`，因为编译器会确保其不会脱离栈内存。

还有一个关于参数 `state` 的疑问：为什么需要传入 `state`，然后回传给委托呢？示例如下，代码清单 13-23 用 `Create` 方法实现随机字符串生成器。

代码清单 13-23　使用 `string.Create` 创建随机字符串

```
static string Generate(string alphabet, Random random, int length) =>
    string.Create(length, (alphabet, random), (span, state) =>
    {
        var alphabet2 = state.alphabet;
        var random2 = state.random;
        for (int i = 0; i < span.Length; i++)
        {
            span[i] = alphabet2[random2.Next(alphabet2.Length)];
        }
    });
```

起初，我们会觉得其中有太多无意义的重复代码。`string.Create` 的第 2 个实参是 `(alphabet, random)`，它把 `alphabet` 和 `random` 放到一个元组中作为 state，然后在 lambda 表达式中又把这个元组拆解开了：

```
var alphabet2 = state.alphabet;
var random2 = state.random;
```

为什么不能在 lambda 表达式中直接捕获这两个参数呢？直接在 lambda 表达式中使用 `alphabet` 和 `random` 既能通过编译，又能正常运行，为什么需要一个额外的 `state` 参数呢？

请记住使用 span 的目的：减少复制和堆内存的分配。当 lambda 表达式捕获参数或者局部变量时，它必须创建一个生成类的实例，这样委托才能访问这些变量。代码清单 13-23 中的 lambda 表达式无须捕获任何东西，编译器就能生成一个静态方法，然后缓存一个委托实例，以供每次 `Generate` 调用。所有 state 都是通过参数传递给 `string.Create` 的，因为 C# 7 的元组是值类型，所以对于 state 不需要内存分配。

至此，字符串生成器终于可堪大用了：只需要一次堆内存分配，而且没有任何数据复制。代码直接向字符串中写入数据。

这只是 `Span<T>`所能实现的一个小例子。相关的 `ReadOnlySpan<T>`、`Memory<T>`以及 `ReadOnlyMemory<T>`几个类型更重要，不过本书不做深入探讨。

重要的是，优化之后的 `Generate` 方法根本不需要改变它的方法签名。这是一个纯粹实现层面的改动，将实现变化与外部代码隔离开来，值得称道。虽然通过引用传递结构体也能避免大量复制操作，但这属于侵入性的改动，我更喜欢零散的、有针对性的优化。

`string` 类型已经增加利用 span 的新方法，其他类型也会紧随其后。对于任何基于 I/O 的操作，在 framework 中都会有相应的异步方法，随着时间的推移，span 应该也会如此。span 能发挥作用的地方，都应当提供相应的方法。第三方库也会提供接收 span 的重载方法。

1. 在初始化器中使用 `stackalloc`（C# 7.3）

关于栈内存分配，C# 7.3 也为此新增了一个变动：初始化器。在以前的版本中，使用 `stackalloc` 时必须为其提供一个分配内存大小的值；到了 C# 7.3，可以为这块内存指定内容了。对于指针和 span，下面这两种方式都是合法的：

```
Span<int> span = stackalloc int[] { 1, 2, 3 };
int* pointer = stackalloc int[] { 4, 5, 6 };
```

虽然与先分配内存然后填充数据相比，新写法的效率提升并不明显，但可读性的增强是毋庸置疑的。

2. 基于模式的 `fixed` 语句（C# 7.3）

要点回顾：`fixed` 语句用于获取指向某块内存的指针，可以暂时阻止垃圾回收器回收这部分数据。在 C# 7.3 之前，它只能用于数组、字符串以及获取变量的地址。C# 7.3 则将其扩展到了所有类型，只需要该类型有一个名为 `GetPinnableReference` 的方法用于返回一个非托管类型的引用即可。如果有一个返回 `ref int` 的方法，那么它可以使用 `fixed` 语句：

```
fixed (int* ptr = value)      <-- 调用 value.GetPinnableReference
{
                              <-- 使用指针的代码
}
```

即便是那些经常和非安全代码打交道的少数程序员，通常也不需要自己实现。`Span<T>`和 `ReadOnlySpan<T>`类型更常用，通过它们足以和已经使用了指针的代码进行交互。

13.6.3　类 `ref` 结构体的 IL 表示

类 `ref` 结构体会由`[IsRefLikeAttribute]`修饰，该 attribute 来自 `System.Runtime.CompilerServices` 命名空间。如果目标 framework 没有提供该 attribute，那么程序集中会创建。

与 `in` 参数不同，编译器不会使用 `modreq` 修饰符来要求使用该类型的工具识别它，而是添加一个`[ObsoleteAttribute]`到该类型中，并且提供一条固定的消息。任何能够识别`[IsRefLikeAttribute]`的编译器，在消息正确的情况下，都可以忽略`[ObsoleteAttribute]`。如果该类型的作者想废除该类型，只需要使用`[ObsoleteAttribute]`即可，而编译器会把它当作过期类型。

13.7　小结

- C# 7 在很多领域中增加了按引用传递的语义支持。
- C# 7.0 只包含最初的几个特性，C# 7.3 则囊括了全部特性。
- `ref` 相关特性的目标是提升性能。如果编写的代码不需要注重性能，那么很多相关特性就用不上。
- 类 `ref` 结构体使得可以在 framework 中引入新的抽象。这些抽象都是为了提升性能，随着时间的推移，很多.NET 开发人员会受影响。

第 14 章

C# 7 的代码简洁之道

本章内容概览：

- 如何在方法内部声明方法；
- 如何使用 out 参数简化方法调用；
- 如何增强数字字面量的可读性；
- 如何把 throw 用作表达式；
- 如何使用 default 字面量。

C# 7 引入了若干改变开发人员编程习惯的新特性：元组、分解以及模式匹配。一些复杂但高效的特性剑指高性能场景。此外，还有一些小特性，能为编码提供便利。本章要介绍的特性都不是什么了不起的特性，每个的作用都有限；但是这些特性结合起来，有助于编写简洁优雅的代码。

14.1 局部方法

如果本书的名字没有“深入解析”这几个字，这部分内容会很短，因为该特性直白明了：在方法内部编写方法。不过，需要深入剖析该特性，首先看一个简单的例子。在代码清单 14-1 中，普通 Main 方法之中有一个局部方法。该局部方法打印 Main 方法中的一个局部变量，并将其值进行自增，证明该局部方法可以正常捕获变量。

代码清单 14-1　局部方法访问局部变量

```
static void Main()
{
    int x = 10;                          // 声明一个局部变量在方法内部使用
    PrintAndIncrementX();                // 两次调用局部方法
    PrintAndIncrementX();
    Console.WriteLine($"After calls, x = {x}");

    void PrintAndIncrementX()            // 局部方法
    {
        Console.WriteLine($"x = {x}");
        x++;
    }
}
```

这种代码乍一看会有些奇怪，但很快就可以适应。在任何有若干语句出现的位置，都可以使用局部方法：方法、构造器、属性、索引器、事件访问器、终结器、匿名函数中甚至另一个嵌套的局部方法中。

局部方法和普通方法的声明方法基本一致，但有如下限制条件：

- 不能有访问修饰符（public、private 等）；
- 不能使用 extern、virtual、new、override、static 或者 abstract 修饰符；
- 不能应用 attribute（例如 MethodImpl）；
- 不能与同级的其他局部方法重名，局部方法没有方法重载。

除此以外，局部方法和普通方法的行为一致：

- 可以有或者没有返回值；
- 可以有 async 修饰符；
- 可以有 unsafe 修饰符；
- 可以通过迭代器块实现；
- 可以有形参，包括可选形参；
- 可以是泛型方法；
- 可以指向任何闭合的类型形参；
- 可以是某个方法组转换的目标。

如代码清单 14-1 所示，局部方法可以在调用它的位置之后声明。局部方法可以调用自身，也可以调用其范围内的其他局部方法。不过就局部方法如何使用捕获变量而言，局部方法的位置依然很重要：局部变量在闭包代码中声明，在局部方法中使用。

关于局部方法的种种复杂规则（不管是语言上的规则，还是实现上的规则），都是围绕局部方法读/写捕获变量而展开的。首先介绍语言层面的规则。

14.1.1　局部方法中的变量访问

如前所述，闭包块中的局部变量可以被局部方法读写，但其中还有很多细节需要注意。虽然该过程涉及很多细小的规则，但是无须全盘消化。在多数情况下，我们甚至注意不到它们的存在。当发生编译报错并且找不到原因时，可以再回顾这部分内容。

1. 局部方法只能捕获作用域内的变量

局部方法不能使用作用域外的局部变量。这里的作用域指方法声明所在的代码块。假设有一个局部方法需要使用在循环内部声明的变量，那么该局部方法必须在循环内部声明。下面这个例子就是非法的。

```
static void Invalid()
{
    for (int i = 0; i < 10; i++)
    {
        PrintI();
```

```
    }

    void PrintI() => Console.WriteLine(i);
}
```

无法访问变量 i，因为它不在作用域内

如果该方法在循环内，就是合法的[①]：

```
static void Valid()
{
    for (int i = 0; i < 10; i++)
    {
        PrintI();

        void PrintI() => Console.WriteLine(i);
    }
}
```

将局部方法定义在 for 循环中，变量 i 在作用域内

2. 局部方法必须在其捕获的变量声明之后声明

不能在变量声明前使用该变量。同理，也不能在变量声明前捕获该变量。这条原则主要是出于一致性的考虑，而非必要性。与其要求必须在变量声明之后调用方法，不如要求所有访问都必须在声明之后更简单。下面这个例子也是非法的：

```
static void Invalid()
{
    void PrintI() => Console.WriteLine(i);
    int i = 10;
    PrintI();
}
```

CS0841：不能在变量 i 声明之前使用

只需把局部方法声明放在变量声明之后就是合法代码了（在 PrintI()调用之前和之后都可以）。

3. 局部方法不能捕获 ref 参数

和匿名函数一样，局部方法不能使用闭包方法中的 ref 参数，例如以下代码非法：

```
static void Invalid(ref int p)
{
    PrintAndIncrementP();
    void PrintAndIncrementP() =>
        Console.WriteLine(p++);
}
```

对 ref 参数的非法访问

匿名函数之所以有这项限制，是因为创建的委托可能比它所捕获的变量生命周期长。不过这一原因基本上不适用于局部方法，但后面会看到，局部方法也存在这种生命周期不一致的问题。多数情况下，可以在局部方法中声明一个新参数，然后把引用参数通过引用的方式再传递一次：

```
static void Valid(ref int p)
{
```

14

① 虽然看起来比较奇怪，但确实是合法的。

```
    PrintAndIncrement(ref p);
    void PrintAndIncrement(ref int x) => Console.WriteLine(x++);
}
```

如果在局部方法中不需要修改参数值，也可以使用值参数传递。

这一限制必然导致（还是参考匿名函数）：在结构体中声明的局部方法不能访问 this。可以把 this 视作每个实例方法参数列表中的一个隐含参数。对于类方法，它是一个值参数；但是对于结构体方法，它就是引用参数。因此，类中的局部方法可以捕获 this，但是结构体不可以。这一点对于其他引用参数也适用。

说明　本书附带的源码文件 LocalMethodUsingThisInStruct.cs 中有一个相关示例。

4. 局部方法与“确定赋值”

C#中“确定赋值”的规则很复杂，有了局部方法之后就更复杂了。最简单的思考模型是，把所有局部方法调用都看作内联调用。局部方法从两个方面影响赋值。

首先，如果一个方法在变量确定赋值之前就将其作为捕获变量进行读取，则会导致编译错误。下面这个例子中，变量 i 被局部方法捕获，然后在它赋值前和赋值后分别打印 i 的值。

```
static void AttemptToReadNotDefinitelyAssignedVariable()
{
    int i;
    void PrintI() => Console.WriteLine(i);
    PrintI();          // CS0165：使用了未赋值的变量 i
    i = 10;
    PrintI();          // 合法。此时 i 已经是确定赋值的
}
```

注意，是 PrintI()方法调用所处位置引发了编译错误，而非方法声明的位置。只要把 i = 10 这句代码放到所有 PrintI()方法调用之前就可以解决该报错，无论 i = 10 在局部方法声明之前还是之后。

其次，如果局部方法能够做到在所有执行路径上都给捕获变量赋值，那么在局部方法调用结束时，该变量就是确定赋值的。下面这个例子中的局部方法对捕获变量赋值后在外部方法中读取该变量。

```
static void DefinitelyAssignInMethod()
{
    int i;
    AssignI();                    // 调用该方法会使变量 i 确定赋值
    Console.WriteLine(i);         // 可以打印 i 的值
    void AssignI() => i = 10;     // 执行赋值的方法
}
```

关于局部方法和变量之间的关系，还有几点需要讨论，只不过不是关于捕获变量，而是关于字段。

5. 局部方法不能给只读字段赋值

只读字段只能在字段初始化器或者构造器中进行赋值。有了局部方法之后，该规则依然成立，不过增加了一项小的补充条款：即便在构造器中声明的局部方法，对变量的赋值也不能算作字段初始化。例如下面这段代码非法：

```
class Demo
{
    private readonly int value;

    public Demo()
    {
        AssignValue();
        void AssignValue()
        {
            value = 10;          对只读变量的
        }                        非法赋值
    }
}
```

这项限制不是什么大问题，但仍需注意。这项限制是为了保证局部方法只是编译时的一个转换，CLR 无须为其做任何变更。下面研究编译器针对局部方法做了何种转换，尤其是对于捕获变量而言。

14.1.2 局部方法的实现

在 CLR 层面不存在局部方法的概念[①]。C#编译器负责把局部方法转换成普通方法，转换原则是让最终代码的行为不违反语言规则。稍后展示由 Roslyn 编译器实现的转换示例，重点关注编译器如何处理捕获变量。捕获变量的处理是该转换过程中最复杂的部分。

实现细节：不确保任何东西

这部分只讨论 Roslyn 编译器对于 C# 7.0 局部方法的实现。在未来的 Roslyn 版本中，实现方式可能会发生变化，而其他 C#编译器也可能有不同的实现方式，这就意味着读者可能无须关注这部分的某些细节。

实现方式确实会影响程序性能，因此在性能敏感的代码中使用局部方法需要慎重再三。不过，对于性能问题也不能一概而论，还是要坚持通过认真测试和衡量来做决定，而不是根据理论来决策。

虽然局部方法和匿名函数都能从周围代码捕获变量，但二者在实现层面存在巨大差异，这就使得局部方法在很多场景中的效率会高出一筹。其根本原因在于捕获局部变量的生命周期。如果匿名函数被转换成委托实例，委托可能要等到该方法返回许久之后才会执行，因此编译器需要使

① 如果 C#编译器的目标环境是支持局部方法的，那么下面所述内容就与该编译器无关了。

用一些技巧，把捕获的变量保存到一个类中，然后让委托指向该类中的一个方法。

局部方法的实现则不同：多数情况下，局部方法只能在宿主方法内部进行调用，因此无须理会局部方法调用结束后它所捕获的变量问题。局部方法实现起来会更高效，因为只需要操作栈内存而不牵涉堆内存分配。下面举例说明该过程。代码清单 14-2 中有一个局部方法，它捕获了一个局部变量，然后在方法内部对该变量执行加法操作，加数是该局部方法的实参值。

代码清单 14-2　使用局部方法修改某个局部变量值

```
static void Main()
{
    int i = 0;
    AddToI(5);
    AddToI(10);
    Console.WriteLine(i);
    void AddToI(int amount) => i += amount;
}
```

Roslyn 编译器如何处理这个局部方法呢？编译器会创建一个私有的可变结构体，结构体中的公共字段表示所有同作用域的捕获变量，在本例中就是 `i` 变量。编译器会在 `Main` 方法中创建一个该结构体类型的变量，然后该结构体变量（以及 `amount` 参数）按引用传递给 `AddToI` 方法，见代码清单 14-3。

代码清单 14-3　代码清单 14-2 经 Roslyn 编译器处理后的结果

```
private struct MainLocals          // 生成的可变结构体，用于保存 Main 方法中的局部变量
{
    public int i;
}

static void Main()
{
    MainLocals locals = new MainLocals();   // 在方法内部创建并使用结构体
    locals.i = 0;
    AddToI(5, ref locals);                  // 通过引用将结构体传递给生成的方法
    AddToI(10, ref locals);
    Console.WriteLine(locals.i);
}

static void AddToI(int amount, ref MainLocals locals)   // 为原始局部方法生成的方法
{
    locals.i += amount;
}
```

一如往常，编译器会为方法和结构体生成“难言之名”。在本例中，编译器为 `AddToI` 生成的方法是静态方法。当该局部方法的宿主是静态成员或者实例成员，但局部方法不捕获 `this` 时（显式地或者隐式地在局部方法中使用实例成员），编译器就会生成静态方法。

关于生成结构体，一个重点是，这一转换过程几乎没有损耗。原来位于栈内存的变量依然位于栈内存上。这些变量只是通过一个结构体聚合到了一起，这样就可以通过引用传递的方式传递给生成的方法了。通过引用传递结构体有以下两个好处。

- 局部方法可以修改局部变量。
- 无论有多少局部变被捕获，对局部方法调用的性能影响都很小。（相比之下，值传递会导致每个捕获变量都发生一次复制。）

以上过程没有产生任何堆内存垃圾，实在妙不可言。下面考虑更复杂的场景。

1. 在多个作用域捕获变量

在匿名方法中，如果捕获的局部变量来自多个作用域，就会生成多个类，每个类都表示一个作用域，每个类都有一个字段用于指向外部作用域的实例。这种方式对于局部方法的结构体并不适用，因为其中牵涉复制操作。编译器会为每个作用域生成一个结构体，这些结构体都包含各自的捕获变量，每个作用域使用不同的参数。代码清单 14-4 创建了两个作用域，看看编译器是如何处理的。

代码清单 14-4　从多个作用域捕获变量

```
static void Main()
{
    DateTime now = DateTime.UtcNow;
    int hour = now.Hour;
    if (hour > 5)
    {
        int minute = now.Minute;
        PrintValues();

        void PrintValues() =>
            Console.WriteLine($"hour = {hour}; minute = {minute}");
    }
}
```

这段代码采用 `if` 语句来引入新的作用域而不是采用 `for` 循环或者 `foreach` 循环，因为这样能让转换过程更简单、更精准。代码清单 14-5 是编译器将局部方法转换成普通方法后的结果。

代码清单 14-5　代码清单 14-4 经 Roslyn 编译器转换后的结果

```
struct OuterScope
{
    public int hour;
}
struct InnerScope
{
    public int minute;
}

static void Main()
{
    DateTime now = DateTime.UtcNow;
    OuterScope outer = new OuterScope();
    outer.hour = now.Hour;
    if (outer.hour > 5)
    {
        InnerScope inner = new InnerScope();
        inner.minute = now.Minute;
```

为外层作用域生成的结构体

为内层作用域生成的结构体

未被捕获的局部变量

为外层作用域变量 hour 创建并使用的结构体

为内层作用域变量 minute 创建并使用的结构体

```
        PrintValues(ref outer, ref inner);        ◁— 按引用结构体传递
    }                                                  给生成的方法
}

static void PrintValues(                           为原始局部方法
    ref OuterScope outer, ref InnerScope inner)    生成的方法
{
    Console.WriteLine($"hour = {outer.hour}; minute = {inner.minute}");
}
```

这段代码除了展示编译器对多个作用域的处理，还传递了一条信息：未被捕获的局部变量不会包含在生成的结构体中。

在前面的例子中，局部方法只会在宿主方法执行时执行。在这种情况下，捕获局部变量是安全的行为。虽然根据我的经验，大部分情况在这个范围内，但仍有一些例外。

2. 摆脱禁锢！局部方法如何摆脱宿主代码

像普通方法那样阻止编译器执行“把所有操作都控制在栈内存之上”的优化，局部方法有以下 4 种方式。

- 局部方法可以是异步方法，这样立即返回任务的调用不需要已经执行完逻辑操作。
- 局部方法可以使用迭代器实现，当向序列请求下一个值时，创建该序列的调用需要可以继续执行该方法。
- 局部方法可以由匿名函数调用，匿名函数作为委托可以在宿主方法执行结束很久之后才被调用。
- 局部方法可以是方法组转换的目标，创建的委托也可以比原方法调用的生命周期长。

关于最后一条，参见以下示例。在代码清单 14-6 中，局部方法 `Count` 捕获了一个位于宿主方法 `CreateCounter` 中的局部变量。`Count` 方法创建一个 `Action` 委托，该委托在 `CreateCounter` 方法执行结束之后被调起。

代码清单 14-6　局部方法的方法组转换

```
static void Main()
{
    Action counter = CreateCounter();
    counter();          CreateCounter 方法
    counter();          完成后调用委托
}

static Action CreateCounter()
{                                   Count 方法可以
    int count = 0;             ◁—   捕获的局部变量    Count 方法到 Action
    return Count;                              ◁—   委托的方法组转换
    void Count() => Console.WriteLine(count++);  ◁— 局部方法
}
```

在这种情况下，就无法再在栈内存上使用 `count` 结构体了。这是因为当委托被调起时，`CreateCounter` 已经不在栈上了。此时十分类似于匿名函数：可以使用 lambda 表达式来实现

CreateCounter 方法。

```
static Action CreateCounter()
{
    int count = 0;
    return () => Console.WriteLine(count++);   <-- 使用 lambda 表达式的实现方式
}
```

这样就能找出些编译器实现该局部方法的线索：按照类似于 lambda 表达式的方式转换局部方法，见代码清单 14-7。

代码清单 14-7　代码清单 14-6 经 Roslyn 编译器转换后的结果

```
static void Main()
{
    Action counter = CreateCounter();
    counter();
    counter();
}

static Action CreateCounter()
{
    CountHolder holder = new CountHolder();   | 创建并初始化对象，
    holder.count = 0;                         | 保存捕获的变量
    return holder.Count;           <-- holder 实例方法的方法组转换
}

private class CountHolder           <-- 保存捕获变量和局部方法的私有类
{
    public int count;          <-- 捕获的变量

    public void Count() => Console.WriteLine(count++);   <-- 在生成的类中，局部方法变成了实例方法
}
```

匿名函数内的局部方法（如果是 async 方法或迭代器）在调用时，也会发生类似的转换。如果读者对性能敏感，可能会意识到这种方式会创建多个对象。如果既要使用局部方法，又想尽量避免堆内存分配，那么把这些变量显式地通过参数传递给局部方法更好，而不是让局部方法去捕获它们，稍后给出具体示例。

当然，可能的情况不止于此。某个局部方法可能是另一个局部方法的方法转换，或者局部方法在 async 方法内部使用，等等。这部分内容旨在大致介绍编译器是如何处理这两种捕获变量的。如果想探究手头代码背后的转换逻辑，可以使用某个反编译工具或者 ildasm，不过要记得关闭编译器相关的优化选项（否则会只显示局部方法，达不到反编译的目的）。了解了局部方法的功能和实现原理后，下面介绍局部方法的适用场景。

14.1.3　使用指南

局部方法的适用场景主要有以下两种模式：

- 在某个方法中存在多处重复的逻辑；

- 存在只用于单一方法的私有方法。

第 2 种情况属于第 1 种情况的一个特例——重构方法中重复的逻辑，集中到一个私有方法中。利用局部方法捕获局部变量的能力，逻辑抽象的重构会更有吸引力。

在将现有方法重构为局部方法时，建议明确采取以下两步措施。首先，把这个单一用途的方法在不改变其签名的情况下，迁移到使用它的位置①。接下来查看方法的参数，明确该方法的所有调用是否都使用局部变量作为实参。若是如此，可以用捕获变量替换这些参数，有时甚至可以直接删除所有参数。

使用局部方法的一个重点在于：是在表达这部分代码属于某个方法的实现细节，而不是类型的实现细节。如果有某个私有方法，其存在只是作为一个操作，但目前只用于一处，保持原状为好。就逻辑类型结构来说，当一个私有方法和某个操作紧紧绑定在一起并且使用场景单一时，收益更大。

1. 迭代器/async 方法参数校验以及局部方法优化

当迭代器或者 async 方法需要做积极的参数校验时，可以考虑使用局部方法进行优化。代码清单 14-8 包含了 LINQ to Objects 中的 `Select` 重载方法的实现代码。参数校验的部分不在迭代器块中，因此在方法调用的一开始就能执行，但 `foreach` 循环直到调用方对返回的序列开始进行迭代之后才会执行。

代码清单 14-8 不使用局部方法来实现 `Select` 方法

```
public static IEnumerable<TResult> Select<TSource, TResult>(
    this IEnumerable<TSource> source,
    Func<TSource, TResult> selector)
{
    Preconditions.CheckNotNull(source, nameof(source));         // 积极的参数
    Preconditions.CheckNotNull(                                  // 检查
        selector, nameof(selector));
    return SelectImpl(source, selector);                         // 代理方法实现
}

private static IEnumerable<TResult> SelectImpl<TSource, TResult>(
    IEnumerable<TSource> source,
    Func<TSource, TResult> selector)
{
    foreach (TSource item in source)                             // 缓步执行
    {                                                            // 的实现
        yield return selector(item);
    }
}
```

使用局部方法，可以把实现部分转移到 `Select` 方法内部，如下所示。

① 有时需要对签名中的类型形参做改动。如果是一个泛型方法调用另外一个泛型方法，通常在把第 2 个方法移动到第 1 个方法内部时，可以直接使用第 1 个方法的类型形参。代码清单 14-9 展示了这一过程。

代码清单 14-9 使用局部方法实现 Select 方法

```
public static IEnumerable<TResult> Select<TSource, TResult>(
    this IEnumerable<TSource> source,
    Func<TSource, TResult> selector)
{
    Preconditions.CheckNotNull(source, nameof(source));
    Preconditions.CheckNotNull(selector, nameof(selector));
    return SelectImpl(source, selector);

    IEnumerable<TResult> SelectImpl(
        IEnumerable<TSource> validatedSource,
        Func<TSource, TResult> validatedSelector)
    {
        foreach (TSource item in validatedSource)
        {
            yield return validatedSelector(item);
        }
    }
}
```

这段代码中有个有意思的地方已经加粗了：我们会把参数传递给局部方法。不是必须这么做，可以删除参数，然后让局部方法捕获 source 和 selector 变量，但这么做可以性能提升，减少堆内存分配。这点性能提升很重要吗？使用变量捕获的方式是否在可读性上明显更强呢？这两个问题都脱不开具体情况，而且见仁见智。

2. 可读性建议

对我来说，局部方法还是很新的特性，使用时也会比较谨慎。我目前还是倾向于保持代码原样，而不是把方法重构为局部方法。我尤其会避免使用以下特性。

- 虽然在循环或者其他代码块中可以定义局部方法，但我觉得这种写法看起来有点奇怪。我倾向于只在宿主方法末尾定义局部方法。我不会在循环中捕获任何变量，但可以接受这种写法。
- 我不会尝试在局部方法中定义局部方法。

当然，每个人都有自己的偏好，这一点毋庸置疑，但是我一贯坚持不因为某个特性可以使用便去使用。（出于实验目的而使用新特性不算在内，但也尽量不要因为耀眼的特性而牺牲代码可读性。）

一个好消息是：本章的第一个特性最为庞大，其他特性就简单多了。

14.2 out 变量

在 C# 7 之前，out 参数用起来并不是很方便。使用 out 参数时，必须保证变量在用作实参之前已提前声明。由于变量声明是一条独立的语句，因此这意味着有时想要一个表达式（比如初始化变量），最终需要多条语句才能完成。

14.2.1 out 参数的内联变量声明

C# 7 解决了这一痛点，它允许在方法调用时声明变量。下面举个简单的例子。假设有一个接收文本参数的方法，方法内部将文本通过 int.TryParse 解析成整型值，最后返回解析后的值，解析后的值是可空的整型（解析成功）或者是 null（解析失败）。如果使用 C# 6，至少需要两条语句才能完成：一条语句负责声明变量，另一条语句负责调用 int.TryParse 方法，并且把声明的变量作为 out 参数传入。

```
static int? ParseInt32(string text)
{
    int value;
    return int.TryParse(text, out value) ? value : (int?) null;
}
```

到了 C# 7，value 变量就可以在方法调用时进行声明了，于是可以进一步使用表达式主体来实现该方法：

```
static int? ParseInt32(string text) =>
    int.TryParse(text, out int value) ? value : (int?) null;
```

out 变量实参和模式匹配中引入的新变量在以下几种情况下行为相似。

- 如果不关心变量值，可以在变量名前加下划线表示这是一个抛弃变量。
- 可以使用 var 声明一个隐式类型的变量（通过形参的类型推断其类型）。
- 在表达式树中不能使用 out 变量实参。
- 变量作用域局限于周围的代码块。
- 在字段、属性、构造器初始化器或者 C# 7.3 之前的查询表达式中不能使用 out 变量，稍后会给出一个示例。
- 当且仅当方法确定会被调起，该 out 变量才会是确定赋值的。

下面这段代码展示了最后一条，该方法将两个字符串解析成整型，然后返回两个结果之和：

```
static int? ParseAndSum(string text1, string text2) =>
    int.TryParse(text1, out int value1) &&
    int.TryParse(text2, out int value2)
    ? value1 + value2 : (int?) null;
```

其中条件运算符的第 3 个操作数 value1 是确定赋值的（因此可以返回该值），而 value2 不是确定赋值的。这是因为如果第 1 个 int.TryParse 调用返回 false，就不会调用第 2 个 int.TryParse 了，&&运算符的短路属性使然。

14.2.2 C# 7.3 关于 out 变量和模式变量解除的限制

12.5 节讲过，初始化字段或者属性时不能使用模式变量，在构造初始化器（this(...)和 base(....)）或者查询表达式时也不能使用。对于 out 变量，这些限制同样存在，不过 C# 7.3 解除了这些限制。代码清单 14-10 中的 out 变量的结果在构造器体中也可以访问。

代码清单 14-10 在构造器初始化器中使用 out 变量

```
class ParsedText
{
    public string Text { get; }
    public bool Valid { get; }

    protected ParsedText(string text, bool valid)
    {
        Text = text;
        Valid = valid;
    }
}

class ParsedInt32 : ParsedText
{
    public int? Value { get; }

    public ParsedInt32(string text)
        : base(text, int.TryParse(text, out int parseResult))
    {
        Value = Valid ? parseResult : (int?) null;
    }
}
```

尽管 C# 7.3 之前的那些限制从未对我造成影响，但移除这些限制依然是好事一桩。对于需要在初始化器中使用模式或者 out 变量的极少数情况，解决起来会很麻烦，通常需要创建一个新方法。

以上就是关于 out 变量实参的全部内容，该特性主要用于避免额外的变量声明语句。

14.3 数字字面量的改进

在 C#的演化历史中，字面量通常不会发生太大变化，从 C# 1 到 C# 6 没有任何变动，虽然其间引入了内插字符串字面量，但是该特性不涉及数字字面量。C# 7 引入了两个关于数字字面量的特性，二者都旨在增强代码可读性，分别是二进制整型字面量和下划线分隔符。

14.3.1 二进制整型字面量

与浮点型字面量（float、double 和 decimal）不同，整型字面量的字面量有两种表示方式：十进制（没有前缀）或者十六进制（使用 0x 或者 0X 前缀）。C# 7 将其进一步扩展，增加了二进制字面量，使用 0b 或者 0B 为前缀[①]。这对于那些针对特定值需要制定特殊位模式的协议来说非常有用。新的二进制字面量完全不会影响执行期的行为，但能让代码更易读。例如下面 3 个变量值，若要表示字节的第 1 位和后 3 位是 1，其他位是 0，哪种方式更直观呢？

14

① C#设计团队很明智地避开了 Java 继承自 C 语言的八进制字面量。比如 011 的值是多少，并不显而易见。

```
byte b1 = 135;
byte b2 = 0x83;
byte b3 = 0b10000111;
```

这 3 个变量值相同，但是第 3 个声明更清楚明了。不过即便采用第 3 种声明方式，也需要花一点时间来核对位数是否正确，那有没有更清楚的表示方式？

14.3.2　下划线分隔符

下面使用下划线分隔符解决上面的问题。如果想识别一个字节内的所有位，把 8 个位分割成两部分会更清晰明了。下面这段代码在前面代码的基础上增加了第 4 行，使用下划线分隔符划分了位。

```
byte b1 = 135;
byte b2 = 0x83;
byte b3 = 0b10000111;
byte b4 = 0b1000_0111;
```

效果很好，一目了然。下划线分隔符不仅能用于二进制字面量，也能用于整型字面量。在任何数字字面量的任何位置，都可以使用下划线分隔符。在十进制字面量中，一般每 3 个数字就分割，如同千分符那样（按照西方习惯）。在十六进制字面量中，每 2/4/8 个数字进行分隔，对应 8、16 和 32 位。

```
int maxInt32 = 2_147_483_647;
decimal largeSalary = 123_456_789.12m;
ulong alternatingBytes = 0xff_00_ff_00_ff_00_ff_00;
ulong alternatingWords = 0xffff_0000_ffff_0000;
ulong alternatingDwords = 0xffffffff_00000000;
```

这种灵活性也带来一个问题：编译器是不会帮忙检查下划线是否放在了有效的位置，比如多个下划线连写。下面这两种写法虽然合法，但是没有实际意义。

```
int wideFifteen = 1____________________5;
ulong notQuiteAlternatingWords = 0xffff_000_ffff_0000;
```

另外，还有几项限制需要知悉：

- 下划线不能出现在字面量的开始；
- 下划线不能出现在字面量的末尾（包括后缀前面）；
- 浮点型字面量小数点前后不能有下划线；
- 在 C# 7.0 和 C# 7.1 中，整型字面量的数基（`0x` 或 `0b`）后不能出现下划线。

C# 7.2 取消了最后一项限制。虽然可读性属于主观感受，但如果字面量中有下划线，我往往会在数基符之后也添加下划线，例如：

- `0b_1000_0111 versus 0b1000_0111`
- `0x_ffff_0000 versus 0xffff_0000`

关于数字字面量就这么多内容。这个特性简单友好，没有什么琐碎难点。下一个特性也与之类似：在某些情况下，当需要根据条件抛出异常时，可以简化代码。

14.4　throw 表达式

C#早先版本就有 throw 语句，但 throw 语句不能用作表达式，因为基本不需要这么做——throw 总会抛出异常。越来越多的新特性需要表达式的支持，这种分类显然落伍了。在 C# 7 中可以使用 throw 表达式，不过仅限于以下几种场景：

- 作为 lambda 表达式的主体；
- 用作表达式主体成员；
- ??运算符的第 2 个操作数；
- 条件运算符?:的第 2 个或者第 3 个操作数（但不能同时出现在同一个表达式中）。

以下代码均合法：

```
public void UnimplementedMethod() =>
    throw new NotImplementedException();
```

表达式主体方法

```
public void TestPredicateNeverCalledOnEmptySequence()
{
    int count = new string[0]
        .Count(x => throw new Exception("Bang!"));
    Assert.AreEqual(0, count);
}
```

lambda 表达式

```
public static T CheckNotNull<T>(T value, string paramName) where T : class
    => value ??
    throw new ArgumentNullException(paramName);
```

??运算符（在表达式主体方法内部）

```
public static Name =>
    initialized
    ? data["name"]
    : throw new Exception("...");
```

?:运算符（在表达式属性内部）

当然，throw 表达式也不能随处使用，因为很多时候没有实际意义，例如不能用于无条件赋值语句，或者用作方法实参：

```
int invalid = throw new Exception("This would make no sense");
Console.WriteLine(throw new Exception("Nor would this"));
```

C#设计团队为 throw 表达式赋予了应有的灵活性（尤其是可以以更精准的方式表达完全相同的逻辑），同时避免了由于滥用 throw 表达式而造成麻烦。

下一特性也是以更简洁的方式表达同样的逻辑：使用默认字面量的 default 运算符。

14.5　default 字面量（C# 7.1）

default(T)是 C# 2.0 引入的特性，它主要是为泛型服务的。例如利用索引从列表中获取值，如果索引超出列表范围，那么返回该类型的默认值，代码如下：

```
static T GetValueOrDefault<T>(IList<T> list, int index)
{
    return index >= 0 && index < list.Count ? list[index] : default(T);
}
```

default 运算符的结果和一个未初始化的字段的默认值相同：如果是引用类型，那么是 null 引用；如果是数值类型，就是相应的 0 值，例如 char 类型的 U+0000，bool 类型的 false，以及其他值类型的对应默认值。

在 C# 4 引入可选形参之后，为形参指定默认值的一种方式就是使用 default 运算符；但是如果类型名称很长，这种写法就很笨拙了，因为最后类型名称会出现在形参类型和默认值这两处。其中最糟糕的一个例子是 CancellationToken，特别是该类型的参数名称习惯性地都是 cancellationToken。常见的 async 方法签名如下：

```
public async Task<string> FetchValueAsync(
    string key,
    CancellationToken cancellationToken = default(CancellationToken))
```

其中第 2 行的参数就有 64 个字符之多，以至于还需要单独的一行空间。

到了 C# 7.1，在某些上下文中，可以使用 default 而不是 default(T)，然后由编译器来判断应该使用哪个类型。虽然该特性所带来的好处远不止于此，但这是推出该特性的最主要动机之一。上述代码可以简化为：

```
public async Task<string> FetchValueAsync(
    string key, CancellationToken cancellationToken = default)
```

这样就简洁多了。由于省略了类型名称，此时的 default 变成了一个**字面量**，而不是运算符，其行为方式与 null 字面量类似，只不过 default 字面量对于所有类型都适用。default 字面量本身没有类型，就像 null 字面量没有类型一样，但是它可以转换成任何类型，而转换的目标类型可能是从别处推断出来的，就像隐式类型的数组一样：

```
var intArray = new[] { default, 5 };
var stringArray = new[] { default, "text" };
```

这段代码中没有出现任何类型名称，intArray 是一个隐式的 int[]（default 字面量被转换成了 0），stringArray 是一个隐式的 string[]（default 字面量被转换成了 null 引用）。和 null 字面量一样，上下文中必须至少出现一个类型，以便编译器推断类型：

```
var invalid = default;
var alsoInvalid = new[] { default };
```

如果 default 字面量转换后的类型是引用类型或者原生类型，它会被当作一个常量表达式，可以用于 attribute 中。

有一个奇怪的问题需要注意，default 具有多重含义。它可以表示某个类型的默认值，也可以表示某个可选形参的默认值，而 default 字面量永远指向对应类型的默认值。例如某个提供了默认值的可选形参，在方法调用时使用 default 作为实参，就会让人很迷惑。思考以下代码。

代码清单 14-11 将 default 字面量用作方法实参

```
static void PrintValue(int value = 10)    ← 形参的默认值是 10
{
    Console.WriteLine(value);
}

static void Main()
{                                          使用 int 默认值
    PrintValue(default);                ← 作为方法实参
}
```

这段代码的执行结果是 0，因为 0 是 int 类型的默认值。虽然语言层面上讲，它是自洽和一致的，但是由于 default 的多义性，在实际代码中仍会造成混淆。对于这种情况，应尽量避免使用 default 字面量。

14.6 非尾部命名实参（C# 7.2）

可选形参和命名实参是 C# 4 的两个补充特性。这两个特性都对参数顺序有要求：可选形参必须出现在所有必要形参之后（形参数组除外），命名实参必须出现在所有定位实参之后。C#设计团队没有优化可选形参，不过他们发现命名实参在提升表意清晰度上大有可为。当实参是字面量（特别是数字、布尔值或者 null）时，使用命名实参的作用会尤为突出，因为字面量体现不出参数值的含义。

我为 BigQuery 客户端库编写过一些示例。在向 BigQuery 上传某个 CSV 文件时，可以由用户指定一个 schema，也可以让服务器来选择 schema，或者从表中读取 schema。在编写自动检测的示例代码时，schema 参数应当可以传递 null 引用。例如下面的代码，简单但不够清晰，因为 null 实参的含义并不明确：

```
client.UploadCsv(table, null, csvData, options);
```

在 C# 7.2 之前的版本中，要么后 3 个参数都使用命名实参（最终代码看起来会比较奇怪），要么如下所示声明一个解释性的局部变量：

```
TableSchema schema = null;
client.UploadCsv(table, schema, csvData, options);
```

虽然意图表达清晰了，但还不够完美。C# 7.2 取消了命名实参的位置限制，可以直接采用命名实参的方式来调用，而不需要一条额外的语句了：

```
client.UploadCsv(table, schema: null, csvData, options);
```

对于在多个重载方法中实参（特别是 null）会被转换成同一个形参位置的情况，该特性有助于区分这些重载方法。

非尾部命名实参的使用规则经过认真的设计，以此避免定位实参出现二义性：如果命名实参后面出现了**未命名**实参，那么应把命名实参当作普通定位实参，例如以下方法声明及其 3 个调用：

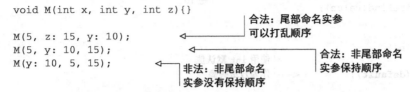

```
void M(int x, int y, int z){}

M(5, z: 15, y: 10);      ← 合法：尾部命名实参可以打乱顺序
M(5, y: 10, 15);         ← 合法：非尾部命名实参保持顺序
M(y: 10, 5, 15);         ← 非法：非尾部命名实参没有保持顺序
```

第 1 个调用是合法的，因为它只有一个定位实参，后跟两个命名实参。显然，定位实参对应的是形参 x，另外两个可以根据名字分别对应，因此没有二义性。

第 2 个调用是合法的，因为即便命名实参后面有定位实参，但命名实参所对应的形参和它作为定位实参对应的形参是一致的，都是 y。因此该调用还是能够明确参数之间的对应关系。

但是第 3 个调用是非法的：第 1 个实参是命名实参，它对应的形参是 y，那么第 2 个实参应该对应第一个 x 吗？因为这是第一个未命名的实参。即便可以按照这种方式进行对应，也会造成一定程度的混淆；如果有可选形参，情况就更糟了。更简单的做法是直接禁止，这也是 C#设计团队的最终决定。接下来要介绍的特性一直存在于 CLR 中，但是直到 C# 7.2 才在语言层面对外提供。

14.7　私有受保护的访问权限（C# 7.2）

几年前（甚至可能更早）C# 6 准备引入 private protected，但苦于命名问题。直到 C# 7.2，C#设计团队才最终决定还是保持 private protected，因为找不到更适合的名字。private 和 protected 结合比任意一个单独修饰符的限制都要强。只有在同一程序集中并且继承该类的代码，才能访问 private protected 的成员。

与之相对的是 protected internal，该修饰符比 protected 或者 internal 单独的限制都要弱。一个 protected internal 成员，处于同一程序集的代码或者位于其子类（或当前类）的代码都可以访问它。

关于这项特性，了解这些即可，甚至不需要示例。从语言完整性的角度来看，该特性完成了它的使命：该访问级别既存在于 CLR，也存在于 C#中。这项特性我只用过一次，将来它也不大可能变得特别有用。本章最后介绍一些零碎的、不太好归类的特性。

14.8　C# 7.3 的一些小改进

从之前的内容不难看出，在 C# 7.0 推出之后，C#设计团队依然在不遗余力地改进语言，其中大部分是增强 C# 7.0 主要特性的一些小特性。本书在描述这些主要特性时，都尽可能地把相关小特性一起介绍了，不过 C# 7.3 有一些特性不属此列，而且它们也不太符合本章主题，不过不应遗漏它们。

14.8.1　泛型类型约束

2.1.5 节讲类型约束时，实际有一些约束没有提到。在 C# 7.3 之前，类型约束不能要求某个实参必须继承自 Enum 或者 Delegate。C# 7.3 解除了这两项限制，同时增加了新的约束类型：unmanaged 约束。代码清单 14-12 展示了如何指定和使用这些约束。

代码清单 14-12　C# 7.3 中的新约束

```
enum SampleEnum {}
static void EnumMethod<T>() where T : struct, Enum {}
static void DelegateMethod<T>() where T : Delegate {}
static void UnmanagedMethod<T>() where T : unmanaged {}
...
EnumMethod<SampleEnum>();                    // 合法：枚举值类型
EnumMethod<Enum>();                          // 非法：不符合 struct 类型约束

DelegateMethod<Action>();                    // 均为合法代码
DelegateMethod<Delegate>();
DelegateMethod<MulticastDelegate>();

UnmanagedMethod<int>();                      // 合法：System.Int32 是非托管类型
UnmanagedMethod<string>();                   // 非法：System.String 是托管类型
```

对于 enum 约束，上面的例子使用的是 where T : struct, Enum，因为这个形式更常用。这样就把类型 T 限制到了一个真正的枚举类型上：一个继承自 Enum 的值类型。其中的 struct 约束条件将 Enum 类型本身排除在外。如果想编写一个可以操作任意枚举类型的方法，通常不需要处理 Enum 类型本身，因为 Enum 类型不是枚举类型。然而该特性推出得实在太晚了，framework 中负责解析枚举类型的那些方法已经无法应用它了。

delegate 约束并没有类似的要求，因此无法表达“必须是使用委托声明的类型”这样的约束。可以使用 where T: MulticastDelegate 这样的约束，但 MulticastDelegate 这个类型本身依然可以用作类型实参。

最后一个新增约束是 unmanaged 类型，前面提到过一次，非托管的类型是非可空、非泛型的值类型，而且其字段也不能是引用类型，以此类推。framework 中的大部分值类型（Int32、Double、Decimal、Guid）是非托管类型，而类似于 Noda Time 项目中的 ZonedDateTime 类型是典型的托管类型，因为它包含了对 DateTimeZone 实例的引用。

14.8.2　重载决议改进

重载决议的策略一直在变化，通常很难简单地解释清楚，但 C# 7.3 的这次改动是个例外：曾经需要在重载决议完成之后检查的几个条件都被提前了，于是以前 C#版本中某些被认为有歧义或者非法的情况现在变得合法了。其中共涉及以下几项检查：

- 泛型类型实参必须符合类型形参的全部类型约束；

- 静态方法不能按照实例方法的方式调用；
- 实例方法不能按照静态方法的方式调用。

第一种情况举例，考虑如下重载方法：

```
static void Method<T>(object x) where T : struct =>
    Console.WriteLine($"{typeof(T)} is a struct");

static void Method<T>(string x) where T : class =>
    Console.WriteLine($"{typeof(T)} is a reference type");
...
Method<int>("text");
```

具有 struct 类型约束的方法

具有 class 类型约束的方法

在以前的 C#版本中，重载决议在开始时会忽略类型形参的约束条件，于是第 2 个方法可能会被选中，因为 string 类型比 object 类型更具体，之后才会发现类型实参 int 并不符合类型约束的条件。

在 C# 7.3 中，这段代码可以通过编译，也没有二义性了，因为在查找合适方法时会检查类型约束。另外两项检查与之类似：编译器会抛弃不符合要求的方法，这一过程比之前要进行得早。随书代码中包含以上 3 种情况的例子。

14.8.3　字段的 attribute 支持自动实现的属性

假设有一个字段的简单属性，需要对该字段应用一个 attribute，以支持其他基础架构。在 C#7.3 以前，需要单独声明该字段，然后使用样板代码编写一个属性。如果想对某个 string 类型的属性应用 DemoAttribute（虚构的），那么代码如下：

```
[Demo]
private string name;
public string Name
{
    get { return name; }
    set { name = value; }
}
```

有了自动实现的属性之后，就可以省去一些不必要的样板代码。到了 C# 7.3，还可以进一步对自动实现的属性应用 attribute：

```
[field: Demo]
public string Name { get; set; }
```

这里的 field 并不是 attribute 的新修饰符，只是以前它不能用于此类上下文而已。（至少不是官方许可的，不适用微软的编译器，Mono 编译器已支持这种写法。）这算是语言规范中不一致的一种体现，C# 7.3 把它抹平了。

14.9 小结

- 局部方法可用于清晰地表达特定代码块是某个操作的实现细节，而不是类型本身的某种通用操作。
- out 变量属于削减形式代码的特性，这样某些多条语句（声明并使用一个变量）可以精简为一条语句。
- 二进制字面量表示整型值时可以更清晰，但是其中位的模式比数值的大小更重要。
- 在有了数位分隔符之后，数位较多的字面量变得易读了。
- 与 out 变量类似，throw 表达式使得以往需要多条语句才能完成的逻辑缩减到了一条。
- default 字面量可以消除代码冗余，也可以避免重复编码。
- 与其他特性不同，使用非尾部命名实参并不能减少代码量，但是可以提升表意清晰度。假如有很多现有的命名实参，只希望给中间某个实参命名，那么可以做到既削减代码量，又表意清晰。

第 15 章

C# 8 及其后续

本章内容概览：

- 引用类型表达 null 值与非 null 值预期；
- switch 语句与模式匹配；
- 属性递归模式匹配；
- 使用 index 和 range 语法编写简洁一致的代码；
- using、foreach 和 yield 语句的异步版本。

在本书编写之时，C# 8 还处于设计阶段。C#的 GitHub 的代码库中有很多潜藏的特性，但只有其中一小部分特性公开了编译器的预览构建版本。本章只是针对 C# 8 做一些合理的猜测，所讨论的内容都尚未成定论。这些特性应该不会全都出现在 C# 8 中，因此本章只讨论我认为 C# 8 中可能推出的特性；尽管涵盖了预览版本中可用特性的大部分细节，但这些内容未来有可能发生变化。

说明 就在本章编写之时，预览版的构建中只有 C# 8 的几个特性，并且不同的特性对应了不同版本的构建。其中可空引用类型只支持纯.NET 工程（不支持.NET Core SDK 风格的工程）。如果读者的工程使用新的工程格式，那么尝试这些新特性的实验会比较困难。在后续的构建中应该会解除这些限制（可能在读者阅读本章时就已经解除了）。

首先介绍可空引用类型。

15.1 可空引用类型

null 引用，就是 Tony Hoare 在 2009 年为他在 20 世纪 60 年代引入它致歉时所说的“十亿美金的过失”。经验丰富的 C#程序员基本都吃过 NullReferenceException 的苦头。C#设计团队为“驯服” null 引用这头“野兽”制定了周详的计划，对 null 引用应当出现的位置做了清晰的解释。

15.1.1 可空引用类型可以解决什么问题

代码清单 15-1 展示的例子会贯穿本节。如果读者查看随附的源码，就会发现我为每个例子都声明了独立的嵌套类。

代码清单 15-1 C# 8 之前的原始模型

```
public class Customer
{
    public string Name { get; set; }
    public Address Address { get; set; }
}

public class Address
{
    public string Country { get; set; }
}
```

一般来说，地址信息中包含的字段肯定不止 `Country`，不过这一个属性对于本章来说已经足够了。使用这两个类定义，代码的安全性如何呢？

```
Customer customer = ...;
Console.WriteLine(customer.Address.Country);
```

如果我们确定 `customer` 是非空对象，且每个 customer 都有一个关联的 address，那么没有问题；但如何才能确定呢？如果只是因为文档做了标注，怎么才能把这段代码变得更安全呢？

从 C# 2 开始就有了可空值类型、非可空值类型，以及隐式可空引用类型。由可空/非可空、值类型/引用类型两两组合成的表格就只差最后一个可引用类型还空缺，见表 15-1。

表 15-1 C# 7 对于可空和非可空、引用类型和值类型的支持

	可 空	非 可 空
引用类型	隐式	不支持
值类型	`Nullable<T>`或者`?`后缀	默认值

目前第 2 个单元格尚未支持，这就意味着无法表达“有些引用值可能是 `null`，而有些引用值不可能是 `null`”这样的意图。当代码运行时遇到意外的 `null` 值，很难查找出问题究竟出在哪块代码，除非代码文档详尽并且有贯穿始终的 `null` 检查措施[①]。

鉴于现在有大量.NET 代码不支持以机器可读的方式来区分可空引用和非可空引用，因此对于可空引用的设计需要格外谨慎。那么究竟该如何实现呢？

15.1.2 在使用引用类型时改变其含义

设计空值安全特性的普遍的思路是，假定开发人员在没有刻意区分引用类型可空或非可空

① 就在写下这段话的前一天，我还花了大量时间追踪这个问题，确实是非常现实的困扰。

时，默认为非可空。对于可空引用类型，C#语言引入了新语法：string 是非可空引用类型，而 string?是可空引用类型，于是表 15-1 就变成了表 15-2。

表 15-2　C# 8 对于引用类型和值类型可空与非可空的支持

	可　空	非 可 空
引用类型	缺少 CLR 类型表示。使用?后缀作为可空标记	当可空引用类型的支持激活时的默认值
值类型	Nullable<T>或?后缀	默认值

这样的设计看起来很不严谨。它改变了现有 C#代码中所有涉及引用类型的含义！如果激活了该特性，将意味着所有引用类型的默认值将从可空变为非可空。该设计的前提是假定 null 引用出现的次数应当远少于 null 引用不应出现的次数。

回到前面 customer 和 address 的例子。如果保持原有代码不变，编译器将发出警告，因为 Customer 和 Address 类允许非可空属性不经初始化即可使用。我们可以使用参数非可空的构造器来解决这个问题，见代码清单 15-2。

代码清单 15-2　全部改换成非可空属性的模型

```
public class Customer
{
    public string Name { get; set; }
    public Address Address { get; set; }

    public Customer(string name, Address address) =>
        (Name, Address) = (name, address);
}

public class Address
{
    public string Country { get; set; }

    public Address(string country) =>
        Country = country;
}
```

这时“不能”在不提供非空 name 和非空 address 的情况下构建 Customer 实例了，也“不能”在不提供非空 country 的情况下构建 Address 实例了。对于这里“不能”加引号的原因，15.1.4 节会解释。

且慢，考虑向终端输出结果的这部分代码：

```
Customer customer = ...;
Console.WriteLine(customer.Address.Country);
```

这段代码是安全的，前提是每一部分都遵守了前面的约定。这段代码不仅不会抛出异常，而且我们也不可能给 Console.WriteLine 传入 null 值，因为 address 的 country 属性不可能为 null。

这样编译器就能做 null 值检查了，但如果需要允许 null 值呢？下面介绍刚刚提到的新语法。

15.1.3 输入可空引用类型

用于表示可空引用类型的语法想必读者已不陌生。它和可空值类型相同：在类型名称后面添加一个问号。在引用类型出现的地方，大都可以使用该符号，例如下面这个方法：

```
string FirstOrSecond(string? first, string second) =>
    first ?? second;
```

这段代码提供了如下信息：

- first 是可空 string 类型；
- second 是非可空 string 类型；
- 返回类型是非可空 string 类型。

如果误用了 null 值，编译器就会发出警告，例如：

- 将可能为 null 的值赋给非可空的变量或属性；
- 将可能为 null 的值作为非可空形参的实参；
- 解引用可能为 null 的值。

我们以此为基础重新设计前面的 customer 模型。首先假设 address 可以为 null，那么需要针对 Customer 类做如下修改：

- 修改属性类型；
- 移除构造方法中的 address 参数，或者将其变为可空值类型，又或者重载构造方法。

Address 类型本身不需要修改，只需要修改使用它的位置。代码清单 15-3 是修改之后的 Customer 类。我选择移除构造器中的 address 参数。

代码清单 15-3 将 Address 属性变为可空类型

```
public class Customer
{
    public string Name { get; set; }
    public Address? Address { get; set; }      // address 现在是可选的

    public Customer(string name) =>              // 从构造器中移除 address 参数
        Name = name;
}
```

很好，现在代码意图很清晰了：Name 属性不能为 null，而 Address 属性可能为 null。如果此时打印用户 address 中的 country 信息，编译器会发出不同的警告：

```
CS8602 Possible dereference of a null reference.
```

好极了！编译器能够识别 NullReferenceException 问题了。现在放下语法层面的问题，研究可空引用类型的行为模式。

15.1.4 编译时和执行期的可空引用类型

可空引用类型的一条黄金法则是：所有行为都是显式发生变化。虽然代码为了表达非可空类型而发生了变动，但是代码的行为没有改变。前后唯一的区别在于编译时警告信息的生成。没有引入新类型，CLR 中也不存在可空引用类型和非可空引用类型的概念，只需要 attribute 来填充可空性信息。这一点与元组元素名称的信息类似，它们都和类型的执行期无关。这一点有以下两个重要影响。

- 防御性编程依然属于最佳实践。就目前的代码来说，`Name` 属性仍有可能为 `null`，因为用户可以忽略警告信息，或者通过另一个使用 C# 7 的工程调用这段代码，所以参数校验依然很重要。
- 为了充分理解该特性，需要充分理解编译器发出的警告信息。绝对不能忽略警告信息，这些信息非常有价值。

下面看看前面得到的警告信息，然后思考如何规避它：

```
Console.WriteLine(customer.Address.Country);
```

编译器是在警告我们这段代码有风险，因为 `customer.Address` 可能为 `null`。有 3 种方式可以把这段代码安全化。首先，可以使用空值条件运算符和空合并运算符，见代码清单 15-4。

代码清单 15-4　使用空值条件运算符安全地解引用

```
Console.WriteLine(customer.Address?.Country ?? "(Address unknown)");
```

如果 `customer.Address` 为 `null`，表达式 `customer.Address?.Country` 就不会计算 `Country` 属性，这样整个表达式的最终结果就是 `null`。之后空合并运算符就会提供一个默认的值给打印结果。这样编译器就会知道无须再为任何可能为 `null` 的值执行解引用操作，因此解除了警告信息。

有些读者可能不喜欢第 1 种方式，因为大量使用问号容易让人晕头转向。虽然可以逐渐适应问号标记，但这并不是唯一可行的方法。我们可以选择一个思路简单，但写起来稍微烦琐的方式，见代码清单 15-5。

代码清单 15-5　使用局部变量来检查引用值

```
Address? address = customer.Address;        // 将 address 提取到一个新的局部变量中
if (address != null)
{
    Console.WriteLine(address.Country);     // 检查是否为 null，如果非 null，则为其解引用
}
else
{
    Console.WriteLine("(Address unknown)");
}
```

其中有一点需要注意：编译器需要追踪的不仅仅是变量的类型。如果检查规则只是“当可空值类型进行解引用时发出警告”，那么尽管这段代码是安全的，但编译器依然会发出警告。编译器需要追踪该变量出现的每个位置，确定它是不是 `null` 值，就像编译器追踪确定赋值那样。在代码执行到 `if` 语句时，编译器知道 `address` 的值不为 `null`，于是在解引用时将不会生成警告信息。

第 3 种方式参见代码清单 15-6，它与第 2 种类似，但是省略了局部变量。

代码清单 15-6 通过重复的属性访问检查引用值

```
if (customer.Address != null)
{
    Console.WriteLine(customer.Address.Country);
}
else
{
    Console.WriteLine("(Address unknown)");
}
```

即便理解了第二个例子是如何无警告编译通过的，看到代码清单 15-6 之后依然会感到惊讶。编译器不仅要追踪变量值是否为 null，还要追踪属性值是否为 null。它假定对同一个属性的同一值的两次访问，得到的结果应该是相同的。

这可能会引起读者的担忧，因为这意味着新特性无法保证 null 值不被解引用，另一个线程可能在两次调用之间修改了 Address 属性的值，或者 Address 自己有时可能会随机返回 null 值。此外，还有其他方式可以骗过编译器，让它误以为代码是安全的，但实际上并不安全。C# 设计团队早已经意识到，并且接受了这一事实，因为需要在安全性和易用性之间寻找一个平衡点。C# 8 之后的代码要比之前的代码在 null 值上更安全，但是如果要把代码变得彻底安全，就会涉及更大程度的语言变更，很多开发人员可能会畏难而退。我们只需要了解该特性的局限所在就足矣了。

可以看到，编译器在尽力理解哪些可能为 null，哪些不可能为 null。如果编译器无法获得足够的上下文信息，该如何处理呢？

15.1.5 damnit 运算符或者 bang 运算符

至此，还有一个新运算符没有介绍：damnit 运算符，也称 damn it 运算符或者 bang 运算符[①]。这个运算符是一个感叹号，放在表达式的结尾，用于告知编译器应当忽略对当前表达式的判断，只把它当作非 null 值处理。

该运算符用于以下两种场景：

- 有时我们比编译器知道更多信息，比如知道某个值一定不为 null，即便编译器认为它有可能为 null；
- 有时我们会故意传入一个 null 值来检查实参校验的功能。

关于第 1 种情况的实例不太好给出，因为通常要尽量避免这种情况。在很多小例子中，这样几乎总是可行的，但是对于真实的应用来说就困难了。下面这个方法会打印一个字符串的长度，其输入参数可以为 null。

① 微软应该不会把这个运算符命名为 damn it 运算符，但是这个名称会在社区中保留下来，就像大家习惯把微软.NET 编译器平台称作 Roslyn。

代码清单 15-7　使用 bang 运算符为编译器提供信息

```
static void PrintLength(string? text)          ◁—— 输入值是可空的
{
    if (!string.IsNullOrEmpty(text))           ◁—— 如果 IsNullOrEmpty 返回
    {                                               false，则 text 不为 null
        Console.WriteLine($"{text}: {text!.Length}");   ◁—— 使用 bang 运算符
    }                                                      告知编译器
    else
    {
        Console.WriteLine("Empty or null");
    }
}
```

在这个例子中，编译器并不知道输入参数与 string.IsNullOrEmpty 返回值之间的关系，但是我们知道。如果 string.IsNullOrEmpty 返回 false，则输入值非 null，因此可以安全地获取该字符串的长度。如果直接调用 text.Length，编译器就会发出警告；而使用 text!.Lenght，就是在告诉编译器：我更清楚状况，这个值由我负责判断。

如果编译器也能够理解 string.IsNullOrEmpty 输入和结果之间的关系就好了，15.1.7 节会继续讨论这个问题。

关于第 2 种情况，很容易找到实际的例子。前面提到校验参数是否为 null 的步骤不可缺少，因为参数值为 null 的情况完全有可能发生。于是需要为该校验逻辑添加一个单元测试，但编译器会针对 null 参数发出警告。代码清单 15-8 给出了这个问题的解决方案。

代码清单 15-8　在单元测试中使用 bang 运算符

```
public class Customer
{
    public string Name { get; }
    public Address? Address { get; }

    public Customer(string name, Address? address)
    {
        Name = name ?? throw new ArgumentNullException(nameof(name));
        Address = address;
    }
}

public class Address
{
    public string Country { get; }

    public Address(string country)
    {
        Country = country ??
            throw new ArgumentNullException(nameof(country));
    }
}

[Test]
public void Customer_NameValidation()
```

```
{
    Address address = new Address("UK");
    Assert.Throws<ArgumentNullException>(
        () => new Customer(null!, address));    ← 为非 null 形参刻意传入一个 null 值
}
```

简便起见，代码清单 15-8 中把 Customer 和 Address 设置为不可变类型。有趣的是，编译器不会针对校验逻辑发出任何警告。即便它知道被校验值不应当为 null，但它对于检查该值的代码不予警告；但是在测试代码中调用该方法时，编译器会插手发出警告：第一个实参非 null。在先前的 C#版本中，测试代码的 lambda 表达式大致如下：

```
() => new Customer(null, address)
```

这行代码就会产生一条编译警告。把实参改为 null!可以满足编译器的要求，而且符合测试的需求。这样就引出了另一个问题：在实际编码中如何使用可空引用类型呢？尤其是如何迁移现有代码来使用新特性呢？

15.1.6 可空引用类型迁移的经验

检验新特性的最佳方式就是动手实践。我在 Noda Time 中使用 C# 8 预览版构建来测试需要多少新增工作才能实现无警告应用新特性，以及是否存在 bug。下面谈谈我收获的经验，并且给出一些我所遵循的原则。读者可能会遇到其他一些挑战，不过应该和我所遇到的有很多共通性。

1. 在 C# 8 以前使用 attribute 来表达可空的意图

Noda Time 一直以来都使用 attribute（至少对于所有公共方法来说如此）来表示某个引用类型参数可以为 null，或者返回值可能为 null，例如下面的 IDateTimeZoneProvider 方法签名：

```
[CanBeNull] DateTimeZone GetZoneOrNull([NotNull] string id);
```

它表示 id 参数不能为 null，但方法可能会返回一个 null 引用。这种方式能够表达使用空值的意图，但编译器不能理解这种方式。这就意味着，第一步需要查找代码中原来允许 null 值的所有地方，然后把它们改成使用可空引用类型。

我刚好使用了 ReSharper 提供的 JetBrains 助记工具，这样 ReSharper 可以进行和 C# 8 在语言中相同的检查工作。这里不会详细介绍助记工具的用法，只是提醒有这样一个功能。当然，完全可以不采用这样的第三方助记工具，我们可以轻松创建并应用自己的 attribute。即便没有任何工具支持，这种方式也便于代码维护，同时为将来迁移到 C# 8 使用可空引用类型铺平了道路。

2. 自然迭代

第 1 步完成之后，我得到了大约 100 个警告，于是我把大部分警告逐个解决了并重新构建项目。第 2 步完成之后，我得到了 110 个警告——比之前更多了！于是我又把大部分警告逐个解决了，然后重新构建。在第 3 步完成之后，我得到了大约 100 个警告，于是我又逐个解决然后重新构建。

我已经不记得这样的工作重复了多少次，但它并不是什么坏信号。把代码库改造成支持可空引用类型的过程就像打地鼠：修改了一处可空性之后，使用该变量的所有地方就都出现警告信息了，于是再修改这些地方，问题又会转移到其他地方。关于是否要为代码库改造可空性，值得认真思考。这一过程中所付出的辛苦也在意料和情理之中。

如果一部分代码需要某个值是可空的，而另一处又需要它是非可空的，就比较麻烦了。这并不是 C# 8 引入的问题，而是该特性暴露出来的问题。至于如何处理这种问题，需要具体问题具体分析。

3. bang 运算符使用的最佳实践

如果产品代码中需要使用 bang 运算符，最好添加一条注释解释理由。如果注释遵循比较好的搜索格式（例如在注释中使用 NULLABLEREF），会方便之后查找。随着工具的不断改进，将来也许可以移除这些运算符。不是说不应该用 bang 运算符，而是说使用该运算符的前提是我们比编译器知道更多信息，但切勿“盲目自信”。

我更多把 bang 运算符用于测试代码中，而且大部分是校验代码的测试，就像前面那个例子一样。除此之外，如果我认为某个值应当是非空的，我会欣然强制编译器也接受这一设定，尤其当我知道将来调用它的代码还会校验该值时。如果我错了，那么测试的结果应该是 ArgumentNullException 或者 NullReferenceException，这样可以接受，因为这只是证明了我的假设不合理。通常说来，测试代码不应像产品代码那么防御性强。让测试代码直接失败，好于优雅地处理异常。

4. 泛型空值处理的不一致性

在 Noda Time 中为引用类型实现 IEqualityComparer<T>接口很奇怪，因为该接口在可空引用类型出现之前就已存在。Equals 和 GetHashCode 都是按照形参类型 T 定义的，但二者处理 null 的行为并不一致。Equals 天然能够处理 null 值，而 GetHashCode 在遇到 null 值时会抛出 ArgumentNullException。

在这种情况下，如何应用可空引用类型，目前尚不明确。假设我们为 Period 类型定义了等价比较器，那么应该实现 IEqualityComparer<Period?>来允许 null 实参呢？还是实现 IEqualityComparer<Period>来禁止 null 实参呢？不管采用哪种方式，调用方都会在编译时或者执行期遇到问题。

抛开实现层面不谈，即便对于接口本身，如何清晰地表达可空性也是一道难题。关于如何处理泛型类型实参，或许需要更多语言设计工作。如果只是在接口中使用 T?，似乎也不太合适。这是因为如果 T 是值类型，是不应该接收 Nullable<T>参数的。

虽然我恰好在 IEqualityComparer<T>中遇到这个问题，但在其他接口甚至泛型类中也会有同样的问题。这里提到它，旨在提醒读者遇到同样问题的时候，不要以为自己出错了。

5. 最终结果

Noda Time 的代码库并不庞大，但也不算小。整个过程我花费了大概 5 个小时，其中还包含诊断 Roslyn 预览版的 bug。最终我在 Noda Time 中发现了一个未修复的 bug：`TimeZoneInfo.Local` 在 Mono 的某些环境中返回 `null` 值导致的不一致性。我还发现遗漏了一些助记符，并且针对某些内部成员重新表达了代码意图。

我对这一结果十分满意。编译器可以检查代码一致性这件事让我信心大增。此外，我发布了基于 C# 8 构建的 Noda Time 版本，使用 C# 8 的人会因此获益。这样一来，很多执行期错误在就能提前到编译时被发现了，用户在使用 Noda Time 时也会更加放心，可谓双赢。

这些经验都是基于 2018 年上半年的 C# 8 预览版本的，该版本肯定不是语言设计和实现的最终版本。接下来展望一下未来。

15.1.7 未来的改进

在 2018 年 6 月，我和 C#语言设计团队的主管 Mads Torgersen 一起参会和参加用户组讨论。我根据自己编写 Noda Time 的经验罗列了关于特性需求和问题的清单，他的答复肯定了我对语言特性的预期。

C#设计团队意识到当前的预览版本还不足以成为主流版本，有一些内容还需要继续打磨，但是预览版本可以让设计团队提前收集更多反馈。下面列出的这些并不能囊括所有特性，但我个人比较感兴趣。

1. 为编译器提供语义性更强的信息

15.1.5 节介绍 `bang` 运算符时，说过编译器并不理解 `string.IsNullOrEmpty` 的语义。（编译器不会推断：如果该方法返回 `false`，输入值就不可能为 `null`。）这只是输入和输出之间关系能够帮助编译器做推断的一种情况。下面 3 个例子都是编译器本可以不发出警告的情况（也包含 `string.IsNullOrEmpty`）。

```
string? a = ...;
if (!string.IsNullOrEmpty(a))
{
    Console.WriteLine(a.Length);
}

object b = ...;
if (!ReferenceEquals(b, null))
{
    Console.WriteLine(b.GetHashCode());
}

XElement c = ...;
string d = (string) c;
```

这 3 种情况的代码语义都很重要。编译器应当知道以下信息。

- 如果 `string.IsNullOrEmpty` 返回 `false`，输入就不为 `null`。
- 如果 `ReferenceEquals` 返回 `false`，其中一个输入为 `null`，那么另一个输入不可能为 `null`。

- 如果 XElement 到 string 的转换是非 null 的，那么其结果也应该是非 null 值。

这些都是关于输入和输出的示例，目前还无法表达这些关系。我认为如果编译器能够识别这些关系，大部分 bang 运算符就不再需要了。那么编译器如何才能获取这些附加信息呢？

对于以上特定的例子而言，一种方法是通过硬编码将信息告知编译器。这么做对于 C#设计团队来说最容易实现，但是不太令人满意。这样会让第三方库和 framework 库步调不一致。我自己就很想在 Noda Time 中能够表达这种关系。

很有可能 C#设计团队会设计一门新的小型语言。在这门语言中，可以使用 attribute 来向编译器提供这种附加的语义信息。有了这些信息，编译器就可以更智能地判断某个值是否应该"绝不为空"。不过这种方式所需要的设计和实现工作会大增，但解决方案将更完整。

2. 关于泛型的深入思考

泛型为可空性的设计带来了有意思的挑战。前面讲 IEqualityComparer<T>的时候提到了一个例子，但实际问题远不止于此，考虑下面这段在 C# 7 中合法的代码：

```
public class Wrapper<T>
{
    public T Value { get; set; }
}
```

如果这段代码是合法的，那么它的含义是什么？特别是构建一个该类型的实例，但不设置 Value 属性，其结果是什么？

- 对于 Wrapper<int>来说，Value 的默认值是 0。
- 对于 Wrapper<int?>来说，Value 的值是 int?的 null 值。
- 对于 Wrapper<string>来说，Value 的值是 null 引用，但这与 Value 是非 null 引用相冲突。
- 对于 Wrapper<string?>来说，Value 的值是 null 引用。这样没有问题，因为 Value 的类型是可空的 string 类型。

如果考虑执行期的值，就更复杂了，Wrapper<int>和 Wrapper<int?>是不同的 CLR 类型，Wrapper<string>和 Wrapper<string?>则是相同的 CLR 类型。

虽然不清楚 C# 8 会如何解决这一问题，但是起码 C#设计团队已经意识到了它的存在。幸好不需要我来解决这个问题，光是想想这个问题就让人头疼。

这个例子还只是 C# 7 版本，并没有显式地使用可空类型，如果在泛型类型或方法中使用 T?又会怎么样呢？

在 C# 7 中，如果有类型形参 T，那么只有当 T 的类型约束是非可空值类型时，才能使用 T?类型，它的含义是 Nullable<T>。这样很简单，但是可空引用类型怎么办呢？看起来还需要新的关于非可空引用类型的类型约束：若限制 T 为非可空值类型或非可空引用类型，则可以使用 T?。我认为不会有类似于"某种非可空类型"的类型约束，因为对于值类型和引用类型，可空类型的含义有很大差异。

3. 执行参数校验

到目前为止，代码变更都发生在编译时。由编译器生成的 IL 代码并没有变化，因此仍需要执行参数校验，以防止那些忽略编译器警告的代码使用 bang 运算符，或者由早期 C#版本编译的代码。

虽然这么做没有问题，但校验部分的代码仍是样板代码。空合并运算符、nameof 运算符以及 throw 表达式这些特性都能用于在某些情况下改进校验代码，但参数校验依旧烦琐且容易被遗忘。

目前正在论证的一个特性是：在参数名后面添加一个感叹号，编译器就会生成相应的空值校验代码，并将其放置于方法的开头。考虑如下代码：

```
static void PrintLength(string text)
{
    string validated =
        text ?? throw new ArgumentNullException(nameof(text));
    Console.WriteLine(validated.Length);
}
```

可以改写成：

```
static void PrintLength(string text!)     <-- 自动做空值检查
{
    Console.WriteLine(text.Length);
}
```

属性也可以以相同的方式实现自动校验。

4. 激活可空性检查

在我用过的预览版本中，可空性检查是默认激活的。虽然可以按照一般的方式来禁止警告，但很有可能 C# 8 在发布之前还有很多更细微的设置。这里需要考虑很多情况。

当开发人员将编译器版本升级到 C# 8 后，应该不太愿意看到出现新的警告信息。如果项目的设置是把警告当作错误来处理，这一点就显得尤为重要了。我认为默认状态下应当关闭可空性检查，至少对于现有项目来说应如此。

并不是所有类库都会同时采纳 C# 8。对于那些已经开启了 C# 8 可空性检查的类库来说，应当兼容尚未迁移到 C# 8 的库。可能需要报告尽可能少的错误，例如编译器可以将传给类库的所有输入视作可空值，而把本库的所有输出值都视作非可空值。对于已经完成迁移的库，最好有某种方法对外给出提示。

在决定迁移某个项目以使用可空引用类型时，开发人员可能希望通过若干改动来完成迁移。也有可能项目中的某些代码是自动生成的，这部分代码不易表达可空性。那么最好每个类型都可以对外表示自己“能够表达可空性”。

这些考量对于 C#来说是全新的。我还从未遇到过哪个语言特性在兼容性上影响如此广泛。希望 C#设计团队在最终发布 C# 8 之前通过若干次迭代来逐步完成。

可空引用类型很有可能是 C# 8 最大的新特性，而目前预览版中还有其他一些特性，其中我最喜欢 switch 表达式。

15.2　switch 表达式

自 C#面世便存在 switch 语句。迄今为止，关于 switch 语句的唯一变更是 C# 7 关于 switch 语句和模式匹配的搭配使用。switch 语句如今依然是很重要的控制结构：如果此 case 匹配，就如此执行；如果彼 case 匹配，就如彼执行。很多 switch 语句的用法是函数式的，每个 case 都会计算出一个结果：如果此 case 匹配，则结果是 X；如果彼 case 匹配，则结果为 Y。这在函数式编程语言中是常见的结构。函数式编程语言的很多功能是纯粹用模式匹配来进行表达的。

而表达式主体成员的出现，让 switch 语句如芒在背。很多方法可以仅用一个表达式来实现，但 switch/case 依然只能使用代码块主体，而不能使用表达式主体。

C# 8 引入了 switch 表达式作为 switch 语句的一个可选项。switch 表达式使用一种与 switch 语句不同的语法，下面比较二者。第 12 章介绍模式匹配时，曾举过一个使用 switch 语句来计算不同形状周长的例子，代码如下：

```
static double Perimeter(Shape shape)
{
    switch (shape)
    {
        case null:
            throw new ArgumentNullException(nameof(shape));
        case Rectangle rect:
            return 2 * (rect.Height + rect.Width);
        case Circle circle:
            return 2 * PI * circle.Radius;
        case Triangle triangle:
            return triangle.SideA + triangle.SideB + triangle.SideC;
        default:
            throw new ArgumentException(
                $"Shape type {shape.GetType()} perimeter unknown",
                nameof(shape));
    }
}
```

代码清单 15-9 是改成使用 switch 表达式来实现，不过保留了代码块主体的方法。

代码清单 15-9　switch 语句改写成 switch 表达式

```
static double Perimeter(Shape shape)
{
    return shape switch
    {
        null => throw new ArgumentNullException(nameof(shape)),
        Rectangle rect => 2 * (rect.Height + rect.Width),
        Circle circle => 2 * PI * circle.Radius,
        Triangle triangle =>
```

```
            triangle.SideA + triangle.SideB + triangle.SideC,
        _ => throw new ArgumentException(
            $"Shape type {shape.GetType()} perimeter unknown",
            nameof(shape))
    };
}
```

其中很多内容需要说明，无法将它们一一标记。switch 语句和 switch 表达式的区别如下。

- 原先是 switch(value)，现在是 value switch。
- 如果模式匹配成功，用于匹配的模式和匹配成功时返回的结果之间是一个宽箭头（switch 语句使用冒号）。
- switch 表达式中取消了 case 关键字。宽箭头=>左侧是模式，该模式可以有由 when 关键字引导的哨兵语句。
- 宽箭头=>右侧是表达式。省略了 return 关键字，因为每个模式的结果都是一个值或者 throw 语句。类似地，switch 表达式也没有 break 语句。
- 每个模式都用逗号分隔。如果要把 switch 语句改写成 switch 表达式，那么通常需要把分号改成逗号。
- 没有 default case，而是使用抛弃符_（下划线）表示匹配不成功的结果。

我通常把 switch 表达式直接用于方法的返回，读者也可以把它用于任何可以使用表达式的地方，例如：

```
double circumference = shape switch
{
                         ◁ 和以前一样的 switch 体代码
};
```

这么写没有问题，不过前面提到过，switch 表达式最棒的一点在于它可以用于表达式主体方法。代码清单 15-10 使用表达式主体方法改进了代码清单 15-9。

代码清单 15-10 使用 switch 表达式实现表达式主体方法

```
static double Perimeter(Shape shape) =>
    shape switch
    {
        null => throw new ArgumentNullException(nameof(shape)),
        Rectangle rect => 2 * (rect.Height + rect.Width),
        Circle circle => 2 * PI * circle.Radius,
        Triangle triangle =>
            triangle.SideA + triangle.SideB + triangle.SideC,
        _ => throw new ArgumentException(
            $"Shape type {shape.GetType()} perimeter unknown",
            nameof(shape))
    };
```

读者可以根据自己的喜好来排布代码，比如把 shape switch 也放到第一行，或者把大括号缩进到与方法声明垂直对齐。

switch 语句和 switch 表达式之间的一个重要区别是，switch 表达式必须返回一个结果（或异常）。switch 表达式不允许什么都不做，什么值都不产生。可以使用抛弃符_，也可以编写不完全匹配的 switch 表达式。就我目前使用的预览版本而言，这样做会引发编译器警告，但接下来编译器还是会生成合法的 IL 代码。这个问题其实应当引发一个编译错误，或者编译器可以插入一些抛出异常的代码（可以是 InvalidOperationException）来表示代码进入了错误的状态。

目前我遇到的 switch 表达式的一个问题是：无法表达多个模式指向同一个结果。在 switch 语句中可以将多个 case 标签指向同一个代码块，但在 switch 表达式中没有这种机制。不过 C#设计团队已经了解了这一需求。希望在 C# 8 正式发布之前可以完善这部分功能。

C# 8 的模式匹配不仅仅伴随着 switch 表达式得到了改进，模式匹配本身也在成长。

15.3　嵌套模式匹配

前情提要，C# 7 中的模式匹配共包括：

- 类型模式（expression is Type t）；
- 常量模式（expression is 10、expression is null 等）；
- var 模式（expression is var v）。

C# 8 计划推出嵌套模式（模式内部可以嵌套子模式），与分解模式类似。下面先通过实践解释嵌套模式，然后讨论分解模式。

15.3.1　使用模式来匹配属性

要在主模式内添加额外的模式来匹配属性，可以使用大括号。大括号内部是针对属性的不同模式，模式间使用逗号分隔。内部的模式在匹配属性时，可以使用所有常规匹配模式。沿用代码清单 15-10 中计算四边形、圆和三角形周长的例子：

```
Rectangle rect => 2 * (rect.Height + rect.Width),
Circle circle => 2 * PI * circle.Radius,
Triangle triangle => triangle.SideA + triangle.SideB + triangle.SideC,
```

在每个 case 中，其实不需要 shape 本身，而需要 shape 的属性。使用嵌套的 var 模式来根据不同的值匹配这些属性，然后使用模式变量获取所需要的属性值。代码清单 15-11 是使用了嵌套模式的完整方法。

代码清单 15-11　匹配嵌套模式

```
static double Perimeter(Shape shape) => shape switch
{
    null => throw new ArgumentNullException(nameof(shape)),
    Rectangle { Height: var h, Width: var w } => 2 * (h + w),
    Circle { Radius: var r } => 2 * PI * r,
    Triangle { SideA: var a, SideB: var b, SideC: var c } => a + b + c,
    _ => throw new ArgumentException(
```

```
        $"Shape type {shape.GetType()} perimeter unknown", nameof(shape))
};
```

这种写法比之前的更简洁吗？并不确定。我可能还是会选择代码清单 15-10 的写法。稍后有一个更复杂的例子，在那个例子中该特性的应用会更有说服力，不过也更难理解。

请注意，本例中不再通过模式变量获取 Rectangle、Circle 或者 Triangle（rect、circle 和 triangle）本身了，因为没有必要获取，并不是因为不能获取。例如可以通过以下模式来描述一个高度为 0 的平面形状：

```
Rectangle { Height: 0 } rect => $"Flat rectangle of width {rect.Width}"
```

当对象有多个属性，但只需要检查其中几个时，这种方式会很有用。接下来介绍分解模式。

15.3.2 分解模式

12.1 节介绍过元组的分解，12.2 节讨论了通过 Deconstruct 方法实现自定义分解。C# 8 增加了分解特性对模式的支持。对于下面这个例子，我们会很自然地想到把 Triangle 分解成 3 条边的操作：

```
public void Deconstruct
    (out double sideA, out double sideB, out double sideC) =>
    (sideA, sideB, sideC) = (SideA, SideB, SideC);
```

然后可以简化上面计算周长的代码，省略每个属性的名称。此前的代码是：

```
Triangle { SideA: var a, SideB: var b, SideC: var c } => a + b + c
```

可以简化为：

```
Triangle (var a, var b, var c) => a + b + c
```

还是同样的问题，新写法比匹配类型的写法更易读吗？或许吧。随着时间的推移，每个开发人员都会就模式匹配建立自己的编码习惯，并最终在代码库中形成某种编码规范。

15.3.3 忽略模式中的类型

这种可以检测对象内部的模式匹配的用途十分广泛。如果给每个模式都指定类型，会显得有些多此一举。回到之前 customer 和 address 关于可空引用类型的例子，这次使用最初的数据模型：全部可变，全部可空：

```
public class Customer
{
    public string Name { get; set; }
    public Address Address { get; set; }
}

public class Address
```

```
{
    public string Country { get; set; }
}
```

假设需要根据客户地址中的国家信息创建不同的问候方式。输入值的类型是 Customer，但在模式匹配时我们不希望重复出现类型信息。而在匹配 Address 属性时，因为 Address 的类型不会改变，所以我们也不希望 Address 的类型信息重复出现。

代码清单 15-12 使用多个模式匹配不同类型的客户，还使用了{}模式。{}模式是属性模式的一种特殊情况，它不要求匹配任何属性。该模式可以匹配任何非 null 值。

代码清单 15-12　使用不同的模式来精准匹配客户

```
static void Greet(Customer customer)
{
    string greeting = customer switch
    {
        { Address: { Country: "UK" } } =>
            "Welcome, customer from the United Kingdom!",
        { Address: { Country: "USA" } } =>
            "Welcome, customer from the USA!",
        { Address: { Country: string country } } =>
            $"Welcome, customer from {country}!",
        { Address: { } } =>
            "Welcome, customer whose address has no country!",
        { } =>
            "Welcome, customer of an unknown address!",
        _ =>
            "Welcome, nullness my old friend!"
    };
    Console.WriteLine(greeting);
}
```

匹配的 country 为 UK

匹配的 country 为 USA

匹配任意一个 country，但前提是必须提供 country 的信息

匹配任意 address

匹配任意 customer，无论 address 是否为 null

匹配所有，无论 customer 是否为 null

其中模式的顺序很重要。例如一位来自 USA 的客户可以匹配除第一个外的所有模式。也可以通过让模式变得更具针对性（使用常量 null 模式来匹配那些 Address 为 null 的值）实现排他，不过通过顺序实现会更简单一些。

C# 8 对模式匹配的增强，使得现在很多需要 if 语句来完成的功能，将来使用模式匹配就能实现。switch 表达式对此贡献颇多。我认为以后会有越来越多的代码使用模式匹配。不过需要牢记，凡事过犹不及。不是所有使用模式匹配的代码都会比过去的控制结构更简单，不过 C#的这项改进潜力巨大。下面要介绍的一对特性是由两个新的 framework 类型带来的。

15.4　index 和 range

和可空引用类型以及模式处理相比，index 和 range 特性是很小的特性，并且二者是组合使用的。不过我认为随着时间的推移，大家就会感叹它们为何姗姗来迟。在讲解细节前，先看一个小例子。

代码清单 15-13 通过 range 移除一个字符串中的首尾字符

```
string quotedText = "'This text was in quotes'";
Console.WriteLine(quotedText);
Console.WriteLine(quotedText.Substring(1..^1));   <-- 使用 range 字面量获取字符串的子串
```

代码执行结果如下：

```
'This text was in quotes'
This text was in quotes
```

需要重点关注代码中加粗的 `1..^1` 表达式。为了理解该表达式，需要介绍两个新类型。

15.4.1 index 与 range 类型和字面量

该特性的基本思想很简单。有 `Index` 和 `Range` 两个结构体（将来由 framework 来提供），目前需要在代码中自行定义。

- `Index` 表示一个整型数，它表示某个可索引值的起始或结尾。index 不能为负值。
- `Range` 是一对 index 的组合，两个 index 分别表示 range 的起始值和终止值。

由此引出了 3 点重要语法。

- 从 `int` 创建一个起始位置的 `Index` 的普通隐式转换。
- 一个新的一元运算符`^`，该运算符和一个 `int` 值连用，用于创建一个末尾位置的 `Index`。这里的 0 值表示刚刚跨过末尾元素，1 表示最后一个元素[①]。
- 一个新的二元运算符`..`，其操作数（可选）用于创建 `Range` 的起始值和终止值。

`..`运算符是准二元运算符，因为它的操作数个数可以是 0、1 或者 2。代码清单 15-14 展示了所有情况，其中并没有应用 index 或 range，只是单纯地创建了一些值。

代码清单 15-14 index 与 range 字面量

```
Index start = 2;
Index end = ^2;
Range all = ..;
Range startOnly = start..;
Range endOnly = ..end;
Range startAndEnd = start..end;
Range implicitIndexes = 1..5;
```

有一点需要注意：range 的起始值和终止值可以是任意索引值。例如可以创建一个`^5..10`来表示从倒数第 5 个元素到正数第 10 个元素之间的范围。虽然这种写法极其罕见，但是合法。

以上就是关于该特性语言直接支持的部分。当该特性获得 framework 支持之后，才能真正得到应用。

① 在索引器中使用 `Index` 感觉有些奇怪，但当和 range 连用时，就合理多了，因为 range 所指定的上界值不包括在内。值为`^0` 的 range 自然就成了“序列的末尾位置”。

15.4.2　应用 index 和 range

本节的所有例子都需要 C# 8 预览版构建所提供的扩展方法和扩展运算符。具体的 API 将来可能会变化，而且预览版中提供的这些扩展只能用于有限的几个类型中，不过足以展示该特性的优势了。代码清单 15-13 展示了 `Substring` 方法如何使用 `Range`。index 和 range 都可以应用于可以表示序列的类型，例如：

- 数组；
- span；
- 字符串（作为 UTF-16 编码单元的序列）。

它们都支持两种操作：

- 提取某个元素；
- 创建原序列的子序列。

从序列中提取单个元素，以往通过一个 `int` 参数的索引值就能做到；但是对于获取最后一个元素这样的操作，并没有统一的方式。`Index` 类型通过正数和倒数的方式解决了这一问题。对于创建子序列的操作，以往不同的类型需要采取不同的形式，例如 `Span<T>`会提供 `Slice` 方法，而 `String` 会提供 `Substring` 方法。

在添加了索引器对 `Index` 和 `Range` 的重载方法之后，就可以对所有相关类型执行一致且便捷的操作了。代码清单 15-15 展示了对字符串和 `Span<int>`的两种相似的方法调用。

代码清单 15-15　通过使用 index 和 range 的索引器重载方法操作字符串和 span

```
string text = "hello world";
Console.WriteLine(text[2]);
Console.WriteLine(text[^3]);
Console.WriteLine(text[2..7])

Span<int> span = stackalloc int[] { 5, 2, 7, 8, 2, 4, 3 };
Console.WriteLine(span[2]);
Console.WriteLine(span[^3]);
Span<int> slice = span[2..7];
Console.WriteLine(string.Join(", ", slice.ToArray()));
```

- 使用正数 index 获取单个字符
- 使用倒数 index 获取单个字符
- 使用 range 获取子串
- 使用正数 index 获取单个元素
- 使用倒数 index 获取单个元素
- 使用 range 创建一个数组的分割

执行结果如下：

```
l
r
llo w
7
2
7, 8, 2, 4, 3
```

字符串和 span 索引器都接收一个 `Range`（不包含上界值）：`[2..7]`返回的是索引为 `2, 3, 4, 5, 6` 的元素值。

代码清单 15-15 中的 range 包含了开始位置和结束位置的索引，每个索引值都是从前向后数的。只要索引值对于当前序列合理，就可以指定任何范围。例如 text[^5..]，就会返回 world 这个字符串，它是 text 的最后 5 个字符。

类似地，也可以使用 text[^10..5]，那么将返回 ello。因为 hello world 这个字符串的长度为 11，那么^10 的索引值等同于 1，所以 text[^10..5]等同于（在这个例子中它取决于 text 的长度）text[1..5]，于是就返回了第一个字符后面的 4 个字符。下面介绍关于异步的语言特性支持。

15.5　更多异步集成

C# 5 引入 async/await，改变了很多 C#开发人员使用异步的方式；不过目前仍有一些语言特性是同步方法，这些特性阻碍了整门语言向异步世界的演进。本节内容包括：

- 异步回收；
- 异步迭代（foreach）；
- 异步迭代器（yield return）。

这些特性既需要语言的支持，也需要 framework 的支持。由编译器通过启用新线程执行同步代码来模拟异步肯定不妥。首先介绍相对简单的异步回收。

15.5.1　使用 await 实现异步资源回收

IDisposable 接口只有一个 Dispose 方法，该方法自然是同步方法。如果方法需要执行 I/O 操作，例如刷新一个流，它就有可能因为一些问题而阻塞。

将来 C# 8 会为支持异步回收的类引入一个新接口：

```
public interface IAsyncDisposable
{
    Task DisposeAsync();
}
```

目前不要求实现了 IAsyncDisposable 接口的类必须实现 IDisposable 接口，不过之后可能会加上这项限制。

在语言层面会有 using await 语句。自然，这条语句会自动调用 DisposeAsync 方法，然后 await 任务结果返回。代码清单 15-16 展示了如何实现和使用该接口。

代码清单 15-16　实现 IAsyncDisposal 接口并且使用 using await 调用

```
class AsyncResource : IAsyncDisposable
{
    public async Task DisposeAsync()
    {
        Console.WriteLine("Disposing asynchronously...");
        await Task.Delay(2000);
        Console.WriteLine("... done");
```

```
    }

    public async Task PerformWorkAsync()
    {
        Console.WriteLine("Performing work asynchronously...");
        await Task.Delay(2000);
        Console.WriteLine("... done");
    }
}

async static Task Main()
{
    using await (var resource = new AsyncResource())
    {
        await resource.PerformWorkAsync();
    }
    Console.WriteLine("After the using await statement");
}
```

执行结果展示了资源回收的过程：

```
Performing work asynchronously...
... done
Disposing asynchronously...
... done
After the using await statement
```

这么看并不复杂，但以上代码隐藏了两点比较重要且复杂的内容。

- 类库通常使用 `ConfigureAwait(false)`来 await 任务，应用程序一般不需要。如果由编译器自动完成，那么用户该如何配置呢？
- 既然提供了异步回收，自然应该有相应的取消机制，那么取消操作应当如何纳入接口呢？又该何时调用呢？

C#设计团队已经意识到了以上两点，在 C# 8 发布之前这两个问题应当会得到解决。C# 8 中的其他异步特性也存在同样的问题，希望这些领域也能够以类似的方法解决问题。下一个特性是使用 `foreach` 的异步迭代。

15.5.2 使用 foreach await 的异步迭代

在开始介绍语言特性之前，有很多论述性内容。为了解释清楚该特性，这些内容是必须的。使用异步迭代，将得到以下合法代码，其中 `asyncSequence` 需要以异步方式获取元素：

```
foreach await (var item in asyncSequence)
{
            <── 使用 item
}
```

异步迭代的接口并不像异步回收那样直白易懂。异步迭代共有两个接口，`IEnumerable<T>` 和 `IEnumerator<T>`所对应的两个异步接口：

```
public interface IAsyncEnumerable<out T>
{
    IAsyncEnumerator<T> GetAsyncEnumerator();
}

public interface IAsyncEnumerator<out T>
{
    Task<bool> WaitForNextAsync();
    T TryGetNext(out bool success);
}
```

IAsyncEnumerable<T>与 IEnumerable<T>接口高度近似，因为其中不包含任何异步内容。它使用 GetAsyncEnumerator()取代了 GetEnumerator()方法，然后同步返回一个 IAsyncEnumerator<T>类型的值。在某些情况下这样的实现方式可能会导致问题，但我认为对于多数异步序列，这是自然方式。那些需要将异步操作用于设置的实现，可能需要推迟该任务，直到调用方开始迭代结果。

IAsyncEnumerator<T>接口则和 IEnumerator<T>相去甚远，它反映了现实世界中的一种常见模式。异步经常用于有 I/O 的场景中，例如从网络中获取一个结果。异步获得的结果序列经常是拆分开的：比如执行一条查询语句获取前 10 条结果，然后获取接下来的 7 条，最后被告知已经传输完成。

如果可以从缓存中迭代结果集，就不需要异步操作了。尽管异步操作高效，但终究存在性能消耗，所以应当尽量避免使用异步。只要能够确定迭代的结束位置，都可以使用同步迭代的方式。IAsyncEnumerator<T>接口通过两个方法来对外提供这种模式。

- WaitForNextAsync 是异步的，它会返回一个任务用于指示是否获取了结果，或者是否迭代到了序列的末尾。
- TryGetNext 是同步的，它负责返回下一个元素。out 参数用于指示是否有下一个元素返回[①]。如果结果为 false，也并不意味着已经到达了序列的末尾，而只表示需要再次调用 WaitForNextAsync。

上述内容听起来比较复杂，不过通常不需要自行实现，新的 foreach await 语句会帮我们处理好一切。

下面看一个例子。我在和 Google Cloud Platform API 打交道期间频繁遇到这样的问题。很多 API 有 list 操作，例如列出某个地址簿的联系人，或者列出某个集群中的虚拟机。在单次 RPC 响应中如果返回太多结果，就需要一个基于页的模式：每个响应都包含一个“下一页令牌”，客户端可以使用该令牌在一个子请求中获取更多数据。客户端在第一次请求中不提供页令牌，最后一个响应也不包含页令牌。代码清单 15-17 展示了一个简化版的 API。

① 这个方法和其他大部分 TryXyz 方法不同。它返回一个 bool 类型值，然后通过 out 参数返回获取的值。在正式发布之前应该还会有变更。

代码清单 15-17　简化版的 RPC 服务：列出城市信息

```
public interface IGeoService
{
    Task<ListCitiesResponse> ListCitiesAsync(ListCitiesRequest request);
}

public class ListCitiesRequest
{
    public string PageToken { get; }
    public ListCitiesRequest(string pageToken) =>
        PageToken = pageToken;
}

public class ListCitiesResponse
{
    public string NextPageToken { get; }
    public List<string> Cities { get; }

    public ListCitiesResponse(string nextPageToken, List<string> cities) =>
        (NextPageToken, Cities) = (nextPageToken, cities);
}
```

当然，一般不会直接调用上述方法，通常会在客户端将其封装然后对外暴露 API，见代码清单 15-18。

代码清单 15-18　对 RPC 服务进行封装来提供简单的 API

```
public class GeoClient
{
    public GeoClient(IGeoService service) { ... }                  ← 通过 RPC 服务构建 GeoClient
    public IAsyncEnumerable<string> ListCitiesAsync() { ... }      ← 提供了一个简单的 city 异步序列
}
```

有了 `GeoClient` 之后，就能轻松使用 `foreach await` 了，见代码清单 15-19。

代码清单 15-19　对 `GeoClient` 使用 `foreach await`

```
var client = new GeoClient(service);

foreach await (var city in client.ListCitiesAsync())
{
    Console.WriteLine(city);
}
```

最终代码比之前创建例子的代码要简单得多，而且无须了解 `GeoClient` 的内部实现。这展示了该特性的一项优势。我们通过 `IGeoService` 和 `IAsyncEnumerable<T>`完成了相对复杂的定义，然后仅通过一个简单有效的 `foreach await` 就完成了相应的消费功能。

说明　随书代码中包含了一个完整的例子，该例子使用了内存版的模拟服务实现。

有一件事或许令人吃惊——IAsyncEnumerator<T>竟然没有实现 IAsyncDisposable 接口。C# 8 版本最终发布前这一点可能会有变更，如果没有，我认为如果执行期能够找到相应的 IAsyncDisposable 实现，会由编译器来负责释放枚举器。

就像同步版的 foreach 语句一样，foreach await 不要求实现 IAsyncEnumerable<T>接口和 IAsyncEnumerator<T>接口。它会是基于模式的，因此任何提供了 GetAsyncEnumerator()的方法都可以支持 foreach await。GetAsyncEnumerator()需要方法返回一个提供 WaitForNextAsync 和 TryGetNext 方法的类型。虽然该领域还有优化的空间，但我认为多数情况下依然会使用这些接口。

前面介绍了如何消费异步序列，那么如何生成异步序列呢？

15.5.3 异步迭代器

C# 2 通过 yield return 语句和 yield break 语句引入了迭代器的概念，使得返回 IEnumerable<T>或者 IEnumerator<T>类型的方法易于编写。C# 8 会针对异步序列提供对等的特性。目前预览版中还没有提供该特性，代码清单 15-20 是基于推断的合理猜测。

代码清单 15-20 使用迭代器实现 ListCitiesAsync

```
public async IAsyncEnumerable<string> ListCitiesAsync()
{
    string pageToken = null;
    do
    {
        var request = new ListCitiesRequest(pageToken);
        var response = await service.ListCitiesAsync(request);
        foreach (var city in response.Cities)
        {
            yield return city;
        }
        pageToken = response.NextPageToken;
    } while (pageToken != null);
}
```

异步迭代器方法和 IAsyncEnumerator<T>接口之间的映射，以及其同步异步混合的部分，会是实现中的难点。无论何时在 async 方法中恢复执行，它都会以以下几种方式完成特定的调用：

- await 某个未完成的异步操作；
- 执行到某条 yield return 语句；
- 执行到 yield break 语句；
- 执行到方法的结尾；
- 抛出一个异常。

具体如何处理这些情况，还要看调用方执行的是 WaitForNextAsync()方法还是 TryGetNext()方法。为了提升效率，生成的代码应当能够在同步模式（yield 语句之间没有 await 语句）和异步模式（await 一个异步操作）之间切换。我能够大致推测出应当如何实现，幸好不需要由我来实现。

此外，还有一些特性尚未在 C# 8 预览版中提供，下面简要介绍。

15.6　预览版中尚未提供的特性

即便 C# 8 最后只提供了前面列举的几项新特性，也称得上是一个重磅版本。其实我更希望先发行一个只有可空引用类型一个特性的版本，等一年左右大部分代码库完成可空引用的更新之后，再发布其他特性。不过 C# 8 正式发布的特性应该会比本章罗列的要多。

本节所探讨的特性，都是我认为 C# 8 最有可能推出的新特性。当然，C#设计团队或者外部开发人员也提出了其他很多特性。C#设计团队使用 GitHub 来追踪提议，以此了解事项的进展，也方便了开发人员自行贡献。首先讨论一个受 Java 语言启发的特性。

15.6.1　默认接口方法

就在 C#为 LINQ 引入了扩展方法的同时，Java 采用了不同的方式来支持流的操作，这种方式覆盖了很多与 LINQ 相同的使用场景。在 Java 8 中，Oracle 在 Java 接口引入了**默认方法**：一个接口可以声明一个方法，并提供该方法的一个默认实现，之后该接口的实现类可以覆盖该默认方法。方法的默认实现不能声明任何与字段相关的状态，它必须使用当前接口的其他成员进行表达。

这两个特性在某些方面有相似之处：二者都可以提供一部分现成逻辑，这样接口的实现类可以不必都实现相应的方法，接口的消费者也可以直接调用方法。这两个特性各有优缺点。

- 默认方法没有扩展方法的灵活性高。任何人（不仅限于接口作者）都可以引入扩展方法，但并不是所有人都能为接口添加默认方法。（扩展方法也适用于类和结构体。）
- 实现类覆盖默认方法通常是出于优化的目的。扩展方法不能被覆盖，它们只是一层语法糖，其本质只是静态方法，只是在调用时看起来像是普通的实例方法。

关于第二条，使用 LINQ 的 `Enumerable.Count()`方法时可以感受到。默认情况下，它通过调用 `GetEnumerator()`方法来计算序列中元素的个数，然后计算调用 `MoveNext()`返回 `true` 的累计次数。

很多 `IEnumerable<T>`的实现有更高效的计算元素个数的方法。`Enumerable.Count()`针对某些情况专门进行了优化，例如 `ICollection` 和 `ICollection<T>`的实现。但是如果某个集合并不想实现这两个接口，但依然需要提供 `Count` 功能怎么办？这时就停滞不前了，因为无法和 `Enumerable.Count()`进行交互，不能有效地自行实现 LINQ 的这部分功能。如果 `Count()` 方法是 `IEnumerable<T>`的一个默认实现，新集合就可以覆盖该方法了。

C# 8 使用默认接口实现来声明 `IEnumerable<T>`的代码如下：

```
public interface IEnumerable<T>
{
    IEnumerator<T> GetEnumerator();

    int Count()
```

```
    {
        using (var iterator = GetEnumerator())
        {
            int count = 0;
            while (iterator.MoveNext())
            {
                count++;
            }
        }
    }
    return count;
}
```

使用默认接口方法，接口可以随着时间的推移以版本友好的方式不断扩展。可以添加新的带有默认实现的方法，这些方法可以使用现有成员实现新功能，也可以抛出 NotSupportedException。即便新方法无法保证正常调用，旧的实现依然可以正常构建。版本管理是一个很复杂的话题，不过新增一个可选工具总是好事一桩。它能在很大程度上简化现有代码的维护工作。

默认接口方法是一个有争议的特性。它需要 CLR 的支持，因此实验该特性需要全力投入。如果 C# 8 最终包含了该特性，那么它的采纳率将很有意思。可能在支持它的运行时版本被广泛采纳之前，不会有太多人使用。下面介绍一个久经讨论和原型设计的特性。

15.6.2 记录类型

记录类型的先驱特性是**主构造器**，原本计划 C# 6 推出该特性，但是 C#语言设计团队对该特性初始设计的几处瑕疵不太满意，因此决定延迟引入该特性，直到找到改进方法。

记录类型用于简化某些不可变类或者结构体的创建，这些类或者结构体根据一组给定的属性进行创建。我倾向于把它们看作始于匿名类型，但是添加了各种特性。声明记录类型十分简单，例如下面这个完整的类声明：

```
public class Point(int X, int Y, int Z);
```

这一句代码会生成若干成员，我们也可以引入一些自定义行为。生成的成员包括：构造器、属性、等价判断方法以及一个用于分解的 Deconstruct 方法，还有一个 With 方法。With 方法实现如下：

```
public Point With(int X = this.X, int Y = this.Y, int Z = this.Z) =>
    new Point(X, Y, Z);
```

这样的语法不符合当前对于可选形参默认值的规则，我们也不清楚能否采用显式的方式，不过它至少能够对外展现方法的行为意图。

With 方法用于通过 with 表达式的形式和新语法进行交互。使用 With 方法，可以更简单地根据现有不可变类型的实例创建新的实例。创建的实例与现有实例相同，但会有一个或多个属性发生变化。WithFoo 方法在不可变类型中很常见（Foo 是类型中某个属性的名称），但它们只能一次作用于一个属性。假设有一个不可变的 Point 类型，其中有 3 个属性 X、Y 和 Z，可以如下

15

所示创建一个新的 point，新 point 的 Z 值不变，只替换其 X 和 Y 值。

```
var newPoint = oldPoint.WithX(10).WithY(20);
```

每个 WithFoo 方法都会调用一个构造器，把除方法名称中属性外的其他属性值都作为参数传入，然后对参数中指定的值进行赋值。这些方法写起来很烦琐，并且有潜在的性能问题。如果要改变 *N* 个属性，就需要调用 *N* 次 WithFoo 方法，每次调用都会创建一个新的对象。

记录类型的 With 方法则不同：它为当前类型的每个属性都提供了一个参数，如果某个参数没有被指定，那么该参数使用默认值。使用默认值的参数将从当前对象的属性获取值。例如对于 Point 类型，可以直接调用：

```
var newPoint = oldPoint.With(X: 10, Y: 20);
```

或者使用新的 with 表达式语法，看起来就像一个对象初始化器：

```
var newPoint = oldPoint with { X = 10, Y = 20 };
```

这两种写法都会得到相同的 IL 代码。采用 With 方式，只会创建一个新的对象。

这只是简单的例子。如果是一个复杂的类型，而且只需要修改其中某个叶子节点，情况就会变得十分复杂。假设有一个包含 Address 属性的 Contact 类型，现在需要创建一个新的 contact，新对象和原对象除了 Address 属性，其他都相同。可能在 C# 8 中完成这样一项任务依然有些困难，但是可能会通过增强 with 表达式来简化该过程，就像模式匹配特性那样不断强化。

对于未来的这种可能性，我感到激动不已。在 C#语言中，不可变类型一直是创建难、操作难的典型。C# 7 中的元组类型填补了由匿名类型留下的一处空缺，而记录类型会填补另一处。我一直很满意编译器在处理匿名类型时生成的那些等价操作、构造器以及属性代码。如果之后不能为其命名或者添加更多功能，将是憾事。记录类型的出现解决了这些问题。下面看一些比较异想天开的新特性。

15.6.3　更多特性

虽然还有一些小特性可能会出现在 C# 8 中，但是这些特性没有接下来要讨论的有趣。请记住，访问 GitHub 可以了解 C#的最新状态。

1. 类型类（概念、数据形态或者结构性泛型约束）

虽然泛型适用于很多场景，但它也有局限性。很多数据形态无法用泛型来表示，例如运算符和构造器。虽然可以要求某个类型实参具备一个无参构造器，但是不能要求该构造器具有特定参数列表。此外，不同的类型可能需要相同的数据形态，但它们并不实现相同的接口，也没有共同的基类（System.Object 除外）。类型类就是为了解决这些问题而提出的。类型类可能会类似于接口，但是其实现类并不需要了解该类型。我们可以使用类型类作为某个泛型类型形参的约束。

虽然该特性可以解决一些潜在的问题，但会造成一定的困惑。我自己对此也有些举棋不定。一方面，它应该会要求运行时的某些变更来保证执行效率；C#开发人员（至少是我）可能需要花一些时日才能找到它的适用/不适用场景。鉴于C#语言如今的成熟度，为其添加一个全新的类型，无疑是一项重大改变。另一方面，该特性肯定能够填补C#语言的某块空白：当我们需要这样一个功能时，现有工具无法提供良好的解决方案。

2. 一切皆可扩展

在本书编写之时，该特性刚在GitHub上达到X.0版本里程碑；但是它的优先级上调的话，也丝毫不令人意外。顾名思义：扩展方法的理念可以应用于其他成员类型，例如属性、构造器以及运算符。此外，可能还会推出静态扩展成员：看起来像是扩展类型的静态方法（例如为`StringExtensions`新增一个方法，该方法可以更有针对性地调用`string.IsNullOrTabs`而不是`string.IsNullOrWhiteSpace`）。

扩展方法的语法可能不适用于成员类型，因此应该会引入全新的语法。它可能会以扩展类型的方式出现，由该扩展类型负责创建所有扩展成员。

扩展类型也不会引入新的状态。扩展属性可能会提供现有属性的不同视图。例如可以为`DateTime`属性添加一个名为`FinancialQuarter`的扩展属性，该扩展属性具有公司财务报表的日期，并且使用现有的`Year/Month/Day`属性来计算相应的季度。

3. 目标类型锁定的 new

当类型名称冗长时，使用隐式类型声明`var`可以简化代码。但是隐式类型不能用于字段，因为字段不能是隐式类型的，所以写出的代码仍为：

```
Dictionary<string, List<DateTime>> entryTimesByName =
    new Dictionary<string, List<DateTime>>();
```

有了目标类型锁定`new`特性之后，声明语句的右半部分可以大幅缩短：

```
Dictionary<string, List<DateTime>> entryTimesByName = new();
```

在调用构造器时，只要编译器能够确定其类型，就可以省略整个类型名称。该特性为成员调用引入了额外的复杂性。例如`Method(new())`这样的调用，编译器可以通过方法形参来获取目标类型（只要`Method`不是泛型或者重载方法）。

对于该特性的提议，我是既爱且恨，而且这两种情感难解难分。如果不加节制地使用该特性，那么代码将变得生涩难读（不过任何特性都可能被滥用）。此外，我也很享受移除冗长的字段初始化代码的过程。

我认为该特性甚至比默认接口方法特性更具争议性。我们将静观局势发展，也欢迎大家加入讨论。

15.7　欢迎加入

C#语言的设计过程正处于前所未有的开放状态。尽管很多工作是在微软办公室的语言设计会议（LDM）中完成的，但社区也广泛参与其中，例如通过 GitHub 上的代码仓库。其中包含了来自 LDM 的记录、提议、讨论以及代码规范等。欢迎大家通过各种方式参与 C#语言的设计：

- 试用预览版构建，看看新特性是否适合当前代码；
- 讨论现阶段提议的特性；
- 提议新特性；
- 在 Roslyn 中做新特性的原型设计；
- 帮助在语言规范中设计和规划新的特性；
- 从现有语言规范中找错（已有发生）。

读者可能会觉得静候完整版发布更好，届时会有完善的文档以及反复打磨好的实现。这当然没有问题。欢迎随时查看那些提议特性的里程碑，也随时欢迎加入。

这种开放式的设计流程还比较新颖，随着时间的推移，相关流程还会不断优化。C#设计团队应该不会退回到以前封闭式的设计方式。尽管让社区参与语言的设计大大增加了 C#设计团队的时间成本，但是确保新特性为开发人员所接纳和解决真正的需求更重要。

15.8　小结

本章的文字性内容较多，代码相对较少，主要因为我不希望提供的代码在 C# 8 发布之后被证明是错的。本章所讨论的特性不会都出现在 C# 8 中，但至少其中一部分会。如果可空引用类型或者模式相关特性没有出现在 C# 8 中，就太不可思议了。

之后呢？可能会发布 C# 8 的一些小版本，然后推出 C# 9。有些 C# 9 的特性可能已经在 GitHub 上提交审议了，但我认为应该会有一些大家从未讨论过的特性。我认为，随着计算机科学的不断发展，C#也将一直演进以不断满足开发人员的新需要。

附　录

特性与语言版本对照表

本书内容基本上是按照 C#的版本顺序编写的，但是读者一般很难对每个版本所对应的特性有直观的感受。在 C# 7 引入小版本号之后更是如此，C# 7 的特性都是在 C# 7.0 特性基础上做的改进。

此外，在使用特性时，需要清楚该特性是否对运行时或 framework 版本有要求。本附录旨在为读者提供一份简洁明了的特性-版本对照表。

本书正文未介绍泛型类型推断随语言版本演进的过程。泛型类型推断曾发生多次变更，这些变更很难用一两句话描述清楚。可将该过程简单理解为：C#语言每次版本更新，泛型类型推断都会改进。

特　　性	说明和要求	所在章节
C# 2		
泛型	需要运行时和 framework 的支持	2.1
可空值类型	需要运行时和 framework 的支持	2.2
方法组转换		2.3.1
匿名方法		2.3.2
委托协变和逆变[①]		2.3.3
迭代器（`yield return`）		2.4
局部类型		2.5.1
静态类		2.5.2
getter/setter 分离的属性访问		2.5.3
命名空间别名限定符`::`		2.5.4
全局命名空间别名		2.5.4
外部别名		2.5.5
固定大小缓冲区		2.5.6
`InternalsVisibleToAttribute` 支持	需要运行时和 framework 的支持	2.5.7

① 这里指的是通过方法来构建委托，使用的是兼容但是不完全一致的方法签名。它和 C# 4 中的泛型型变有所区别。

（续）

特　　性	说明和要求	所在章节
C# 3		
局部方法		2.5.1
自动实现的属性		3.1
隐式类型局部变量（`var`）		3.2.2
隐式类型数组（`new[]`）		3.2.3
对象初始化器		3.3.2
集合初始化器		3.3.3
匿名类型		3.4
lambda 表达式（委托）		3.5
lambda 表达式（表达式树）	需要运行时和 framework 的支持（表达式树类型）	3.5.3
扩展方法	需要 framework 的支持（attribute）	3.6
查询表达式		3.7
C# 4		
动态类型	需要 framework 的支持（虽然名字叫动态语言运行时，但它并不属于运行时）	4.1
可选形参		4.2
命名实参		4.2
链接主互操作程序集	需要运行时和 framework 的支持	4.3.1
COM 中可选形参的特殊规则		4.3.2
命名索引的访问（仅限 COM）		4.3.3
接口和委托的泛型型变	framework 调整为已有的接口和委托（已经提供运行时支持）	4.4
`lock` 语句的实现变更	需要 framework 的支持：`Monitor.Enter(object, ref bool)`	第 3 版 13.4.1 节
类字段事件的实现变更		第 3 版 13.4.2 节
在声明类中访问类字段事件		第 3 版 13.4.2 节
C# 5		
`async/await`	需要 framework 的支持（task 类型和编译器所需要的额外基础架构）	第 5 章和第 6 章
`foreach` 迭代变量捕获的变更	行为上的变更，但仅限于此前版本中几乎确定有问题的代码	7.1
调用方信息 attribute	需要 framework 的支持（attribute 本身）	7.2
C# 6		
自动实现的只读属性		8.2.1
自动实现属性的初始化器		8.2.2

（续）

特　性	说明和要求	所在章节
移除关于在包含自动实现属性的结构体构造器中调用 this() 的要求		8.2.3
表达式主体成员		8.3
内插字符串字面量	当对应类型和 FormattableStringFactory 可用时，需要为 FormattableString 提供额外的支持	9.2，9.3
nameof 操作符		9.5
using static 指令		10.1
使用索引器的对象初始化器		10.2.1
使用扩展 Add 方法的集合初始化器		10.2.2
空值条件运算符??		10.3
异常过滤器		10.4
移除在 try/catch、try/finally 和 try/catch 中使用 await 的限制		5.4.2
C# 7.0		
元组	需要 framework 的支持（ValueTuple 类型）	11.2~11.4
使用分解方法实现分解	在 C# 7.2 编译器之前需要提供 ValueTuple 类型，但并不是 C# 7.2 的一个语言特性（只是实现上的变更）	12.1，12.2
常量模式、类型模式、var 模式		12.4
通过 is 操作符使用模式特性		12.5
在 swtich 语句中使用模式匹配（包括 when 哨兵语句）		12.6
ref 局部变量		13.2.1
ref return		13.2.2
二进制整数字面量		14.3.1
数字字面量中使用下划线分隔符		14.3.2
异步方法中返回自定义 task 类型	需要 framework 的支持（attribute）	5.8
更多形式的表达式主体		8.3.3
C# 7.1		
default 字面量		14.5
针对泛型值的类型模式匹配改进		12.4.2
async 入口方法（async Task Main）		5.9
元组元素名称推断		11.2.2
C# 7.2		
ref 使用条件操作符?:		13.2.3
ref 只读局部变量和返回类型	调用返回 ref readonly 的方法，需要编译器的支持。此外，在编译时需要 InAttribute，不过从.NET 1.1 和.NET Standard 1.1 起就提供了	13.2.4

（续）

特　　性	说明和要求	所在章节
in 参数	需要 IsReadOnlyAttribute，但当目标 framework 中没有时，会随 output 一并提供	13.3
只读结构体	需要有 IsReadOnlyAttribute	13.4
使用 ref/in 参数的扩展方法		13.5
类 ref 结构体	需要有 IsReadOnlyAttribute。此外，类 ref 结构体应用了 ObsoleteAttribute，并提供了一条特殊的信息。能够识别类 ref 结构体的编译器会忽略该 attribute，但其他编译器会提供正在使用的类型信息	13.6
Span<T>的栈内存分配的支持	需要 framework 的支持	13.6.2
非尾部命名实参的位置限制		14.6
private protected 访问修饰符		14.7
紧随 0x 或 0b 数基之后的数字字面量下划线分隔符		14.3.2
C# 7.3		
不使用 fixed 语句访问固定大小缓冲区		2.5.6
元组的==操作符和!=操作符	需要能够支持元组，但没有增加新的要求	11.3.6
在字段、属性和构造器初始化器中使用模式匹配和 out 变量		14.2.2
ref 局部变量的重新赋值		13.2.1
stackalloc 语句的初始化器		13.6.2
使用 GetPinnableReference 的基于模式的 fixed 语句		13.6.2
泛型类型约束增加枚举和委托类型的支持		14.8.1
针对非托管对象的新泛型类型约束	版本足够新的编译器才能识别使用 unmanaged 约束的类型和方法。此外，还需要 UnmanagedType 枚举类型，从.NET 1.1 和.NET Standard 1.1 起提供了该类型	14.8.1
字段的 attribute 支持自动实现的属性		14.8.3